Nr. 238 Guttentagsche Sammlung Deutscher Gesetze Nr. 238
Kommentare und erläuterte Textausgaben

Gesetz über die Mitbestimmung der Arbeitnehmer in den Aufsichtsräten und Vorständen der Unternehmen des Bergbaus und der Eisen und Stahl erzeugenden Industrie

Vom 21. Mai 1951

mit Erläuterungen von

Hans-Wilhelm Kötter

Ministerialrat im Bundeswirtschaftsministerium

Berlin 1952

WALTER DE GRUYTER & CO.

vormals G. J. Göschen'sche Verlagshandlung — J. Guttentag, Verlagsbuchhandlung
Georg Reimer — Karl J. Trübner — Veit & Comp.

Archiv-Nr. 21 1 238
Satz: Walter de Gruyter & Co., Berlin W 35
Druck: Buchkunst, Berlin W 35

Vorwort

Schon bald, nachdem ich zu Anfang dieses Jahres aus einer süddeutschen Richterstelle in das Rechtsreferat des Bundesministeriums für Wirtschaft abgeordnet worden war, wurde ich aus kritischer Nähe Zeuge der Entstehung des Gesetzes über die Mitbestimmung der Arbeitnehmer in den Aufsichtsräten und Vorständen der Unternehmen des Bergbaus und der Eisen und Stahl erzeugenden Industrie. Nach Überwindung der ersten Bestürzung über die ungewohnten Begleitumstände dieses Geschehens lockte den justizmäßig ausgerichteten Juristen die Behandlung des Stoffes unter den bei der überhasteten Fertigstellung des Gesetzes zu kurz gekommenen Gesichtspunkten des Handelsgesellschaftsrechts. Dem daraus entstandenen und hauptsächlich unter solchem Blickwinkel gefaßten Plan einer Kommentierung dieses Sondergesetzes bin ich auch nach meiner Übernahme in das Bundeswirtschaftsministerium im Sommer dieses Jahres treu geblieben und hoffe, das Vorhaben nach bestem Vermögen zu einem nützlichen Ende geführt zu haben. Ich bin mir darüber klar, daß die Durchdringung des Stoffes trotz aller Bemühung nicht vollständig gelungen sein kann und noch manche Kontroverse über neue Fragen entstehen wird. Allein, es galt, den schon seit geraumer Zeit angekündigten Kommentar nunmehr abzuschließen, zumal das Gesetz nach und nach in das Stadium seiner praktischen Anwendung tritt.

Daß die bisher erschienenen Gesamtdarstellungen des Gesetzesinhalts mehr oder minder an der Oberfläche haften geblieben sind, darf angesichts der Schwierigkeit des Stoffes nicht wundernehmen. Dieser bietet eine Fülle rechtlicher Probleme, die unabhängig von dem brennenden politischen Für und Wider, in das sie eingebettet sind, das Interesse jedes deutschen Juristen verdienen. Sie sind nicht etwa nur im Hinblick auf ein künftiges allgemeines Betriebsverfassungsrecht, sondern auch bei der dogmatischen Behandlung und über kurz oder lang erforderlich werdenden Revision unseres Aktienrechts und des Rechts der Gesellschaften mit beschränkter Haftung von wesentlicher Bedeutung.

Das hiermit vorgelegte Erläuterungsbuch will der wissenschaftlichen Erörterung dieser Probleme dienen, darüber hinaus aber allen, deren Lebenskreis unmittelbar von dem neuen Mitbestimmungsrecht berührt wird, ein Berater sein.

Den Erläuterungen liegt der Stand des Schrifttums vom 1. Oktober 1951 zugrunde. Während der Drucklegung sind Auszüge aus dem z. Z. noch in Vorbereitung befindlichen Kommentar von Müller-Lehmann (Heidelberg, „Recht und Wirtschaft") und die erste Lieferung des Kommentars von Höcker-Johannsen (Essen, W. Girardet) erschienen, die aber aus drucktechnischen Gründen leider von mir nicht mehr berücksichtigt werden konnten.

Daß die Erläuterung der Vorschriften des Mitbestimmungsgesetzes ebenso wie die Gedanken, denen ich in der „Einführung" Ausdruck gebe, in keinem Punkte den Charakter einer irgendwie amtlichen Stellungnahme tragen, sondern lediglich als meine persönliche Ansicht gewertet werden können, versteht sich von selbst. Für jede sachliche Kritik und jede die Sache fördernde Anregung werde ich aufrichtig dankbar sein.

Dem Verlage habe ich besonders für die Aufnahme des Buches in seine altberühmte „Sammlung Guttentagscher Reichsgesetze" zu danken.

Bonn/Erlangen, im November 1951

H.-W. Kötter

Inhaltsübersicht

Abkürzungs- und Literaturverzeichnis

a. A.	= anderer Ansicht
a. a. O.	= am angeführten Orte
Abg.	= Abgeordneter des Deutschen Bundestages
Abs.	= Absatz
abw.	= abweichend
Achilles-Greiff	= Achilles-Greiff, Bürgerliches Gesetzbuch m. Erläuterungen v. G. Beitzke, R. Freiherr v. Godin, J. Greiff u. Fr. Oegg, 19. Aufl. Berlin 1949.
a. E.	= am Ende
AHK	= Alliierte Hohe Kommission
AktGes.	= Gesetz über Aktiengesellschaften und Kommanditgesellschaften auf Aktien (Aktiengesetz)
AllgBergges.	= Allgemeines Berggesetz für die Preußischen Staaten
allg. M.	= allgemeine Meinung
a. M.	= anderer Meinung
Anh.	= Anhang
Anm.	= Anmerkung
Arb. Kreis-Prot.	= Kurzprotokolle über die Sitzungen des von dem 20. und dem 13. Ausschuß des Deutschen Bundestages gebildeten Arbeitskreises für die Beratung des Mitbestimmungsgesetzes (nicht veröffentlicht)
Aussch. Prot.	= Deutscher Bundestag, Kurzprotokolle über gemeinsame Sitzungen des Ausschusses Nr. 20 — Ausschuß für Arbeit — mit dem Ausschuß Nr. 13 — Ausschuß für Wirtschaftspolitik
BArbBl.	= Bundesarbeitsblatt
Baumbach-Hueck	= Kurzkommentar zum Aktiengesetz begr. von Adolf Baumbach, 7. Aufl., bearb. v. Alfred Hueck, München und Berlin 1951
Baumbach-Hueck, GmbH	= Kurzkommentar zum Gesetz betr. die Gesellschaften mit beschränkter Haftung, begr. von Adolf Baumbach, 5. Aufl., bearb. von Alfred Hueck, München und Berlin 1951
BayOLG	= Bayerisches Oberstes Landesgericht
BB	= Der Betriebsberater, Zehntagedienst für Wirtschafts-, Steuer- und Sozialrecht
BGB	= Bürgerliches Gesetzbuch
BGBl.	= Bundesgesetzblatt

B. Min.	= Bundesministerien
Boldt	= Das Allgemeine Berggesetz vom 24. Juni 1865 mit Erläuterungen von Dr. Dr. Gerhard Boldt, Münster 1948
Boldt, RdA	= G. Boldt, Das Mitbestimmungsrecht in Eisen und Kohle in Recht der Arbeit Jahrg. 1951 S. 169ff.
BR	= Deutscher Bundesrat
BT	= Deutscher Bundestag
BT. Drucks.	= Drucksache des Deutschen Bundestages
BT.-Prot.	= Protokoll über Sitzungen des Deutschen Bundestages
CDU	= Christlich-Demokratische Union
Der Betrieb	= Der Betrieb, Wochenschrift für Betriebswissenschaft, Steuerwesen, Wirtschaftsrecht, Arbeitsrecht
Dersch, RdA.	= Herm. Dersch, Die Rechtsstellung von Organisationsmitgliedern juristischer Personen und Gesellschaften im Arbeitsrecht und in der Sozialversicherung in Recht der Arbeit Jahrg. 1951, S. 212ff.
DMBG	= D-Mark-Bilanzgesetz
DR	= Deutsches Recht (vereinigt mit Juristischer Wochenschrift)
DRZ	= Deutsche Richterzeitung (Jahrg. u. Nr.), von 1947 bis 1950: Deutsche Rechtszeitschrift (Jahrg. u. Seite)
DurchfV.	= Durchführungsverordnung
EG	= Einführungsgesetz
Fechner	= Fechner, Die Treuebindungen des Aktionärs, Weimar 1942
FGG	= Gesetz über die Angelegenheiten der freiwilligen Gerichtsbarkeit
Fitting, BArbBl.	= K. Fitting, Das Gesetz über die Mitbestimmung im Bergbau und in der Eisen und Stahl erzeugenden Industrie im Bundesarbeitsblatt Jahrg. 1951, S. 203ff.
Fitting, RuW. Praxis	= Ders., Mitbestimmung der Arbeitnehmer usw. in „Rechts- u. Wirtschaftspraxis" (Forkel-Verlag) AR 12 = Lieferung vom 30. 5. 51
Gadow	= Aktiengesetz, Kommentar, bearbeitet von Gadow, Heinichen, E. Schmidt, W. Schmidt u. Weipert, Berlin 1939
GG	= Grundgesetz für die Bundesrepublik Deutschland vom 23. 5. 1949
GmbHGes.	= Gesetz betreffend die Gesellschaften mit beschränkter Haftung

Godin-Wilhelmi	= Aktiengesetz, erläutert von Reinh. Freiherr von Godin und Hans Wilhelmi, 2. Aufl., besorgt von Reinh. Freiherr von Godin, Berlin 1950
GS	= Preußische Gesetzsammlung
Heymann-Kötter	= Heymann-Kötter, Handelsgesetzbuch (ohne Seerecht) mit Erläuterungen, 20. Gesamtaufl. herausg. v. H.-W. Kötter, Berlin 1950
HGB	= Handelsgesetzbuch
h. L.	= herrschende Lehre
h. M.	= herrschende Meinung
Höcker-Johannsen	= Mitbestimmung der Arbeitnehmer im Kohlen- und Eisenerzbergbau und in der Eisen und Stahl erzeugenden Industrie, herausg. von R. Höcker u. M. Johannsen, Essen 1951 (Materialsammlung mit Vorwort u. Anhang: Grundsätze für eine Sozialordnung im Bergbau)
HRR	= Höchstrichterliche Rechtsprechung
Hueck, Recht der oHG	= Alfred Hueck, Das Recht der offenen Handelsgesellschaft, Berlin 1946
Hueck, „Der Betrieb"	= Ders., Mitbestimmung und Aufsichtsrat in „Der Betrieb" Jahrg. 1951, S. 166ff. u. S. 185ff. (Forts.)
i. d. Fass.	= in der Fassung
i. S.	= im Sinne
i. V. m.	= in Verbindung mit
i. Zw.	= im Zweifel
JFG	= Jahrbuch für Entscheidungen in Angelegenheiten der freiwilligen Gerichtsbarkeit
JR	= Juristische Rundschau
JW	= Juristische Wochenschrift
KG	= Kammergericht
KGa.A.	= Kommanditgesellschaft auf Aktien
KR-Ges.	= Kontrollratsgesetz
KSchG	= Kündigungsschutzgesetz vom 10. 8. 51 (BGbl. I S. 499)
Kisskelt	= W. Kisskelt, Die Mitbestimmer im Aufsichtsrat in „Der Volkswirt", 5. Jahrg. Nr. 33 S. 11f.
Koch-Kienzle HW. d. Technik	= Handwörterbuch der gesamten Technik und ihrer Hilfswissenschaften, unter Mitwirkung von Fachgenossen herausg. v. R. Koch und O. Kienzle, Stuttgart u. Berlin 1935
Kötter JR	= H.-W. Kötter, Der Vorsitz im Aufsichtsrat der Montangesellschaften unter der Herrschaft des Mitbestimmungsrechts der Arbeitnehmer in Juristische Rundschau Jahrg. 1951 S. 449ff.

Kötter NJW	= Ders., Die Bestellung des „elften" Mitglieds im künftigen Aufsichtsrat der Montangesellschaften in Neue Juristische Wochenschrift Jahrg. 1951 S. 417ff.
MdR	= Monatsschrift für Deutsches Recht
MitbGes.	= Gesetz über die Mitbestimmung der Arbeitnehmer in den Aufsichtsräten und Vorständen der Unternehmen des Bergbaus und der Eisen und Stahl erzeugenden Industrie
Möhring	= Ph. Möhring, Mitbestimmungsrecht und Aktienrecht in Monatsschrift für Deutsches Recht, Jahrg. 1951 S. 513ff.
Möhring-Schwartz	= Ph. Möhring und Schwartz, Satzungsgestaltung nach neuem Aktienrecht, Berlin 1937
Müller	= Gerhard Müller, Betriebsverfassungsrecht und Montan-Mitbestimmungsgesetz in „Der Betriebsberater", Jahrg. 1951 S. 565f.
N.	= Note, Fußnote
Nipperdey	= H. C. Nipperdey, Zulässigkeit der Wahl von Betriebsangehörigen in den Aufsichtsrat in „Der Betrieb", Jahrg. 1951, S. 716ff.
NJW	= Neue Juristische Wochenschrift
Nr.	= Nummer
OLG	= Entscheidungen der Oberlandesgerichte in Zivilsachen
Palandt	= Kurzkommentar zum Bürgerlichen Gesetzbuch, herausg. v. O. Palandt, 9. Aufl. München und Berlin 1951
pr.	= preußisch
RdA	= Recht der Arbeit, Zeitschrift für die Wissenschaft des gesamten Arbeitsrechts
Ref.Entw.	= Referentenentwurf des Bundesministeriums für Arbeit (Entwurf eines Gesetzes über die Mitbestimmung der Arbeitnehmer in den Aufsichtsräten und in den Vorständen in Unternehmen des Bergbaus sowie der Eisen und Stahl erzeugenden Industrie vom 28. Januar 1951)
RegEntw.	= Entwurf eines Gesetzes über die Mitbestimmung der Arbeitnehmer in Unternehmen des Bergbaus sowie der Eisen und Stahl erzeugenden Industrie vom 30. Januar 1951 (BT-Drucks. Nr. 1858)
RG	= Reichsgericht
RGBl.	= Reichsgesetzblatt
RGRKomm. z. HGB	= Kommentar zum Handelsgesetzbuch, früher herausgegeben von Mitgliedern des Reichsgerichts, 2. Band, 2. Aufl. Berlin 1950

RGZ	= Amtliche Sammlung der Entscheidungen des Reichsgerichts in Zivilsachen
Richtlinien	= Richtlinien über die Mitbestimmung in der Kohle und Eisen schaffenden Industrie vom 27. Januar 1951 (aufgestellt von Sachverständigen und Gewerkschaftsvertretern)
Ritter	= Kommentar zum Aktiengesetz von K. u. J. Ritter, München u. Berlin 1938
Rspr.	= Rechtsprechung
S.	= i. V. m. Gesetzesstellen: Satz, sonst: Seite
Schlegelberger-Quassowski	= Aktiengesetz, Kommentar von Schlegelberger, Quassowski, Herbig, Geßler u. Hefermehl, 3. Aufl. 1939
W. Schmidt	= Walter Schmidt, Umgestaltung der Satzungen der Aktiengesellschaften nach dem neuen Aktiengesetz, Berlin 1938
Schöne	= Schöne, Gesetz mit Kommentar über die Mitbestimmung der Arbeitnehmer des Bergbaus und der Eisen und Stahl erzeugenden Industrie, Essen 1951
SeuffA.	= Seufferts Archiv für Entscheidungen der obersten Gerichte
SPD	= Sozialdemokratische Partei Deutschlands
str.	= streitig
W. Wolff	= Walter Wolff, Mitbestimmung, Mitverantwortung und persönliche Haftung in „Bergbau und Wirtschaft", Jahrg. 1951, S. 184f.
ZfB	= Zeitschrift für Bergrecht
ZPO	= Zivilprozeßordnung

(Allgemeingebräuchliche Abkürzungen, wie bzw., ggf., d. h., m. E., s., usw., u. U., vgl., z. B., z. T., sind im Verzeichnis nicht berücksichtigt. — Paragraphen ohne Zusatz beziehen sich auf das Mitbestimmungsgesetz.)

Berichtigung

Auf Seite 127, Zeile 20 muß es statt „Gesetzesanalogie" richtig heißen „Rechtsanalogie".

Einführung

A. Vorgeschichte und Entstehung

Die auf das Jahr 1920 zurückgehende Errungenschaft der Entsendung von Betriebsratsmitgliedern in den Aufsichtsrat war durch das nationalsozialistische Gesetz zur Ordnung der nationalen Arbeit beseitigt worden. Nach 1945 war diese Form der Beteiligung der Arbeitnehmer an der Unternehmensleitung, die der wünschenswerten Unterrichtung der Belegschaft über die wechselnde Lage des Unternehmens dient, in mehreren Landesgesetzen wieder aufgelebt. Darüber hinaus kamen jedoch gesetzgeberische Bestrebungen auf Bundesebene in Gang, die noch jetzt ihres Abschlusses harren und die in mehrfacher Hinsicht auf eine weitergehende Beteiligung der Arbeitnehmerschaft an der Entscheidung wirtschaftlicher Fragen im Unternehmen hinauslaufen. Unabhängig hiervon hatte sich außerhalb des deutschen Rechts in den von alliierter Seite geschaffenen sog. entflochtenen Gesellschaften der Stahlindustrie (Anh. D zu Gesetz Nr. 27) eine Praxis herausgebildet, nach der jede dieser Gesellschaften einen auf paritätischer Basis aufgebauten Elfer-Aufsichtsrat hatte*). Um die Jahreswende 1950/51 wurde man sich darüber klar, daß dieser Zustand nicht dem geltenden deutschen Aktienrecht entsprach und in demselben Augenblick problematisch werden würde, in dem die vom Gesetz Nr. 27 der Alliierten Hohen Kommission vorgesehenen Kern- oder Einheitsgesellschaften unter Zugrundelegung der Vorschriften des deutschen Rechts gegründet werden sollten. Da dieser Augenblick heranzunahen schien, erhob sich die Forderung, im deutschen Recht eine Grundlage für das Fortbestehen derart „paritätischer" Aufsichtsräte bei den künftigen Stahl-Einheitsgesellschaften zu schaffen und dieselbe Institution auch für die Gesellschaften sicherzustellen, die aus der Neuordnung des Bergbaus nach dem Willen der Alliierten hervorgehen sollen. Diese Forderungen entsprachen dem schon vorher erklärten Ziele des Deutschen Gewerkschaftsbundes, für die Arbeitnehmer die wirtschaftliche Mitbestimmung zu erringen. Es war daher nicht zu verwundern, daß der Deutsche Gewerkschaftsbund als Träger dieser Forderung in Erscheinung trat. Auf Grund des bekannten Ergebnisses der in den Großbetrieben des Ruhrgebiets durchgeführten Urabstimmung wurde alles für einen Streik in der Grundstoffindustrie vorbereitet, der das Mitbestimmungsrecht in der vom Deutschen Gewerkschaftsbund geforderten Form notfalls erzwingen sollte. Zu dieser Kraftprobe ist es dann nicht gekommen, weil der Bundeskanzler den bekannten Vermittlungsversuch unternahm, als dessen Ergebnis die Ende Januar 1951 von Sachverständigen für die Grundstoffindustrie und von Vertretern des DGB gemeinschaftlich ausgearbeiteten „Richtlinien über die Mitbestimmung in der Kohle und Eisen schaffenden Industrie" (Anh. I 1) vorgelegt wurden. Man muß sie als ein motiviertes Begehren nach Verabschiedung eines Bundes-

*) Über Einzelheiten s. Schöne S. 5.

gesetzes ansehen, das durch die den Gewerkschaften erteilte persönliche Zusage des Kanzlers praktisch die Bedeutung einer Initiativvorlage erhielt, indem die Bundesregierung einen Gesetzentwurf einbrachte (Anh. I 3), der im wesentlichen jenen Richtlinien entsprach und auch äußerlich diesen Zusammenhang dadurch bekannte, daß er zur Begründung lediglich auf seine „Vorgeschichte" Bezug nahm. Es ist der Haltung der Mehrheit des Bundestages zu verdanken, daß die Regierungsvorlage dann im wesentlichen nicht nur formal den im Grundgesetz vorgesehenen Weg der Gesetzgebung gegangen ist. Noch der Bundesrat hatte sich bei der Beratung des Entwurfs auf „Empfehlungen" (vgl. Anh. I 5) beschränkt, die fast ausschließlich auf Wünschen der sog. Sozialpartner beruhten, denen die Regierungsvorlage z. T. weniger genehm erschien als ein erster, in aller Eile an Hand der „Richtlinien" ausgearbeiteter Referentenentwurf des Bundesministeriums für Arbeit (Anh. I 2). In der Bundestagssitzung vom 14. Februar 1951 wurde die Regierungsvorlage den Ausschüssen für Arbeit und für Wirtschaftspolitik — unter Federführung des ersteren — überwiesen, die einen gemeinsamen Arbeitskreis „Mitbestimmung Bergbau und Eisen" bildeten, in welchem die Stellungnahme der Ausschüsse erarbeitet wurde. Der Arbeitskreis hat in etwa vierwöchiger intensiver Arbeit den in der Regierungsvorlage behandelten Fragenkomplex untersucht, von den Vertretern der Bundesregierung weitgehend Aufschluß über die z. T. komplizierten rechtstatsächlichen Gegebenheiten erbeten und bei seinen Beratungen auch verschiedene Anregungen berücksichtigt, die mit den von den beteiligten Ressorts erteilten tatsächlichen Aufschlüssen einhergingen. Hierdurch konnte wenigstens zu einem Teil der dem Regierungsentwurf anhaftende Mangel unzureichender Vorbereitung ausgeglichen werden. Auf den vom Arbeitskreis angenommenen Formulierungen beruhen die Beschlüsse des 20. Ausschusses (Anh. I 6), die mit Ausnahme der §§ 6 und 8 im wesentlichen schließlich Gesetz geworden sind. § 6 erhielt demgegenüber seine jetzige Fassung in der 2. Lesung, während die Regelung über die Bestellung des sog. elften Aufsichtsratsmitglieds erst in der 3. Lesung des Gesetzentwurfs im Plenum des Bundestags zustande kam. Das Gesetz stellt in diesen beiden Punkten einen Kompromiß zwischen den vom Regierungsentwurf adoptierten Richtlinien und den Ausschußbeschlüssen dar. Die 2. Lesung fand genau sieben Wochen nach der vom Bundestag beschlossenen Überweisung der Regierungsvorlage an die Ausschüsse statt. Der Bundesrat erhob gegen die vom Bundestag am 10. April 1951 verabschiedete Fassung des Gesetzes keinen Einspruch, und dieses wurde am 21. Mai 1951 vom Bundespräsidenten ausgefertigt und in der am 23. Mai 1951 ausgegebenen Nummer 24 des Bundesgesetzblatts (Jahrgang 1951, Teil I) verkündet.

B. Grundgedanken und Tendenzen

Das Gesetz stellt eine fundamentale Durchbrechung der bisher geltenden gesellschaftsrechtlichen Prinzipien dar. Bisher war die Organisation der vom Mitbestimmungsgesetz erfaßten Körperschaften ebenso wie die der übrigen Handelsgesellschaften eine Folgerung aus der jeweiligen — rechts- und wirtschaftspolitischen Zielen angepaßten — Rechtsnatur der Beteiligung und Haftung ihrer Gesellschafter oder Mitglieder. Das aus diesen Gegebenheiten resultierende Wagnis der Beteiligten spiegelt sich naturgemäß in dem Maß an Einflußnahme auf die Führung der Geschäfte wieder, das die Rechtsordnung ihnen jeweils zubilligt. Die Organisationsformen der juristischen Personen, die künftig dem Mitbestimmungsgesetz unterliegen, sind deshalb nicht darauf zugeschnitten, andere Faktoren, deren Rechtsmacht nicht aus der Mitgliedschaft fließt, bei der Willensbildung der Körperschaft zu berücksichtigen. Es fehlt diesen Faktoren also zunächst an einer formalen, sich organisch in das Gesamtgefüge einordnenden Legitimation; denn was ihnen zugebilligt wird, entspricht weitgehend einer Mitgliedschaft und erscheint insoweit als Fiktion. Nun hatte der Gedanke einer Ausrichtung von Körperschaften der hier in Rede stehenden Art auf das Gemeinwohl schon in der Vergangenheit unter anderem Gesichtswinkel so viel Boden gewonnen, daß er für die hier wichtigste Organisationsform, die Aktiengesellschaft, als Wertmaßstab gesetzlich verankert worden war. Das vom Einfluß nationalsozialistischer Gedankengänge nicht freigebliebene Aktiengesetz von 1937 hatte nämlich dem im übrigen von ihm sehr stark herausgehobenen Vorstand der Aktiengesellschaft nicht nur das Wohl des Betriebes und seiner „Gefolgschaft", sondern auch den „gemeinen Nutzen von Volk und Reich" als Richtschnur vorgeschrieben. Daß nun das Mitbestimmungsgesetz unter Benutzung eines — durch die gegenwärtige Schmälerung der staatlichen Macht vorgetäuschten — Vakuums jene Richtschnur vermittels der paritätischen Einschaltung der Gewerkschaften gewissermaßen personifizieren will, bedeutet eine Ignorierung des trotz allem noch berufenen Sachwalters des Gemeinwohls. Der Weg einer Vergesellschaftung eines Teiles der Aktien hätte dem Staat die einwandfreie Legitimation verschafft, die bei den jetzt eingeführten Mitbestimmungsfaktoren auf einer Fiktion beruht. Aber auch die Verfolgung des Gedankens einer Beteiligung der Arbeitnehmer an der von ihnen miterhaltenen und gemehrten Unternehmenssubstanz würde andere als die jetzt gesetzlich vorgesehenen Träger einer Mitbestimmung legitimiert haben.

Das Mitbestimmungsgesetz vom 21. Mai 1951 verläßt nicht nur den früheren Grundsatz, daß im Aufsichtsrat lediglich beobachtende Vertreter der Arbeitnehmer mitwirken sollten, sondern auch den weiteren Gedanken, daß Vertreter der Arbeitnehmerschaft im Aufsichtsrat betriebszugehörige Personen sein müßten. Der Deutsche Gewerkschaftsbund hat mit Erfolg die gewerkschaftliche Legitimation zur Vertretung der Arbeitnehmerinteressen auch im Rahmen der sog. innerbetrieblichen Mitbestimmung verfochten (wobei sich diese Zuordnung der Mitbestimmungsbefugnisse aus deren Übergreifen auf das mit den Betrieben in Wahrheit schon nicht mehr identische Unternehmen erklärt) und damit jede Möglichkeit abgeschnitten, die Mitbestimmung etwa mit einer bestimmten Dauer der Betriebszugehörigkeit der mitbestimmenden Arbeitnehmer oder mit einer Würdigung der individuellen Leistung u. dgl. zu verknüpfen — Gedanken, die immerhin beim Übergang vom Grundsatz der beratenden Betriebsratsmitglieder im Aufsichtsrat zu dem der stimmberechtigten Arbeitnehmeraufsichtsräte nicht fernlagen, aber nur bei Verfolgung des organischeren Weges über die Gewährung von Beteiligungen voll ins Blickfeld getreten wären. Eine wesentliche Stütze der gewerkschaftlichen Argumentation bei der Verfechtung der dem Gesetz zugrundeliegenden Konzeption lieferte der vielfach im Aktienwesen aufgetretene Streubesitz und in Verbindung damit das bekannte Depotstimmrecht der Banken, durch deren

Zwischenschaltung eine weitgehende Eliminierung des eigentlichen Aktionäreinflusses eingetreten ist. Daß gerade in den Grundstoffindustrien, auf deren Bereich die Geltung des Mitbestimmungsgesetzes vom 21. Mai 1951 beschränkt ist, der nicht organisierte Arbeitnehmer in einem Grade die Ausnahme darstellt, der den Unterschied zwischen der Legitimation der Gewerkschaften und der Bankiers — für die Arbeitnehmer bzw. für die Aktionäre zu sprechen — illusorisch macht, ist einer der wichtigsten Gesichtspunkte, die gegen eine Ausdehnung der im Bergbau und in der Hüttenindustrie eingeführten Mitbestimmung auf andere Wirtschaftszweige sprechen. 'Vas aber darüber hinaus gegen die Gleichsetzung der beiden Vertretungsansprüche angeführt werden kann, ist immerhin gewichtig genug, um das Unbehagen zu verstehen, mit dem Unternehmerkreise einem praktischen Nominierungsmonopol des Deutschen Gewerkschaftsbundes gegenüberstehen. Nicht bloß bei der gegenwärtigen Struktur des deutschen Bankwesens kann nämlich keine Rede davon sein, daß einer Bank das Institut des Depotstimmrechts auch nur einen entfernt so zusammengefaßten Einfluß auf einen Wirtschaftszweig verschaffen könnte wie der Einheitsgewerkschaft die Anerkennung ihrer materiell einem Entsendungsrecht gleichkommenden Nominationsbefugnis. Zum andern ist es in aller Regel eine Fehldiagnose, die Interessen der Depotbank unternehmensfremder sehen zu wollen als die der Gewerkschaften, denen es schwer fallen dürfte, sich mit spezifischen Unternehmensinteressen stärker zu identifizieren als die regelmäßig in gleicher Richtung interessierte Bank.

Es kommt hinzu, daß der Arbeitnehmereinfluß vom Mitbestimmungsgesetz nicht allein im Aufsichtsrat, sondern noch unmittelbar im Vorstand verankert worden ist. Jeder Aktionär und also auch eine Bank als Legitimationsaktionär hat auf die Zusammensetzung des Vorstands nur insoweit Einfluß, als die Möglichkeit besteht, sich mit Sitz und Einzelstimme im Aufsichtsrat bei der Bestellung des Vorstands durchzusetzen. Hier will das Gesetz die Arbeitnehmerinteresssen durch die paritätische Aufsichtsratsbesetzung noch nicht als hinreichend geschützt ansehen, sondern hat über den damit sichergestellten Einfluß auf die Vorstandsbesetzung hinaus einen obligatorischen Arbeitsdirektor eingeführt, als welcher nur eine Person bestellt werden kann, die den von der Gewerkschaftsseite benannten Aufsichtsratsmitgliedern genehm ist.

Um diese mit der Gleichsetzung von Kapital und Arbeit begründeten, aber der Struktur der Unternehmensformen des geltenden Rechts zuwiderlaufenden Einflüsse der Arbeitnehmerschaft in der gesamten Grundstoffindustrie sicherzustellen, führt das Gesetz das Institut des Aufsichtsrats — ebenso wie das des Arbeitsdirektors — auch bei Gesellschaften mit beschränkter Haftung und bei bergrechtlichen Gewerkschaften neuen Rechts ein, die sich überwiegend auf dem Gebiet des Kohlen- oder Eisenerzbergbaus oder der Eisen- und Stahlerzeugung betätigen. Diese Aufsichtsräte sind nach aktienrechtlichen Grundsätzen organisiert und mit den aktienrechtlichen Kompetenzen ausgestattet. Sie werden ebenso wie bei den Montan-Aktiengesellschaften künftig nur noch zur knappen Hälfte nach bisherigem Recht bestellt. Eine gleich große Zahl von Aufsichtsratssitzen hat das sog. Wahlorgan, d. h. die Haupt-, Gesellschafter- oder Gewerkenversammlung regelmäßig zu zwei Fünfteln auf Vorschlag der Betriebsräte und im übrigen auf Vorschlag der Gewerkschaften, bei denen die Belegschaft organisiert ist, zu bestellen. (Die Betriebsräte schlagen dabei auf Grund besonderer Wahlen — im Regelfalle je einen — Arbeiter und Angestellten des Unternehmens vor.) Normalerweise je ein Mitglied jeder Gruppe und ein den Kreis der Aufsichtsratsmitglieder schließendes Mitglied, das in besonderer, neuartiger Weise bestellt wird — der sog. Elfte Mann (genannt nach der vom Gesetz vorgeschriebenen Regelzahl der Mitglieder) —, müssen neutrale Persönlichkeiten sein. Sondervorschriften über die Notbestellung fehlender Mitglieder, über die Beschlußfähigkeit des Aufsichtsrats und über die Abberufung der Mitglieder ergänzen die neue Regelung, die in jedem Falle nur auf Großunternehmen — nämlich die Einheitsgesellschaften der im Gange befindlichen Neuordnung der deutschen Grundstoffindustrie und andere Montanunternehmen mit einer regulären Arbeitnehmerzahl von mehr als eintausend — Anwendung findet.

C. Würdigung

Das Gesetz hat mit vollem Bewußtsein Neuland beschritten und einen erfolgreichen Vorstoß gegen die Unentschlossenheit weiter Kreise der Unternehmerschaft geführt, die es verabsäumt haben, in größerem Ausmaß mit Mitteln der bestehenden Eigentumsordnung den Arbeitnehmer nicht nur mit dem Betriebe als solchem, sondern darüber hinaus mit dem Unternehmen zu verbinden, bei dessen Gedeihen stets auch die Leistung des Arbeitnehmers mitgewirkt hat. Daß die Wege des Gesetzes sich mit der geltenden — auf der Anerkennung des Eigentums und der Mitgliedschaftsrechte an kapitalistisch organisierten Körperschaften fußenden — Privatrechtsordnung durchweg schwer vereinbaren lassen*), sollte indessen nicht dazu führen, dem Gesetz wegen angeblicher Enteignung der Aktionäre, GmbH-Gesellschafter und Gewerken die Gültigkeit abzusprechen. Es handelt sich in Wahrheit ebensowenig um eine Enteignung der Aktionäre wie bei der Aktienrechtsreform von 1937. Es hätte nicht anders gelegen, wenn diese Reform den aktienrechtlichen Vorstand noch weiter dem Einfluß der Aktionäre entrückt und ihn zum staatlich ein- und absetzbaren Treuhänder gestempelt oder jedem Aufsichtsrat einen Staatskommissar vorgesetzt hätte, dem etwa gegenüber den Beschlüssen des Aufsichtsrats ein Vetorecht wegen Gefährdung des Gemeinwohls beigelegt worden wäre. In allen diesen Variationen dreht es sich nicht um Entziehung von Rechten, sondern um Schranken, die der Ausübung von Rechten gesetzt werden. Die Zulässigkeit solcher Schranken kann freilich nicht ohne weiteres aus dem Gesichtspunkt eines höheren Gemeinnutzens, aber doch wohl im Interesse einer besseren Möglichkeit zur Verhinderung drohender Schädigung des Gemeinwohls bejaht werden. Kritisch bleibt dabei allerdings die Zuordnung der Befugnisse, durch welche solche Schranken geschaffen werden. Ohne Zweifel muß aber die Verpflichtung zur Wahrung des Wohls des Unternehmens als eines Teiles lebenswichtigen Volksvermögens die neuen Mitbestimmungsfaktoren in gleicher Weise treffen wie die alten.

Das Parlament der Bundesrepublik hat das Mitbestimmungsgesetz in einer Zeit größter sozialer Spannungen und volkswirtschaftlicher Schwierigkeiten

*) S. dazu auch die kleine mit „-u-“ gezeichnete Abhandlung „Wie arbeitet künftig der Aufsichtsrat?“ im „Handelsblatt“ vom 11. Mai 1951 — eine klarsichtige und das übliche Niveau weit überragende Betrachtung!

in der Absicht erlassen, beiden Nöten der Zeit nach Kräften zu steuern. Der Bundestag und die Bundesregierung haben dabei zum Ausdruck gebracht, daß ein so weitgreifendes Instrument wie die volle paritätische Mitbestimmung Sondercharakter hat und behalten muß. Es ist wahrscheinlich kein Zufall, daß die Forderung nach diesem Instrument gerade für die Wirtschaftszweige erhoben wurde, in denen das Privateigentum am ehesten fragwürdig geworden ist. Die Kontroverse darüber, ob die Mitbestimmung der Sozialisierung mit Recht vorgezogen worden ist, wird um deswillen nicht verstummen. Sicher dürfte folgendes sein: sowohl der Gedanke einer Substanzbeteiligung der Arbeitnehmer als auch der einer Sozialisierung werden, wenn man sie weiter verfolgt, zu einer Korrektur bzw. Ablösung des Mitbestimmungsrechts bei der Unternehmensleitung führen. Eine solche Entwicklung würde evident werden lassen, daß das aus dem Lebenskreis „Betrieb" abzuleitende Recht zu echter Mitsprache (mit dem Anspruch auf billige Berücksichtigung) die Zuordnung der Leitungsfunktionen im Unternehmen überdauert und schon deshalb mit dem Mitbestimmungsrecht des Gesetzes vom 21. Mai 1951 nicht in einem Atem genannt werden darf.

Es ist — wie immer die Entwicklung sonst gehen mag — zu hoffen, daß die Bedeutung des Mitbestimmungsgesetzes von allen Beteiligten in erster Linie darin gesehen wird, daß die Verantwortung für die Verwaltung des wichtigsten Teiles unseres Volksvermögens auf breitere Schultern gelegt worden ist, mögen die nunmehr erstmalig mittragenden eigentlichen Faktoren der neuen Mitbestimmung für diese Verantwortung auch nicht mit materiellem Kapital einstehen. Steht bei der Anwendung des Mitbestimmungsgesetzes dieser Gesichtspunkt einer gemeinschaftlichen, wenn auch in verschiedener Weise sich auswirkenden Verantwortung im Vordergrunde, so wird das Gesetz niemandem zum Schaden gereichen, und der Jurist wird sich dann über die von ihm als störend empfundenen Antinomien der neuen Sonderregelung einstweilen mit Grillparzers nachsichtiger Erkenntnis zu trösten haben:

> Der Mensch ist gut, er hat nur viel zu schaffen,
> Und wie er einzeln dies und das besorgt,
> Entgeht ihm der Zusammenhang des Ganzen.
>
> („Libussa", 5. Aufzug, V. 2461—63).

Gesetz über die Mitbestimmung der Arbeitnehmer in den Aufsichtsräten und Vorständen der Unternehmen des Bergbaus und der Eisen und Stahl erzeugenden Industrie

Vom 21. Mai 1951

Der Bundestag hat das folgende Gesetz beschlossen:

Erster Teil

Allgemeines

§ 1

(1) Die Arbeitnehmer haben ein Mitbestimmungsrecht in den Aufsichtsräten und in den zur gesetzlichen Vertretung berufenen Organen nach Maßgabe dieses Gesetzes in

a) den Unternehmen, deren überwiegender Betriebszweck in der Förderung von Steinkohle, Braunkohle oder Eisenerz oder in der Aufbereitung, Verkokung, Verschwelung oder Brikettierung dieser Grundstoffe liegt und deren Betrieb unter der Aufsicht der Bergbehörden steht,

b) den Unternehmen der Eisen und Stahl erzeugenden Industrie in dem Umfang, wie er in Gesetz Nr. 27 der Alliierten Hohen Kommission vom 16. Mai 1950 (Amtsblatt der Alliierten Hohen Kommission für Deutschland S. 299) bezeichnet ist, soweit diese Unternehmen in „Einheitsgesellschaften" im Sinne des Gesetzes Nr. 27 überführt oder in anderer Form weiterbetrieben und nicht liquidiert werden,

c) den Unternehmen, die von einem vorstehend bezeichneten oder nach Gesetz Nr. 27 der Alliierten Hohen Kommission zu liquidierenden Unternehmen abhängig sind, wenn sie die Voraussetzungen nach Buchstabe a erfüllen oder überwiegend Eisen und Stahl erzeugen.

(2) Dieses Gesetz findet nur auf diejenigen in Absatz 1 bezeichneten Unternehmen Anwendung, welche in Form einer Aktiengesellschaft, einer Gesellschaft mit beschränkter Haftung oder einer bergrechtlichen Gewerkschaft mit eigener Rechtspersönlichkeit betrieben werden und in der Regel mehr als eintausend Arbeitnehmer beschäftigen oder „Einheitsgesellschaften" sind.

§ 2

Auf die in § 1 bezeichneten Unternehmen finden die Vorschriften des Aktiengesetzes, des Gesetzes betreffend die Gesellschaften mit beschränkter Haftung, der Berggesetze und des Betriebsverfassungsrechts insoweit keine Anwendung, als sie den Vorschriften dieses Gesetzes widersprechen.

Zweiter Teil

Aufsichtsrat

§ 3

(1) Betreibt eine Gesellschaft mit beschränkter Haftung oder eine bergrechtliche Gewerkschaft mit eigener Rechtspersönlichkeit ein Unternehmen im Sinne des § 1, so ist nach Maßgabe dieses Gesetzes ein Aufsichtsrat zu bilden.

(2) Auf den Aufsichtsrat, seine Rechte und Pflichten finden die Vorschriften des Aktienrechts sinngemäß Anwendung.

§ 4

(1) Der Aufsichtsrat besteht aus elf Mitgliedern. Er setzt sich zusammen aus

a) vier Vertretern der Anteilseigner und einem weiteren Mitglied,
b) vier Vertretern der Arbeitnehmer und einem weiteren Mitglied,
c) einem weiteren Mitglied.

(2) Die in Absatz 1 bezeichneten weiteren Mitglieder dürfen nicht

a) Repräsentant einer Gewerkschaft oder einer Vereinigung der Arbeitgeber oder einer Spitzenorganisation dieser Verbände sein oder zu diesen in einem ständigen Dienst- oder Geschäftsbesorgungsverhältnis stehen,
b) im Laufe des letzten Jahres vor der Wahl eine unter Buchstabe a bezeichnete Stellung innegehabt haben,
c) in den Unternehmen als Arbeitnehmer oder Arbeitgeber tätig sein,
d) an dem Unternehmen wirtschaftlich wesentlich interessiert sein.

(3) Alle Aufsichtsratsmitglieder haben die gleichen Rechte und Pflichten. Sie sind an Aufträge und Weisungen nicht gebunden.

§ 5

Die in § 4 Abs. 1 Buchstabe a bezeichneten Mitglieder des Aufsichtsrats werden durch das nach Gesetz, Satzung oder Gesellschaftsvertrag zur Wahl von Aufsichtsratsmitgliedern berufene Organ (Wahlorgan) nach Maßgabe der Satzung oder des Gesellschaftsvertrags gewählt. Im

Falle der Entsendung von Aufsichtsratsmitgliedern nach § 88 des Aktiengesetzes darf deren Gesamtzahl ein Drittel der Vertreter der Anteilseigner nicht übersteigen.

§ 6

(1) Unter den in § 4 Abs. 1 Buchstabe b bezeichneten Mitgliedern des Aufsichtsrats müssen sich ein Arbeiter und ein Angestellter befinden, die in einem Betriebe des Unternehmens beschäftigt sind. Diese Mitglieder werden dem Wahlorgan durch die Betriebsräte der Betriebe des Unternehmens nach Beratung mit den in den Betrieben des Unternehmens vertretenen Gewerkschaften und deren Spitzenorganisationen vorgeschlagen. Zur Aufstellung dieser Vorschläge bilden die Arbeitermitglieder und die Angestelltenmitglieder der Betriebsräte je einen Wahlkörper. Jeder Wahlkörper wählt in geheimer Wahl das auf ihn entfallende Mitglied.

(2) Die nach Absatz 1 gewählten Personen sind vor Weiterleitung der Vorschläge an das Wahlorgan innerhalb von zwei Wochen nach der Wahl den Spitzenorganisationen mitzuteilen, denen die in den Betrieben des Unternehmens vertretenen Gewerkschaften angehören. Jede Spitzenorganisation kann binnen zwei Wochen nach Zugang der Mitteilung Einspruch bei den Betriebsräten einlegen, wenn der begründete Verdacht besteht, daß ein Vorgeschlagener nicht die Gewähr bietet, zum Wohle des Unternehmens und der gesamten Volkswirtschaft verantwortlich im Aufsichtsrat mitzuarbeiten. Lehnen die Betriebsräte den Einspruch mit einfacher Stimmenmehrheit ab, so können die Betriebsräte oder die Spitzenorganisation, welche den Einspruch eingelegt hat, den Bundesminister für Arbeit anrufen; dieser entscheidet endgültig.

(3) Zwei der in § 4 Abs. 1 Buchstabe b bezeichneten Mitglieder werden von den Spitzenorganisationen nach vorheriger Beratung mit den im Betriebe vertretenen Gewerkschaften und den Betriebsräten dem Wahlorgan vorgeschlagen. Die Spitzenorganisationen sind nach dem Verhältnis ihrer Vertretung in den Betrieben vorschlagsberechtigt; sie sollen bei ihren Vorschlägen die innerhalb der Belegschaften bestehenden Minderheiten in angemessener Weise berücksichtigen.

(4) Für das in § 4 Abs. 1 Buchstabe b bezeichnete weitere Mitglied gilt Absatz 3 entsprechend.

(5) Das Wahlorgan ist an die Vorschläge der Betriebsräte und der Spitzenorganisationen gebunden.

§ 7

Gehören dem Aufsichtsrat länger als drei Monate weniger als fünf nach § 5 oder weniger als fünf nach § 6 zu wählende Mitglieder an, so gilt § 89 des Aktiengesetzes entsprechend.

§ 8

(1) Das in § 4 Abs. 1 Buchstabe c bezeichnete weitere Mitglied des Aufsichtsrats wird durch das Wahlorgan auf Vorschlag der übrigen Aufsichtsratsmitglieder gewählt. Der Vorschlag wird durch diese Aufsichtsratsmitglieder mit Mehrheit aller Stimmen beschlossen. Er bedarf jedoch der Zustimmung von mindestens je drei Mitgliedern, die nach § 5 und die nach § 6 gewählt sind.

(2) Kommt ein Vorschlag nach Absatz 1 nicht zustande oder wird eine vorgeschlagene Person nicht gewählt, so ist ein Vermittlungsausschuß zu bilden, der aus vier Mitgliedern besteht. Je zwei Mitglieder werden von den nach § 5 und den nach § 6 gewählten Aufsichtsratsmitgliedern gewählt.

(3) Der Vermittlungsausschuß schlägt innerhalb eines Monats dem Wahlorgan drei Personen zur Wahl vor, aus denen das Wahlorgan das Aufsichtsratsmitglied wählen soll. Kommt die Wahl auf Grund des Vorschlages des Vermittlungsausschusses aus wichtigen Gründen nicht zustande, insbesondere dann, wenn keiner der Vorgeschlagenen die Gewähr für ein gedeihliches Wirken für das Unternehmen bietet, so muß die Ablehnung durch Beschluß festgestellt werden. Dieser Beschluß muß mit Gründen versehen sein. Über die Berechtigung der Ablehnung der Wahl entscheidet auf Antrag des Vermittlungsausschusses das für das Unternehmen zuständige Oberlandesgericht. Im Falle der Bestätigung der Ablehnung hat der Vermittlungsausschuß dem Wahlorgan drei weitere Personen vorzuschlagen; für diesen zweiten Vorschlag gilt die vorstehende Regelung (Sätze 2 bis 4) entsprechend. Wird die Ablehnung der Wahl von dem Gericht für unberechtigt erklärt, so hat das Wahlorgan einen der Vorgeschlagenen zu wählen. Wird die Ablehnung der Wahl aus dem zweiten Wahlvorschlag von dem Gericht für berechtigt erklärt, oder erfolgt kein Wahlvorschlag, so wählt das Wahlorgan von sich aus das weitere Mitglied.

(4) Wird die in Absatz 2 vorgesehene Anzahl von Mitgliedern des Vermittlungsausschusses nicht gewählt, oder bleiben Mitglieder des Vermittlungsausschusses trotz rechtzeitiger Einladung ohne genügende Entschuldigung einer Sitzung fern, so kann der Vermittlungsausschuß tätig werden, wenn wenigstens zwei Mitglieder mitwirken.

§ 9

(1) Bei Gesellschaften mit einem Nennkapital von mehr als zwanzig Millionen Deutsche Mark kann durch Satzung oder Gesellschaftsvertrag bestimmt werden, daß der Aufsichtsrat aus fünfzehn Mitgliedern besteht. Die Vorschriften der §§ 4 bis 8 finden sinngemäß Anwendung mit der Maßgabe, daß die Zahl der gemäß § 6 Abs. 1 und 2 zu wählenden Arbeiter

zwei, die Zahl der in § 6 Abs. 3 bezeichneten Vertreter der Arbeitnehmer drei beträgt.

(2) Bei Gesellschaften mit einem Nennkapital von mehr als fünfzig Millionen Deutsche Mark kann durch Satzung oder Geselschaftsvertrag bestimmt werden, daß der Aufsichtsrat aus einundzwanzig Mitgliedern besteht. Die Vorschriften der §§ 4 bis 8 finden sinngemäß Anwendung mit der Maßgabe, daß die Zahl der in § 4 Abs. 1 Buchstaben a und b bezeichneten weiteren Mitglieder je zwei, die Zahl der gemäß § 6 Abs. 1 und 2 zu wählenden Arbeiter drei und die Zahl der in § 6 Abs. 3 bezeichneten Vertreter der Arbeitnehmer vier beträgt.

§ 10

Der Aufsichtsrat ist beschlußfähig, wenn mindestens die Hälfte seiner Mitglieder anwesend ist.

§ 11

(1) Auf die in § 5 bezeichneten Mitglieder des Aufsichtsrats finden §§ 87 Abs. 2, 88 Abs. 4 des Aktiengesetzes Anwendung.

(2) Auf die in § 6 bezeichneten Mitglieder des Aufsichtsrat findet § 87 Abs. 2 des Aktiengesetzes mit der Maßgabe Anwendung, daß die Abberufung auf Vorschlag derjenigen Stelle erfolgt, auf deren Vorschlag das Aufsichtsratsmitglied gewählt wurde.

(3) Eine Abberufung des in § 8 bezeichneten Mitgliedes des Aufsichtsrats kann auf Antrag von mindestens drei Aufsichtsratsmitgliedern durch das Gericht aus wichtigem Grunde erfolgen.

Dritter Teil
Vorstand

§ 12

Die Bestellung der Mitglieder des zur gesetzlichen Vertretung berufenen Organs und der Widerruf ihrer Bestellung erfolgen nach Maßgabe des § 75 des Aktiengesetzes durch den Aufsichtsrat.

§ 13

(1) Als gleichberechtigtes Mitglied des zur gesetzlichen Vertretung berufenen Organs wird ein Arbeitsdirektor bestellt. Der Arbeitsdirektor kann nicht gegen die Stimmen der Mehrheit der nach § 6 gewählten Aufsichtsratsmitglieder bestellt werden. Das gleiche gilt für den Widerruf der Bestellung.

(2) Der Arbeitsdirektor hat wie die übrigen Mitglieder des zur gesetzlichen Vertretung berufenen Organs seine Aufgaben im engsten Einvernehmen mit dem Gesamtorgan auszuüben. Das Nähere bestimmt die Geschäftsordnung.

Vierter Teil

Schlußvorschriften

§ 14

(1) Die Vorschriften dieses Gesetzes treten in Kraft

a) für Unternehmen, die dem Gesetz Nr. 27 der Alliierten Hohen Kommission nicht unterliegen, am 31. Dezember 1951,

b) für Unternehmen, die aus der Kontrolle nach dem Gesetz Nr. 27 der Alliierten Hohen Kommission entlassen werden, im Zeitpunkt ihrer Entlassung, spätestens am 31. Dezember 1951,

c) für Unternehmen, die auf Grund des Gesetzes Nr. 27 der Alliierten Hohen Kommission in eine „Einheitsgesellschaft" überführt werden, mit deren Errichtung, spätestens am 31. Dezember 1951,

d) für die übrigen Unternehmen in dem Zeitpunkt, in dem feststeht, daß sie auf Grund des Gesetzes Nr. 27 der Alliierten Hohen Kommission nicht in eine „Einheitsgesellschaft" überführt werden, spätestens am 31. Dezember 1951.

(2) Die Wahl von Aufsichtsratsmitgliedern nach §§ 5 und 6 findet erstmalig innerhalb von zwei Monaten nach Inkrafttreten dieses Gesetzes statt.

§ 15

Die Bundesregierung wird ermächtigt, durch Rechtsverordnung Vorschriften zu erlassen über

a) die Anpassung von Satzungen und Gesellschaftsverträgen an die Vorschriften dieses Gesetzes,

b) das Verfahren für die Aufstellung der in § 6 bezeichneten Wahlvorschläge.

Gesetz über die Mitbestimmung der Arbeitnehmer in den Aufsichtsräten und Vorständen der Unternehmen des Bergbaus und der Eisen und Stahl erzeugenden Industrie

Vom 21. Mai 1951

Erster Teil

Allgemeines

Vorbemerkung. Die Zusammenfassung der §§ 1, 2 ist systematisch zumindest nicht zwingend. § 1 steckt den Geltungsbereich des Gesetzes ab. § 2 drückt lediglich eine Selbstverständlichkeit aus; das Mißverständnis, dem die Vorschrift anscheinend vorbeugen will, kann ernstlich nicht auftauchen: das Gesetz gibt lediglich Sondernormen, so daß die allgemeinen Vorschriften daneben insoweit ohne weiteres Geltung behalten, als die Sonderregelung keinen abschließenden Charakter hat. Daß dies bei den Bestimmungen der §§ 4ff. und 12f. tatsächlich der Fall ist, kann aber nicht zweifelhaft sein. Schwierig ist allerdings die Abgrenzung in Einzelheiten; vgl. darüber die Anmerkungen, insbesondere Anm. 7 zu § 2, ferner Anm. 6 zu § 12. Anderseits ist nur § 1 zum Verständnis des Gesetzes unerläßlich, und die Vorschrift mußte daher auch unbedingt an die Spitze gestellt werden; § 2 hingegen hat den Charakter einer Schlußvorschrift. Es kommt aber hinzu, daß § 3, mit dem der Zweite Teil des Gesetzes beginnt, weit eher den Charakter einer „allgemeinen" Vorschrift aufweist, insofern die Sondervorschriften über die Zusammensetzung des Aufsichtsrats und über seine Kompetenz zur Bestellung der Mitglieder des „zur gesetzlichen Vertretung berufenen Organs" voraussetzen, daß bei allen Gesellschaften mit beschränkter Haftung und bergrechtlichen Gewerkschaften, welche die Voraussetzungen des § 1 erfüllen, ein Aufsichtsrat besteht. Sachlich hätten daher allenfalls die §§ 1—3 und wohl auch § 12 zu einem allgemeinen „Teil" zusammengefaßt werden sollen.

§ 1[1]

(1) Die Arbeitnehmer[2] haben ein Mitbestimmungsrecht[3] in den Aufsichtsräten[4] und in den zur gesetzlichen Vertretung berufenen Organen[5] nach Maßgabe dieses Gesetzes[6] in

a) den Unternehmen[7], deren überwiegender Betriebszweck[8] in der Förderung von Steinkohle, Braunkohle oder Eisenerz[9] oder in der Aufbereitung, Verkokung, Verschwelung oder Brikettierung dieser Grundstoffe[10] liegt und deren Betrieb unter der Aufsicht der Bergbehörden steht[11],

b) den Unternehmen[7] der Eisen und Stahl erzeugenden Industrie[8, 12] in dem Umfang, wie er in Gesetz Nr. 27 der Alliierten Hohen Kommission vom 16. Mai 1950 (Amtsblatt der Alliierten Hohen Kommission für Deutschland S. 299) bezeichnet ist[13], soweit diese Unternehmen in „Einheitsgesellschaften“[14] im Sinne des Gesetzes Nr. 27 überführt oder in anderer Form weiterbetrieben[15] und nicht liquidiert werden[16],

c) den Unternehmen[7], die von einem vorstehend bezeichneten[17] oder nach Gesetz Nr. 27 der Alliierten Hohen Kommission zu liquidierenden[18] Unternehmen[7] abhängig sind[19], wenn sie die Voraussetzungen nach Buchstabe a erfüllen oder überwiegend Eisen und Stahl erzeugen[20].

(2) Dieses Gesetz findet nur auf diejenigen in Absatz 1 bezeichneten Unternehmen Anwendung[1], welche in Form einer Aktiengesellschaft[21], einer Gesellschaft mit beschränkter Haftung[22] oder einer bergrechtlichen Gewerkschaft mit eigener Rechtspersönlichkeit[23] betrieben werden und in der Regel mehr als eintausend Arbeitnehmer beschäftigen[24] oder „Einheitsgesellschaften“ sind[25].

1. Die Vorschrift will den **Geltungsbereich des Gesetzes** in mehrfacher Hinsicht bestimmen. Ihr Aufbau leidet unter verschiedenen Schwierigkeiten teils sachlicher, teils mehr formeller Natur. Die sachliche Abgrenzung des Geltungsbereichs war politisch stark umstritten; die Formulierungsschwierigkeiten beruhen z. T. darauf, daß die Bestimmungen des Gesetzes u. a. den Komplex der deutschen Montanindustrie in der Gestalt ergreifen wollen, die er nach der von den Alliierten geforderten Entflechtung (Dekartellisierung) erhalten soll und die sich erst in ihren Grundzügen abzeichnen läßt.

Merkmale der Abgrenzung sind einmal die Rechtsform, in der ein Unternehmen betrieben wird, zum andern der Gegenstand des Unternehmens und schließlich dessen Größenordnung.

In großen Zügen geht die Regelung dahin, daß die vom Gesetz gewährte weitgehende Mitbestimmung der Arbeitnehmer in allen Aktiengesellschaften, Gesellschaften mit beschränkter Haftung und bergrechtlichen Gewerkschaften neuen Rechts Platz greifen soll, die entweder Kohlen- oder Eisenerzbergbau betreiben oder Eisen und Stahl erzeugen und diese Art des Gewerbes als überwiegenden Unternehmenszweck im Großen betreiben. Wegen der Einzelheiten vgl. unten Anm. 7.

Zweifelhaft ist, in welcher Weise das Bestehen oder Nichtbestehen der in § 1 aufgestellten Voraussetzungen für die Gesetzesanwendung im Streitfall festgestellt und wie die daran geknüpften Rechtsfolgen erzwungen werden sollen. Die Möglichkeit einer Feststellungsklage stößt auf verschiedene Schwierigkeiten. Ist der Streitgegenstand überhaupt vermögensrechtlicher Natur oder der Rechtsweg unzulässig? Einer „Verpflichtung" des Unternehmens auf Grund des Mitbestimmungsgesetzes entspräche offensichtlich kein subjektives Recht. Sachlich handelt es sich um die Frage, ob die Wahlkompetenz der Hauptversammlung usw. und damit das Stimmrecht der Anteilseigner eine Beschränkung erfahren hat. (Die „Pflicht" zur Bestellung eines Arbeitsdirektors ist nur ein Annex zu der besonderen Aufsichtsratbildung und ohne letztere nicht möglich, vgl. § 13 Abs. 1.) Soll eine derartige Feststellung getroffen werden können, so muß sie einheitlich für und gegen die Gesellschaft wirken, setzt also deren Prozeßbeteiligung voraus. Praktisch wird die Beschränkung der Wahlbefugnis nur bei der Wahl oder Abberufung des Aufsichtsrats; beschließt hier die Hauptversammlung, nach bisherigem Wahlmodus vorzugehen, und verfährt sie dementsprechend, so ist die Wahl anfechtbar, wenn die Voraussetzungen des § 1 vorliegen, andernfalls gültig — und umgekehrt. Es wird sich (außer wenn die Gesellschaft nur vinkulierte Namensaktien ausgibt) wohl sicherlich ein Aktionär finden, der gegen die Wahl — wie immer sie durchgeführt wurde — Widerspruch zu Protokoll geben wird. Vgl. §§ 197 Abs. 1, 198 Abs. 1 Nr. 1, 199 AktGes. Eine Klagebefugnis der Arbeitnehmer als solcher ist freilich nicht vorgesehen, und die Wahl wird innerhalb eines Monats mangels Anfechtung voll wirksam. Deshalb ist dann auch der Registerrichter selbst bei seiner Anrufung gehindert, etwa auf Grund § 89 AktGes. — vgl. §§ 10, 4 Abs. 1 Buchst. a), 5 — vorzugehen, wenn er sich selbst auf den Standpunkt stellen wollte, es seien nur fünf Mitglieder des Aufsichtsrats gesetzmäßig bestellt worden (abgesehen davon, daß damit zunächst nur die Notbestellung eines weiteren Mitgliedes erreicht würde). Ebensowenig aber wird, weil die Wahl gültig geworden ist, der Registerrichter § 7 heranziehen können, um etwa weitere Notbestellungen vorzunehmen. Dies alles wird erst möglich, wenn die Anfechtungsklage Erfolg hatte. Nur im Gründungsstadium prüft der Registerrichter die Aufsichtsratbestellung mit der Maßgabe, daß er bei nicht wirksamer Bestellung die Eintragung ablehnt. (Über die Anwendbarkeit des Mitbestimmungsgesetzes im Gründungsstadium s. unten Anm. 25.) Zweifellos steht in allen anderen Fällen die Verwirklichung des Gesetzes erheblich in Frage, wenn sich kein Anfechtungskläger findet. Es gibt nach Aktienrecht im allgemeinen auch keinen indirekten Zwang zur Aufsichtsratbestellung, geschweige denn zur Innehaltung eines bestimmten Bestellungsverfahrens. Vgl. zu allem auch Anm. 29 zu § 6 und Anm. 25 zu § 8. Trotz allem wird man Bedenken tragen dürfen, eine Feststellungsklage der Gesellschaft oder gegen sie hinsichtlich der Anwendbarkeit des Mitbestimmungsrechtes zuzulassen. Wer soll ihr Prozeßgegner sein? Materiell stehen sich Anteilseigner und Gewerkschaften bzw. Arbeitnehmer gegenüber. Für derartige wirtschaftlich-soziale Kollektivstreitigkeiten hat weder der Zivilprozeß noch das arbeitsgerichtliche Verfahren (abgesehen davon, daß keine Streitigkeit aus dem Arbeitsverhältnis vorliegt) Raum. Die Begründung einer verwaltungsgerichtlichen Sonderzuständigkeit oder allenfalls ein Feststellungsverfahren der freiwilligen Gerichtsbarkeit wäre hier wohl am Platze gewesen. Die in § 8 Abs. 3 vorgesehene Zuständigkeit des OLG. deckt den Streit über die grundsätzliche Anwendbarkeit des Mitbestimmungsgesetzes nicht. Diese an sich unerfreuliche Rechtslage bedeutet nun aber nicht, daß sich eine Hauptversammlung usw. ungefährdet über das Mitbestimmungsgesetz hinwegsetzen könnte. Die Mehrheit der Anteilseigner einer juristischen Person, auf die das Mitbestimmungsgesetz Anwendung findet, muß sich vielmehr darüber im klaren sein, daß die Nichtbeachtung der Vorschriften der §§ 4ff. die Gefahr der Auflösung der juristischen Person durch staatlichen Akt heraufbeschwört. Für Aktiengesellschaften nach § 288 AktGes., für Gesellschaften mit beschränkter Haftung durch § 62 GmbHGes. und analog § 43 Abs. 1 BGB. für die neueren Gewerkschaften ist eine solche Auflösung bei Gefährdung des Gemeinwohls, insbesondere durch gesetzwidrige Beschlüsse der Anteilseigner, um die es sich hier handeln würde, möglich. Über das Verfahren bei Gesellschaften mit beschränkter Haftung vgl. insbesondere § 62 Abs. 2 GmbHGes., bei bergrechtlichen Gewerkschaften § 44 Abs. 1 BGB. Für die Auflösung von Aktiengesellschaften ist nach § 288 AktGes. ein Antrag des Reichswirtschaftsministers beim Reichswirtschaftsgericht vorgesehen, an dessen Stelle später das Reichsverwaltungsgericht getreten ist. Nunmehr werden die für die Wirtschaft zuständigen obersten Landesbehörden als antragsberechtigt anzusehen sein, da ein Verwaltungsakt in Frage steht und für Verwaltungsakte i. Zw. keine Zuständigkeit des Bundes gegeben ist; vgl. Art. 129 Abs. 1 i. V. m. Art. 30 GG.

2. **Arbeitnehmer** sind die Arbeiter und die Angestellten (mit Ausnahme der Vorstandsmitglieder, Geschäftsführer u. dgl.). Der Begriff ist im Arbeitsrecht seit langem geklärt; vgl. Hueck-Nipperdey, Lehrbuch des Arbeitsrechts, § 14 N. 17, ferner neuestens Dersch, RdA. 51, 212ff. (215).

3. Das **Mitbestimmungsrecht der Arbeitnehmer** steht seit geraumer Zeit und neuerdings in verstärktem Maße im Mittelpunkt der Auseinandersetzungen über eine reformierte Sozialordnung in der Wirtschaft.

a) Was unter „Mitbestimmungsrecht" zu verstehen ist, läßt sich nicht allgemein definieren, sondern ist je nach dem Zusammenhang unterschiedlich zu beurteilen. Bei dem Gesetz v. 21. 5. 51 handelt es sich eindeutig um das sog. „innerbetriebliche" Mitbestimmungsrecht, also um ein Stück Betriebsverfassung. Die eine Zeitlang verfolgten Pläne, „Senate" für den Bergbau und die Eisen und Stahl erzeugende Industrie zu schaffen, die außer bei der Bildung des Aufsichtsrats permanente, für den ganzen Wirtschaftszweig bedeutsame Funktionen ausüben sollten, haben diesen Charakter des Gesetzes anfänglich in Frage gestellt; vgl. dazu § 11 Abs. 2 Reg.-Entw. (Anh. I_3). Diese Pläne sind jedoch in den Beratungen der Bundestagsausschüsse ziemlich einhellig fallen gelassen worden. Ihre Träger waren auch nicht die Gewerkschaften, und die im Regierungsentwurf vorgesehenen Zuständigkeiten der Senate blieben erheblich hinter dem zurück, was von Arbeitnehmerseite an „überbetrieblicher Mitbestimmung" gefordert worden ist.

b) Der Einfluß, den das Kohle-Eisen-Gesetz den Arbeitnehmern gewährt, ist echte Mitbestimmung (nicht bloß: „Mitsprache" i. S. der Terminologie des Meinungsstreits über eine neue Betriebsverfassung). Über die Problematik solcher Regelung vgl. insbesondere Hueck, „Der Betrieb" 1951, 167. Es ist in der Pressepolemik während der Ausschußarbeiten an dem Gesetzentwurf die

Auffassung vertreten worden, daß der Paritätsgrundsatz durch das Gesetz sogar zugunsten der Arbeitnehmer durchbrochen sei, weil der Arbeitsdirektor ihr Vertrauensmann sein müsse, im übrigen aber mit paritätischer Besetzung der Vorstands(usw.)-Posten zu rechnen sei. Der Einwand ist nicht ohne weiteres von der Hand zu weisen (s. dazu auch Anm. 6 zu § 12); entscheidend wird es dabei auf die Persönlichkeit des „elften" Aufsichtsratsmitgliedes ankommen (s. dazu Hueck a.a.O., ferner Kötter, NJW 1951, 417ff. u. Anm. 1 Abs. 4 zu § 8). Im übrigen kann aber darauf vertraut werden, daß auch hier die Gesetze der wirtschaftlichen Gegebenheiten die theoretische Möglichkeit rein politisch gefärbter Entscheidungen hintanhalten werden. Die gegenteiligen Befürchtungen, die von Unternehmerseite geäußert worden sind, verkennen doch allzustark, daß die Arbeitnehmerschaft an einer gedeihlichen Fortentwicklung der Unternehmen selbst interessiert sein wird und daß der Unternehmer es in der Hand hat, auf mancherlei Art dies Interesse noch zu steigern. Vgl. zu der Frage auch Anm. 6 zu § 6.

c) Das Kohle-Eisen-Gesetz regelt nicht sämtliche Folgen der Gewährung eines Mitbestimmungsrechts der Arbeitnehmer, sondern nur die unter dem Gesichtspunkt solcher Mitbestimmung stehende Zusammensetzung der vertretungsberechtigten Organe (einschl. des Aufsichtsrats) der vom Gesetz betroffenen juristischen Personen (darüber s. unten Anm. 20—23). Das ist in doppelter Hinsicht von Bedeutung. Einmal soll die gesetzliche Regelung im Kohle-Eisen-Bereich nicht bedeuten, daß dort andere Ausprägungen des Mitbestimmungsrechts nicht auch noch in Erscheinung treten könnten. Wo es zweifelhaft sein kann, ob die Kohle-Eisen-Regelung andere Formen einer Mitbestimmung, welche das allgemeine Betriebsverfassungsrecht künftig enthalten wird, gegenstandslos erscheinen läßt oder nicht, wird das z. Z. noch im Stadium der Ausschußberatungen befindliche Betriebsverfassungsgesetz (vgl. BT-Drucks. Nr. 1546 u. 970) vielleicht gut tun, eine ausdrückliche Regelung zu treffen. Auf der anderen Seite beansprucht die Kohle-Eisen-Regelung insofern den Vorrang vor dem allgemeinen Betriebsverfassungsrecht, als es sich um die Zusammensetzung des Aufsichtsrats und um die Bestellung und Zusammensetzung des Vorstandes usw. handelt. Zwar ist nicht anzunehmen, das insofern das allgemeine Betriebsverfassungsrecht in irgendeinem Punkte über die Kohle-Eisen-Regelung hinausgreifen könnte; in jedem Falle aber muß diese als eine abschließende Ordnung der in ihr behandelten besonderen Fragenkreise angesehen werden. Vgl. dazu noch Anm. 5 zu § 2.

d) Im übrigen schließt der Sondercharakter des Gesetzes mit völliger Sicherheit die entsprechende Anwendung irgendeiner seiner Bestimmungen oder eine etwa im Wege der Auslegung zu erreichende Ausdehnung seines Geltungsbereichs aus.

e) Als Mitbestimmung oder „Mitherrschaft" hat man im Bereich der Kapitagesellschaften auch den Inhalt der den Anteilseignern zustehenden Rechtsmacht bezeichnet. Vgl. z. B. Godin-Wilhelmi Anm. 11 zu § 1. Dagegen ist vom Standpunkt allgemeiner Rechtssystematik auch nichts einzuwenden. Die Mitgliedschaftsrechte gewähren kein unmittelbares Herrschaftsrecht über das Unternehmen, sondern nur die Befugnis, diese Herrschaft zusammen mit den übrigen Mitgliedern (sofern sie sich an der Bildung eines gemeinschaftlichen Willens beteiligen) zu beeinflussen und in diesem Sinne durch „Mitbestimmung" auszuüben. Betätigungsfeld für diese Mitbestimmung ist — abgesehen von der aktienrechtlichen Anfechtungsklage — nur die Hauptversammlung (Gesellschafterversammlung). Verglichen damit, ist die den Arbeitnehmern zugestandene Mitbestimmung eine solche auf höherer Ebene: sie trifft sich erst im Aufsichtsrat und Vorstand mit der Resultante der Willensrichtungen der Anteilseigner. Der Versammlung der Anteilseigner muß daher hier im Zweifel — und in dem gesetzlich möglichen Rahmen — die dem Einzelunternehmer zukommende Funktion beigemessen werden. Das wird bei allen Auslegungsfragen berücksichtigt werden müssen, die nach dem Aktiengesetz bisher unter dem Gesichtspunkt der präsumtiven Gleichheit von Aufsichtsrats- und Aktionärwillen in anderem Lichte erschienen. Vgl. dazu auch unten Anm. 19, ferner Anm. 7 zu § 2, Anm. 6 zu § 12 u. Anm. 8 zu § 13.

4. **Aufsichtsräte** bestehen bisher zwingend nur bei den Aktiengesellschaften und den Kommanditgesellschaften auf Aktien, bei Gesellschaften mit beschränkter Haftung und bergrechtlichen Gewerkschaften nur fakultativ. Vgl. §§ 23 Abs. 1, 86ff., 229 AktGes., 52 GmbHGes. sowie Anm. 3 zu § 3. Auf Kommanditgesellschaften auf Aktien findet das Kohle-Eisen-Gesetz indessen keine Anwendung; vgl. § 1 Abs. 2 u. unten Anm. 21. Für die unter das Gesetz fallenden Gesellschaften mit beschränkter Haftung und bergrechtlichen Gewerkschaften ist künftig die Bildung eines Aufsichtsrats in gleicher Weise zwingend wie bei der Aktiengesellschaft; vgl. Anm. 5 zu § 3.

5. Mit den „zur gesetzlichen Vertretung berufenen Organen" sind, wie der Zusammenhang ergibt, nicht auch die Aufsichtsräte gemeint (obwohl auch sie die juristische Person u. U. — gegenüber dem Vorstand usw.! — gesetzlich vertreten, § 97 Abs. 1 AktGes.), erst recht nicht natürlich die Hauptversammlung der Aktiengesellschaft (obwohl man im Falle der Fusion sagen kann, daß beide beteiligten Gesellschaften hier von der Hauptversammlung gesetzlich vertreten werden; jedenfalls handeln die Vorstände bei Abschließung der Verschmelzungsverträge ohne Vertretungsmacht, vgl. dazu statt aller: Baumbach-Hueck, Anm. 2 A zu § 234). Gemeint sind vielmehr **die geschäftsführenden Organe:** Vorstand der Aktiengesellschaft (§§ 70ff. AktGes.), Geschäftsführer der GmbH. (§§ 35ff. GmbHGes.) und Repräsentant oder Grubenvorstand der Gewerkschaft (nach den geltenden Ländergesetzen; vgl. namentlich §§ 117ff. des Allg. Berggesetzes für die Preußischen Staaten v. 24. 6. 1865). Zwar braucht nach allgemeinem Gesellschaftsrecht die Aktiengesellschaft (§ 70 Abs. 2 S. 1 AktGes.) nur einen Einzelvorstand und die Gesellschaft mit beschränkter Haftung (§ 6 Abs. 1 GmbHGes.) nur einen Geschäftsführer zu haben; ebenso kann bei der bergrechtlichen Gewerkschaft statt eines — mehrköpfigen — Grubenvorstandes ein einzelner „Repräsentant" bestellt sein (vgl. § 117 Abs. 1 u. 2 Allg. Bergges.); indessen wird beides im Bereich des Mitbestimmungsgesetzes kaum noch vorkommen, wenngleich die Vorschrift des § 13 (vgl. Anm. 1 zu § 12 u. Anm. 1 Abs. 1 zu § 13) dem nur scheinbar entgegensteht. Ohnehin drängt die wirtschaftliche Entwicklung seit langem zu mehrgliedrigen geschäftsführenden Organen, und die Institution eines „Arbeitsdirektors" (§ 13) wird in derselben Richtung wirken.

6. Die Formel „nach Maßgabe dieses Gesetzes" ist an sich eine Selbstverständlichkeit. Sie soll aber wohl den Ausnahmecharakter des Kohle-Eisen-Gesetzes betonen. Im übrigen wird durch sie auch das logische Verhältnis der

beiden Absätze des § 1 unterstrichen. Die Mitbestimmung in der Form einer Beteiligung bei der Zusammensetzung des Aufsichtsrats regeln im einzelnen §§ 4—11, den Einfluß der Arbeitnehmer im Vorstand behandeln §§ 12 u. 13. Über das Verhältnis des Gesetzes zum allgemeinen Betriebsverfassungsrecht vgl. Anm. 5 zu § 2.

7. Das Gesetz spricht von einem Mitbestimmungsrecht in **„Unternehmen"**. Dieser Begriff gehört dem Wirtschaftsrecht an. Ob er hier wirklich gemeint ist, muß zumindest zweifelhaft erscheinen. Die Ausdrucksweise des Gesetzes ist hier inkorrekt, insofern es die Auswirkung des festgelegten Mitbestimmungsrechts kennzeichnen will; denn dieses tritt jeweils nur in den Organen juristischer Personen in Erscheinung. Letztere sind jedoch nicht mit dem Unternehmen identisch; vielmehr betreiben sie, wenn das Gesetz auf sie zutreffen soll, ein Unternehmen der in § 1 gekennzeichneten Art (richtig z. B. die Terminologie des § 3). Ein Vorbild findet § 1 allenfalls in der bekannten Konzernvorschrift des § 15 AktGes.; dort ist aber immerhin von einem „rechtlich selbständigen Unternehmen" die Rede. (Über die sich bei Konzernen und Konzernunternehmen aus dem Mitbestimmungsgesetz ergebenden Probleme vgl. unten Anm. 19) § 1 hat aber, wie die Bestimmung des Abs. 2 ergibt, in Wirklichkeit einen sehr viel engeren Begriff als § 15 AktGes. im Auge, nämlich Unternehmen, die in Form einer Aktiengesellschaft, Gesellschaft mit beschränkter Haftung oder neueren Gewerkschaft betrieben werden (vgl. oben Anm. 1 Abs. 3 u. unten Anm. 21—23). Wenn die Vorschrift trotzdem von „Unternehmen" spricht, so geschieht dies offenbar im Hinblick auf die Abgrenzung des sachlichen Bereichs, in dem das Gesetz überhaupt gelten soll. Diese Abgrenzung ist infolge der inneren Verknüpfung des Mitbestimmungsgesetzes mit dem Gesetz Nr. 27 der Alliierten Hohen Kommission (Anh. II_1) kompliziert. Das Gesetz Nr. 27 will die Entflechtung der Schwerindustrie namentlich des Ruhrgebietes sicherstellen. Es sieht deren Neuordnung vor, ohne sie indessen selbst durchzuführen. Zwar ist in ihm die Liquidation einer Reihe von Firmen bereits positiv angeordnet (vgl. Art. 2 Abs. 1 S. 2 d. Ges. Nr. 27 u. die in seinem Anhang A enthaltene Firmenliste). Darin soll sich die Neuordnung jedoch nicht erschöpfen; ihr geht eine Überprüfung zahlreicher anderer Firmen voraus (vgl. Art. 2 u. 3. Ges. Nr. 27 und die Listen in seinen Anhängen C u. E). Erst danach kann der nächste Akt der Neuordnung in vollem Umfang durchgeführt werden: die Errichtung einer Reihe von Kerngesellschaften, sog. „Einheitsgesellschaften", deren wirtschaftliche und juristische Struktur zu beeinflussen die Alliierten sich vorbehalten haben. Daneben wird die Überprüfung der Schwerindustrie in einzelnen Fällen dazu führen, die augenblicklichen Strukturverhältnisse im wesentlichen bestehen zu lassen: es ist vorgesehen, gewisse Firmen aus der Kontrolle gem. Ges. Nr. 27 zu entlassen; das ist nach Verabschiedung des Mitbestimmungsgesetzes auch in verschiedenen Fällen geschehen, s. dazu Anm. 5 u. 10 zu § 14. Ob die Neuregelung formell auf Grund des Gesetzes Nr. 27 durchgeführt oder an dessen Stelle zuvor noch ein deutsches Gesetz treten werde, war bei Beratung des Kohle-Eisen-Gesetzes eine offene Frage. Die Erwägung, daß letzterer Fall eintreten könnte und der Wunsch, auch dann Einrichtungen zu erhalten und auszudehnen, die unter der alliierten Kontrolle z. T. schon eine Mitbestimmung der Arbeitnehmer sichergestellt haben, ist ein Haupt-

beweggrund für die Einbringung der Regierungsvorlage gewesen. Diesen Beweggründen konnte nur durch eine Änderung des deutschen Gesellschaftsrechts Rechnung getragen werden. Andererseits soll diese Änderung außer für die Eisen und Stahl erzeugende Industrie, für die sie weitgehend eine Erhaltung des schon jetzt vorhandenen Zustandes bedeutet, nur für den mit ihr wirtschaftlich eng zusammenhängenden Kohlen- und Erzbergbau gelten. Ob das Gesetz diese Ziele nicht noch klarer hätte zum Ausdruck bringen können, kann dahingestellt bleiben. Die Zielsetzung selbst steht außer Frage. Dem Regierungsentwurf war zwar keine Begründung beigegeben worden. Er ging aber auf Verhandlungen der vom Bundeskanzler zwecks Vermeidung des von den Gewerkschaften angekündigten Generalstreiks zusammengerufenen Sachverständigen zurück. (Vgl. dazu die Darstellung bei Höcker-Johannsen, „Mitbestimmung der Arbeitnehmer usw.", Vorwort S. 6, ferner die in Anh. I_1 abgedruckten „Richtlinien über die Mitbestimmung in der Kohle und Eisen schaffenden Industrie" v. 27. 1. 51) Die Formulierung in der Regierungsvorlage (Anh. I_3) als auch im endgültigen Gesetzestext leidet unter der Schwierigkeit, der noch ungewissen Art der Neugestaltung der betroffenen Industrie Rechnung zu tragen. Sie machte es nötig, mit verschiedenen Möglichkeiten der Neuordnung zu rechnen, deren Verwirklichung für den Geltungsbereich des Gesetzes teils gleichgültig bleiben, teils ihn beeinflussen soll. (Vgl. dazu im einzelnen unten Anm. 15, 20 u. 25.) — Eine andere Frage ist es, ob der Begriff des „Unternehmens" in den Fällen, in denen das Mitbestimmungsgesetz Anwendung findet, nicht die entscheidende Auslegungsgrundlage für das Wechselwirken von Anteilseignerversammlung, Aufsichtsrat, Vorstand usw. wie auch für das Verhältnis der bei der Bestellung der beiden letztgenannten Organe beteiligten Faktoren abgeben muß und dazu führt, daß jede Machtsphäre nicht so sehr im Hinblick auf die des anderen Beteiligten oder des anderen Organs, als vielmehr auf das Unternehmen in seiner gesamtwirtschaftlichen Einordnung und Sozialfunktion zu bestimmen und abzugrenzen ist. S. dazu namentlich Anm. 7 zu § 2, Anm. 6 zu § 3, Anm. 26 zu § 6 u. Anm. 4 zu § 13.

8. Das Gesetz stellt in Abs. 1 Buchst. a bei der Abgrenzung des Bergbaus ausdrücklich auf den **„überwiegenden Betriebszweck"** ab. Dieser Begriff ist darüber hinaus aber in jedem Falle von Bedeutung, in dem entschieden werden muß, ob eine Körperschaft unter das Gesetz fällt. Er wohnt nämlich der Sache nach in gleicher Weise der in Buchst. b enthaltenen Abgrenzungsnorm inne: auch hier kann von einem „Unternehmen der Eisen und Stahl erzeugenden Industrie" nur dann die Rede sein, wenn die Erzeugung von Eisen oder Stahl den überwiegenden Betriebszweck darstellt; vgl. dazu unten Anm. 12, Buchst. c bringt dies vollends zum Ausdruck, wenn dort einmal auf Buchst. a verwiesen und die Teilbezugnahme auf Buchst. b dadurch umschrieben wird, daß „überwiegend" Eisen und Stahl erzeugt werden müsse; s. auch unten Anm. 20. Die unterschiedliche Fassung in Buchst. a und b hat z. T. darin ihren Grund, daß in den Beratungen der Bundestagsausschüsse die im Regierungsentwurf enthaltene Wendung „Unternehmen des Bergbaus" für zu eng erachtet wurde; vgl. ArbKreisProt. Nr. 2 S. 3 u. dazu unten Anm. 11.

Die Bedeutung, welche danach dem Begriffe des „überwiegenden Betriebszwecks" zukommt, ergibt sich schon aus dem oben Anm. 7 Gesagten. Die

Formen der Mitbestimmung, die das Kohle-Eisen-Gesetz vorsieht, sind gesellschaftsrechtlicher Natur, genauer gesagt: sie modifizieren die Organisation einer Körperschaft. Da die Organisation denknotwendig für die gesamte Körperschaft einheitlich ist, kann das Kriterium des Betriebszwecks für ein und dieselbe Körperschaft nur zur völligen Bejahung oder völligen Verneinung der Anwendbarkeit des Gesetzes führen. Eine Aufspaltung nach Betriebsabteilungen, wie sie bei einer Sozialisierung (im Sinne der — sachenrechtlichen — Überführung von Produktionsstätten in Gemeineigentum) in Betracht kommen kann, ist hier begrifflich nicht möglich. Infolgedessen muß für jede juristische Person insgesamt geklärt werden, ob das von ihr betriebene Unternehmen in den von Absatz 1 umschriebenen Bereich fällt. Die Lösung kann nur durch die Feststellung gefunden werden, welcher Betriebszweck, im ganzen gesehen, überwiegt. Dafür, wann dies der Fall ist, gibt das Gesetz keinen Anhaltspunkt. G r e n z f ä l l e, in denen die Feststellung erhebliche Schwierigkeiten bereiten kann, sind vielfach denkbar. Es liegt nahe, allein auf die Zahl der beschäftigten Arbeitnehmer abstellen zu wollen, weil das Gesetz selbst in anderem Zusammenhang (§ 1 Abs. 2) dies Kriterium verwendet. Indessen dürfte in solcher Argumentation ein Trugschluß liegen. Absatz 2 will sicherstellen, daß das Gesetz nur auf diejenigen Körperschaften Anwendung findet, welche ein Unternehmen überdurchschnittlicher Größenordnung betreiben. (Vgl. dazu unten Anm. 24!) Nun läßt sich zwar auch schon darüber streiten, ob bei dieser Abgrenzung nicht zweckmäßig zwischen Bergbau und Eisen- und Stahlindustrie unterschieden worden wäre, weil die Arbeitsintensität bei beiden nicht gleich ist. Das mag nun bei der Roh-Abgrenzung des Geltungsbereichs des Gesetzes, die § 1 Abs. 2 insoweit vornimmt (vgl. dazu unten Anm. 24), noch außer acht bleiben können. Es würde jedoch zu völligen Fehlentscheidungen führen, wenn man nur an Hand der Beschäftigtenzahlen das Überwiegen dieses oder jenes Betriebszwecks ermitteln wollte. Vielmehr kann die Zahl der in verschiedenen Betriebsabteilungen beschäftigten Arbeitnehmer nur einer von mehreren Anhaltspunkten für die Einordnung des Gesamtunternehmens sein. Daneben werden namentlich das in diesem oder jenem Zweig des Unternehmens investierte Kapital und der Anteil am Ertrag in Betracht gezogen werden müssen. So kann vielleicht bei einem großen Elektrizitätsunternehmen die Zahl der in seinen Kohlenbergwerken beschäftigten Arbeitnehmer weit über der Hälfte aller im Unternehmen beschäftigten Personen liegen; auch wenn die Gesamtzahl der Beschäftigten eintausend übersteigt, wird das Gesetz keine Anwendung finden, falls die Verteilung der Investitionen und der Wertschöpfung klar den Vorrang der Stromerzeugung und -verteilung (Überlandzentralen u. dgl.) ergeben. Es kann unter gleicher Voraussetzung auch nichts ausmachen, ob in einem Unternehmen die Zahl der im Bergbau oder bei der Eisen- und Stahlerzeugung Beschäftigten eintausend übersteigt; sind gleichwohl z. B. die zur chemischen Industrie oder zur Stahlverarbeitung gehörenden Betriebsabteilungen für den Gesamtcharakter des Unternehmens bestimmend, so fällt dieses nicht unter das Gesetz. Ein Fall wird allerdings, obwohl der reine Wortlaut des Gesetzes vielleicht dagegen spricht, besonders zu behandeln sein: der **Verband von Bergbau und Eisen- und Stahlerzeugung** ist nicht nur für die Anwendbarkeit des Gesetzes unter dem Gesichtspunkt der Beschäftigtenzahl (vgl. § 1 Abs. 2), sondern auch bei der Frage nach dem überwiegenden Betriebszweck gegenüber anderen Zweigen des Unternehmens als eine Einheit zu betrachten. Es wird also weder eine Aktiengesellschaft, von der sich nicht sagen läßt, ob bei ihr der Bergbau oder die Erzeugung von Roheisen überwiege, der Regelung des Gesetzes entgehen können, noch ließe sich dessen Anwendbarkeit bei einem Unternehmen verneinen, in welchem der Anteil der chemischen Industrie oder der der Eisenverarbeitung größer ist als der Anteil des Bergbaus und auch größer als der der Eisen- und Stahlerzeugung, wenn nur die beiden letzteren Zweige zusammengenommen überwiegen. Das allein entspricht dem Sinn des Gesetzes. Die Fragen werden vielleicht deshalb nicht so oft Bedeutung erlangen, weil nach der jetzigen Wirtschaftsordnung in Deutschland die „Verbundwirtschaft" stark eingeschränkt ist.

9. Die **Förderung** von Stein- oder Braunkohle oder von Eisenerz ist der eigentliche Betriebszweck der ersten Hauptgruppe von Unternehmen, für die das Mitbestimmungsrecht gelten soll. Darüber, daß sich das Gesetz bei dieser Gruppe nicht auf den reinen Bergbau beschränken wollte, und in welcher Weise hier die dem Gesetzeszweck entsprechende Abgrenzung vorzunehmen ist, s. unten Anm. 11. — Die Begriffe Steinkohle und Braunkohle bieten keine Abgrenzungsschwierigkeiten. Sog. Pechkohle ist Braunkohle, desgl. Schwelkohle (Braunkohle von besonderer chemischer Zusammensetzung, insbesondere mit hohem Gehalt an Bitumen). — **Eisenerze** sind nach dem hier für maßgeblich zu erachtenden, dem Gesetzeszweck entsprechenden technischen Sprachgebrauch nicht alle eisenhaltigen Mineralien, sondern nur solche, die der industriellen Gewinnung von Roheisen (Verhüttung) dienen. Als solche kommen für den Bergbau in Westdeutschland namentlich Spateisenstein (Sphärosiderit) und Brauneisenerze (Limonite) in Betracht, die auch unter verschiedenen anderen Bezeichnungen bekannt sind. Vgl. dazu und auch zum folgenden Koch-Kienzle HW. d. Technik I 325 unter „Eisenerze") Hingegen dient Schwefelkies (Pyrit) praktisch ausschließlich der Gewinnung von Schwefelsäure, so daß Schwefelkiesgruben nicht unter das Gesetz fallen dürften, mithin auch bei der Feststellung des „überwiegenden Betriebszwecks" dem Eisenerzbergbau nicht zuzurechnen sind; s. dazu die vorige Anm. a. E.

10. Mit der Aufbereitung, Verkokung, Verschwelung und Brikettierung erwähnt das Gesetz industrielle Verfahren, die regelmäßig oder zumindest häufig in mit Bergwerksbetrieben verbundenen Betriebsstätten vor sich gehen. **Aufbereitung** bedeutet in bezug auf bergmännisch gewonnene Rohstoffe jedes — auf physikalische oder physikalisch-chemische Gesetze gestützte — Verfahren, durch welches die Rohstoffe zu absatzfähigen, handelsüblichen Produkten werden; es handelt sich hier um die unterste Stufe der „Veredelung". In Betracht kommen vor allem die verschiedenen Methoden der Klassierung und Sortierung (einschl. der Zerkleinerung). Die Aufbereitung geht üblicherweise in eigenen Betriebsanlagen der Bergwerksunternehmen vor sich, so daß ihre Erwähnung überflüssig war; diese entspringt anscheinend der Besorgnis, daß andernfalls durch Zerreißung z. T. einheitlicher Unternehmen ein Teil der Betriebe der Mitbestimmung nach diesem Gesetz entzogen werden könnte. **Verkokung** ist die Erhitzung namentlich der Steinkohle, deren unmittelbarer Zweck im Einzelfalle verschieden sein kann; es gibt sog. Hüttenkokereien, bei denen das Verfahren der Roheisengewinnung dient und auf ihre Bedürfnisse

abgestellt ist; in anderen Fällen kann die Erzeugung von sonstigem Spezialkoks (Gießereikoks) oder von Leuchtgas im Vordergrund stehen. Gerade bei Kokereien ist die Einschränkung, daß der Betrieb des Unternehmers unter Bergaufsicht stehen müsse, von wesentlicher Bedeutung (s. dazu unten Anm. 11). Hüttenkokereien fallen aber unter dem Gesichtspunkt des Buchst. b für die Anwendbarkeit des Gesetzes ins Gewicht, weil sie zur Eisen- und Stahlerzeugung gehören. **Verschwelung** oder Schwelung nennt man das Erhitzen der Braunkohle. Beim Schwelen entstehen Braunkohlenteer (Paraffingewinnung!), ferner Schwelgase und als Rückstand der sog. Grudekoks, aus dem Elektrodenkoks hergestellt wird. Bei der Verkokung und Verschwelung liegen die Grenzen des Bergbaus gegenüber der Hüttenindustrie und gegenüber der chemischen Industrie. Es ist klar, daß die Behandlung der Produkte (insbesondere der Nebenprodukte) dieser Prozesse ihnen selbst nicht mehr zuzurechnen ist. Das nimmt auch niemand an; sonst brauchte z. B. kein Wort über die Mitbestimmung in der chemischen Industrie verloren zu werden. **Brikettierung** ist bei Steinkohle und Braunkohle, aber auch bei Eisenerz möglich. Ihr Ziel ist, durch Bindung von Kohleteilchen bzw. durch Zerteilung von Erzklumpen die Mineralien stückig zu machen und dadurch die Möglichkeiten ihrer Verwendung zu steigern.

11. Das Erfordernis der **Betriebsaufsicht der Bergbehörde** ist in das Gesetz aufgenommen worden, weil der ursprünglich zur Abgrenzung herangezogene Begriff „Bergbau“ als zu eng angesehen wurde und dafür ein neues Abgrenzungskriterium gefunden werden mußte; vgl. dazu oben Anm. 8 Abs. 1 a. E. Ob damit bei wortgetreuer Auslegung wirklich eine Ausweitung des Geltungsbereichs des Gesetzes gegenüber dem Regierungsentwurf erreicht wäre, muß bezweifelt werden. Bei der Fassung hat insbesondere die Frage nach der Behandlung der **Brikettfabriken** eine Rolle gespielt. Anderseits liegt es auf der Hand, daß ohne die Bezugnahme auf die Bergaufsicht ein erheblicher Kreis von Betriebsstätten der chemischen Industrie, Gasanstalten u. a. für die Anwendung des Gesetzes in Betracht gekommen wäre, was — im Gegensatz zur Brikettfabrikation — nicht beabsichtigt war. Bei den Brikettfabriken ist der Arbeitskreis der Bundestagsausschüsse davon ausgegangen, daß auch Brikettfabriken ohne eigene Förderung der Bergaufsicht unterliegen. Der Fall dürfte z. Z. von nur geringer praktischer Bedeutung sein. Mit zunehmendem Abbau von Braunkohlenfeldern können aber Schwierigkeiten entstehen. Die Bergaufsicht erstreckt sich nämlich von Rechts wegen nur dann auf eine Brikettfabrik, wenn diese bergbaulicher Nebenbetrieb ist. Daß davon noch gesprochen werden könnte, wenn der Bergbauberechtigte nicht nur mehr oder minder freiwillig vom weiteren Abbau unrentabel gewordener Braunkohlenfelder absieht, sondern wegen völliger Erschöpfung der eigenen Felder zur Brikettierung ausschließlich fremder Braunkohle übergegangen ist, muß wohl verneint werden. Nach § 196 Abs. 3 i. V. m. § 58 AllgBergges. ist bei Anlagen, die als bergbauliche Nebenbetriebe gelten sollen, räumlicher und betrieblicher Zusammenhang mit dem Bergwerksbetrieb erforderlich; nur dann auch unterliegt die Anlage der Bergaufsicht. Die Frage des „Zusammenhangs“ ist nun bisher im wesentlichen nur im Sinne des örtlichen Zusammenhanges gestellt und insoweit mit Recht je nach der Lage des Einzelfalles beantwortet worden; vgl. dazu Boldt, Anm. 3 zu § 196. Sie kann aber m. E. überhaupt nicht mehr gestellt werden, wenn die ursprüngliche Nebenanlage zum alleinigen (Haupt-)Betrieb geworden ist. Indessen wird anzunehmen sein, daß durch eine solche Entwicklung die Anwendbarkeit des Gesetzes auf die bei seinem Inkrafttreten der Bergaufsicht auch in bezug auf die Brikettfabrik unterliegenden Unternehmen nicht beeinträchtigt würde. Das Gesetz geht hier unzweifelhaft von den gegenwärtigen Verhältnissen aus, bei denen, soweit feststellbar, noch für alle Brikettfabriken Bergaufsicht besteht. — Im übrigen ist daran festzuhalten, daß Unternehmen, bei denen der überwiegende Teil ihrer Betriebe nicht unter Bergaufsicht steht, unter den Gesichtspunkten des Buchst. b oder des Buchst. c (2. Alternative) unter das Gesetz fallen können.

12. **Eisen und Stahl erzeugende Industrie** ist als Gegensatz zur Eisen- und Stahlverarbeitung aufzufassen. In den Ausschußberatungen und in der 2. Lesung hat es nicht an Versuchen gefehlt, den Geltungsbereich des Gesetzes in diesem Punkte erheblich auszuweiten. Es war einmal angestrebt worden, hier den Gesetzestext durch die Fassung „Eisen- und Stahlindustrie" zu ersetzen (vgl. ArbKreisProt. Nr. 2 S. 4f.). Nachdem sich schon die Mehrheit des von den beteiligten Ausschüssen gebildeten Arbeitskreises hiergegen ausgesprochen hatte, wurde in der gemeinsamen Sitzung der Ausschüsse vom 12. 3. 51 (vgl. Kurzprotokoll dieser Sitzung S. 4) vom Abg. Dr. Schöne (SPD) der Antrag gestellt, den Begriff der Eisen und Stahl erzeugenden Industrie durch Einfügung folgenden Zusatzes zu bestimmen:

> „Zu den Unternehmen der Eisen und Stahl erzeugenden Industrie im Sinne dieses Gesetzes gehören alle Unternehmen, die Eisen und Stahl erzeugen oder insbesondere warm verarbeiten, einschließlich aller Betriebsabteilungen."

Der Antrag wurde mit 26 : 17 Stimmen abgelehnt. Auch ein ähnlicher Antrag des Abg. Dr. Koch (SPD), der in anderer Hinsicht hierüber noch hinausging, verfiel in der 2. Lesung des Bundestages der Ablehnung (vgl. BT.-Prot. über die 129. Sitzung S. 4908 D u. 4909 A). Es erhebt sich die Frage, was aus den Gesetzesmaterialien insoweit für die Abgrenzung des gesetzlichen Geltungsbereichs zu gewinnen ist. Sicher ist, daß die Umschreibung des Wirtschaftszweigs nicht als einziges Abgrenzungsmoment in Betracht kommt: abgesehen von den § 1 Abs. 2 zu entnehmenden Kriterien (vgl. dazu unten Anm. 21—25), bleibt im Rahmen der Eisen- und Stahlindustrie jedenfalls die durch Bezugnahme auf das Gesetz Nr. 27 der Alliierten Hohen Kommission gezogene Grenze (über diese s. unten Anm. 13) bestehen. Diese Grenze deckt sich nun vielfach mit derjenigen des Bereichs der Eisen und Stahl erzeugenden Industrie, da das Gesetz Nr. 27 die Montanindustrie in allererster Linie erfaßt. Indessen ergeben sich aus dem Umstande, daß innerhalb dieses Bereichs eine weitgehende, die juristische Struktur berührende Neuordnung bevorsteht, Gesichtspunkte, die auch der im Gesetz enthaltenen Abgrenzung nach Wirtschaftszweigen erhebliche Bedeutung verleihen. Die im Verlauf der 2. Lesung im Plenum des Bundestags von dem Abg. Dr. Schröder-Düsseldorf (CDU) geäußerte gegenteilige Auffassung (vgl. BT.-Prot. über die 129. Sitzung S. 4907 A u. B) trifft insoweit nicht zu. Zwar kann die Neuordnung möglicherweise so ausfallen, daß in allen aus ihr hervorgehenden Gesellschaften der Anteil der verarbeitenden Industrie gegenüber dem der Eisen- und Stahlerzeugung nicht ins Gewicht fällt. Dann ist es im praktischen Endergebnis allerdings bedeutungslos, daß man keinen weiteren Begriff als den der Eisen und Stahl erzeugenden Industrie in das Gesetz aufgenommen hat. Denn es ist niemals auf einzelne Betriebsabteilungen als solche, sondern auf den überwiegenden Gesamtzweck des Unternehmens abzustellen; vgl. oben Anm. 8. Nun kann es aber sein, daß je nach dem Grade, in welchem die Neuordnung eine Verbundwirtschaft zuläßt, juristisch selbständige Unternehmen der eisenverarbeitenden Industrie entstehen. Auch wenn diese dann von einem anderen Unternehmen abhängig sind, ist ihr Betriebszweck, für sich allein betrachtet, entscheidend für die Frage der Anwendbarkeit des Gesetzes. In jedem Falle — also auch bei Abwägung der Betriebsabteilungen jedes in sich selbständigen Unternehmens — ist aber für die Ermittlung des überwiegenden Betriebszwecks die bloße Eisenverarbeitung als „gesetzesfremd" zu werten, so daß bei ihrem Überwiegen das Gesamtunternehmen (auch wenn es z. B. eine Siemens-Martin-Abteilung o. dgl. haben sollte) nicht unter das Gesetz fällt. Bei Maschinenfabriken, Stahlbauunternehmen u. a., die also unzweifelhaft nicht Eisen und Stahl erzeugen, ist es daher von entscheidender Bedeutung, ob sie bei der Neuordnung eigene Rechtspersönlichkeit erhalten (oder behalten) oder ob sie juristisch unselbständige Betriebsabteilungen z. B. eines Hüttenunternehmens werden. Diese Folgerung ergibt sich im einzelnen aus Abs. 2 i. V. m. Abs. 1 Buchst. c. Vgl. darüber auch unten Anm. 19 u. 20. Nur im letzterwähnten Falle können die Arbeitnehmer solcher Werke die qualifizierte Mitbestimmung nach dem Kohle-Eisen-Gesetz erhalten.

Die Grenzziehung zwischen Eisen- und Stahlerzeugung und der übrigen Eisen- und Stahlindustrie ist hiernach wichtig und im einzelnen nicht immer leicht. Unzweifelhaft zur **„Eisen- und Stahlerzeugung"** sind die Gewinnung von Roheisen (Hochofenprozeß) und die Vergütung von Roheisen zu Stahl in Gestalt der bekannten Verfahren (Puddeln, Bessemerverfahren, Siemens-Martin-Verfahren usw.) — üblicherweise unter der Bezeichnung Hüttenprozesse zusammengefaßt — zu rechnen. Zu den Hüttenprozessen wird auch das sog. Sinterverfahren gezählt. Selbstverständlich ist auch, daß Stahlerzeugung für sich allein — durch Vergütung etwa anderwärts erzeugten Roheisens — unter das Gesetz fallen würde, obwohl dessen Fassung nur an den — wohl auch in Zukunft häufigsten — Fall denken läßt, daß Roheisen und Stahl im gleichen Unternehmen erzeugt werden. Zweifelhaft hingegen ist, inwieweit auch die Prozesse der Warmverformung, die sich an die Stahlerzeugung unmittelbar anzuschließen pflegen, unter den Begriff der Eisen- und Stahlerzeugung fallen. Es kann bei der Entscheidung dieser Frage wohl nicht auf die Gleichheit der Arbeitsbedingungen ankommen, so wenig wie die Betriebsgröße allein ohne Rücksicht auf den Wirtschaftszweig für die Anwendung des Gesetzes von Bedeutung ist. Andererseits entspricht es kaum dem Sinn des Gesetzes, im Eisen- und Stahlbereich nur die Arbeitsprozesse „bis einschl. zum Ofen" für die Anwendbarkeit des Gesetzes entscheidend sein zu lassen. Die richtige Lösung wird aber auch schwerlich in der Einbeziehung aller Stadien der Warmverformung liegen. Entscheidend dürfte vielmehr sein, ob die Warmverformung nur zu sog. Halbzeugen führt, die anderwärts weiterbearbeitet werden, oder ob sie ein technisches Endprodukt zum unmittelbaren Ziel hat. Es wäre widersinnig, wollte man die Betriebsabteilungen, die eine Warenverarbeitung des

Rohstahls zu handelsüblichen typischen Stahlwerkerzeugnissen vornehmen, als „gesetzesfremd" ansehen. Eine Grenze wird dort zu ziehen sein, wo Erzeugnisse hergestellt werden, die auf Grund eines Vorstufenprodukts anderer Erzeugungsstätten auch in selbständigen Unternehmen hergestellt zu werden pflegen. Soweit letzteres nicht der Fall ist, dürften Betriebsabteilungen, in denen Warmverformung stattfindet (Gießereiabteilungen, Warmwalzbetriebe, Schmiedewerke, Preßwerke und Röhrenwerke), bei der Ermittlung des in Buchstabe b bezeichneten Betriebszwecks eines Unternehmens zugunsten der Gesetzesanwendung mitzuzählen sein. Eine Umgehung des Gesetzes ist bei dieser Auslegung nicht zu befürchten. Daß es einem Unternehmen freisteht, „gesetzesfremde" Betriebsabteilungen zu verselbständigen, darf ihm ggf. nicht verdacht werden, wenn selbständige Betriebe solcher Art ohnehin schon üblich waren. Hierbei können auch standortbedingte Produktionsverhältnisse eine Rolle spielen. Eine darüber hinausgehende künstliche Verselbständigung kann, abgesehen davon, daß sie sich aus wirtschaftlichen Gesichtspunkten regelmäßig verbieten wird, keine wirksame Umgehung herbeiführen: insoweit liegt nach dem oben Gesagten so oder so Eisen- und Stahlerzeugung im Sinne des Gesetzes vor.

13. Die Bezugnahme auf Gesetz Nr. 27 bedeutet eine Einengung, in keinem Falle eine Erweiterung der oben Anm. 8 und 12 dargelegten Anwendungsgrundsätze. Wo der Betriebszweck eines Unternehmens nicht überwiegend auf die Erzeugung von Eisen oder Stahl gerichtet ist, begründet auch der Umstand, daß das Unternehmen unter Gesetz Nr. 27 fällt, nicht die Anwendbarkeit des Mitbestimmungsgesetzes.

Auf den Geltungsbereich des Gesetzes Nr. 27 ist in § 1 Abs. 1 Buchst. b zunächst im allgemeinsten Sinne abgestellt worden. Die Eisen und Stahl erzeugende Industrie Westdeutschlands fällt zu ihrem weitaus größten Teil und mit allen Betrieben von irgendwie ausschlaggebender Bedeutung in diesen Kreis. Es kommt hier nicht darauf an, was sich im einzelnen aus der Regelung des Gesetzes Nr. 27 für das Unternehmen ergibt. Diese Regelung ist für vier Gruppen von Unternehmen verschieden abgestuft (Art. 2 Ges. Nr. 27); doch spielt dies hier keine Rolle: nicht in welcher Weise, sondern nur, ob überhaupt das Eisen und Stahl erzeugende Unternehmen vom Gesetz Nr. 27 erfaßt worden ist, muß festgestellt werden, um es unter das Mitbestimmungsgesetz (falls dessen sonstige Voraussetzungen gegeben sind) fallen zu lassen. Insbesondere kann es insoweit nicht darauf ankommen, ob eines der in den Anhängen des Gesetzes Nr. 27 aufgeführten Unternehmen inzwischen aus der Kontrolle nach dem Gesetz Nr. 27 entlassen worden ist oder künftig entlassen wird. Das Gesetz Nr. 27 (Anh. II_1) ist nun an die Stelle des (brit. und amerik.) Militärregierungsgesetzes Nr. 75 (Amtsblatt der Militärregierung — Deutschland Britisches Kontrollgebiet — Nr. 27 S. 1025 und — Deutschland US-Kontrollgebiet — Ausgabe I v. 16. 12. 48 S. 22) getreten, unter deren Herrschaft bei den von ihnen erfaßten Eisen- und Stahlwerken schon eine ähnliche Art der Mitbestimmung der Arbeitnehmer eingeführt worden war. Im Kampf der Gewerkschaften um eine deutsche gesetzliche Regelung hat dieser Umstand eine erhebliche Rolle gespielt, und das Drängen auf den überstürzt ausgearbeiteten Regierungsentwurf wurde zu einem wesentlichen Teile mit der Befürchtung begründet, daß den Arbeitnehmern die bisherigen

Errungenschaften unter der Herrschaft deutscher Gesetze wieder genommen werden könnten. Eine gleichartige Regelung war beim Bergbau nicht eingeführt worden, was wohl damit zusammenhängt, daß es hier — anders als in der Stahlindustrie — noch nicht zur Bildung vorläufiger Betriebsgesellschaften gekommen war. Es ist daher innerlich begründet, wenn das Mitbestimmungsgesetz im Bereich der Stahlindustrie zunächst auf den Industriekomplex Bezug nimmt, der durch das Gesetz Nr. 27 in seiner Gesamtheit erfaßt worden war. Das war außerdem deshalb nötig, weil sich die rechtliche Neugestaltung dieses Komplexes erst langsam abzeichnete und daher insoweit keine andere terminologische Möglichkeit bestand, die künftigen Objekte des Mitbestimmungsrechts mit befriedigender Bestimmtheit anzusprechen. Man empfand auch wohl, daß der Bergbau in seiner Funktion für die Gesamtwirtschaft dem Gedanken einer paritätischen Unternehmensorganisation innerlich näher steht als die Stahlindustrie, weshalb man dem Kohlen- und Erzbergbau viel vorbehaltloser die Mitbestimmung zugestand als der Stahlindustrie. Hieraus erklärt sich die doppelte Schranke für die Gesetzesanwendung in Gestalt der Bezugnahme auf den spezielleren Wirtschaftszweig der Eisen- und Stahlerzeugung und auf Gesetz Nr. 27. Andererseits war mit dem Hinweis auf Gesetz Nr. 27 allein noch nichts genaues für die weitere Frage gewonnen, in welchen Unternehmensformen innerhalb des so umschriebenen Industriekomplexes die neue Mitbestimmung einzuführen ist: diejenigen „Unternehmen" nämlich, die Gesetz Nr. 27 erfaßt, sollen größtenteils aufhören zu bestehen und ihr Vermögen auf andere juristische Personen übertragen werden, die zumindest noch nicht in der endgültig gedachten Struktur bestehen. Nur jene alten Gebilde als summierten Komplex, nicht die künftigen Unternehmen in dem oben Anm. 7 erläuterten Sinne hat das Kohle-Eisen-Gesetz mit seiner ersten Bezugnahme auf Gesetz Nr. 27 im Auge. Darüber, welche Unternehmen schließlich in der alten Form bestehen bleiben oder sog. Einheitsgesellschaften oder Teile von solchen werden, konnte das Kohle-Eisen-Gesetz nichts sagen, weil dies noch Gegenstand des Meinungsaustauschs zwischen den Alliierten, der Bundesregierung und der Stahltreuhändervereinigung (vgl. Art. 4 Abs. 1—3 Ges. Nr. 27) war. Infolgedessen mußte der Geltungsbereich noch durch eine Eingrenzung des Gesamtkomplexes negativ bestimmt werden; vgl. darüber unten Anm. 14, 15 u. 16.

14. Typische Objekte des Kohle-Eisen-Gesetzes im Bereich der Stahlindustrie sind die **„Einheitsgesellschaften"**. Der Ausdruck ist im Gesetz Nr. 27, geprägt worden. Oft wird statt dessen von „Kerngesellschaften" gesprochen was zwar auch noch keine vollkommene Übertragung der in der englischen Fassung des Gesetzes Nr. 27 enthaltenen Wendung „unit companies" darstellt, aber ihrem Sinn etwas näherkommt. Der Eindruck, den das Kohle-Eisen-Gesetz erweckt, daß nämlich die „Einheitsgesellschaften" notwendigerweise lediglich Stahlwerke (oder lediglich Bergbaubetriebe) umfassen müßten, ist möglicherweise irreführend. Bekanntlich haben die alliierten Sachverständigen entgegen dem ursprünglichen Plan einer begrenzten Verbundwirtschaft zwischen Kohle und Eisen zugestimmt. In welcher Weise die Verbindung durchgeführt werden wird, ist allerdings noch unklar. Es ist aber für die Anwendung des Kohle-Eisen-Gesetzes insofern von Bedeutung, als bei Einschaltung einer Dachgesellschaft, die unmittelbar weder Gruben noch Stahlwerke betriebe, die Mitbestimmung in der Form dieses Gesetzes nicht bei der Dachgesellschaft gelten würde. Darüber, daß dies seine innere Berechtigung hat, vgl. unten Anm. 19. Das Gesetz Nr. 27 scheint aber davon auszugehen, daß „Einheitsgesellschaften" des Kohlenbergbaus und auch die der Eisen- und Stahlindustrie stets Betriebsgesellschaften sein werden; den ersteren sollen „Vermögensgegenstände des Kohlenbergbaus" (Art. 3 Abs. 1 S. 1 Ges. Nr. 27), den Eisen- und Stahlgesellschaften solche der Eisen- und Stahlindustrie übertragen werden (Art. 4 Abs. 3 Ges. Nr. 27). In die Eisen- und Stahlgesellschaften können (vgl. ebda) aber auch nicht in das Gebiet der Eisen- und Stahlindustrie fallende Anlagen, also namentlich Kohlengruben, einbezogen werden. Diese Einbeziehung kann in der Form der Angliederung der Gruben als Betriebsabteilungen oder in der Übertragung von Beteiligungen an Kohlengesellschaften geschehen; auch im zweiten Falle bleibt das beherrschende Unternehmen „Einheitsgesellschaft" und ist schon deshalb für die Anwendbarkeit des Kohle-Eisen-Gesetzes anders zu beurteilen als eine sog. Holding-Gesellschaft, die nur ein Verwaltungsunternehmen ohne eigenen Betrieb darstellt (vgl. Baumbach-Hueck Bem. 2 B zu § 15), also z. B. eine sich über einer Stahl-Einheitsgesellschaft und über einer Kohle-Einheitsgesellschaft erhebende Dachgesellschaft. S. dazu auch unten Anm. 19, ferner Anm. 25.

Völlig klar wird bei der Ausdrucksweise des Gesetzes, daß mit „Unternehmen" die wirtschaftlich auf einen Betriebszweck bezogene Rechtsgesamtheit ohne Rücksicht darauf gemeint ist, ob außerdem noch andere Gegenstände als Kohlebergwerke, Erzgruben und Eisen und Stahl erzeugende Betriebe zum Vermögen der juristischen Person gehören, in deren Organen die Mitbestimmung verwirklicht werden soll.

15. **Weiterbetrieb in anderer Form** als der einer „Einheitsgesellschaft" mußte der Überführung in eine „Einheitsgesellschaft" gleichgestellt werden, weil eben die Grundsätze der Neuordnung der Schwerindustrie noch keine feste juristische Gestalt angenommen haben. Es scheint festzustehen, daß nicht der gesamte vom Gesetz Nr. 27 erfaßte Industriekomplex künftig unter die „Einheitsgesellschaften" aufgeteilt sein wird. Neben ihnen wird es Unternehmen geben, bei denen keine Änderungen ihrer bisherigen wirtschaftlichen Struktur gefordert werden und die infolgedessen auch gesellschaftsrechtlich keine Veränderung zu erleiden brauchen. Das ist aber, wie das Gesetz klarstellen will, für dessen Anwendung, vorbehaltlich der sich aus § 1 Abs. 2 ergebenden Unterscheidung (über diese s. unten Anm. 24 u. 25), ohne Bedeutung. Wäre nur von „Einheitsgesellschaften" die Rede, so wäre der Geltungsbereich des Kohle-Eisen-Gesetzes den noch nicht voraussehbaren Zufälligkeiten der Neuordnung in noch stärkerem Maße unterworfen worden.

16. Die „Liquidationsklausel" ist bis zur dritten Lesung des Gesetzes erheblich umstritten gewesen. Dem Regierungsentwurf war sie fremd; der Sache nach war aber dort dasselbe gemeint, wenn von einer „anderen" (d. h. von der Bildung einer Einheitsgesellschaft abweichenden) „Lösung" der Neuordnung die Rede ist; vgl. Reg. Entw. § 1 Abs. 1 Buchst. b (Anh. I_3). Die Bedeutung der Liquidationsklausel besteht darin, daß nur bei denjenigen juristischen Personen, die aus der Neuordnung der Grundstoffindustrie als sog. werbende Gesell-

schaften hervorgehen, Aufsichtsrat und Vorstand nach den Vorschriften des Mitbestimmungsgesetzes zu bilden sind, nicht hingegen bei denjenigen, die im Zuge der Neuordnung liquidiert werden. Gedacht ist an Fälle, in denen der Gesamtbestand eines früheren Konzerns derart aufgeteilt wird, daß nur „Einheitsgesellschaften" — möglicherweise neben früheren, nunmehr unabhängig betriebenen Tochtergesellschaften anderer Wirtschaftszweige — verbleiben. In diesem Falle soll das Restvermögen, das in der Hand der alten Gesellschaften verbleibt und keine Betriebsgrundlage mehr abgibt, auch solange seine Liquidation nicht durchgeführt ist, nicht etwa schon deshalb der Mitbestimmungsregelung des Gesetzes unterliegen, weil man in ihm noch ein Unternehmen der vom Gesetz Nr. 27 erfaßten Industrie zu sehen hätte. Es ist geltend gemacht worden, die „Liquidationsklausel" sei sachlich überflüssig; man wird das angesichts des Umstandes, daß Buchst. b im Gegensatz zu Buchst. a formell das Betriebskriterium nicht aufgenommen hat (vgl. dazu oben Anm. 7 u. 8), jedoch nicht sagen können. Es ergibt sich sogar die weitere Frage, welcher Zeitpunkt dafür, ob Unternehmen „liquidiert werden", maßgebend sein soll. Die Frage könnte an sich um so eher gestellt werden, als in Gesetz Nr. 27 die Liquidation in mehrfacher Beziehung eine Rolle spielt: Eine Reihe der vom Gesetz Nr. 27 erfaßten Unternehmen war bei dessen Inkrafttreten bereits im Liquidationsstadium (sog. B-Gesellschaften) Ges. Nr. 27; für sie wird nur die Durchführung der Liquidation angeordnet. Für eine andere Gruppe von Unternehmen ordnet Art. 2 Abs. 1 S. 2 erst an, daß bei ihnen die Liquidation eintritt (sog. A-Gesellschaften). Eine geringe Zahl weiterer Unternehmen (aufgeführt in Anh. E zu Ges. Nr. 27) sollte überprüft und u. U. als A-Gesellschaften behandelt werden (Art. 2 Abs. 3 Ges. Nr. 27). Zweifel, ob ein bestimmter Zeitpunkt dafür maßgeblich sein solle, daß das Unternehmen liquidiert werde, zerstört das Gesetz jedoch indirekt in § 14 Abs. 1. Dort ist für das Inkrafttreten des Gesetzes ersichtlich darauf abgestellt, daß Klarheit über die Formen der Neuordnung eingetreten sein muß. Dementsprechend kann auch die „Liquidationsklausel" in Buchst. b nur auf das endgültige Schicksal des Unternehmens nach dem Neuordnungsplan bezogen werden: nicht nur die A- und B-Gesellschaften, sondern auch die übrigen der Kontrolle nach Ges. Nr. 27 unterstellten alten Unternehmen (C-Gesellschaften) fallen nicht unter das Mitbestimmungsgesetz, wenn sie liquidiert werden. Die Liquidationsklausel enthält aber um deswillen nicht etwa ein Willkürmoment; denn der Zusammenhang ergibt klar, daß nur eine Liquidation im Zuge der Neuordnung gemeint ist; ein anderes Motiv zu liquidieren ist nach Lage der Dinge auch praktisch ausgeschaltet, da insbesondere die Stahltreuhändervereinigung über die Mitgliedschaftsrechte nur nach Weisung der Alliierten Hohen Kommission verfährt (vgl. Art. 4, Abs. 1 Ges. Nr. 27) und auch sonst die Altgesellschafter usw. keine Verfügungsmöglichkeit haben. Solange die Neuordnung keine feste Gestalt angenommen hat, läßt sich das Gesetz insoweit nach dem Gesagten nicht verwirklichen. Es hätte auch keinen Sinn gehabt, die Organe einer juristischen Person, die nicht bestehen bleibt, durch eine anderweitige Abgrenzung des Mitbestimmungsbereichs für nur kurze Zeit einer so tiefgreifenden Umgestaltung zu unterwerfen. Vgl. dazu auch unten Anm. 18 u. Anm. 5 zu § 14.

17. D. h. einem Unternehmen, auf welches die Merkmale des Buchst. a oder des Buchst. b zutreffen. Die Rechtsform dieses beherrschenden Unternehmens ist nach dem Wortlaut des Gesetzes gleichgültig, da Buchst. c nicht auf Abs. 2 verweist. Buchst. c setzt also auch nicht voraus, daß das herrschende Unternehmen seinerseits einen Aufsichtsrat und einen Arbeitsdirektor nach den Bestimmungen der §§ 4 ff., 12 f. haben müsse. Indessen liegt die eigentliche Bedeutung der Vorschrift in einer anderen Richtung; vgl. unten Anm. 20.

18. Die Berücksichtigung der Tochtergesellschaften eines zu liquidierenden Unternehmens zeigt deutlich, daß der Sinn der „Liquidationsklausel" in Buchst. b (a. E.) in Wahrheit nicht auf eine Beschränkung des gesetzlichen Geltungsbereichs hinausläuft. Der Sinn der beiden aufeinander bezogenen Vorschriften ist: kein **Betriebskomplex** soll lediglich infolge der gesellschaftsrechtlichen Umgestaltung auf Grund des Gesetzes Nr. 27 der Mitbestimmungsregelung entgehen. Um das zu erreichen, mußte zu der in Buchst. b gelassenen Lücke ein Korrelat geschaffen werden.

19. Mit der Erwähnung des abhängigen Unternehmens nimmt das Gesetz die Terminologie der Konzernbestimmung des Aktiengesetzes (§ 15 AktGes.) auf. Das „abhängige Unternehmen" ist rechtlich selbständig, steht aber auf Grund von Beteiligungen oder „sonst unmittelbar oder mittelbar" unter dem beherrschenden Einfluß eines anderen Unternehmens (§ 15 Abs. 2 AktGes.).

Das Problem der **Konzernunternehmen** ist für die Frage einer Verwirklichung des Mitbestimmungsrechts durch paritätische Ausgestaltung der Gesellschaftsorgane von grundsätzlicher Bedeutung.

In der 3. Lesung des Gesetzes hatte der Abg. Dr. Koch (SPD) — vgl. BT.-Prot. über die 132. Sitzung S. 5074/5 — namens seiner Fraktion den Antrag eingebracht, in Abs. 1 des § 1 unter einem neuen Buchst. d folgende Vorschrift einzufügen:

> „Unternehmen, deren überwiegender Geschäftsbetrieb darin besteht, sich an Unternehmen der zu a bis c aufgeführten Art zu beteiligen."

Dieser Antrag ist vom Bundestag abgelehnt worden. Er betraf die sog. Holding-Gesellschaft; allseits herrschte dabei Klarheit darüber, daß das Gesetz ohne eine solche — vom Bundestag abgelehnte — Änderung auf Holding-Gesellschaften keine Anwendung finde. Man hat in den Beratungen der Bundestagsausschüsse wie auch im Plenum die wirkliche Tragweite dieser Stellungnahme nur höchst unvollkommen beleuchtet. Für die Auslegung des Gesetzes ist indessen eine genauere Prüfung der Zusammenhänge unerläßlich. Die erwähnte Auffassung, die auch dem Antrage des Abg. Dr. Koch zugrunde lag, ist nicht ohne weiteres zwingend. Zumindest der Wortlaut läßt immerhin auch die Möglichkeit offen, in die Tatbestände der Buchst. a und b den mittelbaren Geschäftsbetrieb einzubeziehen. Buchst. c, von dem jede Argumentation zu dieser Frage ausgehen muß, besagt nicht notwendig das Gegenteil; denn auch im anderen Falle würde die Vorschrift an und für sich einen Sinn behalten. Könnte man nämlich davon ausgehen, daß unter die Vorschriften der Buchst. a und b auch der mittelbare Betrieb fiele, so würde Buchst. c als Einschränkung aufzufassen sein, die verhindern sollte, daß alle Tochtergesellschaften ohne Rücksicht auf ihren Unternehmensgegenstand vom Gesetze erfaßt würden. In Wirklichkeit enthält aber Buchstabe c eine Erweiterung des von Buchst. a und b gezogenen Kreises. Das läßt sich wiederum aus der sonstigen Abgrenzungstechnik des Gesetzes ableiten: nicht in dem Unternehmen im wirtschaftsrechtlichen Sinne wird nach der gesetzlichen Vorstellung die Mitbestimmung verwirklicht, sondern in einer bestimmten zivilrechtlichen Organisationsform. Es kann also nicht etwa für einen Konzern insgesamt die Frage aufgeworfen werden, ob er unter das Mitbestimmungsgesetz falle, sondern nur für jede einzelne der zu ihm gehörenden Gesellschaften. Vgl. dazu auch oben Anm. 7 u. 8. Infolgedessen kann bei dem Kriterium des Betriebszweckes auch nur auf den unmittelbaren Betriebszweck abgestellt werden, und diese Erwägung zeigt, daß der Antrag des Abg. Dr. Koch in der Tat von einer zutreffenden Würdigung des § 1 Abs. 1 ausging. Er ist denn auch, wie die in der 3. Lesung gemachten Ausführungen des Abg. Dr. Schröder-Düsseldorf (CDU) — BT.Prot. über die 132. Sitzung S. 5075 D — erkennen lassen, abgelehnt worden, um Holding-Gesellschaften von der gesetzlichen Regelung auszuschließen. Der dafür u. a. angeführte Grund, die Regelung passe nicht auf Holding-Gesellschaften, bleibt indessen an der Oberfläche. Zwar läßt sich vielleicht sagen, daß bei einer reinen Verwaltungsgesellschaft die Schaffung eines Arbeitsdirektors (§ 13) unsinnig sei. Indessen ließen sich die Vorschriften über die Zusammensetzung des Aufsichtsrats sicherlich mit der Maßgabe anwenden, daß die Betriebsräte aller abhängigen Unternehmen vorschlagsberechtigt sein würden (vgl. § 6 Abs. 1 u. 2). Eine solche Lösung muß auch ohne Rücksicht auf die gegenteilige Absicht des „Gesetzgebers" in Erwägung gezogen werden. Würde sich nämlich ergeben, daß ohne sie das Mitbestimmungsrecht nicht zu verwirklichen oder wesentlich beeinträchtigt wäre, so wäre m. E. die rechtsähnliche Anwendung der §§ 4ff. auf Holding-Gesellschaften trotz allem geboten. Dazu nötigt jedoch die bei Einschaltung einer Holding-Gesellschaft entstehende Rechtslage nicht, im Gegenteil: die Einführung des Mitbestimmungsrechts auch bei reinen Verwaltungsgesellschaften würde über die von dem Abg. Dr. Schröder-Düsseldorf hervorgehobenen Gesichtspunkte hinaus das Mitbestimmungsrecht in unzulässiger Weise ausweiten. Man kann völlig beiseitelassen, wie andernfalls bei einer Verwaltungsgesellschaft der „überwiegende Betriebszweck" — analog — zu bestimmen wäre. Das würde gegenüber der stets anzustellenden Prüfung (vgl. dazu oben Anm. 8!) keine grundsätzliche Besonderheit bedeuten; es müßte eben der Betriebszweck der abhängigen Unternehmen in ähnlicher Weise gegeneinander abgewogen werden, wie derjenige einzelner Betriebsabteilungen. Allerdings würden die faßbaren Tatbestände weniger stabil sein als bei einer Betriebsgesellschaft, da durch Erwerb oder Abstoßen von Beteiligungen der Unternehmenszweck wesentlich leichter beeinflußt werden könnte als bei Erwerb oder Veräußerung von Betriebsabteilungen; das müßte zur Not in Kauf genommen werden. Bedenklicher ist schon, daß auch die Rechtsform der Holding-Gesellschaft praktisch leichter wandlungsfähig ist, da sie sich im Grunde mit der Rechtsstellung einer natürlichen Person berührt, die Alleinaktionär einer (sog. Ein-Mann-)Aktiengesellschaft ist. Entscheidend muß aber sein, daß gerade dann, wenn die Holding-Gesellschaft eine dem Mitbestimmungsgesetz unterliegende Gesellschaft durch Besitz sämtlicher Anteilsrechte völlig beherrscht, bei dem abhängigen Unternehmen die Parität zuungunsten der Anteilseigner durchbrochen würde, falls auch in der Holding-Gesellschaft die Mitbestimmung Platz griffe. Denn die Holding-Gesellschaft stellt in diesem Falle die Universalversammlung der abhängigen Gesellschaft dar, so daß auch die Arbeitnehmer auf deren Hauptversammlung — auf dem Wege über die Mitbestimmung in der Holding-Gesellschaft — dem Gesetze zuwider Einfluß ausüben würden. Es läßt sich also sagen, daß die Holding-Gesellschaft nach dem Sinne des Gesetzes von der Mitbestimmung ebenso frei bleiben muß wie etwa ein Pool-Abkommen der Aktionäre dem Einfluß der Arbeitnehmer entzogen ist. Diese Erkenntnis verbietet auch de lege ferenda, die Aufsichts- und Geschäftsführungsorgane der Holding-Gesellschaften in die Mitbestimmungsregelung einzubeziehen. Nun kann jedoch die „Abhängigkeit" bzw. die Beherrschung einer Gesellschaft u. U. weiter verstärkt werden oder auf einem anderen Tatbestande als einer Beteiligung beruhen. Letzteres ist z. B. der Fall, wenn jemand — und das kann unzweifelhaft auch eine in § 1 Abs. 2 genannte juristische Person sein — ein Unternehmen von einer Gesellschaft oder Gewerkschaft pachtet, die dem Mitbestimmungsrecht unterliegt, und dies Unternehmen von der Verpächterin auf Grund eines Geschäftsbesorgungsvertrages betreiben läßt. Eine derartige Bindung kann auch neben dem auf einer Beteiligung beruhenden Herrschaftsverhältnis bestehen und beide Male dazu führen, daß die geschäftsführende Gesellschaft ihren Willen völlig dem der beherrschenden Gesellschaft untergeordnet hat; vgl. § 256 Abs. 2 AktGes. Was in diesem Falle hinsichtlich der Mitbestimmung gelten soll, erscheint zweifelhafter. Auch hier betreibt das herrschende Unternehmen nur mittelbar. Die verstärkte Bindung des abhängigen Unternehmens kann in einem besonderen mit der abhängigen Gesellschaft geschlossenen Vertrage, aber auch wohl in deren Satzung verankert sein. Es fragt sich, ob dann die Auswirkungen des Mitbestimmungsrechts bei dem abhängigen Unternehmen eben zwangsläufig beschränkt werden, ob die Bindung zu dem Schluß zwingt, auch die herrschende Gesellschaft dem Mitbestimmungsgesetz zu unterwerfen oder ob im Bereich dieses Gesetzes derartige Organschaftsverhältnisse als nichtig angesehen werden müssen, wobei möglicherweise noch zu unterscheiden wäre, ob sie vor oder nach Inkrafttreten des Mitbestimmungsgesetzes begründet worden sind. Dabei ist auch zu bedenken, daß in solchen Fällen die gesetzlichen Vertreter des abhängigen Unternehmens u. U. zugleich in einem Dienstverhältnis zum herrschenden Unternehmen stehen können, so daß dessen Einfluß gewissermaßen dreifach gesichert erscheint. All dies muß unter dem Gesichtswinkel der Mitbestimmung der Arbeitnehmer einer besonderen Betrachtung unterzogen werden.

a) Daß die bloße Beteiligung auf die Rechtslage nach dem Mitbestimmungsgesetz ohne Einfluß bleiben muß, ist bereits dargelegt.

b) Nicht anders kann die Beurteilung bei bloßer schuldrechtlicher Bindung der beteiligten Unternehmen sein. Hier ist zwar nicht notwendig, die Willensbildung der Hauptversammlung gefährdet. Aber die von der abhängigen Gesellschaft — über ihren Vorstand usw. — hinzunehmende, rechtsgeschäftlich zugestandene Beeinflussung durch einen fremden Willen kann deshalb nicht den Anspruch auf paritätisches Zustandekommen dieser Beeinflussung begründen, weil sie ihre Quelle in einem Rechtsgeschäft hat und es genügen muß, daß bei dessen Zustandekommen, Abwicklung und Auflösung auf seiten des abhängigen Unternehmens die Mitbestimmung bereits zur Geltung kommt.

Es muß daher wie bei anderen Rechtsgeschäften des Unternehmens Zufall bleiben, ob sie mit einer natürlichen Einzelperson, einer Personalgesellschaft oder einer an sich dem neuen Mitbestimmungsrecht zugänglichen Körperschaft abgeschlossen werden. Auch im letzteren Falle muß für diese Körperschaft die Frage, ob bei ihr die Mitbestimmung einzuführen ist, ausschließlich auf Grund ihrer eigenen unmittelbaren Betriebsverhältnisse beurteilt werden. Es kann sein, daß sie ohnehin Aufsichtsrat und Arbeitsdirektor nach dem Kohle-Eisen-Gesetz zu bestellen hat oder nach einem künftigen allgemeinen Betriebsverfassungsgesetz ähnlichen oder anderen Formen der Mitbestimmung unterliegt.

c) Geht die schuldrechtliche Bindung des abhängigen Unternehmens so weit, daß dieses zur Organgesellschaft wird und man von einer völligen „Indienststellung gegenüber dem herrschenden Unternehmen sprechen kann (vgl. Godin-Wilhelmi Anm. II 2 zu § 256), so scheint es zwar, als ob hier die Einräumung des Mitbestimmungsrechtes bei den abhängigen Unternehmen ein Schlag ins Wasser wäre, falls nicht gleichzeitig das Unternehmen, in dessen „Dienst" das abhängige steht, dem gleichen Mitbestimmungsrecht unterworfen ist. Allein bei näherem Zusehen erweist sich auch das als Trugschluß. In Wirklichkeit liegt nur eine Ausgestaltung der auf der „Eigentümerseite" bestehenden und von der Mitbestimmung nicht angetasteten Rechte vor. Ganz abgesehen von der Zufälligkeit, ob die „Indienststellung" gegenüber einer natürlichen oder einer juristischen Person oder gegenüber einer Personalgesellschaft bedungen wurde, woraus sich zwangsläufig bei gegenteiliger Entscheidung innerlich nicht gerechtfertigte Unterschiede ergeben müßten, handelt es sich bei allen Rechtsgestaltungen dieser Art letzten Endes um die Abhängigkeit des Vorstandes usw. von dem Willen des Aufsichtsrats in ihrem Verhältnis zu einer anderen Willensbindung des geschäftsführenden Organs. Die Abhängigkeit des Vorstands usw. vom Willen des Aufsichtsrats ist aber niemals absolut. Handelt er Weisungen des Aufsichtsrats zuwider, so fehlt es ihm dabei nicht an der Vertretungsmacht, und eine Verletzung seiner Geschäftsführungspflicht liegt in solchem Verhalten nur dann, wenn die Hauptversammlung usw. dem Aufsichtsrat beipflichtet. Zwar kann die Hauptversammlung der Aktiengesellschaft über Fragen der Geschäftsführung nur entscheiden, wenn der Vorstand es verlangt, § 103 Abs. 2 AktGes. Mit dieser Maßgabe hat aber die Hauptversammlung durchaus die Kompetenz zur Beschlußfassung über die Geschäftsführung. Genau so, wie ein Mißtrauensvotum der Hauptversammlung gegenüber dem Vorstande einen wichtigen Grund für dessen Abberufung darstellt (vgl. statt aller Schlegelberger-Quassowski Anm. 11 zu § 75, unter Hinweis auf die amtl. Begründung), so kann sich der Vorstand einem von ihm herbeigeführten Beschlusse der Hauptversammlung über Fragen der Geschäftsführung nicht entziehen (Schlegelberger-Quassowski Anm. 6 zu § 103); seine Befolgung stellt keinen wichtigen Grund zur Abberufung dar; Aufsichtsratsmitglieder, die den Vorstand mit Hilfe der Interimsvorschrift des § 75 Abs. 3 S. 4 AktGes. trotzdem zunächst ausschalten, machen sich wegen Verletzung ihrer Obliegenheit zu gesetzmäßiger Verwaltung (vgl. §§ 99, 84 AktGes.) ersatzpflichtig. Dies alles beruht darauf, daß der Hauptversammlung als dem umfassendsten Organ der Korporation, nämlich der Gesamtheit ihrer Mitglieder, letztlich die Entscheidung über das Unternehmen als Gegenstand des korporativen Zwecks zustehen muß (vgl. auch § 84

Abs. 4 S. 1 u. 2 AktGes.), und dies hat sich durch die Einführung des Mitbestimmungsrechts in Aufsichtsrat und Vorstand naturgemäß nicht geändert; wäre es anders, so sähe das Mitbestimmungsgesetz eine Enteignung vor und wäre verfassungswidrig. Vgl. dazu Einleitung unten und Anm. 7 zu § 2. Für die GmbH-Gesellschafterversammlung und die Gewerkenversammlung gilt das Gesagte sogar in verstärktem Maße; vgl. dazu auch Anm. 6 zu § 12. Nicht anders liegt es aber bei der Kompetenz der Hauptversammlung für Betriebsverpachtungen und Betriebsüberlassungen sonstiger Art (§ 256 Abs. 2 AktGes.), insbesondere, soweit sie die Grundlage bilden, die geschäftsführenden Organe des Unternehmens unmittelbar in den Dienst des herrschenden zu stellen, so daß der Abschluß derartiger Betriebsführungsverträge und deren Innehaltung für die Vorstandsmitglieder usw. keine Verletzung ihrer Vorstandspflichten darstellt. Es liegt dann im Grunde — materiell gesehen — eine Dauerdelegation der Hauptversammlungskompetenz in Geschäftsführungsangelegenheiten auf die Dachgesellschaft vor, die möglich ist, zumal sie bei derartiger Eingliederung des Vorstands auch mit § 103 Abs. 2 AktGes. in Einklang steht. Daß dies keine Ausdehnung des Mitbestimmungsrechts auf die herrschende Gesellschaft zur Folge hat, verträgt sich allein mit der Erkenntnis, daß die Mitbestimmung eben trotz allem keine Sozialisierung, keine vermögensrechtliche Umgestaltung der Gesellschaften bedeuten kann. Die kraft der Mitbestimmung in die Aufsichtsräte gelangenden neuen Mitglieder, insbesondere die Arbeitnehmervertreter, sind darauf beschränkt, innerhalb dieser Organe gleichberechtigt mitzuwirken; die Beschränkungen der Machtstellung des Gesamtorgans als eines solchen haben sie jedoch in dem aktienrechtlich zulässigen Ausmaß hinzunehmen. Vgl. dazu Anm. 7 zu § 2 und Anm. 20 zu § 4.

d) Damit ergibt sich zugleich die Beantwortung der Frage nach der künftigen Wirksamkeit eines Organschaftsvertrages mit Montangesellschaften. Solche Verträge sind m. E. gültig, wie weitgehend dadurch auch praktisch die Bedeutung des Aufsichtsrats der Organgesellschaft beeinträchtigt werden mag. Sie stellen lediglich eine Permanenzwirkung des in § 103 Abs. 2 AktGes. verankerten Prinzips dar.

Daß diese Lösung, insgesamt gesehen, nicht die Befriedigung einer harmonischen Übereinstimmung gewährt, hat seinen Grund darin, daß die Wege des Mitbestimmungsgesetzes anorganisch sind. Ohne die Lösung der Eigentumsfrage ist ein so weitgehendes Ziel, wie es wohl den Vätern des Gesetzes vorgeschwebt hat, nicht zu erreichen. Die Organe der Kapitalgesellschaften sind keine zufälligen Gebilde, sondern begreiflicherweise funktioneller Ausdruck der Gesellschaftsstruktur, insbesondere der bislang nicht gemeinwirtschaftlichen Grundlage der Gesellschaft. Es ist insofern Hueck beizupflichten, wenn er — „Der Betrieb“ 1951, 166ff. — darauf hinweist, wie mißlich es sei, in überkommene und strukturell bedingte Organisationsformen des Handelsrechts einzugreifen. Hinzuzufügen ist m. E. lediglich, daß die Auslegung des Gesetzes daran orientiert sein muß, inwieweit von ihm ein echter Strukturwandel geschaffen oder gewissermaßen nur eine Aufpfropfung vorgenommen wurde. Im Zweifel kann nur die bestehende Struktur als Richtschnur dienen. Je mehr diese Struktur als überlebt anzusehen wäre, desto strenger müßte dieser Standpunkt um deswillen eingenommen werden, damit niemand glaubt, eine dann dringender Lösung harrende Frage sei bereits gelöst oder zumindest gegenstandslos geworden. Das Mitbestimmungsgesetz hat nicht auf eine Sozialisierung der Grundstoffindustrie gewartet; es kann sie weder vorwegnehmen noch ersetzen, sondern muß sich mit dem Bereich begnügen, der nicht dem Eigentum vorzubehalten ist, solange ein solches überhaupt anerkannt wird. Die Holding-Gesellschaften als im Grunde Eigentümerorganisationen, die eine technische Erleichterung und Verfeinerung in der Ausübung der Funktionen des Hauptorgans einer Körperschaft ermöglichen, müssen daher bis zu einer etwaigen Neuordnung der Eigentumsverhältnisse von der Mitbestimmung freibleiben. Darin bestätigt sich die arbeitsrechtliche Herkunft des Gesetzes: Mitbestimmung ist Verkennung und Übertreibung der dem Komplex „Betrieb" angemessenen Mitsprache in allen betrieblichen Angelegenheiten; Mitbestimmung im echten Sinne setzt Mitverantwortung für das Unternehmen mit größerem Einsatz als nur dem Arbeitsplatz voraus; Mitbestimmung vor Sozialisierung muß, auch wenn sie sich einer Organisationsform bedient, die als solche nicht notwendig einen „Betrieb" voraussetzt, mithin auf die echten Betriebsunternehmen beschränkt werden. Was rechtspolitisch dem Arbeitnehmer über die „Mitsprache" etwa hinaus zuzubilligen ist, könnte nur Mitbeteiligung und kann erst auf dieser Grundlage Mitbestimmung sein. Diese Gesichtspunkte sind für die Auslegung des Mitbestimmungsgesetzes zu allen Fragen zu beachten, bei denen es sich darum handelt, welches Ausmaß die Mitbestimmung annehmen soll; es kann immer nur die Auslegung richtig sein, die keine Fiktion der Mitbeteiligung in sich schließt.

20. Diese Voraussetzung für die Anwendung des Gesetzes auf abhängige Unternehmen bringt die oben Anm. 8 dargelegten Zusammenhänge zum Ausdruck; vgl. im übrigen Anm. 9—11 u. 18.

21. Die **Aktiengesellschaft** ist die typische Rechtsform, die bei der Verwirklichung des Mitbestimmungsrechts zugrundegelegt worden ist. Wegen des Wesens der Aktiengesellschaft, die Voraussetzungen ihrer Entstehung und über ihre Organisation im allgemeinen vgl. die Erläuterungsbücher zum Aktiengesetz. Das Mitbestimmungsgesetz erweitert den Geltungsbereich des Aktiengesetzes insofern, als es die aktienrechtlichen Vorschriften über den Aufsichtsrat und seine Rechte und Pflichten (vgl. dazu Anm. 6 zu § 3), modifiziert durch die neuen Bestimmungen des Mitbestimmungsgesetzes selbst, auf diejenigen Gesellschaften mit beschränkter Haftung und bergrechtlichen Gewerkschaften ausdehnt, welche nunmehr einen Aufsichtsrat bilden müssen; vgl. § 3 i. V. m. § 2. Keine Anwendung findet das Gesetz auf die Kommanditgesellschaft auf Aktien (§§ 219ff. AktGes.). Diese Stellungnahme des Gesetzes mag zunächst befremden, wird aber aus dem Inhalt der Einzelvorschriften heraus verständlich. Die Regierungsvorlage sah einen solchen Unterschied nicht vor, obwohl auch sie schon generell die mit dem Wesen der Aktienkommanditgesellschaft unvereinbaren Vorschriften über die Vorstandsbestellung enthielt. Ob die Auslegung dann nicht wenigstens dahin hätte führen müssen, diesen Teil des Gesetzes (jetzt §§ 12, 13) auf Aktienkommanditgesellschaften nicht anzuwenden, kann dahingestellt bleiben. Ebensowenig sollte darüber gestritten werden, ob etwa die Vorschriften der §§ 4ff. trotz dem Wortlaut des Gesetzes auf Aktienkommanditgesellschaften nicht doch Anwendung finden müssen. Die Mehrheit sowohl der Ausschüsse (vgl. Aussch.-Prot. vom 12. 3. 51, S. 5/6) als auch des Plenums des Bundestages hat Anträge aus der sozialdemokratischen Fraktion, die Kommanditgesellschaft auf Aktien einzubeziehen oder, was in diesem Punkt auf dasselbe hinausgekommen wäre, § 1 Abs. 2 zu streichen, abgelehnt. Zur Begründung dieses letzteren in der 2. Lesung gestellten Antrages hatte der Abg. Dr. Koch (SPD) u. a. ausgeführt:

> „Die Rechtsform ist für die Frage des Mitbestimmungsrechts unbeachtlich ....
> Wir wollen nicht neben die tatsächlichen und wirtschaftlichen Abgrenzungen, die bei einem derartigen wirtschaftlichen Gesetz allein vernünftig sind, die rein juristischen Abgrenzungen setzen ....
> Wir möchten .... in diesem Punkt die Regierungsvorlage wiederherstellen, da wir hier etwas Sinnloses aufgenommen haben, was einen falschen Klang in das Gesetz bringt." (BT.-Prot. über die 129. Sitzung S. 4904.)

Wie „sinnvoll" die Ausschaltung des Kriteriums der Unternehmensform gewesen wäre, zeigen die oben Anm. 8 angestellten Erörterungen, aber auch schon die Vorschriften der §§ 3 u. 12 angesichts deren der Antrag auf Streichung des § 1 Abs. 2 allerdings insofern nur für die Aktienkommanditgesellschaft Bedeutung haben konnte.

Der Entstehungsgeschichte des Gesetzes darf somit entnommen werden, daß wegen des personalgesellschaftlichen Einschlags der Aktienkommanditgesellschaft das qualifizierte Mitbestimmungsrecht des Kohle-Eisen-Gesetzes auf sie keine Anwendung finden soll. Die Aktienkommanditgesellschaft hat keinen Vorstand und auch die Stellung ihres Aufsichtsrats ist dadurch, daß die Geschäftsführung und Vertretung statt bei einem Vorstand bei einem oder mehreren persönlich haftenden Gesellschaftern (im Leben oft „Inhaber" genannt) liegt, denen die Aktionäre als Kommanditisten gegenüberstehen, nur z. T. die des Aufsichtsrats der Aktiengesellschaft (vgl. dazu die Erläuterungswerke zu § 229 HGB).

Die Stellungsnahme des Mitbestimmungsgesetzes zur Frage der Kommanditgesellschaft auf Aktien wäre nur dann angreifbar und müßte ungeachtet der dargelegten Entstehungsgeschichte durch die Praxis berichtigt werden, wenn die Wirtschaft mit Hilfe dieser Rechtsform einen der Aktiengesellschaft gleichen Tatbestand schaffen und so etwa das Mitbestimmungsrecht umgehen könnte. Das ist indessen nicht der Fall. Zwei Gestaltungen des Instituts würden hierfür in Betracht kommen: die Einschaltung einer oder mehrerer juristischer Personen als — ausschließliche — „persönlich haftende Gesellschafter" und die Ausschließung des einzigen oder aller persönlich haftenden Gesellschafter von der Geschäftsführung und Vertretung der Gesellschaft. Beide Möglichkeiten sind nach richtiger Auffassung zu verneinen. In der ersten Frage geht die nahezu einhellige Ansicht (vgl. über den neuesten Stand der Meinungen Godin-Wilhelmi Anm. II 2 zu § 219!) dahin, daß der zur Entstehung einer Aktienkommanditgesellschaft unerläßliche persönlich haftende Gesellschafter keine juristische Person sein kann. Dieser Ansicht ist beizutreten. Die Stellungnahme kann dabei nicht einmal beeinflußt werden von der Entscheidung der anderen Frage, wer persönlich haftender Gesellschafter einer Offenen Handelsgesellschaft oder Kommanditgesellschaft sein könne; hierzu vgl. Weipert i. RGRKom. z. HGB. Anm. 26 zu § 105, ferner Hueck, Recht der oHG. S. 13f. Nach § 225 Abs. 1 AktGes. gelten für die persönlich haftenden Gesellschafter der Aktienkommanditgesellschaft sinngemäß die für den Vorstand der Aktiengesellschaft geltenden Vorschriften, und dieser kann nach § 75 Abs. 1 S. 3 AktGes. keine juristische Person sein; ebensowenig ist dies also beim persönlich haftenden Gesellschafter der Aktienkommanditgesellschaft möglich. Die andere aufgeworfene Zweifelsfrage, ob die persönlich haftenden Gesellschafter sämtlich bzw. ob der einzige persönlich haftende Gesellschafter von der Geschäftsführung und von der Vertretung der Aktienkommanditgesellschaft ausgeschlossen werden könne, bereitet m. E. keine größeren Schwierigkeiten. Bei den handelsrechtlichen Personalgesellschaften ist die gleiche Frage bekanntlich mehrfach umstritten. Es taucht nämlich der weitere Zweifel auf, welche Bedeutung derartigen Bestimmungen des Gesellschaftsvertrages im Falle ihrer Zulässigkeit beizumessen ist. Die h. M. ist hierbei in beiden Richtungen von Mißverständnissen getragen: So wird wohl überwiegend gelehrt, daß der Ausschluß aller Gesellschafter von der Geschäftsführung zulässig, der von der Vertretung unzulässig sei; vgl. Hueck a. a. O. S. 63 u. 153f. und die von ihm Zitierten. Dabei will man in Wirklichkeit beide Fragen gleich entscheiden, und zwar im Sinne der Zulässigkeit der Ausschließung. Das ergibt eine Betrachtung der z. B. von Hueck gelehrten Folgen einer Ausschlußklausel. So sollen die Gesellschafter in die — etwa einem Angestellten — übertragene Geschäftsführung trotzdem durch einstimmigen Gesellschafterbeschluß beliebig eingreifen können (Hueck a. a. O. S. 63); das bedeutet aber keinen Unterschied gegenüber dem Falle, daß alle Gesellschafter ohne nähere Bestimmung (Mehrheitsbeschluß o. dgl.) geschäftsführungsberechtigt sind. Umgekehrt lehrt Hueck, daß die Ausschließung sämtlicher Gesellschafter von der Vertretung unzulässig sein und die Folge haben solle, daß Gesamtvertretung aller Gesellschafter bestehe (a. a. O. S. 153f.); damit erkennt er aber auch in diesem Falle der Ausschließungsklausel eine Wirkung zu, denn von Gesetzes wegen besteht Einzelvertretung jedes persönlich haftenden Gesellschafters (§§ 125 Abs. 1, 161 HGB.), was also gelten müßte, wenn die Ausschließung aller von der Vertretung unwirksam wäre. In Wirklichkeit ist also die Ausschließung in beiden Fällen wirksam, jedoch nur in dem Sinne, daß die Einzelbefugnis eines jeden Gesellschafters (§§ 115, Abs. 1, Halbs. 1, 125 Abs. 1 HGB.) ausgeschlossen ist, Geschäftsführung wie Vertretung also sämtlichen Gesellschaftern gemeinschaftlich zusteht. Im Ergebnis läuft Huecks Ansicht, wie er selbst anerkennt (s. dazu a. a. O. S. 63 N. 8 u. 10 und S. 154 N. 11) auf nichts anderes hinaus. Für die im Zusammenhang mit der Mitbestimmung bei der Aktienkommanditgesellschaft anzustellende Überlegung folgt daraus die Richtigkeit der gesetzlichen Entscheidung. Wäre die Wirkung eines Ausschlusses der persönlich haftenden Gesellschafter von Geschäftsführung und Vertretung — die Zulässigkeit eines solchen Ausschlusses allerdings unterstellt — die, daß nunmehr einem Dritten Geschäftsführung und Vertretung übertragen werden könnten (und dann auch übertragen werden müßten!), so könnte man bei der Aktienkommanditgesellschaft — mindestens näherungsweise — einen künstlichen Vorstand schaffen, womit dann immerhin eines der Momente entfiele, welche gegen ihre Einbeziehung in die Mitbestimmungsregelung des Kohle-Eisen-Gesetzes sprechen; s. dazu Godin-Wilhelmi Anm. 10 zu § 219 (S. 930 oben). Das ist nach dem Gesagten nicht möglich. Möglich ist vielmehr nur die Entziehung der Vertretungsmacht durch gerichtliche Entscheidung nach § 219 Abs. 2 AktGes. i. V. m. §§ 161, 127 HGB. Führt sie dazu, daß kein vertretungsberechtigter persönlich haftender Gesellschafter mehr vorhanden ist, so kann auch keine Aktienkommanditgesellschaft mehr bestehen und die Kommanditisten (Aktionäre) müssen die Umwandlung in eine Aktiengesellschaft betreiben, weshalb hier die Klagen nach §§ 127 u. 142 HGB. regelmäßig konkurrieren werden. Vgl. dazu einerseits Baumbach-Hueck Anm. 2 B (a. E.) zu § 219, anderseits Weipert i. RGRKomm. z. HGB. Anm. 38 u. 40 zu § 177.

Es für die Mitbestimmungsfrage bei der ausdrücklichen, die Aktienkommanditgesellschaft ausschließenden Regelung des Gesetzes zu belassen, ist schließlich auch deshalb angemessen, weil kein so tiefgreifender Unterschied zwischen der KG. a. A. und einer echten, aber kraft Gesellschaftsvertrages kapitalistisch organisierten Kommanditgesellschaft (über diese Gestaltung der Kommanditgesellschaft vgl. Weipert Anm. 32 zu § 161 HGB.) bestehen würde, daß beide in bezug auf die Mitbestimmung ungleich behandelt werden dürften. In beiden Fällen aber ist die Gleichstellung mit einer Aktiengesellschaft unangemessen.

Daß die gesetzliche Regelung dazu führen könnte, Aktiengesellschaften künftig in Aktienkommanditgesellschaften umzuwandeln, ist kaum zu befürchten. Wenn auch die persönliche Haftung des sog. Inhabers bei der Aktienkommanditgesellschaft nur eine zusätzliche ist (vgl. Godin-Wilhelmi Anm. II 2 zu § 219 — S. 923), so dürfte diese seltene Rechtsform gerade der vom Mitbestimmungsgesetz betroffenen Grundstoffindustrie wenig gemäß sein. (Über die bisherige Verbreitung der Aktienkommanditgesellschaft s. Schlegelberger-Quassowski, Übersicht 1 vor §§ 219ff., ferner Godin-Wilhelmi Anm. I zu § 219 — S. 920/1).

22. Die **Gesellschaft mit beschränkter Haftung** ist zwar keine typische Rechtsform der Montanindustrie, wird aber schon im Hinblick auf hier immerhin naheliegende Ausweichtendenzen und wegen ihrer der Aktiengesellschaft sehr verwandten Struktur mit Recht vom Gesetze erfaßt, das zu diesem Zwecke für die Montan-GmbH. die Anomalie des nur fakultativen Aufsichtsrats beseitigt hat, vgl. § 3 und die Anm. dazu.

23. Die **bergrechtliche Gewerkschaft mit eigener Rechtspersönlichkeit** ist die sog. neuere Gewerkschaft (Gewerkschaft neuen Rechts — im Gegensatz zu der des Preußischen Allgemeinen Landrechts), wie sie durch das „Allgemeine Berggesetz für die Preußischen Staaten" vom 24. 6. 1865 und die ihm nachgebildeten Gesetze anderer deutscher Länder geschaffen wurde. Für Westdeutschland kommt nur diese sog. preußische Bergrechtsgruppe in Betracht; vgl. die Übersicht bei Boldt, Das Allgemeine Berggesetz, 1948, S. 6 N. 5 und Text dazu. Vgl. im übrigen die Anmerkungen zu §§ 2 u. 3.

24. Abgesehen vom Fall einer sog. Einheitsgesellschaft (darüber s. oben Anm. 14 und unten Anm. 25!) setzt die Anwendung des Mitbestimmungsgesetzes voraus, daß das von der Gesellschaft oder Gewerkschaft betriebene

Unternehmen mehr als 1000 Arbeiter und Angestellte hat. Über die Festlegung dieser Anwendungsgrenze bestanden erhebliche politische Meinungsverschiedenheiten. Die „Richtlinien“ der Vertreter der Sozialpartner vom 27. I. 51 (Anh. I_1) enthielten keinerlei Begrenzung. Bei ihrer Stellungnahme gegenüber dem Bundesrat ist von den Verfassern der Richtlinien übereinstimmend zum Ausdruck gebracht worden, daß nur an „namhafte“ Unternehmen gedacht worden sei. Die Sachverständigen der Unternehmer haben dazu aber die in das Gesetz eingegangene Begrenzung für angemessener erachtet, weil seitens der Gewerkschaften das weitgehende Mitbestimmungsrecht des Kohle-Eisen-Gesetzes nur für Großbetriebe gefordert worden sei; vgl. dazu die Stellungnahme der Sachverständigen Kost und Henle im Schreiben an den Bundeskanzler vom 4. 2. 1951 (abgedruckt bei Höcker-Johannsen S. 53ff.) zu § 13 RegEntw. (Anh. I_3). Dieser hatte erstmalig die Grenze bei 1000 Arbeitnehmern gezogen, während der den Gewerkschaften unterbreitete Referentenentwurf des BMin. f. Arbeit vom 28. 1. 51 in Anlehnung an § 1 des von der SPD-Fraktion eingebrachten Entwurfs (BT.-Drucks. Nr. 1229) eines Gesetzes zur Neuordnung der Wirtschaft von 300 Arbeitnehmern gesprochen hatte. Hieran klammerten sich die Gewerkschaften, falls im Gesetz überhaupt eine Zahl genannt werden sollte. Ihre Forderung griff der Bundesrat in Form einer Empfehlung zu dem von ihm grundsätzlich gebilligten Regierungsentwurf auf. Vgl. dazu die Eingabe des Deutschen Gewerkschaftsbundes an den Präsidenten des Bundesrats vom 1. 2. 51 (Höcker-Johannsen S. 35ff.) und Punkt 13 der Anlage zum Schreiben des Präsidenten des Deutschen Bundesrats an den Bundeskanzler vom 9. 2. 51 (BT.-Drucks. zu Nr. 1858-Anh. I_5). Die in das Gesetz eingegangene Regelung stellt insofern eine Mittellösung dar, als bei Einheitsgesellschaften überhaupt die Arbeitnehmerzahl ohne Bedeutung ist (dazu unten Anm. 25), im übrigen aber an der Mindestzahl eintausend festgehalten wurde. Diese Regelung war aber bis zuletzt umstritten; vgl. dazu den Bericht des Vorsitzenden des 20. Ausschusses und den vom Abg. Bergmann (SPD) begründeten Antrag auf Änderung der Ausschußfassung zu § 1 Abs. 2 (BT.-Prot. über die 129. Sitzung S. 4901 u. 4907). Maßgebend für die Entschließung der Mehrheit war hier, daß in der Größenordnung zwischen 300 und 1000 Arbeitnehmern nur sehr wenige Unternehmen vorhanden sind, vor allem aber, daß die Organisation, die das Gesetz für Aufsichtsrat und Vorstand vorsieht, nur auf wirkliche Großbetriebe paßt. In Würdigung dieses Gedankens stellte die SPD-Fraktion in 3. Lesung dann noch den Antrag, die Einsetzung eines Arbeitsdirektors bei Unternehmen mit weniger als 1000, aber mehr als 300 Arbeitnehmern den Gesellschaftsorganen vorzubehalten (BT.-Prot. über die 132. Sitzung S. 5075). Auch dieser Antrag ist dann aber der Ablehnung verfallen. Ebenso sind Bestrebungen, bei diesen Mittelunternehmen einen kleineren paritätisch besetzten Aufsichtsrat einzuführen, in den Ausschüssen abgelehnt und schließlich fallen gelassen worden. Unternehmen mit weniger als 1000 Arbeitnehmern werden also grundsätzlich vom Mitbestimmungsgesetz nicht erfaßt, mag dies für einige wenige Grenzfälle bis zur Verabschiedung des allgemeinen Betriebsverfassungsgesetzes auch eine gewisse Härte bedeuten.

Das Gesetz will mit der Festlegung der **1000-Arbeitnehmer-Grenze** aber gleichwohl keine Zufallsentscheidungen ermöglichen. Maßgebend soll der

Arbeitnehmerstand sein, der in einem Zeitraum von einer gewissen Dauer als normal angesehen werden kann. Das soll in der schon im Referentenentwurf enthaltenen Wendung „in der Regel“ zum Ausdruck kommen. Damit knüpft das Gesetz an ähnliche im Arbeitsrecht vorkommende Grenzziehungen an. Vgl. z. B. jetzt § 15 KSchG. Danach scheiden rein konjunkturbedingte Schwankungen der Arbeitnehmerzahl als unerheblich aus; vgl. dazu auch Anm. 9a E. zu § 14.

25. Ohne Rücksicht auf die Zahl der Arbeitnehmer findet das Mitbestimmungsgesetz auf sog. **Einheitsgesellschaften** (über diese s. oben Anm. 14) Anwendung. Daß nur insofern eine Ausnahme von den allgemeinen Voraussetzungen, die das Gesetz aufstellt, gelten soll, kann nach der Fassung nicht zweifelhaft sein; von der Prüfung sämtlicher in § 1 Abs. 1 gekennzeichneten Merkmale kann auch bei Einheitsgesellschaften nicht abgegangen werden. Die Vorschrift kann in dem einen oder anderen Falle dazu führen, daß ein Unternehmen mit weniger als 1000 Arbeitnehmern dem Mitbestimmungsgesetz unterworfen wird. Endgültiges läßt sich hierüber bis zur Durchführung der Neuordnung nach dem Gesetz Nr. 27 nicht sagen; vgl. dazu oben Anm. 7 u. 14.

Wichtig ist die Erwähnung der Einheitsgesellschaften in diesem Zusammenhange aber auch aus einem andern Grunde. Das Gesetz sagt nichts darüber, ob seine Vorschriften auch schon im **Gründungsstadium,** d. h. für die Bestellung des ersten Aufsichtsrats und des ersten Vorstandes gelten sollen. Daraus, daß nach §§ 4ff. ein „Wahlorgan“ in bestimmter Weise die Bestellung des paritätisch zusammengesetzten Aufsichtsrats vorzunehmen hat, wird noch keine Verneinung dieser Frage herzuleiten sein. Die Vorschriften müssen als Ersetzung bzw. Modifizierung der §§ 86—88 AktGes. verstanden werden. Der Satz aber, daß der erste Aufsichtsrat — im Falle der Einheitsgründung — von den Gründern zu bestellen ist (§ 23 Abs. 1 S. 1 AktGes.), läßt sich mit der Regelung der §§ 4 ff. ebensowohl vereinbaren wie mit §§ 86ff. AktGes. § 23, Abs. 1 S. 1 AktGes. überträgt, was sich im Grunde von selbst verstehen würde, hinsichtlich der Aufsichtsratsbestellung die Funktion der späteren Hauptversammlung auf die Gründer. Diese sind daher auch unbedenklich als „Wahlorgan“ i. S. des § 5 S. 1 anzusehen. Sie haben hier keine andere Rolle als die spätere Hauptversammlung; Schlegelberger-Quassowski Anm. 4 zu § 23. Für das bisherige Recht läßt sich das am besten am Tatbestande des § 88 Abs. 1 AktGes. aufzeigen. Daß § 88 AktGes. auch schon für den ersten Aufsichtsrat gilt, ist mit Recht allgemeine Meinung (vgl. Schlegelberger-Quassowski Anm. 4 zu § 23; Godin-Wilhelmi Anm. 2 zu § 23; Baumbach-Hueck Anm. 1 zu § 23). Soweit also die Satzung ein Entsendungsrecht vorsieht, hat nicht die Gründermehrheit, berechnet nach dem Verhältnis der übernommenen Aktien (str.; vgl. Schlegelberger-Quassowski Anm. 3 zu § 23), sondern der entsendungsberechtigte Gründer allein auch schon die ersten Aufsichtsratsmitglieder zu bestellen. § 23 AktGes. hat, wie Schlegelberger-Quassowski — Anm. 4 zu § 23 — es treffend ausdrücken, „nur den Normalfall der Bestellung im Auge“. Der seltenere Fall der Stufengründung bietet insoweit keine Besonderheit: § 30 Abs. 4 AktGes.

Für die Frage, ob das Mitbestimmungsgesetz auch schon im Gründungsstadium Anwendung findet, kommt es somit nur darauf an, ob dann bereits die Voraussetzungen des § 1 erfüllt sind. Das wird allerdings nur bei Sachgründungen zu bejahen sein, bei denen ein Unternehmen der in § 1 Abs. 1 bezeichneten Art den Gegenstand einer wirksamen Sacheinlage oder Sachübernahme (§ 20 Abs. 1 AktGes.) bildet. Hat ein solches Unternehmen in der Regel mehr als 1000 Arbeitnehmer oder bezweckt die Gründung die Errichtung einer „Einheitsgesellschaft", so ist schon der erste Aufsichtsrat nach den Grundsätzen der §§ 4ff. zu bilden. Im einzelnen:

a) Es wäre formalistisch, wollte man dieser Folgerung mit dem Hinweis begegnen, daß hier das Unternehmen noch nicht in der Form einer Aktiengesellschaft betrieben wird, sondern erst in dieser Form betrieben werden soll. Die „Aktiengesellschaft in Gründung" muß i. Zw. schon allen Erfordernissen der künftigen Aktiengesellschaft genügen, und gerade für die „Einheitsgesellschaften" entspricht es der gesetzgeberischen Absicht, daß sie auch dort schon mit dem nach den neuen Grundsätzen gebildeten Aufsichtsrat entstehen. Letzteres ergibt sich auch aus § 14 Abs. 1 Buchst. c. Daß im Falle der Stufengründung formal die Bestellung des Aufsichtsrats der „Errichtung" der Gesellschaft vorangeht (s. § 30 Abs. 4 u. 6 im Gegensatz zu § 22 AktGes.), kann dabei schwerlich eine unterschiedliche Behandlung rechtfertigen, zumal vor der Eintragung ins Handelsregister jede Aufsichtsratsbestellung rechtsnotwendig eine solche „de futuro" ist. Vgl. zu dieser Frage noch Anm. 6 zu § 14

b) Während bei der Sacheinlage das „mitbestimmungsreife" Unternehmen mit der Entstehung der Aktiengesellschaft zu deren Vermögen gehört, besteht bei der Sachübernahme insofern eine Schwierigkeit. Ist indessen die Sachübernahme ordnungsmäßig in der Satzung festgesetzt, so wird man den Fall hinsichtlich der Mitbestimmung ebenso behandeln dürfen wie eine wirksame Sacheinlage.

c) Nach § 20 Abs. 2, 3 AktGes. unheilbar unwirksame Sacheinlagen und Sachübernahmen müssen hingegen bei Beurteilung der Voraussetzungen des § 1 Abs. 1 außer Betracht bleiben. Selbst wenn die Absicht besteht, die Wirksamkeit z. B. einer nicht in der Satzung festgelegten Sachübernahme in den Formen der sog. Nachgründung (§ 45 AktGes.) herbeizuführen (vgl. dazu § 45 Abs. 9 AktGes.), wird man darin keine unbeachtliche Umgehungstaktik in bezug auf die Mitbestimmungsvorschriften sehen können. Das folgt schon daraus, daß rechtlich keine Sicherheit für das Zustandekommen der Nachgründung geschaffen werden kann und bei der Aufsichtsratsbestellung unmöglich Betriebe berücksichtigt werden können, von denen ungewiß bleibt, ob sie jemals der künftigen Aktiengesellschaft gehören werden. Im übrigen braucht der Beweggrund für eine derartige Gestaltung der Gründung durchaus nicht der Wunsch zu sein, der Mitbestimmungsregelung zu entgehen. Der erste Aufsichtsrat wird ja auch nur auf verhältnismäßig kurze Dauer bestellt (§ 87 Abs. 3 gegenüber § 87 Abs. 1 AktGes.). Zur Bargründung mit Nachgründungsabsichten können die verschiedensten Rücksichten drängen, da die Sachgründung meist ungewöhnlich starke Verzögerungen mit sich bringt. Bedeutsam ist diese Entscheidung, zu der das Gesetz m. E. zwingt, freilich im Hinblick auf §§ 23 Abs. 2, 75 Abs. 1 AktGes.

Welche Unternehmen „Einheitsgesellschaften" werden — sei es, daß sie im Wege einer Neugründung (einschl. einer Nachgründung), einer bloßen Satzungsänderung oder mittels Ausgabe neuer Aktien (wobei ebenfalls Nachgründung vorliegen kann. § 45 AktGes. wird von §§ 150, 161, 172 AktGes. nicht ausgeschlossen; vgl. statt aller Schlegelberger-Quassowski Anm. 3 zu § 45) entstehen sollen, sei es, daß darüber hinaus der Weg einer Fusion beschritten werden muß —, wird endgültig noch von der Alliierten Hohen Kommission festgelegt werden. Einstweilen sind zumindest in einer Reihe von Fällen viele Einzelheiten noch ungewiß.

Im Falle der Fusion bleibt der Aufsichtsrat der übernehmenden Gesellschaft im Amt. Würde durch die Fusion eine „Einheitsgesellschaft" entstehen, so wäre dies auch der Tatbestand der „Errichtung" i. S. des § 14 Abs. 1 Buchst. c; vgl. hierzu im übrigen Anm. 6 zu § 14.

Als Rechtsform der Einheitsgesellschaften wird nur die der Aktiengesellschaft in Frage kommen (sicherlich nicht die der Aktienkommanditgesellschaft, da angesichts der durch das Gesetz Nr. 27 geschaffenen Lage als Gründer Treuhänder auftreten werden).

Weitere Anwendungs- oder Ausschlußkriterien stellt das Gesetz nicht auf. Insbesondere ist die noch im Regierungsentwurf enthaltene Vorschrift, daß alle unter § 1 Abs. 1 fallenden Kapitalgesellschaften ohne Rücksicht auf ihren sonstigen Charakter und die Beschäftigtenzahl der Mitbestimmungsregelung unterliegen sollen, wenn sie auch nur 1 Million DM. oder ein höheres Nennkapital haben, nach heftigen parlamentarischen Kämpfen gefallen.

§ 2

Auf die in § 1 bezeichneten Unternehmen[1] finden die Vorschriften des Aktiengesetzes[2], des Gesetzes betreffend die Gesellschaften mit beschränkter Haftung[3], der Berggesetze[4] und des Betriebsverfassungsrechts[5] insoweit keine Anwendung[6], als sie den Vorschriften dieses Gesetzes widersprechen[7].

1. Gemeint sind die Aktiengesellschaften, Gesellschaften mit beschränkter Haftung und bergrechtlichen Gewerkschaften neuen Rechts, für die das Mitbestimmungsrecht gelten soll; vgl. dazu auch Anm. 7 zu § 1. Für Unternehmen, auf die nur § 1 Abs. 1 (Buchst. a, b oder c), nicht auch § 1 Abs. 2 zutrifft, gilt selbstverständlich keine Besonderheit.

2. Die weitaus meisten Vorschriften des Aktiengesetzes vom 30. 1. 37 (RGBl. I S. 107 m. Bericht. S. 588 u. 1140) berühren sich nicht mit den Vorschriften des Mitbestimmungsgesetzes. Letztere haben nur insofern einen Vorrang vor den aktienrechtlichen Vorschriften (also — obwohl das Gesetz dies nicht ausdrücklich sagt — nicht nur vor denen des Aktiengesetzes), als diese durch § 3 auch für Gesellschaften mit beschränkter Haftung und bergrechtliche Gewerkschaften für anwendbar erklärt worden sind: Vorschriften über den Aufsichtsrat sowie über dessen Rechte und Pflichten. Zu den Rechten und Pflichten des Aufsichtsrats gehört nämlich auch die Bestellung des Vorstandes und überhaupt die Gestaltung des Rechtsverhältnisses zwischen diesem und der Gesellschaft. Über diese für Gesellschaften mit beschränkter Haftung und bergrechtliche Gewerkschaften eigenartige Verweisungstechnik s. noch Anm. 6 zu § 3. Als diejenigen Vorschriften, für welche bei allen drei Arten juristischer Personen, die dem Mitbestimmungsgesetz unterliegen, das Verhältnis zu den neuen Vorschriften zu ermitteln ist, kommen mithin vor allem der 2. und 3. Abschnitt des 4. Teils im 1. Buch des Aktiengesetzes in Betracht (§§ 86—101). Darüber hinaus wird aber im Grunde bei jeder Vorschrift des Aktiengesetzes, bei der es sich irgendwie um die funktionelle Einordnung des Aufsichtsrats handelt, untersucht werden müssen, ob sie in ihrer Bedeutung nicht durch die Vorschriften des Mitbestimmungsgesetzes zumindest modifiziert, insbesondere aus einer nachgiebigen zu einer zwingenden Vorschrift geworden ist. Das Gesetz schreibt nirgends vor, daß die aktienrechtlichen Vorschriften über den Aufsichtsrat usw. für die Montangesellschaften — soweit sie für diese überhaupt noch gelten — nunmehr zwingend wären. Das hatte auch der Regierungsentwurf mit der Vorschrift seines § 2 Abs. 2 S. 2 nicht beabsichtigt, obwohl ein solcher Schluß aus ihr wohl hätte gezogen werden müssen. (Vgl. die Auslegung Huecks, „Der Betrieb" 1951, 186) Ihr Gedanke war vielmehr derselbe, der nunmehr in § 3 Abs. 2 Ausdruck gefunden hat: Gesellschaften mit beschränkter Haftung und bergrechtliche Gewerkschaften, die unter § 1 fallen, sollen nicht nur hinsichtlich des Zwanges, einen Aufsichtsrat zu bilden, sondern auch hinsichtlich der Rechtsstellung dieses Organs künftig der Aktiengesellschaft gleichstehen. Soweit also die aktienrechtlichen Vorschriften über den Aufsichtsrat nach bisherigem Recht schon zwingender Natur waren, ist dies nunmehr auch bei den nach dem Mitbestimmungsgesetz zu bildenden Aufsichtsräten anderer juristischer Personen der Fall (im Gegensatz namentlich zu § 52 Abs. 1 GmbHGes.). Soweit diese Vorschriften hingegen nachgiebig oder wenigstens einer satzungsmäßigen Ergänzung fähig sind, verbleibt es grundsätzlich dabei. Nur wird hier jeweils die Gesamtregelung des Mitbestimmungsrechtes daraufhin in Betracht gezogen werden müssen, ob sie derartige Bestimmungen der Satzung nicht ihrem Wesen nach ausschließt, weil andernfalls jene Regelung indirekt vereitelt oder beeinträchtigt werden würde; denn die Vorschriften des Mitbestimmungsgesetzes sind, abgesehen von dem sich aus § 9 i. V. m. §§ 4—8 ergebenden Spielraum ihrerseits zwingend. Über die sich danach ergebenden Folgerungen vgl. im einzelnen unten Anm. 7, Anm. 6 zu § 3 u. Anm. 20 zu § 4.

3. Das Gesetz betr. die Gesellschaften mit beschränkter Haftung vom 20. 4. 92 i. d. Fass. v. 20. 5. 98 (RGBl. S. 846 m. zahlr. Änderungen) enthält an und für sich keine Vorschriften, die für diese Gesellschaften, soweit das Mitbestimmungsgesetz auf sie Anwendung findet, eine weitergehende Problematik als bei Aktiengesellschaften eröffneten; denn gerade insoweit, als es sich um den Kreis der Mitbestimmungsvorschriften handelt, stellt § 3 diese Gesellschaften der Aktiengesellschaft gleich. Vgl. dazu die vorige Anmerkung und unten Anm. 7. Über die sich aus der z. T. andersartigen Struktur der Gesellschaft mit beschränkter Haftung außerhalb der eigentlichen Rechtssphäre des Aufsichtsrats ergebenden Besonderheiten vgl. Anm. 6 zu § 3 u. Anm. 6 zu § 12.

4. Die Berggesetze (s. dazu auch Anm. 23 zu § 1) sind hinsichtlich der Kollision mit dem Mitbestimmungsgesetz nicht anders zu beurteilen als das GmbH-Gesetz. S. dazu die vorige Anmerkung.

5. Das **Betriebsverfassungsrecht** ist nach geltendem Recht im wesentlichen auf das Betriebsrätewesen beschränkt. Um zum Ausdruck zu bringen, daß selbstverständlich die neue Mitbestimmungsregelung die Betriebsräte auch bei den Montangesellschaften nicht beseitigen solle, hätte es der Erwähnung des Betriebsverfassungsrechts in § 2 kaum bedurft. Das Gesetz setzt — vgl. § 6 — die Betriebsräte als fortbestehend ausdrücklich voraus. Es ist auch nicht denkbar, daß die allgemeine Rechtsstellung der Betriebsräte durch das Mitbestimmungsgesetz in sonstiger Weise berührt werden könnte. Die Erwähnung des Betriebsverfassungsrechts hat denn auch wesentlich die Bedeutung, schon jetzt klarzustellen, daß das Kohle-Eisen-Gesetz vor der künftigen allgemeinen Form einer innerbetrieblichen Mitbestimmung der Arbeitnehmer, wie sie z. Z. im Entwurf eines Betriebsverfassungsgesetzes erst beraten wird, den Vorrang haben, anderseits aber nicht ausschließen soll, daß andere Formen der Mitbestimmung oder sonstige mit der Sonderregelung des Kohle-Eisen-Gesetzes zu vereinbarende Vorschriften auch auf die Montangesellschaften Anwendung finden. Inwieweit dies wirklich der Fall sein wird, unterliegt darüber hinaus allerdings noch der Entscheidung des Gesetzgebers bei Verabschiedung des künftigen Betriebsverfassungsgesetzes. Vgl. dazu auch Anm. 3 c zu § 1. Schon jetzt muß aber m. E. der Schluß gezogen werden, daß für eine Entsendung von Betriebsratsmitgliedern in die paritätisch besetzten Aufsichtsräte (sei es auch nur mit beratender Stimme oder als Beobachter) kein Raum mehr ist und hierauf abzielende Betriebsvereinbarungen mit Einführung des neuen Aufsichtsratstyps hinfällig werden. A. A. Fitting, R. u. W.-Praxis B V. Darüber hinaus läßt sich geradezu sagen, daß das Mitbestimmungsgesetz ohne das bevorstehende Betriebsverfassungsgesetz Lücken aufweist, von deren Ausfüllung man eben nur im Hinblick auf das im Stadium der Ausschußberatungen befindliche Betriebsverfassungsgesetz abgesehen hat. Dahin gehört z. B. die Frage, ob es für Arbeitnehmervertreter nur bei der Vorschrift des § 86 Abs. 2 S. 2 AktGes. über die Häufung von Aufsichtsratssitzen in einer Person verbleiben soll.

Eine sehr viel wesentlichere Frage, deren künftige gesetzliche Ausgestaltung der jetzigen Mitbestimmungsregelung zwar nicht den Boden entziehen, sie aber wohl z. T. gegenstandslos machen, ihr anderseits z. T. erst eine innerlich gefestigte Grundlage verschaffen und damit sowohl die Struktur des Aktienrechts wiederherstellen, als auch die „Mitbestimmung" endgültig rechtfertigen würde, übergeht das Gesetz mit Stillschweigen. Es handelt sich um die Neuordnung der Eigentumsverhältnisse in der Grundstoffindustrie. Einstweilen kann und muß ihrem Fehlen in Zweifelsfragen der Gesetzesauslegung Rechnung getragen werden; vgl. dazu Anm. 3 (unter e) u. 19 zu § 1.

6. Daß die spätere besondere Rechtsnorm der älteren allgemeineren Regelung vorgeht, ist eine juristische Selbstverständlichkeit. Es kann kein Zweifel bestehen, daß § 2 in seiner Gesamtheit überflüssig ist. Die unten Anm. 7 angestellte Untersuchung wäre auch nötig gewesen, wenn § 2 gefehlt hätte.

7. Nach geltendem Recht ist für folgende Gruppen von Rechtssätzen zu klären, ob und ggf. inwieweit sie mit den Vorschriften des Mitbestimmungsgesetzes in Widerspruch stehen:

a) Vorschriften über die Zusammensetzung des Aufsichtsrats.

Von den gemäß § 3 hier grundsätzlich allgemein anwendbaren Vorschriften der §§ 86—91 AktGes. sind nur wenige unangetastet geblieben. Gefallen sind zunächst die Begrenzungen der Mitgliederzahl der Aufsichtsräte, und zwar in doppeltem Sinne. Das Mitbestimmungsgesetz macht nicht nur Ausnahmen von den in § 86 Abs. 1 AktGes. festgesetzten Höchstzahlen, indem es alle ihm unterliegenden Körperschaften ohne Rücksicht auf die Höhe ihres Kapitals in die Stufe der Aktiengesellschaften mit mehr als 3 Millionen Grundkapital einordnet (§ 4 Abs. 3), für Gesellschaften mit mehr als 50 Millionen Grund- oder Stammkapital eine Überschreitung auch der absoluten gesetzlichen Höchstzahl von 15 Aufsichtsratsmitgliedern zuläßt, sondern es hat den Aufsichtsrat hinsichtlich seiner Mitgliederzahl überhaupt anders als § 86 Abs. 1 AktGes. gestaltet und feste Mitgliederzahlen für ihn vorgeschrieben, wobei grundsätzlich die Festzahl elf gesetzlich festliegt (§ 4 Abs. 1) und nur in Ausnahmefällen von der Satzung typisch anders, (nämlich auf fünfzehn oder einundzwanzig festgesetzt werden kann, § 9). Daraus ergeben sich u. U. weitreichende Folgerungen. Während bisher die Satzung im gesetzlichen Rahmen eine Mindest- und Höchstzahl der Aufsichtsratsmitglieder bestimmen konnte oder — wenn sie hierüber nichts enthielt — die Mitgliederzahl kraft Gesetzes statt dessen zwischen drei (§ 86 Abs. 1 S. 1 AktGes.) und der jeweils sich aus der Höhe des Grundkapitals ergebenden Höchstzahl schwanken konnte, so daß schon mit Erreichung der satzungsmäßigen oder gesetzlichen Mindestzahl der Mitglieder und solange diese erhalten blieb, der Aufsichtsrat gehörig besetzt war, verlangt die Ausgestaltung des Aufsichtsrats nach dem Mitbestimmungsgesetz, daß er voll besetzt ist. Dem Aktiengesetz war diese Gestaltung fremd, sie hätte bisher nur durch die Satzung geschaffen werden können, wovon aber wegen der damit verbundenen Schwierigkeiten kaum Gebrauch gemacht wurde. Es muß, soweit das Mitbestimmungsgesetz Platz greift, nunmehr der erste Aufsichtsrat schon die Vollbesetzung aufweisen, damit die Gesellschaft zur Entstehung gelangen kann; vorher ist die Gesellschaft, da ihr der vorgeschriebene Aufsichtsrat fehlt, nicht ordnungsgemäß errichtet, und der Registerrichter muß ihre Eintragung ablehnen; § 31 Abs. 2 AktGes. — eine Folgerung, die zwar für bergrechtliche Gewerkschaften mangels einer in diesem Sinne konstitutiven Wirkung der (nur nach § 2 HGB. möglichen) Handelsregistereintragung nicht gelten kann, aber für Gesellschaften mit beschränkter Haftung kraft der Ausdehnung der aktienrechtlichen Vorschriften (§ 3) nunmehr auch in §§ 7ff. GmbHGes. hineingelesen werden muß. Fällt während des Bestehens der Körperschaft die vorgeschriebene Vollbesetzung des Aufsichtsrats fort, so hat das Gesetz nur teilweise Vorsorge getroffen: nach § 7 sind dann vom Registerrichter (eine für die bergrechtlichen Gewerkschaften anomale Zuständigkeit) Notbestellungen als Ersatz für die nach §§ 5 oder 6 bestellten, aber nachträglich weggefallenen Mitglieder vorzunehmen. Für das nach § 8 zu bestellende Mitglied fehlt eine entsprechende Vorschrift; eine Notbestellung im Sinne der § 89 AktGes., § 29 BGB. ist aber auch hier geboten. Vgl. zu der ganzen Frage Kötter, NJW. 1951, 417ff. (421) sowie Anm. 25 zu § 8.

Daß durch die Regelung der §§ 4, 9 auch § 86 Abs. 1 S. 4 AktGes. (Ausnahmegenehmigung zur Überschreitung der Höchstmitgliederzahlen) insoweit gegenstandslos geworden ist, kann für den Regelfall des elfgliedrigen Aufsichtsrats nicht zweifelhaft sein. Im Falle des § 9 Abs. 1 wäre für die Zulassung von 15 Aufsichtsratsmitgliedern ohnehin keine Genehmigung erforderlich. Muß aber, wenn die Satzung von der Möglichkeit des § 9 Abs. 2 Gebrauch machen will, noch eine Ausnahmegenehmigung nach § 86 Abs. 1 S. 4 AktGes. vorliegen? Ob das Aktiengesetz hier einer Vorschrift des Mitbestimmungsgesetzes „widerspricht", könnte in Zweifel gezogen werden. M. E. ist die Frage zu bejahen; das Gesetz wollte bei Montangesellschaften mit mehr als 50 Millionen Nennkapital generell bejahen, daß hier „gesamtwirtschaftliche Belange" die Besetzung des Aufsichtsrats mit 21 Mitgliedern rechtfertigen; es wird sich aber auch die gegenteilige Auffassung sehr wohl vertreten lassen, da § 9 zweifellos in erster Linie erweiterte Aufsichtsratstypen unter dem Gesichtspunkt der Paritätwahrung festlegen will. § 86 Abs. 2 AktGes. gilt auch im Bereich des Mitbestimmungsgesetzes.

Das Verhältnis der Mitbestimmungsvorschriften zu §§ 87, 88 AktGes. ist ausdrücklich geregelt. Für Wahl und Abberufung der in § 4 Abs. 2 Buchst. a bezeichneten Mitglieder (vier „Vertreter" der Anteilseigner und ein „weiteres" Mitglied) gilt § 87 — vom ersten Aufsichtsrat einmal abgesehen — uneingeschränkt (§§ 5, 11 Abs. 1). Auch die Bestellung durch einen entsendungsberechtigten Aktionär richtet sich grundsätzlich nach den bisherigen Vorschriften; vgl. § 5 i. V. m. § 88 Abs. 1 bis 3 AktGes., ferner — über eine nicht den Bestellungsvorgang berührende Besonderheit — Anm. 5 zu § 5. Von den bisherigen Vorschriften über die Abberufung erwähnt § 11 Abs. 1 nur § 88 Abs. 4 AktGes. (Abberufung durch den Entsendungsberechtigten bzw. den Registerrichter). Es kann aber keinem Zweifel unterliegen, daß auch § 88 Abs. 5 AktGes. (Abberufung durch die Hauptversammlung bei Wegfall der Entsendungsvoraussetzungen) anwendbar bleibt. Abweichend von § 87 Akt.-Ges. sind Bestellung und Abberufung der Arbeitnehmervertreter und der beiden anderen „weiteren" Mitglieder geregelt. §§ 6, 8 sprechen zwar von „Wahl", doch ist dies fast nie Wahl i. S. des § 87 Abs. 1 S. 1 AktGes., sondern regelmäßig nur Bestätigung von Vorschlägen, bei einem der „weiteren" Mitglieder, dem „elften" Mitglied, u. U. Auswahl und nur ausnahmsweise Wahl i. S. des § 87 Abs. 1 S. 1 AktGes. Vgl. im einzelnen die Anmerkungen zu §§ 6 u. 8. Für die Abberufung der in § 4 Abs. 2 Buchst. b bezeichneten fünf Mitglieder gilt eine der „Vorschlagswahl" im wesentlichen entsprechende „Vorschlagsabberufung" durch die Hauptversammlung, vgl. § 11 Abs. 2 u. Anm. 5 zu § 11. Die Abberufung des „elften" Mitgliedes ist der Hauptversammlung völlig entzogen (§ 11 Abs. 3).

Für alle Aufsichtsratsmitglieder gelten von den Vorschriften des § 87 Akt.-Ges. somit unzweifelhaft nur die über die normale Amtsdauer des ersten Aufsichtsrats (Absatz 3 S. 1) sowie die des Absatz 1 S. 2 über die Höchstwahldauer und — was von größerer Bedeutung als bisher werden kann — der aus letzterer Bestimmung zu ziehende Umkehrschluß, daß die Hauptversammlung auch bei den „Vorschlagswahlen" hinsichtlich der Festsetzung einer kürzeren Wahlzeit frei ist; sie hat also je nach dem Grade der Genehmheit der Vorschläge bei deren Bestätigung immerhin einen gewissen Spielraum. Man hat dies bisher m. E. zu Unrecht hauptsächlich aus der Widerrufsmöglichkeit der Hauptversammlung geschlossen (vgl. z. B. Godin-Wilhelmi Anm. II 3 zu § 87) — ein

Argument, das im Bereich des Mitbestimmungsgesetzes nur noch beschränkt verwertbar wäre (nämlich nur im Rahmen der §§ 5, 11 Abs. 1). Es ist aber wegen der von § 87 Abs. 2 S. 2 AktGes. geforderten qualifizierten Mehrheit wohl überhaupt nicht stichhaltig. Man wird indessen unterscheiden müssen: Sieht die Satzung eine Mindestamtsdauer vor, so ist Wahl auf kürzere Zeit unanfechtbar nur mit der in § 87 Abs. 2 S. 2 AktGes. bzw. in der Satzung (§ 87 Abs. 2 S. 3 AktGes.) vorgesehenen Mehrheit und nur bei Gewählten nach § 5 möglich, da hier in der Tat in der über die Satzung hinausgehenden Wahlzeitbegrenzung ein vorweggenommener Widerruf liegt. Im übrigen muß die generelle Bestimmung einer unter der gesetzlichen Höchstdauer liegenden Wahlzeit im Belieben der Hauptversammlung liegen. Will sie hingegen die Wahlzeit für einzelne Mitglieder unterschiedlich festsetzen, so muß sie hierbei die Paritätsgesichtspunkte wahren. Man wird das aus § 4 Abs. 3 S. 1 schließen dürfen. Von der Festsetzung eines Turnus des Ausscheidens, auch wohl von der Unterwerfung unter das Los, müssen mithin beide Mitgliedergruppen im Aufsichtsrat gleichmäßig betroffen werden, wenn die Bestimmung Gültigkeit haben soll. Die Amtsdauer des „elften" Mitglieds wird aus den gleichen Erwägungen nicht kürzer bemessen werden dürfen als die anderer Mitglieder (wozu allerdings bei dem komplizierten Bestellungshergang des § 8 auch wohl selten Neigung bestehen wird), im turnusmäßigen Ausscheiden wird der „elfte Mann" erst bei Ausscheiden von mindestens je 2 Mitgliedern jeder Gruppe einbezogen werden dürfen.

Zweifelhafter noch ist die weitere Frage, ob § 87 Abs. 3 S. 2 AktGes. (vorzeitige Abberufung des ersten Aufsichtsrats) im Bereich des Mitbestimmungsgesetzes Geltung haben kann. Findet das Mitbestimmungsgesetz schon bei der Gründung Anwendung (darüber Anm. 25 zu § 1!) — und nur für diesen Fall stellt sich das Problem —, so ist der meist für die Vorschriften des § 87 Abs. 3 AktGes. (auf den Regelfall der Einheitsgründung — vgl. §§ 23 Abs. 1, 30 Abs. 4 AktGes. — abgestellte) Grund, die Gesellschaft solle frühzeitig vom Einfluß der Gründer befreit werden (vgl. Schlegelberger-Quassowski Anm. 34 u. 37 zu § 87), nur noch teilweise stichhaltig. Anderseits kann das vorzeitige Widerrufsrecht der Hauptversammlung, auch wenn man es nicht auf die von den Gründern frei zu bestellende Mitgliedergruppe (§ 4 Abs. 2 Buchst. a) beschränkt, aus doppeltem Grund wenig Schaden anrichten: einmal ist die Amtsdauer des ersten Aufsichtsrats ohnehin kurz; zum andern trifft ihn der Widerruf in seiner Gesamtheit, so daß der Paritätsgrundsatz weder bei der Abberufung noch bei der Neubestellung gefährdet ist. M. E. findet daher § 87 Abs. 3 Akt.Ges. auch im Bereich des Mitbestimmungsgesetzes uneingeschränkt Anwendung.

§ 89 AktGes. ist in § 7 für „entsprechend" anwendbar erklärt; vgl. dazu Anm. 3 zu § 7. Darüber, daß eine ähnliche Lösung auch bei Wegfall des „elften" Mitglieds geboten erscheint, s. schon oben Abs. 1 unter a) dieser Anmerkung. Damit verliert aber § 89 AktGes. im Geltungsbereich des Mitbestimmungsgesetzes seine ursprüngliche Bedeutung; in dem Falle, daß nicht die zur Beschlußfähigkeit nötige Mitgliederzahl (nach §§ 4, 9, 10: sechs, acht oder zwölf Mitglieder) vorhanden ist, ist eine Notbestellung nicht schon auf Grund des § 7 erforderlich.

§ 90 AktGes. gilt bei Montangesellschaften uneingeschränkt nur hinsichtlich des Absatz 1 Satz 1 (Unvereinbarkeit der Mitgliedschaft in Aufsichtsrat und

Vorstand). Ob nämlich ein Mitglied des Aufsichtsrats wenigstens für einen im voraus begrenzten Zeitraum — also nicht etwa für die Dauer seiner restlichen Amtszeit, sondern für eine kürzere, in anderer Weise fest bestimmte Zeit (zu eng wohl Godin-Wilhelmi, die — Anm. 3 zu § 90 — nur kalendermäßige Begrenzung gelten lassen wollen) zum Vertreter eines behinderten Vorstandsmitglieds bestellt werden kann, wie dies § 90 Abs. 2 AktGes. allgemein vorsieht, ist angesichts der besonderen Zusammensetzung des Montan-Aufsichtsrats in Bereich des Mitbestimmungsgesetzes zumindest nicht unzweifelhaft. Man nimmt sonst wohl durchweg an (vgl. JW. 30, 1413, ferner Schlegelberger-Quassowski, Anm. 8 zu § 90; Godin-Wilhelmi, Anm. 4 zu § 90; Baumbach-Hueck Anm. 3 A zu § 90!), daß eine solche begrenzte Ersatzbestellung auch dann zulässig sei, wenn infolge dieser Bestellung der Aufsichtsrat seine Beschlußfähigkeit verliere und infolgedessen § 89 AktGes. zur Anwendung kommen müsse. Die als Grund hierfür anzuerkennende vordringliche Wichtigkeit des geschäftsführenden Organs trägt diese Entscheidung m. E. jedoch bei den Montangesellschaften nur mit einer Einschränkung: das „elfte" Mitglied kann niemals in dieser Weise zum Vorstand bestellt werden. Es könnte für die Dauer einer solchen Bestellung sein Amt im Aufsichtsrat nicht ausüben (§ 90 Abs. 2 S. 2 AktGes.), was hier angesichts der offenbar im Interesse der Schaffung einer neutralen Aufsichtsratsspitze vorgesehenen komplizierten Bestellungsmodalitäten (§ 8) eine mit dem Sinn der neuen Regelung unvereinbare Folge wäre. M. E. steht die Mitbestimmungsregelung daher zumindest bezüglich des „Elften Mannes" wegen dessen funktionell bedingter „Unersetzlichkeit" der Anwendung des § 90 Abs. 2 AktGes. entgegen.

Daß kein Aufsichtsratsmitglied „als Angestellter die Geschäfte der Gesellschaft führen" dürfe (§ 90 Abs. 1 S. 2 AktGes.), ist hinsichtlich der Arbeitnehmermitglieder (§ 4 Abs. 1 Buchst. b) nicht nur ein insoweit zweifellos ausgeschalteter Grundsatz, sondern durch § 6 Abs. 1 z. T. geradezu in sein Gegenteil verkehrt worden: Niemand anderes als ein im Unternehmen tätiger Arbeitnehmer kann auf diese insofern gebundenen Aufsichtsratssitze kommen; auch im Falle einer Notbestellung wird der Registerrichter hier nur Arbeitnehmer aus dem Unternehmen bestellen dürfen.

Für die drei „weiteren" Mitglieder des Aufsichtsrats sind vom Gesetz (§ 4 Abs. 2) über § 90 weit hinausgehende Unvereinbarkeitstatbestände aufgestellt; darüber vgl. Anm. 7 Abs. 7 (unter a) zu § 2 u. Anm. 8 zu § 4.

§ 91 AktGes. (Bekanntmachung der eintretenden Änderungen in der Aufsichtsratszusammensetzung) gilt unverändert auch für die Aufsichtsräte der Montangesellschaften. Zur Einreichung der Bekanntmachungen kann der Vorstand nach § 14 HGB. durch Ordnungsstrafen angehalten und dadurch mittelbar zur Veröffentlichung gezwungen werden. Das gilt auch für Veränderungen bei von der Hauptversammlung nur „bestätigten" Mitgliedern.

b) Vorschriften über die Organisation und Arbeitsweise des Aufsichtsrats.

Die **innere Ordnung des Aufsichtsrats** ist im Gegensatz zu der Frage seiner Bestellung und Zusammensetzung nicht Gegenstand der Vorschriften des Mitbestimmungsgesetzes. Nach dem in § 2 ausgesprochenen Grundsatz finden insoweit also die Vorschriften des Aktienrechts (vgl. dazu § 3) unverändert Anwendung. Praktisch führt dies jedoch vom Aktienrecht her zu teilweise nicht unerheblichen Auslegungsschwierigkeiten. Während nämlich die Vorschriften des Aktienrechts über die Bestellung des Aufsichtsrats, abgesehen von der Frage der Mitgliederzahl, durchweg zwingender Natur sind und die danach für Satzung und Hauptversammlung verbleibenden Gestaltungsmöglichkeiten durch das Mitbestimmungsgesetz in eindeutiger Weise (vgl. §§ 4, 9) noch weiterhin eingeschränkt worden sind, fehlt den aktienrechtlichen Vorschriften über die Organisation des Aufsichtsrats z. T. dieser zwingende Charakter, und das Mitbestimmungsgesetz nimmt zu diesem Fragenkreis — abgesehen von § 10 — überhaupt nicht Stellung. Kann nun daraus geschlossen werden, daß die allgemeinen aktienrechtlichen Möglichkeiten der Satzungsgestaltung auch für die Montangesellschaften insoweit unberührt geblieben sind? Die Frage kann deshalb nicht rundweg bejaht werden, weil ein „Widerspruch" zwischen den Vorschriften des Aktienrechts und denen des Mitbestimmungsgesetzes nicht nur dann angenommen werden muß, wenn eine gesetzliche Vorschrift mit der anderen kollidiert, sondern auch schon dann, wenn eine nach dem Aktienrecht zulässige Ausgestaltung der Satzung dem Sinn und Zweck der Regelung des Mitbestimmungsgesetzes zuwiderlaufen würde. Daraufhin müssen also die nachgiebigen Vorschriften des allgemeinen Aktienrechts über den Aufsichtsrat überprüft werden. Und zwar gilt dies in gleicher Weise für die Regeln über Arbeitsweise und innere Organisation wie für die Vorschriften über die Kompetenzen des Aufsichtsrats als eines Organs der juristischen Person (darüber unter c)), über diejenigen einzelner Mitglieder und über deren Pflichten und Verantwortlichkeit (darüber unter d)).

Unzweifelhafter Ausgangspunkt dieser Untersuchung ist, daß das Mitbestimmungsgesetz unter keinem Gesichtswinkel auf eine Schmälerung der im Aktienrecht begründeten Machtstellung des Aufsichtsrats abzielt, ebensowenig aber eine über die Beschränkung der Wahl- und Abberufungsbefugnis (§§ 4—6, 8 u. 11 MitbGes. i. Vergl. m. § 87 Abs. 1 S. 1 AktGes.) hinausgehende Minderung der nach allgemeinem Gesellschaftsrecht begründeten Rechte der Haupt-, Gesellschafter- oder Gewerkenversammlung normiert hat. (Vgl. dazu auch Anm. 19 zu § 1) Es kann sich also lediglich darum handeln, ob etwa über die schon nach allgemeinem Aktienrecht zwingenden Organisationsgrenzen, Kompetenzen und Pflichten hinaus gewisse weitere Merkmale der Stellung des Aufsichtsrats und seiner Mitglieder zur Verwirklichung des vom Gesetz gewollten Mitbestimmungsrechts in seinem Geltungsbereich künftig unantastbar sein müssen.

Das Aktienrecht beschränkt den Aufsichtsrat auf Überwachungsfunktionen (s. dazu im einzelnen unten unter c)). Das Mitbestimmungsgesetz will die Teilnahme der Arbeitnehmer an der Ausübung dieser Funktionen sichern. Daraus, daß der Aufsichtsrat keine Geschäftsführungsbefugnis hat, zieht das Mitbestimmungsgesetz selbst die Folgerung, als welche in diesem Zusammenhange das Institut des Arbeitsdirektors (§ 13) anzusehen ist. Das Mitbestimmungsgesetz nimmt also offensichtlich den Aufsichtsrat so hin, wie er nach allgemeinem Aktienrecht — teils unabdingbar, teils modifizierbar — gestaltet ist, und fügt nur eine ihrer Natur nach unzweifelhaft zwingende, genau besehen: aber auch nur einen ungeschriebenen Grundsatz des allgemeinen Aktienrechts wiederholende Vorschrift den aktienrechtlichen Normen hinzu: nach § 4 Abs. 3 haben „alle Aufsichtsratsmitglieder" die gleichen Rechte und Pflichten. Daß nämlich der Aufsichtsrat den Vorstand usw. zu bestellen hat, folgt schon zwingend aus § 3 Abs. 2 MitbGes. i. V. m. § 75 AktGes., und ebenso gesichert erscheint, daß kein Aufsichtsratsmitglied, wie § 4 Abs. 3 S. 2 hervorhebt, an Aufträge und Weisungen „gebunden" ist. (Allg. M. Auch nach § 88 AktGes. entsandte Mitglieder sind an „Richtlinien" des entsendenden Aktionärs für seine Interessenwahrung bei Widerstreit mit Gesellschaftsbelangen — vgl. RGZ. 165, 68ff. (80); Schlegelberger-Quassowski Anm. 13 zu § 88 — nicht gebunden.)

Daraus ergibt sich, daß bei den Montangesellschaften die Grenze der aktienrechtlich zulässigen Ausgestaltung der Aufsichtsratsstellung dort liegt, wo eine dem Gesetz zuwiderlaufende ungleiche Behandlung der Aufsichtsratsmitglieder die Folge wäre. Über die Grenzziehung vgl. die folg. Abs. d. Anm. sowie Anm. 20 zu § 4.

Von den Vorschriften über die innere Ordnung des Aufsichtsrats räumen § 92 Abs. 1 S. 1 und § 93 Abs. 2 u. 3 AktGes. der Satzung eine Ausgestaltungsbefugnis ein: Darüber hinaus wird man allgemein annehmen müssen, daß die Satzung die Geschäftsordnung des Aufsichtsrats weitgehend regeln kann, vgl. statt aller Baumbach-Hueck Anm. 1 zu § 92.

α) Nach § 92 Abs. 1 AktGes. kann die Satzung nähere Bestimmung über die vorgeschriebene **Wahl des Aufsichtsratsvorsitzers** und seiner Stellvertreter treffen. Das Gesetz selbst schreibt nur vor, daß außer dem Vorsitzer mindestens ein Stellvertreter gewählt werden muß, ferner, daß Wahlkörper der Aufsichtsrat ist, und schließlich knüpft es die Wählbarkeit an bereits bestehende Mitgliedschaft im Aufsichtsrat. Daß die Satzung eine andere Art der Bestimmung des Aufsichtsratsvorsitzers vorsehen könne, wird danach allgemein für unzulässig gehalten. Sie könnte also z. B. auch nicht vorschreiben, daß das an Lebensalter älteste Aufsichtsratsmitglied den Vorsitz erhalte, ebensowenig im Bereich des Mitbestimmungsgesetzes das gleiche zugunsten des „elften" Mitgliedes. Das Gesetz überläßt der Satzung lediglich die Regelung der Wahl im Aufsichtsrat. Unzweifelhaft gehören dahin Bestimmungen über die Form der Abstimmung (offene oder geheime Stimmabgabe) und über die zur Wahl erforderliche Stimmenmehrheit (einfache oder qualifizierte, absolute oder relative Mehrheit); im Gegensatz zur Aufsichtsratswahl (vgl. dazu Schlegelberger-Quassowski Anm. 7 zu § 87) wird es hier auch zulässig sein, Verhältniswahl in der Weise zuzulassen, daß Stellvertreter des Vorsitzers diejenigen werden, welche nächst ihm die meisten Stimmen erhalten. Die Wahlbefugnis des Aufsichtsrats darf hingegen nicht durch eine Bestimmung des Inhalts in Frage gestellt werden, daß die Gewählten zur Bekleidung des Amtes noch der Zustimmung irgendeiner anderen Stelle bedürften. Ebensowenig ist irgendeine sonstige Bestimmung der Satzung gültig, die praktisch darauf hinausläuft, daß das Wahlergebnis in Wahrheit nicht auf einer Willensbildung im Aufsichtsrat beruht. Es fragt sich demnach, inwieweit die Auswahlmöglichkeit unter den Aufsichtsratsmitgliedern durch die Aufstellung weiterer Wählbarkeitsvoraussetzungen eingeengt werden kann. Nach bisherigem Recht ist für zulässig zu halten, daß ein Mindestbesitz von Aktien der Gesellschaft oder eine Eigenschaft, z. B. männliches Geschlecht, auch wohl ein Mindestalter zur Voraussetzung der Wählbarkeit erhoben wird; dasselbe gilt im Bereich des Mitbestimmungsgesetzes. Je größer die Mitgliederzahl des Aufsichtsrats ist, desto unbedenklicher ist die Aufstellung näherer

Erfordernisse, so daß u. U. sogar eine bestimmte berufliche Qualifikation oder Zugehörigkeit zu einer die Gesellschaft durch Aktienmajorität beherrschenden Familie noch als zulässig angesehen werden kann. Nach rein aktienrechtlichen Gesichtspunkten würden daher keine Bedenken bestehen, daß die Satzung im Bereich des Mitbestimmungsgesetzes nur die nach den bisherigen Vorschriften bestellten Mitglieder (vgl. §§ 4 Abs. 1 Buchst. a, 5) für wählbar erklärt. Eine solche Zurücksetzung der übrigen Mitglieder verstieße aber auch kaum gegen § 4 Abs. 3. Diese Vorschrift hat, wie der gesetzestechnische und historische Zusammenhang ergeben, andere Rechte im Auge, die nicht mit der Wählbarkeit zum Vorsitzeramt in Verbindung stehen; sie ist in erster Linie eine Absage an das Prinzip der betriebsratsangehörigen Aufsichtsratsmitglieder des Betriebsrätegesetzes von 1920. Vgl. dazu Anm. 20 Abs. 1 zu § 4. Der Vorschrift dürfte genügt sein, wenn alle Aufsichtsratsmitglieder bei der Tätigkeit des Organs hinsichtlich der Stimmbefugnis, des individuellen Berichtsverlangens (§ 95 Abs. 2 S. 2 AktGes.), der Vergütung usw. nicht gruppenweise verschieden behandelt werden. Kein Mitglied des Aufsichtsrats wird aber schon deshalb, weil es die Voraussetzungen der Wählbarkeit zum Aufsichtsratsvorsitz nicht erfüllt, zu einem Mitglied minderen Rechts. Völlig unbedenklich dürfte die gedachte Bestimmung insbesondere dann sein, wenn gleichzeitig zur Wählbarkeit des Stellvertreters Zugehörigkeit zu der in § 4 Abs. 1 Buchst. b bezeichneten Mitgliedergruppe gefordert würde. Möglich und m. E. zulässig wäre auch, wenn die Satzung bestimmen würde, daß zum Vorsitzer nur ein „Vertreter der Anteilseigner", zu seinem ersten Stellvertreter nur ein „Vertreter der Arbeitnehmer" und zu seinem zweiten Stellvertreter nur ein „weiteres" Mitglied (vgl. § 4 Abs. 1 u. 2!) gewählt werden könne. Eine Beschränkung der Wählbarkeit schlechthin auf die „weiteren" Mitglieder würde zwar unter dem Gesichtspunkt übermäßiger Einengung der Wahlmöglichkeiten vielleicht gerade noch unbedenklich, aber aus anderen Gründen kaum zweckdienlich sein; vgl. dazu Hueck in „Der Betrieb" 1951, 167 (unter III 2). Erst recht müßte die Satzung vorsehen können, daß nur von der Hauptversammlung usw. (nach §§ 5, 6 oder 8) bestellte (also mindestens von ihr bestätigte!) Mitglieder wählbar sind. Das gleiche Problem tritt schon bisher im Verhältnis der nach § 87 AktGes. gewählten und der gemäß § 88 AktGes. entsandten Mitglieder auf; auch dabei scheinen mir die besseren Gründe für die von Gadow-W. Schmidt Anm. 1 zu § 92 vertretene Auffassung zu sprechen, daß die Wählbarkeit der entsandten Mitglieder von der Satzung ausgeschlossen werden kann.

Darüber, inwieweit die Satzung noch mittelbar durch Modifizierung der allgemeinen Regeln über die Beschlußfassung im Aufsichtsrat auf die Vorsitzerwahl Einfluß nehmen kann, vgl. unten unter d). Im Zweifel sind nämlich die für die Wahl geltenden Grundsätze den Bestimmungen zu entnehmen, die für eine Beschlußfassung im Aufsichtsrat gelten, bzw. unter Heranziehung dieser Bestimmungen zu ergänzen; Schlegelberger-Quassowski Anm. 4 zu § 92. Hingegen darf zumindest für den Bereich des Mitbestimmungsgesetzes künftig nicht übersehen werden, daß umgekehrt die Satzung bei Regelung der allgemeinen Beschlußfassung den Paritätsgedanken nicht antasten darf, dessen Sicherstellung die Vorschriften der §§ 4ff. bezwecken, während in der Institution des Vorsitzers auch weiterhin dieser Gedanke eine Durchbrechung erleiden muß, da das Mitbestimmungsgesetz nicht etwa vorschreibt, der sog.

Elfte Mann sei zugleich Aufsichtsratsvorsitzender. Von einer solchen Vorschrift ist bewußt Abstand genommen worden; vgl. Nr. 6 „zu Ziffer 2" unter B der Hinweise (s. Höcker-Johannsen S. 17/18).

Seit die Wahl des Aufsichtsratsvorsitzers und seines Stellvertreters nach dem Aktiengesetz von 1937 zwingend vorgeschrieben ist, bildet der Fall, daß im Aufsichtsrat keine Wahl zustandekommt, den Gegenstand einer noch nicht endgültig ausgetragenen Streitfrage. Nach einer Ansicht (Schlegelberger-Quassowski Anm. 3 zu § 92, u. — diesen im wesentlichen zustimmend: — Gadow-W. Schmidt Anm. 1a. E. zu § 92 u. Anm. 15 zu § 86) hat das Fehlen eines Aufsichtsratsvorsitzers und seiner Stellvertreter nur zur Folge, daß dann der Aufsichtsrat insgesamt die Funktionen des Vorsitzers ausübe. Den praktischen Mißlichkeiten einer solchen Regelung (über sie vgl. KG. i. DR. 1941, 502) suchen Schlegelberger-Quassowski a. a. O. durch den Hinweis zu begegnen, daß die Hauptversammlung den gesamten Aufsichtsrat abberufen und einen neuen bestellen könne; das aber ist gerade nach dem Mitbestimmungsgesetz (§ 11) nicht mehr möglich. Die der Meinung von Schlegelberger-Quassowski zugrundeliegende Auffassung, daß die Hauptversammlung, auch wenn die Wahl im Aufsichtsrat nicht zustandekomme, keine Befugnis habe, ihrerseits den Aufsichtsratsvorsitzer zu wählen, wird von Ritter (Anm. 3a zu § 92) geteilt, der daraus aber die Folgerung zieht, daß das Gericht den Vorsitzer und dessen Stellvertreter zu bestellen habe. Eine dritte Meinung (Baumbach-Hueck Anm. 2A zu § 92 u. Godin-Wilhelmi Anm. I zu § 89 — im Anschluß an KG. DR. 1941, 502) will im Gegensatz dazu der Hauptversammlung die Wahlmöglichkeit geben, weil sie das den Aufsichtsrat bestellende Organ sei und der Registerrichter nur im äußersten Falle tätig werden dürfe. Ähnlich — jedoch vermittelnd zwischen allen drei Auffassungen — auch Dietrich, DR. 41, 478ff. (483). Im Bereich des Mitbestimmungsrechtes versagen die Argumente, welche sowohl die erste als auch die dritte Lehrmeinung tragen; dies muß für die Streitfrage — m. E. auch wohl allgemein — den Ausschlag zugunsten der Ritterschen Ansicht geben. Jedenfalls hat für den Aufsichtsrat der Montangesellschaften notfalls das Registergericht den Aufsichtsratsvorsitzer und dessen Stellvertreter zu bestellen; s. dazu ausführlich Kötter, JR. 1951, 449 ff.

β) Daß nach § 93 Abs. 2 AktGes. die Satzung das Recht der einem Ausschuß des Aufsichtsrats nicht angehörenden Mitglieder zur **Teilnahme an den Ausschußsitzungen** ausschließen kann, muß weiterhin gelten. Allerdings wird die Satzung hiervon angesichts der Vorschrift des § 4 Abs. 3 nur generell Gebrauch machen können. Daran ist umso stärker festzuhalten, als das Mitbestimmungsgesetz bewußt darauf verzichtet hat, eine paritätische Besetzung der Aufsichtsratsausschüsse vorzuschreiben; vgl. dazu § 3 Abs. 3 des Regierungsentwurfs (Anh. I_3) und Nr. 3 der Anlage zur Gemeinsamen Eingabe (Anh. I_4). Die Satzung kann die Teilnahmebefugnis allenfalls in bezug auf den einen oder anderen bestimmten Ausschuß ausschließen, aber nicht für eine bestimmte Mitgliedergruppe oder gar einzelne Mitglieder. Sie kann die Entscheidung aber natürlich auch weiterhin dem Aufsichtsratsvorsitzer überlassen. Dessen Ausschließungsbefugnis will die herrschende Meinung (vgl. Schlegelberger-Quassowski Anm. 5 zu § 93; Gadow-W. Schmidt Anm. 4 zu § 93; Baumbach-Hueck Anm. 2 B a. E. zu § 93 ebensowohl Godin-Wilhelmi Anm. II 5 zu § 93) auch für den Einzelfall bejahen. Man wird dies bei den

Montan-Aufsichtsräten aber m. E. künftig auch dahin beschränken müssen, daß der Vorsitzer den Ausschluß höchstens für bestimmte Ausschußsitzungen generell oder allenfalls noch für die dem Ausschuß nicht angehörigen Anteilseigner- und Arbeitnehmervertreter verfügen kann. Das gebietet auch hier die Rücksichtnahme auf § 4 Abs. 3.

Vom Standpunkt des Mitbestimmungsrechts aus ist es unbedenklich, daß die Satzung dem Vorsitzer des Aufsichtsrats die in § 93 Abs. 2 AktGes. vorgesehene Befugnis entzieht. Ob dies aktienrechtlich zulässig ist, ist streitig; m. E. ist der von Schlegelberger-Quassowski (Anm. 5 zu § 93) und Godin-Wilhelmi (Anm. II 5 zu § 93) vertretenen bejahenden Ansicht beizupflichten.

γ) Die in § 93 Abs. 3 AktGes. enthaltene Ermächtigung der Satzung hat keinerlei Beziehung zum Mitbestimmungsrecht. Sie für Montansatzungen etwa dahin einzuschränken, daß die Satzung nur Personen als Stimmboten zulassen könnte, welche eine den Aufsichtsratsmitgliedern gleiche Qualifikation besitzen, oder sie wegen der offenbaren Untunlichkeit einer solchen Anforderung gar als hinfällig anzusehen, gibt das Mitbestimmungsgesetz keinen Anlaß.

c) Vorschriften über die Kompetenz des Aufsichtsrats.

Das Aktiengesetz enthält Vorschriften über die Rechte und Aufgaben des Aufsichtsrats in erster Linie in §§ 95—97, darüber hinaus aber indirekt auch in den §§ 45 Abs. 2 (236), 74, 75, 77 Abs. 2 S. 3, 78 Abs. 1 u. 2, 79 Abs. 1, 80, 125 u. 211, 136 Abs. 2 u. 4, 139 Abs. 2, 145 Abs. 1, 171, 199 Abs. 2, 206 Abs. 2 S. 1, 210 Abs. 2 S. 2.

Danach zerfällt der Aufgabenkreis des Aufsichtsrats im wesentlichen in folgende Teilgebiete:

α) Allgemeine Überwachung.

Gegenstand der Überwachung ist die unabdingbar dem Vorstande obliegende Geschäftsführung; vgl. § 95 Abs. 1, 5 S. 1, 70, 74 AktGes. Die Überwachung ist Recht und Pflicht und kann dem Aufsichtsrat grundsätzlich nicht entzogen werden. Das Aktiengesetz gibt ihm zu ihrer Durchführung verschiedene Mittel in die Hand (Auskunfts- und Prüfungsrechte, Einberufung der Hauptversammlung, gerichtliches Vorgehen gegen Vorstandsmitglieder). Wegen der Einzelheiten muß auf die Erläuterungswerke zu §§ 95—97 AktGes. verwiesen werden. All dies wird vom Mitbestimmungsgesetz nicht berührt. Auch die Gestaltungsmöglichkeiten, die insofern der Satzung nach den aktienrechtlichen Vorschriften verbleiben, stehen mit denen des Mitbestimmungsgesetzes in Einklang: es handelt sich durchweg um Mindestbefugnisse des Aufsichtsrats, die von der Satzung lediglich erweitert werden können, wobei für sie nur die Schranke des § 95 Abs. 1 S. 1 AktGes. (Unzulässigkeit der Übertragung von Geschäftsführungsmaßnahmen auf den Aufsichtsrat) besteht. Mit derselben Einschränkung besteht eine ebenfalls unentziehbare Kompetenz des Aufsichtsrats, den Vorstand für bestimmte Arten von Geschäften an seine Zustimmung zu binden, soweit dies die Satzung nicht schon tut; vgl. § 95 Abs. 5 S. 2 AktGes. u. dazu namentlich Godin-Wilhelmi Anm. II 11 zu § 95 u. Anm. I Abs. 3 sowie II 1 zu § 74. Kritisch ist allein die Auswirkung dieser vom Aufsichtsrat wahrgenommenen Befugnisse. Nach dem Gesetz (§ 74 Abs. 2 Akt.-Ges.) binden die Beschränkungen den Vorstand nicht gegenüber Dritten, § 74

Abs. 2 AktGes. Der Vorstand muß aber darüber hinaus befugt sein, die Stellungnahme des Aufsichtsrats zugunsten einer abweichenden Entschließung der Hauptversammlung zu übergehen; das folgt aus § 84 Abs. 4 S. 1 u. 2 AktGes., wonach die Ersatzpflicht der Vorstandsmitglieder gegenüber der Gesellschaft nicht schon durch eine Billigung des Aufsichtsrats, sondern nur durch eine solche der Hauptversammlung ausgeschlossen ist. Sich diese Rückendeckung zu verschaffen, kann dem Vorstande nicht verwehrt werden; § 103 Abs. 2 AktGes. bietet ihm hierzu eine Handhabe: in Konfliktsfällen zwischen Aufsichtsrat und Vorstand muß letzterem auch künftig zugestanden werden, an die Hauptversammlung zu appellieren; daß er auch dadurch — den Gläubigern gegenüber — nicht positiv gebunden wird, wird man mit Godin-Wilhelmi (Anm. 17 Abs. 2 zu § 84) in der Tat aus § 84 Abs. 5 AktGes. schließen müssen, wonach der Vorstand von der Haftung für pflichtwidriges Verhalten den Gläubigern der Gesellschaft gegenüber trotz ihm beipflichtendem Beschluß der Hauptversammlung nicht befreit wird. Im Wege des Abschlusses bedingter Verträge kann aber der Vorstand die Wirksamkeit seines rechtsgeschäftlichen Handelns ohne Rücksicht auf Weisungen des Aufsichtsrats an die Zustimmung der Hauptversammlung binden; so mit Recht Gadow-W. Schmidt Anm. 6 zu § 103. Von dem Grundsatz abzugehen, daß sich die Verantwortung des Vorstands bei Meinungsverschiedenheit zwischen Aufsichtsrat und Hauptversammlung nach der Stellungnahme der Hauptversammlung richtet, gibt das Mitbestimmungsrecht keine Veranlassung; vielmehr muß auch hier (vgl. dazu Anm. 19 a. E. zu § 1) daran festgehalten werden, daß das Mitbestimmungsgesetz keine Enteignung bedeutet und demgemäß seine Vorschriften nicht in dem Sinne ausgelegt werden dürfen, daß eine noch weitergehende Beeinträchtigung der Aktionärrechte eintritt, als sie die Mitbestimmungsregelung zwangsläufig unmittelbar mit sich bringt. Vgl. dazu auch — für die Gesellschaft mit beschränkter Haftung und die bergrechtliche Gesellschaft Anm. 6 zu § 12.

β) Sonderprüfungen.

Abgesehen von der — vom Vorstand ggf. einzuholenden — Stellungnahme des Aufsichtsrats zu genehmigungsgebundenen Geschäften (§ 95 Abs. 5 S. 2 AktGes.), mit der zwangsläufig deren Prüfung verbunden ist, verpflichtet das Aktiengesetz den Aufsichtsrat insbesondere zur Prüfung einer sog. Nachgründung unter Einschluß einer Gesellschaftsaufnahme innerhalb der kritischen Zweijahresfrist nach Eintragung der Gesellschaft (§§ 45 Abs. 2, 236 AktGes.). Es ist dies ein Fall, der angesichts der dem Aktienrecht eigentümlichen Kautelen trotz der funktionellen Einschaltung des Aufsichtsrats in die Gesellschaft mit beschränkter Haftung und die bergrechtliche Gewerkschaft auf diese anderen Rechtsformen nicht übertragen werden kann (vgl. dazu auch Anm. 6 zu § 3). Die Gesamtstruktur ihrer Organisationsform kann nicht dadurch, daß sie nunmehr einen Aufsichtsrat bilden müssen, in ihrem Wesen völlig verändert werden. So ist z. B. bei einer GmbH. eine Gründungsprüfung zwar denkbar, die Beurteilung ihres Unterbleibens jedoch von der rechts- und wirtschaftspolitischen Funktion der Gesellschaft mit beschränkter Haftung und ihrer dieser Funktion entsprechenden positiv-rechtlichen Gestaltung nicht zu trennen.

Zu prüfen hat der Aufsichtsrat ferner vor allem die Rechnungslegung des Vorstandes, dem gegenüber er sich über den Jahresabschluß zu erklären hat (§ 125 Abs 2 AktGes.); dazu sind ihm nicht nur die Bilanz nebst Gewinn- und Verlustrechnung, sondern auch der Bericht der bestellten Abschlußprüfer (§§ 125 Abs. 1, 139 Abs. 2 AktGes.) vorzulegen. Diese Prüfung ist von größter Tragweite, da Vorstand und Aufsichtsrat hier nach positiv-rechtlicher Sonderregelung des § 125 Abs. 3 AktGes. gemeinschaftlich die Hauptversammlung ausschalten können. Vgl. dazu aber auch unten unter d β).

γ) **Geschäftsführungs- und Vertretungsbefugnis des Aufsichtsrats.**

Von der allgemeinen Geschäftsführung ist der Aufsichtsrat ausgeschlossen; in ihrem Rahmen liegende Befugnisse können ihm auch von der Satzung nicht übertragen werden; § 95 Abs. 5 S. 1 AktGes.

Zur Geschäftsführung ist der Aufsichtsrat aber zweifellos insoweit befugt, als ihm die **gesetzliche Vertretung der Gesellschaft** obliegt. Das Gesetz kennt verschiedene Fälle dieser Art: Ausschließlich vertritt der Aufsichtsrat die Gesellschaft bei der Bestellung und Abberufung des Vorstandes sowie bei Abschluß und Auflösung des Anstellungsvertrags mit ihm. Ausdrücklich sagt das Gesetz dies zwar nur für die Bestellung, den Widerruf und den Abschluß des Anstellungsvertrages; vgl. § 75 Abs. 1 S. 1 u. 4 gegenüber § 75 Abs. 3 AktGes. In dem Widerruf der Bestellung liegt aber regelmäßig auch eine Kündigung des Anstellungsvertrages aus wichtigem Grunde; denn die Abberufung kann nur auf wichtige Gründe gestützt werden (§ 75 Abs. 3 S. 1 AktGes.), und diese sind zugleich wichtiger Grund zur fristlosen Kündigung (str.; richtig: Godin-Wilhelmi Anm. 7 Abs. 5 zu § 75). Die abw. h. M. (vgl. u. a. Schlegelberger-Quassowski Anm. 13 zu § 75!) übersieht, daß der Tatbestand des „wichtigen Grundes" auch nach § 626 BGB. kein Verschulden des anderen Teils voraussetzt, sondern lediglich Unzumutbarkeit der Vertragsfortsetzung, die für die Gesellschaft z. B. stets gegeben ist, wenn die Hauptversammlung dem Gekündigten das Vertrauen entzogen hat. Darüber hinaus muß aber auch für die fristlose Kündigung des Vorstands der allgemeine Satz gelten, daß solche Kündigung bei Nichtvorliegen eines wichtigen Grundes als fristgebundene Kündigung zum nächstzulässigen Termin gilt; vgl. JW. 1934, 1519[1]; 37, 2708. Infolgedessen können auch § 75 Abs. 3 S. 3 u. 4 AktGes. nicht etwa die Bedeutung haben, daß der Anstellungsvertrag grundsätzlich oder regelmäßig nicht berührt werde. (Anders h. M.) Allerdings erleidet die praktische Bedeutung des Gesagten insofern eine Einschränkung, als tatsächlich vielfach eine fristgemäße Kündigung des Anstellungsvertrages (§ 622 BGB.) vor Ablauf der bei der Bestellung vorgesehenen Zeitdauer regelmäßig ausgeschlossen werden dürfte. Jedenfalls muß aber gefolgert werden, daß der Aufsichtsrat auch zur fristgemäßen Kündigung — falls solche möglich — befugt wäre, daß er infolgedessen die Gesellschaft aber auch bei einvernehmlicher Aufhebung des Anstellungsvertrages mit dem Vorstande ausschließlich vertritt; auch einvernehmliches Ausscheiden aus dem Vorstand kann nicht innerhalb dieses Organs — etwa durch Kontrahieren eines von drei Vorstandsmitgliedern mit den beiden übrigen gesamtvertretungsberechtigten Mitgliedern — vereinbart werden, sondern bedarf der Mitwirkung des Aufsichtsrats. Darüber, daß das Mitbestimmungsgesetz gegenüber dieser bisherigen Rechtslage für die Aktiengesellschaft keine Neuerung bedeutet, s. § 12 m. Anm. — Bei anderen Rechtsgeschäften mit dem Vorstand, die also nicht dessen Besetzung betreffen, ist die Vertretungsmacht des Aufsichtsrats keine ausschließliche. Unbeteiligte Vorstandsmitglieder können hier ebenfalls die Gesellschaft vertreten, auch Selbstkontrahieren ist im Rahmen des § 181 BGB. möglich und zulässig (h. M., dazu § 97 Abs. 1 AktGes.). — Über Ernennung des Vorsitzers eines mehrgliedrigen Vorstandes (§ 75 Abs. 2 AktGes.) s. Anm. 1 zu § 13.

Konkurrierend ist grundsätzlich die Geschäftsführungs- und Vertretungsbefugnis des Aufsichtsrats in den übrigen, sämtlich auf prozeßrechtlichem Gebiet liegenden Fällen; es sind die der Klagen der Gesellschaft gegen den Vorstand; § 97 AktGes. Zu unterscheiden sind die Fälle des Abs. 1 und des Abs. 2 des § 97 AktGes. § 97 Abs. 1 AktGes. nimmt stillschweigend auf §§ 122ff. AktGes. Bezug. Hiernach erwächst die Vertretungsmacht des Aufsichtsrats auf Grund eines Hauptversammlungsbeschlusses, der keine besonderen Prozeßvertreter (§ 122 Abs. 2 S. 1) bestellt, aber (§ 127 Abs. 2 S. 3) auch auf Grund eines Verlangens der Minderheit nur, wenn das Gericht keine Prozeßvertreter auf Verlangen der Minderheit bestellt. Soweit die Hauptversammlung die Führung eines Rechtsstreits gegen den Vorstand beschlossen hat, ist der Aufsichtsrat zum Prozessieren verpflichtet, es sei denn, daß sie besondere Vertreter bestellt hat; § 122 AktGes. An beiden hat das Mitbestimmungsgesetz offensichtlich nichts geändert. Der Beschlußfassung der Hauptversammlung unterliegt mithin auch die Art der erhobenen Ansprüche, soweit § 122 Abs. 1 der Hauptversammlung die Kompetenz gibt. Diese umfaßt aber, wie sowohl Abschnittsüberschrift als auch die Fassung „Ansprüche aus der Geschäftsführung" klarstellen, aber nur Ersatzansprüche (anders Schlegelberger-Quassowski Anm. 2 zu § 122); nur mit welchen prozessualen Mitteln diese allerdings geltend gemacht werden, ist gleichgültig (Leistungs- oder Feststellungsklage, Klage auf Zahlung oder Unterlassung, einstweilige Verfügung). Richtig: Baumbach-Hueck Anm. 2 A zu § 122. Die Wahl des prozessual tauglichen Mittels unterliegt im Zweifel der pflichtmäßigen Entschließung des Aufsichtsrats. Die Pflicht des Aufsichtsrats zur Prozeßführung und seine Vertretungsbefugnis setzen jedoch voraus, daß der materielle Anspruch, der geltend gemacht werden soll, aus dem Beschluß der Hauptversammlung hinreichend klar hervorgeht. § 97 Abs. 1 AktGes. läßt daneben freilich die Möglichkeit offen, daß die Vertretungsmacht des Aufsichtsrats auch auf Hauptversammlungsbeschlüssen beruht, die den Aufsichtsrat nicht zur Prozeßführung verpflichten, also nicht auf § 122 AktGes. beruhen. Daraus leiten Godin-Wilhelmi (Anm. II 6 zu § 97) die Auffassung her, daß der Aufsichtsrat auch andere als Ersatzansprüche für die Gesellschaft erheben könne (insofern mit Schlegelberger-Quassowski Anm. 2 zu § 122 i. V. m. Anm. 4 zu § 97 übereinstimmend!). Allein hier könnte es sich nur um Ansprüche handeln, die auf Erfüllung der Vorstandspflichten, im einzelnen also auf Vornahme oder Unterlassung von Handlungen der Geschäftsführung gerichtet sind. Eine Beschlußfassung über Gegenstände dieser Art ist aber der Hauptversammlung grundsätzlich entzogen (vgl. § 103 AktGes.); sie könnte einen wirksamen Beschluß dieser Art also nur fassen, wenn der Vorstand es verlangt hat (§ 103 Abs. 2), so daß die von Godin-Wilhelmi a. a. O. vertretene Auffassung zumindest praktisch eine sehr erhebliche Einschränkung erleiden muß.

Die Vertretungsmacht des Aufsichtsrats konkurriert hier mit den nach § 122 Abs. 2 AktGes. (von der Hauptversammlung oder vom Gericht — letztere mit Vorrang, so mit Recht Baumbach-Hueck Anm. 3 C zu § 122, auch wohl Schlegelberger-Quassowski Anm. 5 zu § 122) bestellten Sondervertretern und mit der allgemeinen Vertretungsmacht des Vorstandes. Hinter der Befugnis der Sondervertreter muß die des Aufsichtsrats zurücktreten; str., richtig: (Gadow-)W. Schmidt Anm. 15 zu § 122. Die Vertretungsmacht des Vorstandes hingegen muß der des Aufsichtsrats weichen, soweit §§ 97, 122 AktGes. diese begründen, ein Nebeneinander wäre sachwidrig; (Gadow-)W. Schmidt Anm. 4 zu § 97, abw. Ritter Anm. 4 zu § 97 u. Baumbach-Hueck Anm. 2 C zu § 97. Soweit hingegen die Kompetenz der Hauptversammlung nicht reicht, nach richtiger Ansicht also namentlich bei der Geltendmachung von Erfüllungsansprüchen, z. B. auch im Wege der Unterlassungsklage oder der auf Unterlassung gerichteten einstweiligen Verfügung, ist der Vorstand (d. h. die zur Vertretung ausreichende Zahl seiner unbeteiligten Mitglieder) befugt, für die Gesellschaft Prozesse gegen einzelne seiner Mitglieder zu führen, ohne daß ihm der Aufsichtsrat die Vertretungsmacht durch Übernahme des Prozesses entwinden kann. Dasselbe hat nach allg. Meinung für Prozesse gegen bei Prozeßbeginn schon ausgeschiedene Vorstandsmitglieder zu gelten; vgl. statt aller Schlegelberger-Quassowski Anm. 6 zu § 97.

Dieselbe Rangordnung in der Vertretungsmacht von Aufsichtsrat und Vorstand muß auch gelten, soweit der Aufsichtsrat seine Vertretungsmacht aus § 97 Abs. 2 AktGes. herleitet, d. h. wenn sie nicht in Verbindung mit § 122 AktGes. begründet ist. Hier besteht allerdings die Möglichkeit, daß der Aufsichtsrat für die Gesellschaft eine prozessual zulässige Klage erhebt, bevor der Vorstand dies getan hat. Nämlichkeit des Streitgegenstandes vorausgesetzt, ist hier das Organ ausschließlich vertretungsberechtigt, das zuerst von seiner prozessualen Befugnis Gebrauch gemacht hat. Soweit der Prozeßgegenstand unter § 122 AktGes. fällt, kann allerdings die Hauptversammlung oder eine ausreichende Minderheit den Vorrang der Vertretungsbefugnis des Aufsichtsrats auch in einem bereits vom Vorstand angestrengten Prozeß begründen. Geschieht dies nicht, so mögen Aufsichtsratsmitglieder, die ihre Verantwortlichkeit befürchten (vgl. § 97 Abs. 2 AktGes.) einem vom Vorstand anhängig gemachten Prozeß der Gesellschaft als Nebenintervenienten beitreten; vgl. § 66 ZPO.

Das Gesetz gewährt nur in Aktivprozessen der Gesellschaft dem Aufsichtsrat eine Vertretungsmacht. Nach herrschender Ansicht hat dies auch dann zu gelten, wenn ein Vorstandsmitglied über die Wirksamkeit des ihm vom Aufsichtsrat erklärten Widerrufs seiner Bestellung prozessiert. Demgemäß wäre der Gesellschaft, falls die Vertretungsmacht der verbliebenen Vorstandsmitglieder nicht ausreicht, ein Notvertreter zu bestellen. Regelmäßig wird vom Registergericht ein vorläufiges Vorstandsmitglied nach § 76 AktGes. zu bestellen sein; ist das noch nicht geschehen, so muß nach § 57 ZPO. ein Vertreter bestellt werden (Godin-Wilhelmi Anm. II 8 a. E. zu § 75), die Klage allein ist kein ausreichender Grund, nach § 76 AktGes. zu verfahren (unklar Schlegelberger-Quassowski Anm. 8 zu § 97 u. Baumbach-Hueck Anm. 2 A zu § 97). Der Auffassung von W. Schmidt (bei Gadow Anm. 15 zu § 75), daß die Gesellschaft ausnahmsweise vom Aufsichtsrat vertreten werde, wenn das abberufene Vorstandsmitglied auf Feststellung der Unwirksamkeit des Widerrufs klagt, kann nicht beigetreten werden. Die dafür vorgebrachten Argumente überzeugen nicht; von allem anderen abgesehen, ist es auch für die Rechtsfindung wertvoll, wenn Aufsichtsratsmitglieder in diesem Rechtsstreit als Zeugen vernommen werden können.

Soweit die Vertretungsmacht des Aufsichtsrats nur in Verbindung mit einem Hauptversammlungsbeschluß oder einem Minderheitsverlangen entsteht, ist er intern an Anweisungen der Hauptversammlung gebunden, darüber hinaus auch nach außen hin nur im Rahmen der §§ 84 Abs. 4 S. 1, 124 AktGes. handlungsbefugt.

Bei der Gesellschaft mit beschränkter Haftung und bei der bergrechtlichen Gewerkschaft fehlt eine Sonderregelung für die Geltendmachung von Ersatzansprüchen gegen Geschäftsführer usw. Materiell können hier nur Ansprüche aus dem Anstellungsvertrage oder aus unerlaubter Handlung erhoben werden: Fehlt hier ein Aufsichtsrat, so muß der Gesellschaft oder Gewerkschaft — notfalls nach § 57 ZPO. — ein besonderer Vertreter bestellt werden. Bei den Montanunternehmen der §§ 1, 2 muß nunmehr allgemein § 97 AktGes. gelten; vgl. Anm. 6 zu § 3.

d) **Einflußmöglichkeiten der Satzung** bestehen gegenüber den Mindestkompetenzen des Aufsichtsrats (Überwachung, Einberufung der Hauptversammlung, Prüfung und Billigung des Jahresabschlusses, vgl. Schlegelberger-Quassowski Anm. 41 Abs. 2 u. 3 zu § 92) grundsätzlich nicht. Die Satzung kann aber auch sonst keine dem Aufsichtsrat gesetzlich vorbehaltene Befugnis beschneiden oder anderen Stellen zuweisen. Bei den Mindestkompetenzen des Aufsichtsrats handelt es sich durchweg um Funktionen, die das Wesen der Aktiengesellschaft bestimmen und daher (vgl. Schlegelberger-Quassowski Anm. 27 zu § 16) keiner abweichenden Gestaltung durch die Satzung zugänglich sind. Über die Frage, ob im Bereich des Mitbestimmungsgesetzes dazu künftig auch die Bestellung und Abberufung der Vorstandsmitglieder zu zählen ist, vgl. Anm. 7 zu § 12. Sonstige Funktionen kann die Satzung Ausschüssen des Aufsichtsrats übertragen; vgl. dazu unten unter e). Eine andere Frage ist, inwieweit die Satzung auf die Willensbildung im Aufsichtsrat Einfluß nehmen, also insbesondere allgemein Bestimmungen über das Zustandekommen der Beschlüsse im Aufsichtsratskollegium treffen kann.

α) Schon nach bisherigem Recht ist dies allgemein insoweit zu verneinen, als dadurch der Charakter des Aufsichtsrats als Kollegialorgan verändert würde. Dieser Charakter verbietet insbesondere die Bindung an die Zustimmung einzelner bestimmter Mitglieder, denen darum auch kein Veto eingeräumt werden kann.

Weiterhin verlangt der Kollegialcharakter des Aufsichtsrats gleiches Stimmrecht eines jeden Mitglieds (h. M.). Die Machtverhältnisse unter den Aktionären prägen sich bereits in der Wahl aus; sie können nicht in noch weitergehendem Maße zur Geltung gebracht werden. Daß die Resultante solcher „Mitbestimmung" aller Aktionäre sich künftig bei den Montangesellschaften nur noch paritätisch auswirkt, ist eine eigentümliche Folge des Mitbestimmungsgesetzes und als solche naturgemäß nicht geeignet, jenen Grundsatz zu erschüttern;

vielmehr verstärkt die in der Aufsichtsratsebene einsetzende neue Mitbestimmung der Arbeitnehmer (s. dazu Anm. 3 zu § 1 unter e) die Notwendigkeit, an der gleichen Stimmberechtigung aller Aufsichtsratsmitglieder festzuhalten, vgl. auch § 4 Abs. 3.

β) Nicht völlig gleich ist die Frage zu beurteilen, ob die Satzung für Beschlußfassungen im Aufsichtsrat im einzelnen Abweichungen von dem im Zweifel geltenden **Grundsatz der einfachen Stimmenmehrheit** zulassen kann. Nach Aktienrecht ist sie zu bejahen; vgl. Schlegelberger-Quassowski Anm. 17 zu § 75; (Gadow-)W. Schmidt Anm. 17 zu § 75; Godin-Wilhelmi Anm. 6 Abs. 4 zu § 92; Baumbach-Hueck Anm. 3B zu § 92. Allerdings wird man schon allgemein kaum so weit gehen können, eine Satzungsvorschrift zuzulassen, die — sei es auch nur in beschränktem Umfange — Einstimmigkeit im Aufsichtsrat forderte, soweit es sich nicht (vgl. dazu auch § 92 Abs. 3 AktGes.) etwa um Abweichungen von der normalen Geschäftsordnung handelt, sondern sachliche Entschließungen betrifft; a. A. (Gadow-)W. Schmidt Anm. 19 a. E. zu § 92 u. Godin-Wilhelmi a. a. O. Damit würde im Endergebnis nichts anderes erzielt als ein Veto des Vorsitzers, eines Mehrheitsaktionärs oder eines entsandten Aufsichtsratsmitglieds (dagegen s. o.), das dann auch von W. Schmidt a. a. O. folgerichtig in gleichem Umfange für zulässig erachtet wird. Geht man nicht so weit, sondern läßt nur eine solche Qualifizierung zu, die mindestens bei Vollbesetzung des Aufsichtsrats der Einstimmigkeit nicht gleichkommt und auch die Vorschriften über die Beschlußfähigkeit als Grenze respektiert (also nur Mehrheit der abgegebenen Stimmen oder der anwesenden Aufsichtsratsmitglieder betrifft), so bedarf es m. E. nicht der ungewissen Einschränkung, daß nur dort eine Qualifizierung zulässig sein solle, wo es sich nicht um die „zur Erfüllung der gesetzlichen Aufgaben erforderlichen" Beschlüsse (so Baumbach-Hueck a. a. O.) oder um solche, „zu deren Fassung der Aufsichtsrat jederzeit in der Lage sein muß, um seine gesetzlichen Aufgaben erfüllen zu können" (so W. Schmidt bei Gadow Anm. 17 zu § 92), handelt. Beschlüsse der letzteren Art gibt es überhaupt nicht, denn auch ein Aufsichtsrat, dessen Beschlußfassung Stimmengleichheit ergibt, hat seine gesetzlichen Aufgaben „erfüllt", und doch ist dabei ebensowenig ein Beschluß zustandegekommen wie bei Nichterreichung einer qualifizierten Mehrheit; daß aber Stimmengleichheit zumindest von Gesetzes wegen jederzeit möglich ist, bedarf keiner Ausführung (Stimmenenthaltungen). Aber auch die Abgrenzung bei Baumbach-Hueck ist m. E. untauglich; sie läuft auf die Gleichbehandlung der Qualifizierungsmöglichkeit mit der Frage nach der Gleichheit des Stimmrechts (s. dazu den vor. Abs. d. Anm.!) heraus. Es muß demgegenüber aber wiederholt werden, daß es sich um verschiedene Gesichtspunkte handelt; eine Vorschrift über qualifizierte Mehrheiten durchbricht nicht das Kollegialprinzip. Außerdem ist eine Qualifizierung gerade den Gegenständen der Beschlußfassung angemessen, die mit den wichtigsten Aufgaben des Aufsichtsrats zusammenhängen. So kommt es bei der Vorstandsbestellung oder -abberufung viel eher darauf an, Zufallsentscheidungen zu vermeiden als rasche Entschließungen zu fassen. Man wird den Gedanken, daß der Aufsichtsrat — abstrakt gesehen — in der Lage sein müsse, seine gesetzlichen Aufgaben zu erfüllen (vgl. Gadow-W. Schmidt a. a. O.) hier allenfalls in folgendem Sinne zur Rechtfertigung weiterer Qualifizierungsbestimmungen der Satzung auswerten können: stellt die

Satzung z. B. mehrere im gesetzlichen Rahmen liegende Möglichkeiten für die Ausgestaltung des Vorstands zur Wahl, so kann sie die eine oder andere von diesen auch von einer solchen Mehrheit im Aufsichtsrat abhängig machen, die nicht mit der zu seiner Beschlußfähigkeit ausreichenden Präsenzziffer erreichbar ist. Vgl. dazu Anm. 5 Abs. 2 zu § 13. In solchen Fällen bleibt dem Aufsichtsrat u. U. nur eine der vorgesehenen Alternativen übrig, z. B. die Bestellung eines mehrgliedrigen Vorstands statt eines Alleinvorstands. M. E. könnte man darüber hinaus neben dem Satz, daß die einfache Mehrheit nicht generell für unmaßgeblich erklärt werden darf, nur die Forderung aufstellen, daß die einfache Mehrheit in jedem Falle für die Beschlußfassung über die Anrufung der Hauptversammlung (§ 95 Abs. 4 AktGes.) und den dieser nach § 96 AktGes. zwingend zu erstattenden Bericht ausreichen muß. Hingegen hindern den Aufsichtsrat weder bei der Einflußnahme auf die Zusammensetzung des Vorstands noch bei der Billigung des Jahresabschlusses satzungsmäßige Qualifikationsvorschriften an seiner ordnungsmäßigen Tätigkeit. Lediglich im Bereich des Mitbestimmungsgesetzes wird man die Zulässigkeit einer Satzungsvorschrift über qualifizierte Mehrheiten unter dem Gesichtspunkt einer Umgehung des Paritätsgrundsatzes gesondert in Frage stellen müssen. M. E. gibt aber das Mitbestimmungsgesetz selbst eine positive Antwort auf diese Frage, indem es indirekt für die Bestellung des Arbeitsdirektors eine Qualifikation vorsieht (§ 8 Abs. 1 kann hier hingegen nicht verwertet werden, weil es sich nicht um ein Tätigwerden des Aufsichtsrats handelt; vgl. dazu Anm. 4 zu 8!). Die Vorschrift, daß der Arbeitsdirektor nicht gegen die Stimmen der von der Hauptversammlung nach § 6 lediglich zu bestätigenden Aufsichtsratsmitglieder (s. darüber Anm. 29 zu § 6) bestellt werden kann, läßt erkennen, daß das Gesetz von der Möglichkeit einer Durchbrechung des Grundsatzes der einfachen Stimmenmehrheit ausgeht. Seine Regelung geht sogar in gewisser Hinsicht über den Rahmen einer normalen Qualifikation hinaus, indem es deren Gedanken zugunsten einer Mitgliedergruppe durchbricht: die andere Gruppe einschl. der neutralen Spitze kann den Beschluß bei in voller Besetzung tagendem Aufsichtsrat nur im Rahmen einer Dreiviertelmehrheit sämtlicher Mitglieder und stets nur mit mindestens Zweidrittelmehrheit der anwesenden Mitglieder herbeiführen, während ihn die bevorrechtigte Gruppe mit einfacher Mehrheit aller durchsetzen kann, also selbst bei Vollbesetzung nur der Zustimmung des „Elften Mannes" bedarf. Es läßt sich also sagen, daß das Gesetz nicht nur eine dem § 13 Abs. 1 entsprechende Regelung, sondern auch eine gleichmäßige Qualifikation (im Rahmen des sonst Zulässigen) als vereinbar mit dem Grundsatz der Parität und erst recht mit dem Postulat der Eignung des Aufsichtsrats zur Erfüllung seiner Aufgaben ansieht. Infolgedessen müssen Satzungsbestimmungen zulässig sein, welche für die Bestellung und Abberufung mindestens eines anderen Vorstandsmitglieds die Mehrheit der Stimmen der von der Hauptversammlung nach § 5 gewählten Mitglieder fordern oder für alle oder mehrere Vorstandsmitglieder bei Bestellung bzw. Abberufung eine gleichmäßige qualifizierte Mehrheit vorsehen. Gleiches muß für die Billigung des Jahresabschlusses gelten, da es sich hier um die Beschneidung einer nach allgemeinem Korporationsrecht (vgl. §§ 32, 40 BGB.) der Disposition der Hauptversammlung oder der Satzung unterliegenden Befugnis handelt, die der Eigentümerfunktion entspringt. Die Frage ist deshalb (vgl. dazu Anm. 19

a. E. zu § 1) zugunsten der Erhaltung der Dispositionsmöglichkeit zu entscheiden.

γ) Schließlich fragt sich, ob die Satzung der Gefahr vorbeugen kann, daß infolge Stimmengleichheit im Aufsichtsrat keine Beschlußfassung zustandekommt. Nach allgemeinem Aktienrecht wird die Möglichkeit, in solchen Fällen satzungsmäßig die Losentscheidung oder einen Stichentscheid des Vorsitzers oder seines Stellvertreters vorzusehen, nicht angezweifelt. Sie künftig den Satzungen der Montangesellschaften zu verwehren, besteht kein stichhaltiger Grund. Entscheidend ist dabei, daß das Gesetz ersichtlich selbst vermeiden will, daß die Parität im Aufsichtsrat zu dessen Lahmlegung führe, und eine ungerade Mitgliederzahl vorschreibt (vgl. §§ 4 Abs. 1, 9!). Gibt jedes Mitglied eine Stimme ab, so kann es überhaupt nicht zu dem gedachten Fall kommen. Bei Abgabe von — im Regelfall — nur 6, 8 oder 10 Stimmen besteht die Möglichkeit des Scheiterns der Beschlußfassung. Es hier der Satzung verwehren zu wollen, einer Sterilität der Verwaltung der Gesellschaft vorzubeugen, hieße der Mitbestimmung der Arbeitnehmer mehr zu opfern als sie beansprucht. In welcher Weise die Satzung dies Anliegen einer lebendigen Verwaltungsführung verwirklicht, kann ihr auch weitgehend überlassen werden, da die Träger der Mitbestimmung den Fall, um dessen Regelung es sich handelt, zu vermeiden in der Lage sind. Die Satzung kann also (vgl. Kötter, JR. 51, 452) wie bisher Losentscheid oder Stichentscheid des Vorsitzers vorsehen, aber sicher auch Stichentscheid des elften Mitglieds (falls nicht gerade dieses sich der Stimme enthalten hat).

Zulässig muß es m. E. ferner sein, daß die Satzung für den Fall der Stimmengleichheit diejenige Auffassung für maßgeblich erklärt, welcher die Mehrheit der von der Hauptversammlung nach bisherigen Vorschriften gewählten Mitglieder zugestimmt haben. Auch eine Verbindung mehrerer solcher Vorschriften kommt in Betracht. All dies findet seine Grenze nur in § 13 Abs. 1.

Für Wahlen kann die Satzung zweifellos Qualifikationen, aber auch Ausreichen einer relativen Mehrheit vorsehen.

e) Ausschüsse des Aufsichtsrats kann nach § 92 Abs. 4 AktGes. der Aufsichtsrat aus seiner Mitte bestellen. Vorbereitung und Durchführung der Beschlüsse des Aufsichtsrats sind nicht ihre einzigen möglichen Aufgaben, sondern ausdrücklich nur als Beispiele genannt. Sicher ist anderseits, daß der Aufsichtsrat nicht seine sämtlichen Entscheidungsfunktionen, wohl auch nicht die eine oder andere seiner Mindestbefugnisse auf Ausschüsse übertragen kann. Im übrigen muß er zur Übertragung von Entscheidungsfunktionen für befugt erachtet werden, denn das Gesetz kann bei der bloß beispielhaften Aufzählung der anderen Funktionen nicht die Möglichkeit allein im Auge gehabt haben, daß die Satzung dem Aufsichtsrat noch andere als die gesetzlichen Aufgaben übertragen werde. Tut dies die Satzung, so kann sie dabei einleuchtenderweise insoweit auch die Kompetenz eines Ausschusses begründen, was ihr im übrigen verwehrt bleiben muß. (Vgl. dazu oben unter d) Abs. 1). Darüber hinaus kann sie infolgedessen nur die Bildung von Ausschüssen dem grundsätzlichen Aufgabenbereich nach vorschreiben, da sie die Arbeitsweise des Aufsichtsrats vorbehaltlich seiner unantastbaren Kompetenzen ordnen kann; sie muß es aber hier dem Aufsichtsrat überlassen, ob er seinem Ausschuß Entscheidungsfunktionen überträgt. Die Besetzung der Ausschüsse kann die Satzung nicht selbst vornehmen; sie wird aber auch ihre Mitgliederzahl nicht bindend vorschreiben können, soweit es sich um die unantastbare sachliche Kompetenz des Aufsichtsrats handelt. Das alles entspricht einer gesicherten herrschenden Meinung; vgl. dazu Schlegelberger-Quassowski Anm. 36—41 zu § 92. Streitig ist, ob die Satzung die Aufnahme „entsandter" Mitglieder in die Ausschüsse vorschreiben kann. M. E. ist die Frage mit (Gadow-) W. Schmidt Anm. 23 zu § 92 dahin zu entscheiden, daß die Satzung nur qualifizierte Stimmenmehrheit (auch wohl Verhältniswahl)] für die Ausschußbesetzung, aber nicht Zwang zur Aufnahme bestimmter Mitglieder vorsehen kann (weitergehend Schlegelberger-Quassowski Anm. 20 zu § 88 und die dort Zitierten). Auch hier ist die Frage nach der Modifizierung des bisherigen Rechtszustandes durch das Mitbestimmungsgesetz zu stellen. Daß § 95 Abs. 4 AktGes. nicht als abgeändert anzusehen ist, dürfte klar sein, obwohl das Mitbestimmungsgesetz die Ausschußbesetzung nicht erwähnt. Nach seiner Entstehungsgeschichte (vgl. oben unter bβ) bedeutet dies im Gegenteil, daß eine paritätische Besetzung der Ausschüsse nicht vorgeschrieben ist. Ob die Satzung sie fordern könnte, muß zweifelhaft erscheinen; m. E. wollte das Gesetz diese Frage der Beschlußfassung im Aufsichtsrat überlassen. Es wird aber zulässig sein, daß die Satzung vorsieht, daß einem mehr als zweigliedrigen Ausschuß mindestens ein Mitglied jeder Mitgliedergruppe angehören muß; dadurch würde keinerlei Sonderrecht begründet werden. Über die Möglichkeit, einem Ausschuß die Vorstandsbestellung zu übertragen s. Anm. 7 zu § 12.

f) Über die Rechte und Pflichten der einzelnen Aufsichtsratsmitglieder und die besonderen Rechte und Aufgaben des Vorsitzers vgl. Anm. 20 zu § 4.

Zweiter Teil

Aufsichtsrat

§ 3[1]

(1) Betreibt eine Gesellschaft mit beschränkter Haftung[2] oder eine bergrechtliche Gewerkschaft mit eigener Rechtspersönlichkeit[3] ein Unternehmen im Sinne des § 1[4], so ist nach Maßgabe dieses Gesetzes ein Aufsichtsrat zu bilden[5].

(2) Auf den Aufsichtsrat, seine Rechte und Pflichten finden die Vorschriften des Aktienrechts sinngemäß Anwendung[6].

1. Wegen der systematischen Bedeutung der Vorschrift vgl. die Vorbemerkung vor § 1.

2. Vgl. Anm. 22 zu § 1 und Anm. 3 zu § 2.

3. Vgl. Anm. 23 zu § 1, ferner Anm. 4 zu § 2. Die Einbeziehung der bergrechtlichen Gewerkschaft dient zumindest der Klarstellung; §§ 128a bis l Allg. Bergges., die durch das (pr.) Gesetz über Aufsichtsräte bei Berggesellschaften vom 24. 5. 1923 (GS. S. 268) eingefügt worden waren, sind zwar nicht förmlich aufgehoben, wurden aber unter der Geltung des früheren Gesetzes zur

Ordnung der nationalen Arbeit, welches das Gesetz über die Entsendung von Betriebsratsmitgliedern in den Aufsichtsrat vom 15. 2. 22 (RGBl. S. 209) aufhob, als nicht mehr in Geltung betrachtet.

4. Gemeint ist ein Unternehmen im Sinne des § 1 Abs. 1, das entweder Einheitsgesellschaft ist oder in der Regel mehr als 1000 Arbeitnehmer beschäftigt; vgl. § 1 Abs. 2. Die „Einheitsgesellschaften" (über sie Anm. 25 zu § 1) werden sicherer Voraussicht nach jedoch Aktiengesellschaften sein, so daß es bei Gesellschaften mit beschränkter Haftung und bergrechtlichen Gewerkschaften stets auf die Arbeitnehmerzahl ankommen wird.

5. Gesellschaften mit beschränkter Haftung und bergrechtliche Gewerkschaften haben nach allgemeinen Vorschriften nur dann einen Aufsichtsrat, wenn Gesellschaftsvertrag oder Statut dies vorsehen; vgl. § 52 Abs. 1 GmbHGes., §§ 94ff. Allg. Bergges. und oben Anm. 3.

Der bisherige fakultative Aufsichtsrat der Gesellschaft mit beschränkter Haftung war nur im Zweifel und lediglich hinsichtlich seiner Zusammensetzung und seiner Rechte und Pflichten, nicht hingegen nach seiner inneren Ordnung und in seinem Verhältnis zu den übrigen Gesellschaftsorganen nach aktienrechtlichen Grundsätzen zu beurteilen und auch der der bergrechtlichen Gewerkschaft konnte in den von § 94 Abs. 3 Allg. Bergges. gezogenen Grenzen beliebig organisiert werden. Über die jetzige Rechtslage bei Montanunternehmen, die in einer dieser Rechtsformen betrieben werden, vgl. unten Anm. 6.

Die Vorschrift, daß der Aufsichtsrat „nach Maßgabe dieses Gesetzes" zu bilden sei, muß im Zusammenhang mit Abs. 2 gelesen werden: Das Gesetz will insoweit auf das Aktienrecht in der Ausgestaltung verweisen, die dieses durch die §§ 4ff. für Montanunternehmen erhalten hat; vgl. dazu Anm. 7 zu § 2. Andererseits greift die Vorschrift über den obligatorischen Aufsichtsrat bei einer Montan-GmbH. auch in das Aktienrecht ein, das insofern nach dem Grundsatz des § 2 eine weitere Änderung erfahren muß. So kann z. B. bei der Umwandlung einer Montan-Aktiengesellschaft in eine Gesellschaft mit beschränkter Haftung und umgekehrt die Frage des Bestehenbleibens eines bereits gemäß § 4ff. gebildeten Aufsichtsrats entgegen der in §§ 265 Satz 3, 269 Abs. 3 AktGes. angenommenen Lage künftig nicht in Frage gestellt sein. § 270 Abs. 2 AktGes. (vgl. auch § 279 Abs. 2 AktGes.) muß als gegenstandslos angesehen werden: entweder ist der Aufsichtsrat bei der umgewandelten Gesellschaft mit beschränkter Haftung oder neueren Gewerkschaft bereits nach §§ 4ff. bestellt gewesen, dann ist für eine Bestätigung kein Raum, andernfalls ist seine Bestellung nicht durch die Gesellschafter oder Gewerken allein, sondern in der durch §§ 4ff. bestimmten Weise vorzunehmen, wobei die Gesellschafter oder Gewerken lediglich die Stellung des „Wahlorgans" (vgl. § 5 S. 1) haben.

6. Bei den unter das Mitbestimmungsgesetz fallenden Gesellschaften mit beschränkter Haftung und bergrechtlichen Gewerkschaften besteht nicht nur zwingend ein gemäß §§ 4ff. bestellter Aufsichtsrat, sondern seine Arbeitsweise, seine Rechte und Pflichten, ebenso — obwohl das Gesetz dies nicht ausdrücklich sagt — zwingend die seiner Mitglieder, richten sich nach den durch das Mitbestimmungsgesetz modifizierten aktienrechtlichen Vorschriften; darüber, wie deren Inhalt zu bestimmen ist, vgl. Anm. 7 zu § 2 und Anm. 20 zu § 4. Die

sinngemäße Anwendung der aktienrechtlichen Vorschriften über den Aufsichtsrat auf die Gesellschaft mit beschränkter Haftung und die bergrechtlichen Gewerkschaften, auf die das Mitbestimmungsgesetz Anwendung finden wird, kann nicht bedeuten, daß die Rechtsform des Unternehmens in weitergehendem Umfange angetastet wird, als es zu der Konstituierung und zum Funktionieren eines Aufsichtsrats im Sinne des durch §§4 ff modifizierten aktienrechtlichen Aufsichtsrats erforderlich ist. Auch der Gesellschaftsvertrag und das Statut treten nur im selben Umfange außer Kraft. Letzteres erwähnt das Gesetz freilich nicht, weil diese angesichts des dem Mitbestimmungsgesetz sogar gegenüber anderen gesetzlichen Vorschriften beigelegten Vorrangs (§ 2) selbstverständlich ist; es ist bei der Gesellschaft mit beschränkter Haftung und der bergrechtlichen Gewerkschaft, bei denen ormalerweise Gesellschaftsvertrag oder Statut in bezug auf den Aufsichtsrat keiner besonderen Bindung unterliegt, jedoch von größerer Bedeutung als bei der Aktiengesellschaft. Ein Eingriff in die Struktur der Gesellschaft mit beschränkter Haftung und der bergrechtlichen Geweerkschaft ergibt sich namentlich aus der dem Aufsichtsrat nach Aktienrecht zwingend vorbehaltenen Befugnis zur Bestellung des Vorstands. Das Gesetz hat dies in § 12 ausdrücklich klargestellt. Über Einzelheiten zu dieser Frage vgl. Anm. 6 zu § 12. Weder die Gesellschafterversammlung noch die Gewerkenversammlung ist im Bereich des Mitbestimmungsgesetzes nach dessen Inkrafttreten noch befugt, Geschäftsführer oder einen Grubenvorstand bzw. einen Repräsentanten zu bestellen. Darüber hinaus ergibt sich als Reflex der analog dem Aktienrecht ausgestalteten Rechte des Aufsichtsrats, daß mit diesen in Widerstreit stehende Kompetenzen der Geschäftsführer oder des Grubenvorstandes hinfällig werden. Auch die Geschäftsführer und Mitglieder des Grubenvorstandes können in derselben Weise an die Zustimmung des Aufsichtsrats gebunden werden wie der Vorstand der Aktiengesellschaft. Ob das für den Sitz einer unter das Mitbestimmungsgesetz fallenden bergrechtlichen Gewerkschaft zuständige Bergamt von sich aus künftig statt wie bisher eine Gewerkenversammlung zur Vornahme der Wahl eines Grubenvorstandes oder zur Beschlußfassung über den Widerruf der Vorstandsbestellung künftig eine Aufsichtsratssitzung berufen kann (vgl. § 122 Abs. 4 Allg. Bergges.) oder ob diese Vorschrift gemäß § 2 in Verbindung mit §§ 12, 13 bei Montangewerkschaften, die unter § 1 fallen, gegenstandslos geworden ist, kann zweifelhaft erscheinen. M. E. sollte man die Frage im ersteren Sinne entscheiden, da der Zweck der bergrechtlichen Vorschrift darauf gerichtet ist, der Gewerkschaft ein geschäftsführendes Organ unter allen Umständen zu sichern. Die Bergbehörde hat insoweit Befugnisse, die im Handelsgesellschaftsrecht ihrer Art nach dem Registerrichter zukommen, in ihrem sachlichen Inhalt jedoch noch über die Befugnisse des Registerrichters hinausgehen; vgl. auch § 127 Allg. Bergges. und dazu Anm. 7 zu § 7.

Die Vorschrift des § 3 Abs. 2 kann hingegen insbesondere nicht bedeuten, daß auch bei der Gesellschaft mit beschränkter Haftung oder der bergrechtlichen Gewerkschaft der Aufsichtsrat Befugnisse habe, deren Inhalt durch die besondere Natur der Aktiengesellschaft begründet ist. Ähnlich Fitting, BArbBl. 1951, 203ff. (204). Insbesondere entfällt hier für den Aufsichtsrat Recht und Pflicht zur Prüfung einer Sachgründung. Ein Recht zur Prüfung der Sachgründung bei der Gesellschaft mit beschränkter Haftung hat allenfalls der Registerrichter; vgl. Baumbach-Hueck GmbH. Anm. 8 A zu § 5. Zweifelhaft ist, ob § 78 GmbHGes. nunmehr dahin verstanden werden muß, daß bei einer Montan-GmbH. eine Anmeldung durch die Geschäftsführer insoweit nicht mehr genüge, als das Aktienrecht bei entsprechenden Vorgängen innerhalb der Aktiengesellschaft (z. B. Kapitalerhöhungen) neben der Anmeldung durch den Vorstand auch eine solche durch den Vorsitzer des Aufsichtsrats vorsieht. (Bejahend Fitting a. a. O. N. 9.) M. E. liegt § 78 GmbH-Ges. schon innerhalb des nicht angetasteten Strukturbereichs der Gesellschaft mit beschränkter Haftung, eine Auffassung, die dadurch gestützt werden dürfte, daß völlige Gleichheit der Funktionen des Aufsichtsrats und seines Vorsitzers bei den Montanunternehmen schon deshalb nicht zu erreichen ist, weil die fehlende Registerpflicht bei Gewerkschaften in jedem Falle Unterschiede in dieser Hinsicht bedingt.

Von besonderer Bedeutung ist die Frage der Feststellung des Jahresabschlusses. Diese unterliegt nach § 46 Nr. 1 GmbHGes. der Bestimmung der Gesellschafter; nach dem Aktiengesetz kann sie der Beschlußfassung der Hauptversammlung (vgl. § 125 Abs. 3 und dazu Anm. 7 zu § 2 unter d) entzogen werden. Im Berggesetz fehlen hierüber Vorschriften. Die Feststellung von Gewinn oder Verlust, an dem die Gewerken nach dem Verhältnis ihrer Kuxe teilnehmen (vgl. § 102 Abs. 1 Allg. Bergges.), unterliegt aber nach bisherigem Recht zweifellos der Beschlußfassung der Gewerkenversammlung (vgl. dazu RG. i. ZfB. 33, 531); daneben können im Statut Grundsätze für die Gewinn- und Verlustrechnung aufgestellt sein, vgl. dazu Esser, Die Gewerkschaft und ihre Entwicklung unter dem Allgemeinen Berggesetz S. 40; Boldt Anm. 3 zu § 102. Daß die aufgeworfene Frage bei den beiden neben der Aktiengesellschaft für die Mitbestimmungsregelung in Betracht kommenden Rechtsformen der Montanunternehmen nicht ohne weiteres gleichliegt, ergibt sich schon aus der möglichen Zubußepflicht der Gewerken. Aber auch abgesehen von diesem Gesichtspunkt, handelt es sich hier um eine Frage, bei der mit gleichem Recht der Vorrang der aktienrechtlichen Natur des Aufsichtsrats und der daraus fließenden Befugnis, wie der der Erkenntnis der im Vergleich mit der Aktiengesellschaft vereinfachten Struktur der beiden anderen Rechtsformen geltend gemacht werden kann. Nach den in Anm. 19 zu § 1 entwickelten Auslegungsgrundsätzen muß daher m. E. hier die Entscheidung im Sinne der möglichst geringen Rechtsbeschneidung der Anteilseigner ausfallen und es bei der Regel des § 46 Nr. 1 GmbHGes. und der von der Rechtsprechung anerkannten Übung zu § 102 Allg. Bergges. verbleiben. Es ist freilich zuzugeben, daß hier die Tendenzen des Mitbestimmungsgesetzes und die aus seinem Charakter als einem keine Enteignung normierenden Gesetze zu ziehenden Schlüsse außerordentlich stark kollidieren. Man sollte aber auch dem Gesichtspunkt Rechnung tragen, daß die Vorschriften über den Jahresabschluß nach dem Aktiengesetz ein gewissermaßen einheitliches Institut darstellen, an dessen völlige Ausdehnung auf die dem Mitbestimmungsgesetz unterfallenden Gesellschaften mit beschränkter Haftung und bergrechtlichen Gewerkschaften wohl niemand denken wird. — Zweifellos obliegt dem Aufsichtsrat die Überwachung der Geschäftsführer und des Grubenvorstandes oder Repräsentanten. Die Frage, ob daneben die Gesellschafter- oder Gewerkenversammlung Überwachungsmaßregeln ergreifen kann (zweifelnd Fitting a. a. O. N. 9), ist m. E. grundsätzlich zu bejahen; vgl. dazu Anm. 1 zu § 12.

§ 4[1]

(1) Der Aufsichtsrat[1] besteht[2] aus elf Mitgliedern[2]. Er setzt sich zusammen[3] aus

a) vier Vertretern[4] der Anteilseigner[5] und einem weiteren Mitglied[7],
b) vier Vertretern[4] der Arbeitnehmer[6] und einem weiteren Mitglied[7],
c) einem weiteren Mitglied[7].

(2) Die in Absatz 1 bezeichneten weiteren Mitglieder[7] dürfen nicht[8]

a) Repräsentant einer Gewerkschaft oder einer Vereinigung der Arbeitgeber oder einer Spitzenorganisation dieser Verbände sein[9] oder zu diesen in einem ständigen Dienst- oder Geschäftsbesorgungsverhältnis stehen[10],
b) im Laufe des letzten Jahres vor der Wahl[11] eine unter Buchstabe a bezeichnete Stellung[12] innegehabt haben[13],
c) in den Unternehmen[14] als Arbeitnehmer[15] oder Arbeitgeber[16] tätig sein[17],
d) an dem Unternehmen[18] wirtschaftlich wesentlich interessiert sein[19].

(3) Alle Aufsichtsratsmitglieder haben die gleichen Rechte und Pflichten[20]. Sie sind an Aufträge und Weisungen nicht gebunden[21].

1. Die systematische Bedeutung der Vorschrift ist durch die verfehlte Stellung der Vorschrift des § 3 (vgl. darüber Vorb. vor § 1) in ein schiefes Licht gerückt. §§ 4 ff. wollen selbstverständlich (vgl. § 1 Abs. 1) die Zusammensetzung des Aufsichtsrats nicht nur, wie man aus ihrer Stellung im Anschluß an § 3 herauszulesen versucht sein könnte, für die Gesellschaft mit beschränkter Haftung und die bergrechtliche Gewerkschaft regeln, sondern für alle nach § 1 unter das Mitbestimmungsgesetz fallenden juristischen Personen.

Der Aufsichtsrat ist dabei einheitlich für sämtliche in Betracht kommenden Rechtsformen der Montanunternehmen als deren einziges legitimes Aufsichtsorgan anzusehen. Insoweit greift wieder der Grundsatz ein, daß er allgemein (vgl. § 3 Abs. 2) in der Struktur des Unternehmens dieselbe Stellung hat, die ihm das Aktiengesetz zuteilt. Auch schon auf der Grundlage des Aktiengesetzes herrscht Einigkeit darüber, daß die Satzung neben oder gar über dem Aufsichtsrat kein anderes Verwaltungsorgan schaffen kann. Vgl. dazu Schlegelberger-Quassowski Anm. 2 zu § 86. Ob er nach Aktienrecht auch die Bezeichnung „Aufsichtsrat" tragen muß, ist streitig (verneinend Ritter Anm. 3 zu § 86). Die Frage ist ohne sachlichen Gehalt und für das Mitbestimmungsrecht ohne Bedeutung. Will man andere Bezeichnungen zulassen, so kann doch kein Zweifel sein, daß die Regelung des Mitbestimmungsgesetzes für dasjenige Organ gelten muß, dem die Befugnisse des Aufsichtsrats beigelegt sind.

2. Abweichend von § 86 AktGes. haben die Montan-Aufsichtsräte eine **feste Mitgliederzahl.** Vgl. dazu Anm. 7 zu § 2 unter a. Die Zahl von elf Mitgliedern ist beim Aufsichtsrat der Montangesellschaft Mindest- und Höchstzahl zugleich. Eine Ausnahme hiervon kann die Satzung lediglich im Rahmen des § 9 vorsehen; auch hier ist aber die satzungsmäßig festgelegte abweichende Mitgliederzahl (15 oder 21) kraft Gesetzes Festzahl. Die Auffassung, daß dem Aktienrecht eine solche Betrachtungsweise fremd sei und es nur auf die Mitgliederzahl ankomme, welche die Beschlußfähigkeit des Aufsichtsrats begründe (Schlegelberger-Quassowski Anm. 3 zu § 86), ist zumindest durch die Regelung des Mitbestimmungsgesetzes überholt; vgl. Kötter NJW. 1950 S. 421, ferner Anm. 1 zu § 10.

Über die Rechte und Pflichten der Mitglieder vgl. unten Anm. 20.

3. Die **Zusammensetzung des Aufsichtsrats** ist das eigentliche Instrument der Mitbestimmung der Arbeitnehmer, die das Gesetz sicherstellen will. Sie stellt eine Qualifikation im Rahmen des Erfordernisses der festen Mitgliederzahl dar. Der Gedanke der paritätischen Zusammensetzung findet seine Ausprägung in dem Vorhandensein gebundener Aufsichtsratssitze, von denen das Gesetz scheinbar nur drei Arten, in Wirklichkeit jedoch sieben Arten kennt. Die in § 4 Abs. 1 gegebene Übersicht ist mißverständlich und muß im Zusammenhang mit dem Bestellungsmodus gesehen werden. Wählbarkeitserfordernisse und Bestellungsmodus zusammengenommen ergeben die sich unter den äußerlich beschriebenen drei Mitgliedergruppen (Vertreter der Anteilseigner, Vertreter der Arbeitnehmer und weitere Mitglieder) versteckenden sieben Arten von Aufsichtsratssitzen. Zu unterscheiden sind nämlich

a) vier Mitglieder, deren Bestellung (Wahl oder Entsendung) sich ebenso wie die Frage der Unvereinbarkeit der Mitgliedschaft mit anderen Stellungen nach bisherigem Aktienrecht (§ 5, §§ 87, 88 u. 90 Abs. 1 AktGes.) richtet;
b) zwei Mitglieder, die von dem Wahlorgan auf Vorschlag der Spitzenorganisation der im Unternehmen vertretenen Gewerkschaften zu bestellen sind und bei denen hinsichtlich der Frage der Ämtervereinbarkeit die bisherigen aktienrechtlichen Vorschriften gelten (vgl. § 6 Abs. 3, § 90 Abs. 1 AktGes.);
c) ein Mitglied, welches das Wahlorgan auf Vorschlag der Angestelltenmitglieder der Betriebsräte des Unternehmens zu bestellen hat und das gerade im Gegensatz zu § 90 Abs. 1 S. 2 AktGes. im Unternehmen der juristischen Person als Angestellter beschäftigt sein muß (vgl. § 6 Abs. 1 u. 2);
d) ein Mitglied, welches das Wahlorgan auf Vorschlag der Arbeitermitglieder der Betriebsräte des Unternehmens zu bestellen hat und das in dem Unternehmen der juristischen Person als Arbeiter beschäftigt sein muß (vgl. § 6 Abs. 1 u. 2);
e) ein Mitglied, das nach bisherigen Vorschriften zu bestellen ist, für das jedoch gegenüber § 90 AktGes. erweiterte Mitgliedschaftsvoraussetzungen negativer Art bestehen (vgl. §§ 5, 4 Abs. 2, §§ 87, 88 u. 90 AktGes.);
f) ein Mitglied, das vom Wahlorgan auf Vorschlag der Spitzenorganisationen der im Unternehmen vertretenen Gewerkschaften zu bestellen ist, für das

jedoch im übrigen dieselben Mitgliedschaftsvoraussetzungen wie zu e) gelten (§§ 6 Abs. 3 u. 4, 4 Abs. 2, § 90 Abs. 1 AktGes.) sowie

g) ein Mitglied, das nach einem besonderen Verfahren zu bestellen ist und für das im übrigen dieselben Mitgliedschaftsvoraussetzungen wie zu e) und f) gelten (§§ 8, 4 Abs. 2, § 90 Abs. 1 AktGes.).

Diese besondere Art der Zusammensetzung des Aufsichtsrats, in der sich der Paritätsgrundsatz ausprägt, ist der innere Grund für den Festzahlcharakter der in § 4 Abs. 1 Satz 1 vorgesehenen Mitgliederzahl; siehe dazu oben Anm. 2.

4. „Vertreter" der Anteilseigner oder Arbeitnehmer sind die Aufsichtsratsmitglieder natürlich in keinem Falle. Daß keine Vertretung im engeren zivilrechtlichen Sinne vorliegt, bedarf keiner Ausführung. Sie sind aber auch nicht Interessenvertreter in dem Sinne, daß ihre durch die Mitgliedschaft im Aufsichtsrat begründeten Pflichten hinter den Interessen der sozialen Gruppe, von der ihre Bestellung getragen wird, irgendwie zurückträten. Das Gesetz sagt dies ausdrücklich noch in § 4 Abs. 3; vgl. dazu unten Anm. 21. Ihre Vertretereigenschaft ist aber auch nicht etwa so aufzufassen, daß sie ihrerseits Anteilseigner oder Arbeitnehmer sein müßten. Letzteres trifft nur für die Aufsichtsratssitze unter c) und d) oben Anm. 3 zu. Im übrigen können Arbeitnehmer der juristischen Person (vgl. § 90 Abs. 1 Satz 2 AktGes. und § 4 Abs. 2 Buchst. c nur in beschränktem Umfange Aufsichtsratsmitglieder werden, während die Eigenschaft als Anteilseigner grundsätzlich weder Voraussetzung noch Hindernis der Mitgliedschaft ist (vgl. hierzu unten Anm. 19).

5. Genau so schief wie die Verwendung des Ausdrucks „Vertreter" (siehe darüber die vorige Anm.) ist die Erwähnung eines „vertretenen" Personenkreises. Das Gesetz will hier jedoch seinen politischen Gehalt unterstreichen, der in der Stellungnahme zu den Fragen zum Ausdruck kommt, wer auf die Zusammensetzung des Aufsichtsrats Einfluß hat und ob dieser Einfluß frei oder nur gebunden ausgeübt werden kann. Nur insoweit hat die Bezeichnung „Vertreter der Anteilseigner", unter der die oben Anm. 3 unter a erwähnte Mitgliedergruppe zusammengefaßt wird, eine Berechtigung; nur für diese Gruppe gelten auch künftig noch unbeschränkt die bisherigen Vorschriften über die Aufsichtsratsbestellung. Vgl. dazu auch Anm. 6 u. 7 zu § 5.

6. Für die Bedeutung der Bezeichnung „Vertreter der Arbeitnehmer" gilt zunächst das oben Anm. 4 u. 5 grundsätzlich Gesagte entsprechend. Bei dieser Mitgliedergruppe ist die Bezeichnung aber auch unter Berücksichtigung ihres angedeuteten politischen Sinns noch weniger genau. Der Bestellungsvorgang ist nämlich hinsichtlich dieser Gruppe unter sich noch differenziert; vgl. dazu die oben Anm. 3 unter b) — d) gemachten Unterscheidungen. Die Klammer, die das Gesetz hier mit der gemeinsamen Bezeichnung einführt, war in ihrer Bedeutung bei der parlamentarischen Erörterung des § 6 besonders stark umstritten, da von den Koalitionsparteien der Anspruch des Deutschen Gewerkschaftsbundes, auch für die Arbeitnehmer jedes einzelnen Betriebes zu sprechen, nicht anerkannt wurde; vgl. hierzu auch Anm. zu § 6. Die Zusammenfassung hat darüber hinaus — im Gegensatz zu der in der vorigen Anmerkung behandelten — keinerlei gesetzestechnische Bedeutung, sondern besagt lediglich, daß hier die allgemeinen Wählbarkeitsvoraussetzungen, nicht die des Abs. 2 gelten.

7. Die „weiteren“ Mitglieder des Abs. 1 haben sämtlich die erschwerten Wählbarkeitsvoraussetzungen des Abs. 2 gemeinsam. Sie unterscheiden sich jedoch grundlegend nach der Art ihrer Bestellung, aber auch nach dem Grade ihrer Eignung und Neutralität; vgl. dazu die Übersicht oben Anm. 3 unter e)—g).

Das „weitere“ Mitglied des Abs. 1 Buchst. a wird, abgesehen von der Wählbarkeitsbeschränkung, nach bisherigen Vorschriften bestellt. Es könnte demnach entweder von der Hauptversammlung usw. gewählt oder von einem Entsendungsberechtigten bestellt werden. Über die hier bestehende Problematik geht das Gesetz hinweg; vgl. dazu im einzelnen Anm. 3 u. 4 zu § 5.

Das „weitere“ Mitglied des Abs. 1 Buchst. b ist nach Vorschlag der Spitzenorganisationen der Gewerkschaften zu bestellen; vgl. § 6 Abs. 4. Hierin haben die Koalitionsparteien, soweit sie das Gesetz unterstützt haben, das weitestgehende Zugeständnis gemacht, weil mit diesem Nominationsrecht ein Übergewicht der Gewerkschaften auf die Auswahl der sechs unter völliger Abweichung von den bisherigen Regeln zu bestellenden Aufsichtsratsmitgliedern eintritt. Allerdings sind die Vorschläge an die Beschränkungen nach Absatz 2 gebunden; über die rechtliche Bedeutung dieser Bindung vgl. unten Anm. 8 und Anm. 24 zu § 6.

Das in Abs. 1 Buchst. c) aufgeführte „weitere“ Mitglied ist der sog. „Elfte Mann“, um dessen Qualifikation und Bestellung wohl am meisten gestritten worden ist. Die Qualifikation des „elften“ Mitglieds unterscheidet sich jetzt „formal“ nicht mehr von der der beiden anderen „weiteren“ Mitglieder. Diese Angleichung ist erst im Laufe der Ausschußberatungen eingeführt worden. Der Regierungsentwurf stellte erheblich engere Qualifikationsmerkmale auf; vgl. § 7 Abs. 1 Reg. Entw. (Anh. I_3). Sie sind mit Recht fallen gelassen worden, weil ihr Vorhandensein, das allerdings nur in einer Soll-Vorschrift gefordert wurde, in der vom Regierungsentwurf vorgesehenen Häufung sicherlich höchst selten festzustellen wäre. Im übrigen wären sie rechtlich noch schwerer faßbar gewesen als die in Abs. 2 Buchst. a) und d) aufgestellten Negativvoraussetzungen. Angesichts der Schwierigkeiten des für das „elfte“ Mitglied vorgesehenen Bestellungsvorgangs (vgl. dazu Kötter, NJW. 1951, 417ff. und die Anm. zu § 8) ist aber vor allem sachlich durch die Angleichung der Qualifikation der drei „weiteren“ Mitglieder kaum etwas geändert. Daß der „elfte Mann“ neutraler, erfahrener und der Persönlichkeit nach bedeutender sein müsse als die beiden anderen „weiteren“ Mitglieder, hat das Gesetz durch den Bestellungsmodus des § 8 indirekt vorgeschrieben, ohne es ausdrücklich an irgendeiner Stelle zu sagen. Es ergibt sich aber völlig zweifelsfrei daraus, daß der Bestellung des „Elften“ nicht „wichtige Gründe“ entgegenstehen dürfen; wäre es anders, so hätte § 8 Abs. 3 nur auf § 4 Abs. 2 verweisen zu brauchen. S. im übrigen Anm. 16 u. 26 zu § 8.

8. Absatz 2 ist in Verbindung mit § 90 Abs. 1 AktGes. zu lesen. Über die dadurch eintretende Modifizierung der bisherigen Wählbarkeitsvoraussetzungen vgl. zunächst grundsätzlich Anm. 7 zu § 2 (Abs. 7 unter a). Im übrigen ist die Bedeutung der verschiedenen Negativvoraussetzungen nicht einheitlich:

Nur die vom Gesetz in Buchst. c und d bezeichneten Eigenschaften begründen im gleichen Sinne wie die in § 90 Abs. 1 AktGes. genannten eine Inkompatibilität, bei der die Frage aufgeworfen werden kann, ob bei Aufgabe der mit der Mitgliedschaft im Aufsichtsrat unvereinbaren Stellung die Wahl ausnahmsweise gültig und ihre Annahme wirksam ist. Vgl. dazu einerseits (Gadow-) W. Schmidt Anm. 2 u. 5 zu § 90 und Baumbach-Hueck Anm. 2 zu § 90, anderseits v. Godin-Wilhelmi Anm. II 1 u. 2 zu § 90. Letztere sehen die Wahl eines Vorstandsmitgliedes oder eines Arbeitnehmers der Gesellschaft — nach §§ 90 Abs. 1, 195 Nr. 3 AktGes. — als nichtig an. (Daß dies in den Fällen des § 6 Abs. 1 künftig nicht mehr gelten kann, ist selbstverständlich und fällt aus dem Problemkreis heraus.) Schmidt und Baumbach-Hueck hingegen stellen auf die Möglichkeit und den Willen des Gewählten ab, die mit der Mitgliedschaft im Aufsichtsrat unvereinbare Stellung aufzugeben. Dieser Auffassung wird der Vorzug zu geben sein. Das Gesetz mißbilligt nur die Ämtervereinigung; ihm liegt hingegen offensichtlich nichts an der Aufrechterhaltung der bisherigen Stellung eines Vorstandsmitglieds oder Angestellten, und ebensowenig will es dessen Übertritt in den Aufsichtsrat an sich verhindern. Die Wahl einer solchen Person verletzt also nur dann eine im öffentlichen Interesse gegebene Vorschrift — als die sowohl § 90 Abs. 1 AktGes. (vgl. statt aller Schlegelberger-Quassowski Anm. 1 zu § 90) als auch § 4 Abs. 2 anzusehen sind —, wenn keine Möglichkeit besteht, daß der Gewählte die mit der Mitgliedschaft unverträgliche Eigenschaft aufgibt. Andernfalls ist die Wahl gültig und kann angenommen werden, wenn der Gewählte innerhalb der dazu ausreichenden Frist jene Eigenschaft verloren hat. A. A. mit nicht stichhaltiger Begründung Fitting, BArbBl. 1951, 205 N. 14 a. E. Ist der Gewählte allerdings bei seiner Wahl in der Hauptversammlung bekanntermaßen zugegen, so wird in der Wahl ein nur (vgl. § 147 BGB.) sofort annahmefähiges Angebot an den Gewählten zu erblicken sein. In den andern Fällen kommt es jedoch auf die Frist an, bis zu deren Ablauf die Aktiengesellschaft noch mit dem Eingang der Annahmeerklärung des Gewählten rechnen mußte; vgl. § 147 Abs. 2 BGB. Es steht aber nichts im Wege, daß die Hauptversammlung eine Frist für die Wahlannahme beschließt; auch § 148 BGB wird hier entsprechend anwendbar sein. (Vgl. z. B. v. Godin-Wilhelmi Anm. II 1 zu § 87)

Nichtigkeit der Bestellung ist jedoch anzunehmen, wenn es sich um „Repräsentanten" (darüber siehe die nächste Anm.) einer Gewerkschafts- oder Arbeitgeberorganisation handelt. Diese Eigenschaft steht noch 1 Jahr nach ihrem Verlust der Bestellung des — früheren — „Repräsentanten" entgegen (Abs. 2 Buchst. b), so daß auch durch die Aufgabe einer solchen Stellung innerhalb der Annahmefrist die Voraussetzungen für eine wirksame Annahme des Amts nicht geschaffen werden können; insoweit richtig: Fitting a. a. O.

Die Vorschrift zwingt ferner zu dem Schluß, daß das Amt eines auf den gewissermaßen neutralisierten Sitz eines „weiteren" Aufsichtsratsmitglieds Berufenen im Falle nachträglichen Erwerbs einer in § 4 Abs. 2 aufgeführten Eigenschaft ohne weiteres erlischt. Es liegt offenbar nicht der geringste Anlaß vor, die Inkompatibilität nur für den Zeitpunkt der Wahl bzw. ihrer Annahme anzunehmen; vielmehr besteht hier schlechthin Unvereinbarkeit. Insofern fehlt eine völlige Parallele im geltenden Aktienrecht, da die bisher mißbilligte Ämterverbindung auf Rechtsgeschäfte zurückgeht, deren Auslegung u. U. zu einer Beseitigung der Kollision führt;

wird z. B. ein Aufsichtsratsmitglied mit seinem Einverständnis zum Vorstand bestellt, so kann dies den Umständen nach sehr wohl die Niederlegung des Aufsichtsratspostens bedeuten; vgl. Schlegelberger-Quassowski Anm. 2 zu § 90. Ist diese möglich — was zumindest bei Vorliegen eines wichtigen Grundes (über den Stand der Meinungen hierzu vgl. v. Godin-Wilhelmi Anm. II 9a zu § 87), also im gedachten Falle regelmäßig zutrifft —, so ist die Bestellung zum Vorstande gültig. Die Behandlung der Fälle des Abs. 2 kann aber trotzdem nicht ernstlich zweifelhaft sein. Gerade das Fehlen einer der Auslegung fähigen Verbindung zwischen dem Amt als Aufsichtsratsmitglied und der vom Mitglied erworbenen neuen Stellung bietet mindestens bei Buchst. a und d nicht die Handhabe, den Erwerb dieser Stellung als nichtig zu behandeln. Lediglich bei Buchst. c wird dies mit W. Schmidt (bei Gadow Anm. 4 zu § 90) m. E. auch künftig grundsätzlich zu bejahen sein.

Die besonderen Qualifikationen des Abs 2 müssen dazu führen, daß Namhaftmachungen und Wahlen, die diesen Qualifikationen nicht Rechnung tragen, nichtig sind. Bei den vorschlaggebundenen Wahlen kann das Wahlorgan einen neuen Vorschlag verlangen; vgl. dazu Anm. 29 zu § 6 u. Anm. 14 zu § 8, ferner Kötter NJW. 1951, 419 N. 35 u. Text dazu.

9. So wenig Zweifel über die Verbände bestehen kann, die in Abs. 2 Buchst. a) bezeichnet sind („Verbände der Arbeitgeber" umfaßt zweifellos auch andere Unternehmerverbände), so schwierig ist die Bestimmung des Begriffs des „Repräsentanten". Selbstverständlich meint das Gesetz nicht den Repräsentanten einer bergrechtlichen Gewerkschaft, wie unglücklich auch die Verwendung eines im gerade in dieses Gesetz hineinspielenden Bergrecht technisch verbrauchten Wortes sein mag. Das Wort „Repräsentant" ist in den Ausschußberatungen in das Gesetz an Stelle des im Regierungsentwurf (vgl. Anh. I_3) § 3 Abs. 2 Buchst. a verwendeten Ausdrucks „Funktionär" eingeführt worden. Daß damit eine sachliche Änderung gegenüber dem Regierungsentwurf beabsichtigt gewesen wäre, kann nach den dafür im Ausschuß geäußerten Beweggründen schwerlich angenommen werden. Man war sich darüber klar, daß als „weitere" Mitglieder des Aufsichtsrats keine Personen bestellt werden dürften, die im sozialen Verbandswesen eine maßgebliche Rolle spielen und gewissermaßen als Verkörperungen der Organisationen selbst erscheinen. Reicht somit bloße Mitgliedschaft in der Organisation keinesfalls zur Erfüllung des Begriffs „Repräsentant" aus, so muß auf der anderen Seite davon ausgegangen werden, daß der Begriff des Repräsentanten weiter ist als der des Mitglieds im Verbandsvorstand oder in einem sonstigen Organ des Verbandes. Im Einzelfall wird sich, so schwer das Maß der erforderlichen Verbindung zu den Organisationen der Sozialpartner abstrakt zu bestimmen ist, aller Voraussicht nach jeweils mit ziemlicher Bestimmtheit sagen lassen, ob eine bestimmte Persönlichkeit ihren Ansichten und ihrer Einstellung nach mit den Tendenzen einer Gewerkschaft oder eines Arbeitgeberverbandes zu identifizieren ist und ob auch die Gewerkschaft oder der Arbeitgeberverband eine solche Identifizierung intern bejahen wird. Das letztere Kriterium ist das entscheidende, seine Feststellung dürfte jedoch die relativ größten Schwierigkeiten machen, da mit Fällen zu rechnen ist, in denen eine Organisation unbemerkt eine innerlich an sie gebundene Person — insbesondere als sog.

„elften Mann" — in den Aufsichtsrat bringen möchte. Es kann daher nicht darauf ankommen, worauf der Ausdruck „Repräsentant" hindeuten könnte, ob das volle Ausmaß der inneren Bindung des „Repräsentanten" nach außen hin oder gar gegenüber jedermann erkennbar ist. Die Bindungen, die den Begriff erfüllen, können zahlreicher Art sein. Regelmäßig werden sie rechtlich kaum zu fassen sein: das Gesetz bringt einwandfrei zum Ausdruck, daß der Repräsentant nicht in einem Dienst- oder Geschäftsbesorgungsverhältnis zur Gewerkschaft oder einem Arbeitgeberverbande zu stehen braucht, denn andernfalls hätte es der besonderen Erwähnung eines ständigen Dienst- und Geschäftsbesorgungsverhältnisses (vgl. unten Anm. 11) nicht bedurft. Andererseits kann die Bindung, welche die Repräsentanteneigenschaft begründet, auch rechtsgeschäftlichen Charakter haben oder die Folge von Rechtsgeschäften sein. Man wird zumindest darüber zweifeln können, ob nicht die wiederholte Betrauung mit Gutachterleistungen durch einen Verband, besonders wenn dieser nach dem Ausfall der Gutachten mit einer bestimmten Gesinnungsrichtung des Gutachters rechnen darf, schon die Repräsentanteneigenschaft begründet; mindestens dann, wenn — auch ohne feste rechtliche Bindung — der Gutachter damit rechnen darf, daß ihm weitere Aufträge solcher Art von dem Verband erteilt werden, muß man m. E. die Repräsentanteneigenschaft bejahen. Das Gesetz wollte mit der Einführung seines Begriffs offenbar weitgehend die Lücke schließen, die zwischen dem zur ständigen Dienstleistung oder Geschäftsordnung Verpflichteten und etwa dem Mitglied eines Verbandsorgans klaffen würde. Fitting BArbBl. 51, 205 will den Begriff nur auf „herausgehobene Persönlichkeiten" angewandt sehen; das braucht keine sachliche Abweichung von der hier vertretenen Ansicht zu bedeuten, läßt aber jedenfalls die bestehenden Abgrenzungsschwierigkeiten nicht voll erkennen.

10. Der Hauptfall, gegen den sich die Vorschrift richtet, ist der des Geschäftsführers einer der genannten Organisationen. Werden Dienste oder wird die Geschäftsbesorgung unentgeltlich erbracht, so kann das — Stetigkeit der Anstellung vorausgesetzt — m. E. an der Rechtslage nichts ändern; zumindest der Begriff des Geschäftsbesorgungsverhältnisses ist nach dem Sinn der Vorschrift weit auszulegen. Es wird lediglich darauf ankommen, daß das Verhältnis nach dem Willen der Beteiligten auf eine gewisse Dauer angelegt ist.

11. Bei Berechnung der Jahresfrist ist auf den Tag der Wahl abzustellen; vgl. dazu oben Anm. 8 Abs. 3. Berechnung der Frist analog § 188 Abs. 2 BGB.

12. S. oben Anm. 9 und 10.

13. Es genügt eine noch so kurze Dauer der unvereinbaren Stellung während des letztvergangenen Jahres. Das Gesetz will offenbar die spezifische Verbindung zu einer Gewerkschaft oder einer Arbeitgeberorganisation mindestens ein Jahr lang beseitigt wissen.

14. Vgl. dazu Anm. 7 zu § 1. — Das Gesetz gebraucht hier im Gegensatz zu Abs. 2 Buchst. d die Mehrzahlform „in d e n Unternehmen". Nach seinem sonstigen Sprachgebrauch, der z. T. bis zur Grenze der Schwerfälligkeit beibehalten worden ist (vgl. § 6 Abs. 1 u. 2) bezeichnet „Unternehmen", wie dargelegt, niemals eine einzelne Betriebsstätte, sondern die Gesamtheit des Geschäftsbetriebes einer juristischen Person. Da mithin ein Aufsichtsrat immer nur für ein „Unternehmen" bestehen kann, muß der Gebrauch der Mehrzahlform darauf hindeuten, daß durch Buchstabe c) eine größere Anzahl von Personen von den drei „weiteren" Sitzen im Aufsichtsrat ausgeschlossen sein sollte als die in den Betrieben „des" Unternehmens Tätigen. Tatsächlich sah auch der Referentenentwurf vom 28. 1. 51 eine solche weitergehende Inkompatibilität vor, indem er (vgl. dazu §§ 4 Abs. 1, 5 Abs. 1, 7 Abs. 1 Ref.Entw. — Anh. I_2) bestimmte, daß die neutralen Mitglieder „weder Gesellschafter (Gewerke) eines Unternehmens des Wirtschaftszweigs, noch in diesem Wirtschaftszweig als Arbeitgeber oder Arbeitnehmer . . . tätig" sein dürften. Diese Vorschriften sind in den Regierungsentwurf (§ 4) nicht übernommen, auch in den Ausschußberatungen nicht aufgegriffen und vom Gesetz jedenfalls hinsichtlich der ersten Alternative unzweifelhaft aufgegeben worden (vgl. Buchst. d). Die den beiden Ausschüssen des Bundestages durch den von ihnen gebildeten Arbeitskreis unterbreitete Fassung des § 4 Abs. 2 sah aber auch genau wie der Regierungsentwurf für den jetzigen Buchst. c — damals Buchst. b — die Einzahl vor („in dem Unternehmen" — im Regierungsentwurf: „im Unternehmen"); die Fassung ist auch von den Ausschüssen insoweit gebilligt worden, ein Vorbehalt bezog sich nur auf die Redigierung des § 4 Abs. 2 Buchst. a), der daraufhin in die jetzigen Buchstaben a und b zerlegt wurde; so daß z. B. der Buchstabe c) der Ausschußfassung als Buchst. abcd in das Gesetz eingegangen ist. Bei der endgültigen Fassung des Buchstaben c ist hingegen der frühere Buchstabe b mit der Pluralform in das Gesetz eingegangen. Dabei handelt es sich also unzweifelhaft um ein Versehen, das bereits der in insoweit verabschiedeten Ausschußfassung (BT-Drucks. Nr. 2042-Anh. II_6) anhaftete; vgl. dazu das Kurzprotokoll über die gemeinsame Sitzung des 20. und 13. Ausschusses vom 12. März 1951 S. 8, ferner die Zusammenstellung „zu Drucks. Nr. 2042". Man wird daher davon ausgehen müssen, daß insoweit ein Redaktionsversehen obgewaltet hat, das bei der Schlußberatung von niemandem als solches bemerkt wurde. Fitting BArbBl. 1951, 203ff. (205) spricht demgemäß als anscheinend selbstverständlich davon, daß ein „weiteres" Mitglied „nicht in den Betrieben des Unternehmens" als Arbeitnehmer oder Arbeitgeber tätig sein dürfe. Indessen kann der Wortlaut des Gesetzes weder an und für sich so gedeutet noch etwa wegen Sinnwidrigkeit als belanglos abgetan werden, wie die oben wiedergegebene Fassung des Referentenentwurfs beweist. Daß gerade Fitting als seinem maßgeblichen Mitverfasser die spätere — von den Ausschüssen sicher nicht beabsichtigte — Wiederangleichung an die Fassung des Vorentwurfs offenbar nicht einmal bewußt geworden ist, spricht nicht für die Praktikabilität der vom Vorentwurf beabsichtigten Lösung. Indessen läßt sich nicht leugnen, daß die den „Richtlinien" vorschwebende Eigenschaft einer „unabhängigen Persönlichkeit" (vgl. B 2 a) u. b) der Richtlinien — Anh. I_1) besser verwirklicht wird, wenn man die vom Bundestag beschlossene Fassung anders auffaßt, als es Fitting a. a. O. tut, und die „weiteren" Sitze im Aufsichtsrat überhaupt Arbeitnehmern und Arbeitgebern der Grundstoffindustrie verschließt. Dies geht zwar noch über die Begrenzung hinaus, die der Referentenentwurf vorgeschlagen hatte; dazu würde jedoch die unbefangene Auslegung des Wortlauts nötigen, die in der Mehrzahl-Erwähnung nur einen Hinweis schlechthin auf die in § 1 Abs. 1 aufgeführten Unternehmen erblicken kann. Das Ergebnis hat viel für sich: es scheinen mir in der Tat sachliche und im Sinne der gesamten Regelung des Gesetzes liegende Gründe dafür zu sprechen, daß im Aufsichtsrat z. B. ein Vorstandsmitglied oder Arbeiter eines Konkurrenzunternehmens oder ein Prokurist einer ebenfalls auf dem Gebiet der Grundstoffindustrien tätigen Schwester- oder Tochtergesellschaft nicht einen der „weiteren", gewissermaßen neutralisierten Sitze einnehmen kann. Ebensowenig wird es jedoch dem Arbeitnehmerinteresse gerecht, wenn bei einer Wahl nach § 5 die von § 4 Abs. 2 beabsichtigte Bindung hinsichtlich eines der fünf Mitglieder so weitgehend gelockert und die beabsichtigte Neutralität oder „Unabhängigkeit" illusorisch gemacht werden könnte. Vollends spricht aber für die hier befürwortete Auslegung, daß für den „elften Mann" formell auch keine weitergehenden Bindungen mehr bestehen, was noch im Regierungsentwurf (§ 7) anders geregelt war. § 4 Abs. 2 bietet insofern die einzige Handhabe, um die Hauptversammlung (und die Gesellschaft) vor mißbräuchlicher Ausnutzung der Vorschlagsrechte nach § 8 zu bewahren; vgl. dazu Kötter NJW. 1951, 418 N. 13 a. E. u. 419 (unter II 3 a), ferner Anm. 1 u. 14 zu § 8. Daß die neutralen Sitze gerade solchen Personen, um die es sich hier handeln kann, wenigstens in Ausnahmefällen zugänglich sein müßten, ist nicht ersichtlich. Im übrigen: lex ita scripta est.

15. Vgl. Anm. 2 zu § 1.

16. Arbeitgeber sind bei juristischen Personen, die hier — vgl. § 1 Abs. 1 — allein in Betracht kommen, vor allem die Mitglieder der zur Geschäftsführung berufenen Organe. S. auch Anm. 2 zu § 1 u. die dort Zitierten. Für sie besteht ohnehin nach § 90 Abs. 1 S. 1 AktGes. eine Inkompatibilität, deren Wegfall der Gesetzgeber sicherlich nicht unterstellen will. Das gilt gleichermaßen für Gesellschaften mit beschränkter Haftung und bergrechtliche Gewerkschaften. Die Anknüpfung geht hier arbeitsrechtliche Wege (vgl. dazu Fitting a. a. O. N. 11). Ob dies nötig war oder die gewollte Unvereinbarkeit nicht auch anders hätte normiert werden können, mag dahinstehen; die Vorschrift ist ebenfalls ein Beweis dafür, daß eine allzu beschleunigte Gesetzgebungsarbeit bedenklich stimmen muß, vgl. dazu auch oben Anm. 14.

17. Das Gesetz erklärt hier nur das Tätigsein für mit der Mitgliedschaft — genauer: mit dem Innehaben eines der „weiteren" Sitze — im Aufsichtsrat unvereinbar. Wird die Tätigkeit also bis zur Annahme der Wahl endgültig aufgegeben, so sollte die Annahme der Wahl — Fristwahrung hierfür vorausgesetzt — möglich und die Wahl infolge Eintritts der (negativen) gesetzlichen Bedingung gültig sein. A. M. Fitting a. a. O. N. 14 a. E. Sein Argument, daß Buchstabe b auf den Zeitpunkt der Wahl abstelle, ist jedoch zweifellos nicht stichhaltig. Buchstabe b bezieht sich eindeutig nur auf die Fälle des Buchstaben a und bestätigt damit im Gegenteil sogar, daß in den anderen Fällen die allgemeinen Grundsätze gelten sollten; daß er nicht auf den Zeitpunkt der Wahlannahme abstellt, soll offenbar nur der größeren Klarheit hinsichtlich der Wählbarkeit dienen, die hier sonst u. U. von Zufällen beeinflußt sein könnte. Über die allgemeinen Grundsätze bei rechtzeitiger Behebung einer Inkompatibilität, die somit bei Buchstabe c gelten müssen, s. oben Anm. 8.

18. Hier kommt eindeutig nur der Geschäftsbetrieb der juristischen Person in Betracht, um deren Aufsichtsrat es sich handelt. Daß hier angesichts der näheren Bestimmung der Inkompatibilität auch Interessen an Konzernunternehmen die Wählbarkeit ausschließen können, hat jedenfalls einen anderen Grund als die zu Buchst. c befürwortete Auslegung; siehe darüber oben Anm. 14.

19. **Wesentliche wirtschaftliche Interessen** am Unternehmen einer juristischen Person haben in erster Linie die Hauptanteilseigner. Wo für den Anteilsbesitz die Grenze sein soll, läßt sich schwer sagen. Mit Fitting (BArbBl. 1951, 205) ist als sicher anzunehmen, daß die Vorschrift nicht auf die Besitzer „einiger Aktien" des Unternehmens anzuwenden ist. Sein Versuch, darauf abzustellen, wessen „wirtschaftliche Lage wesentlich vom Gedeihen des Unternehmens oder von seinen Beziehungen" zu diesen bestimmt wird (a. a. O. Text zu N. 14), führt aber kaum zu einer besseren Begriffsabgrenzung als der Gesetzestext selbst. Richtig ist aber so viel, daß das Gesetz hier Personen ausschließen will, die ihr eigenes wirtschaftliches Interesse mit der Prosperität des Unternehmens identifizieren würden. In den Inhabern der „weiteren" Sitze soll das Gemeinwohl zu Wort kommen. Das braucht zwar nicht notwendig in der Form verwirklicht zu werden, daß man diese Sitze mit Vertretern der öffentlichen Hand besetzt. (Vgl. dazu Fitting a. a. O. S. 205) Man wird aber die Frage schon für die Anteilseigner bei einer Gesellschaft mit beschränkter Haftung vorsichtiger beantworten müssen als bei dem zufälligen Inhaber einer Aktienminorität oder einiger weniger Kuxe. Bei Aktiengesellschaften sollte die Grenze dort liegen, wo der Aktienbesitz gesetzlich oder satzungsmäßig verankerte Minoritätenrechte begründet, während m. E. bei einer Gesellschaft mit beschränkter Haftung schon die bloße Mitgliedschaft in der Gesellschaft die Wählbarkeit als „weiteres" Mitglied des Aufsichtsrats ausschließt. Für bergrechtliche Gewerkschaften wird es auf die Zahl und Handelbarkeit der Kuxe ankommen, ob der eine oder der andere Gesichtspunkt maßgeblich ist.— Bei allen Unternehmen kommen aber neben den Anteilseignern noch andere Personen als „wirtschaftlich wesentlich" interessiert in Betracht. Man wird, um eine einigermaßen sichere Begrenzung zu gewinnen, wohl so weit gehen müssen, alle Personen hier auszuschließen, die zu der Gesellschaft in einem Dauerschuldverhältnis stehen, das individuellen Charakter hat; also nicht etwa die Vermieter von Mobilien, wohl aber die Vermieter oder Verpächter von Geschäftsgrundstücken, Lizenzgeber, Handlungsagenten, Syndici, vor allem aber Großlieferanten und Bankiers, die laufende Kreditverhältnisse zur Gesellschaft unterhalten. Trotz allem wird aber noch viel auf den Einzelfall ankommen; nur hilfsweise sollte man m. E. darauf abstellen, wie erheblich die einer natürlichen Auffassung als „wesentliches Interesse" erscheinende wirtschaftliche Beziehung von dem Interessierten im Vergleich zu seinen sonstigen finanziellen Interessen nach der Lebenserfahrung selbst gewertet werden muß. In erster Linie oder gar ausschließlich subjektive Momente entscheiden zu lassen, dürfte hingegen verfehlt sein.

20. Die **Gleichheit der Rechte und Pflichten der Aufsichtsratsmitglieder** betont das Gesetz mit Sicherheit nicht in der Absicht, dadurch an den aktienrechtlichen Vorschriften etwas zu ändern. Der Anlaß der Vorschrift ist vielmehr in der historischen Reminiszenz an die in den Aufsichtsrat entsandten Betriebsratsmitglieder des Gesetzes über die Entsendung von Betriebsratsmitgliedern in den Aufsichtsrat v. 15. 2. 22 (RGBl. I S. 209) zu sehen. Daß

die „Arbeitnehmervertreter“ nicht jenen s. Z. vom Betriebsrat entsandten Mitgliedern gleichzustellen sind, würde freilich schon der Gesamtzusammenhang ergeben, und die Auslegung muß in der Tat noch eine weiterreichende Bedeutung der Vorschrift anerkennen. Vgl. darüber schon Anm. 7 Abs. 1 u. 4 unter b zu § 2.

a) Rechte des einzelnen Mitgliedes.

Jedes Mitglied hat ein **Stimmrecht** im Aufsichtsrat; jedes Stimmrecht ist grundsätzlich gleich, kann aber für ein bestimmtes Mitglied durch satzungsmäßige Beilegung des Stichentscheides im Falle der Stimmengleichheit gewissermaßen verdoppelt werden; dies muß auch weiterhin allgemein zulässig sein; nur wird die Satzung außer für den Vorsitzer und den ihn bei der Sitzungsleitung vertretenden Stellvertreter (wie bisher schon üblich) lediglich für den „elften Mann“ eine solche „doppelte“ Stimme festsetzen können, da andernfalls der Grundsatz der Parität angetastet würde. Vgl. hierzu Anm. 7 unter d) zu § 2. Die Stimmen der Mitglieder jeder der in § 4 Abs. 1 gekennzeichneten Gruppen sind grundsätzlich gleich. Das entspricht sowohl dem Paritätsgrundsatz als auch dem Wesen des Aufsichtsrats als solchem (h. M., abw. Ritter Anm. 5 zu § 92). Der Stichentscheid dient hingegen lediglich der Verhinderung einer Sterilität des Aufsichtsrats, also demselben Gedanken, dem die Institution des „elften Mannes“ ihre Entstehung verdankt. Da das Gesetz dem „Elften“ jedoch nicht notwendig die Vorsitzerrolle zugedacht hat (was mit § 92 Abs. 1 AktGes. in Widerspruch stehen würde — vgl. dazu auch Fitting BArbBl. 1951, 206 N. 22), lassen sich aus dem Zusammenhang drei Schlüsse ziehen: satzungsmäßiger Stichentscheid muß wie bisher möglich bleiben — die Satzung und der Aufsichtsrat unterliegen hinsichtlich der Regelung bzw. Vornahme der Vorsitzerwahl keinen Begrenzungen, die nicht auch nach früherem Recht bestanden — der Stichentscheid kann künftig entweder der organisatorischen Spitze (Vorsitzer) oder der neutralen Spitze („elfter Mann“) zuerkannt werden. Den letzteren Grundsatz durchbricht das Gesetz jedoch zugunsten eines Arbeitnehmervorrechtes bei der Bestellung und Abberufung des Arbeitsdirektors; vgl. § 13 Abs. 1 S. 2 u. 3. Entsprechendes muß daher auch die Satzung da vorsehen können, wo spezifische aus dem Eigentum fließende Interessen der Anteilseigner in Betracht kommen (z. B. hinsichtlich der Grundlagen für die Gewinnausschüttung — darüber Anm. 7 unter d) zu § 2 — und zur Vermeidung eines Stichentscheides im Falle der Stimmengleichheit. Aus demselben Grunde muß auch weitgehend — vgl. Anm. 7 zu § 2 (unter d) — qualifizierte Mehrheit vorgeschrieben werden können. Folgende — teilweise das Gesetz wiederholende — Satzungsbestimmung über Beschlußfassungen im Aufsichtsrat würde danach zulässig sein:

„Der Aufsichtsrat faßt seine Beschlüsse, soweit im folgenden nichts anderes bestimmt ist, mit einfacher Mehrheit. Er ist beschlußfähig, wenn mindestens sechs (im Falle des § 9 Abs. 1: acht, in dem des § 9 Abs. 2: elf!) Mitglieder bei der Beschlußfassung mitwirken. Ergibt sich bei einer Beschlußfassung Stimmengleichheit, so gibt die Mehrheit der Stimmen der ohne Bindung an Vorschläge bestellten Mitglieder den Ausschlag; ist eine solche Mehrheit nicht vorhanden, so entscheidet die Stimme des Vorsitzenden, notfalls das Los. Das gilt nicht für die Beschlußfassung über die Bestellung des Arbeitsdirektors.

Zur Billigung des vom Vorstand aufgestellten Jahresabschlusses bedarf es einer Mehrheit von zwei Dritteln der abgegebenen Stimmen.

Die Bestellung des Arbeitsdirektors bedarf einer Mehrheit von zwei Dritteln der abgegebenen Stimmen; sie ist nicht gegen die Mehrheit der Stimmen der auf Vorschlag des Betriebsrats und der Gewerkschaften bestellten Mitglieder möglich."

Aus § 34 BGB. ist auch für den Aufsichtsrat der Grundsatz abzuleiten, daß Mitglieder von der Mitwirkung bei einer Beschlußfassung ausgeschlossen sind, wenn diese den Abschluß eines Rechtsgeschäfts mit ihnen oder die Führung eines Rechtsstreits gegen sie zum Gegenstande hat; allg. M. Ob darüber hinaus das Stimmrecht in Fällen einer Interessen- oder Pflichtenkollision ausgeschlossen sei, ist streitig, wird aber von der h. M. mit Recht verneint. Daran ist auch für den Montan-Aufsichtsrat festzuhalten; s. dazu unten Anm. 21.

Als notwendige Voraussetzung für die Stimmrechtsausübung hat jedes Mitglied ein **Recht auf Anwesenheit in den Sitzungen des Aufsichtsrats.** Mit Baumbach-Hueck Anm. 2 B zu § 93 ist daher aber auch anzunehmen, daß dies Recht vom Vorsitzer in den Fällen des Stimmrechtsausschlusses entzogen werden kann. Im übrigen ist ein Ausschluß des Teilnehmerrechts zweifellos unzulässig; vgl. Gadow-W. Schmidt Anm. 3 a. E. zu § 93.

Die weder zum Vorsitzer noch zu dessen Stellvertreter bestellten Mitglieder können von der Satzung ermächtigt werden, an ihrer Stelle Vertreter zu den Sitzungen des Aufsichtsrats und seiner Ausschüsse zu entsenden. Das ist auch bei den künftigen Montan-Aufsichtsräten für zulässig zu erachten; vgl. Anm. 7 zu § 2 (unter b γ). Der innere Grund für diese Stellungnahme ist der Rechtsnatur eines solchen Vertreters zu entnehmen: nach nahezu einhelliger Ansicht liegt nur Vertretung in der Teilnahme an den Sitzungen, nicht in der Mitwirkung bei Beschlußfassungen vor; vgl. namentlich Schlegelberger-Quassowski Anm. 9 zu § 93 und Gadow-W. Schmidt Anm. 8 u. 9 zu § 93. Die z. T. gegenteilige Auffassung Ritters (Anm. 4 zu § 93) ist schon für das Aktiengesetz allgemein abgelehnt worden; mit der Zusammensetzung der künftigen Montan-Aufsichtsräte ist sie vollends unvereinbar. Überdies hat die Satzung — a fortiori — die Möglichkeit, die von § 93 Abs. 3 AktGes. beabsichtigte Erleichterung so zu gestalten, daß auch angesichts der Wahlbeschränkungen des Mitbestimmungsgesetzes Nachteile vermieden werden. Man hat bisher angenommen, daß in der Satzung die Ermächtigung beliebig, insbesondere auf bestimmte Mitglieder oder auf eine bestimmte Gruppe von Mitgliedern, beschränkt werden könne. Bisher kamen als Mitgliedergruppen nur die der gewählten und entsandten Aufsichtsratsmitglieder in Betracht. Künftig wird das Verhältnis der neuen Mitgliedergruppen zueinander einer Anwendung dieses bisher kaum bestrittenen Grundsatzes entgegenstehen. Nach § 4 Abs. 3 ist zumindest eine ungleiche Behandlung der Mitglieder, die auf eine grundsätzliche Benachteiligung der bloß „bestätigten" Mitglieder (vgl. dazu Anm. 29 zu § 6) oder der sog. Arbeitnehmervertreter hinausläuft, nicht zulässig. Ihr Verhältnis zu den frei bestellten Mitgliedern (§ 5) ist nicht mit dem der „entsandten" Mitglieder des § 88 AktGes. zu vergleichen. Zulässig bleiben hingegen Beschränkungen der Ermächtigung, die gleichermaßen diese wie jene Mitgliedergruppe treffen können, z. B. Beschränkung auf außerhalb des Sitzes der Gesellschaft wohnende

Mitglieder. Gleichmäßige und somit zulässige Beschränkungen enthalten auch die von Möhring-Schwartz S. 94/95 vorgeschlagenen Ausgestaltungen der Satzung (zustimmend — im Sinne ihrer Zulässigkeit nach bisherigem Recht — Schlegelberger-Quassowski Anm. 7 zu § 93 und W. Schmidt bei Gadow Ann. 11 zu § 93). Möhring-Schwartz a. a. O. halten mit Recht für zulässig, daß die Satzung dem Vorsitzer des Aufsichtsrats die Befugnisse einräumt, über Zulässigkeit sog. Stimmboten kraft schriftlicher Ermächtigung des Mitglieds im Einzelfalle zu befinden; die Satzung kann nach Möhring-Schwartz a. a. O. die Zulassung aber auch auf im voraus bestimmte „Vertreter" begrenzen; und schließlich können beide Gedanken in einer Satzungsbestimmung verbunden werden. Eine solche Bestimmung könnte etwa lauten:

> „Der Vorsitzer des Aufsichtsrats kann im Einzelfall gestatten, daß ein Mitglied seine schriftliche Stellungnahme zu Gegenständen der Beschlußfassung durch eine dem Aufsichtsrat nicht angehörende von dem Mitglied ein für alle Mal schriftlich ermächtigte Person übermitteln läßt."

Derartige Satzungsbestimmungen liegen im Rahmen des Paritätsgedankens, da dieser die Ermöglichung einer Beteiligung tunlichst aller Mitglieder an der Willensbildung, anderseits aber so weit wie irgend angängig die Ausschaltung des Einflusses von Nichtmitgliedern gebietet. Die „Stimmboten" haben zwar nach richtiger Auffassung selbst keinen Einfluß auf den Inhalt der Stellungnahme des ermächtigenden Mitglieds, die sie vielmehr nur zu übermitteln haben; das Teilnahmerecht kraft der Ermächtigung umfaßt aber nach h. M. das Recht, zwecks Darlegung der Stellungnahme des Ermächtigenden das Wort zu ergreifen und jedenfalls auch die Möglichkeit, Gegenstände der Amtsverschwiegenheit des Ermächtigenden zu erfahren, obwohl sie selbst nicht den Pflichten eines Aufsichtsratsmitglieds unterliegen; vgl. dazu Gadow-W. Schmidt Anm. 8 Abs. 2 zu § 93.

Ein Aufsichtsratsmitglied kann auch ohne Satzungsermächtigung seine Stellungnahme im Falle eigener **Behinderung** durch ein an der Aufsichtsratssitzung teilnehmendes anderes Mitglied übermitteln lassen. Daß das Gesetz hierüber schweigt, will deswegen nichts besagen, weil es den Stimmboten nur unter dem Gesichtspunkt einer Teilnahme von Nichtmitgliedern an den Aufsichtsratssitzungen regelt. Der Aufsichtsratsvorsitzer und seine Stellvertreter können aber auch von dieser Abstimmöglichkeit keinen Gebrauch machen; vgl. dazu auch unten unter c).

Für das Recht der Mitglieder zur Teilnahme an Sitzungen eines Ausschusses, dem sie angehören, gilt das vorstehend Gesagte; über die Berechtigung anderer Mitglieder zur Teilnahme an Ausschußsitzungen vgl. Anm. 7 zu § 2 unter b) u. unten unter c).

Jedes Aufsichtsratsmitglied hat ein Recht auf **Einberufung** einer Aufsichtsratssitzung und kann dies Recht bei Untätigbleiben des Vorsitzers (vgl. dazu unten unter c), notfalls in Gemeinschaft mit einem weiteren Mitglied, selbst verwirklichen, § 94 AktGes. Grund und Zweck der Einberufung müssen bei Äußerung des Verlangens angegeben werden. Über die Verpflichtung des Vorsitzers, dem Verlangen stattzugeben, vgl. im einzelnen die z. T. umstrittene, aber durchweg zutreffende Abgrenzung der — nicht zu berücksichtigenden —

Mißbrauchsfälle bei Gadow-W. Schmidt Anm. 6 zu § 93. Das Einberufungsrecht kann nur erleichtert, nicht erschwert werden. Schon wegen der Mißbrauchsgefahr ist aber die Angabe mindestens des Zweckes der Einberufung, also der gewünschten Tagesordnung als zwingende Voraussetzung eines wirksamen Einberufungsverlangens anzusehen; richtig: W. Schmidt bei Gadow Anm. 13 zu § 94 (gegen HRR. 1933, 835 (KG.) zum früheren § 244 a HGB.).

Ein selbständiges **Auskunftsrecht gegenüber dem Vorstand** hat das einzelne Mitglied nur in Verbindung mit dem Vorsitzer des Aufsichtsrats; der vom Vorstand geforderte Bericht ist überdies nicht dem Mitgliede, sondern dem Auffsichtsrat als solchem zu erstatten; § 95 Abs. 2 S. 2 AktGes. S. aber § 109 Abs. 2 Akt.Ges.

Jedes Aufsichtsratsmitglied hat u. U. — nach Maßgabe der Satzung oder der Beschlußfassung der Hauptversammlung usw. — einen **Anspruch auf Vergütung.** Grundsätzlich entscheidet der Inhalt des einzelnen mit dem Aufsichtsratsmitglied geschlossenen Anstellungsvertrages über das Bestehen des Anspruchs. Das Zustandekommen dieses Vertrages ist weder im Aktiengesetz noch im Mitbestimmungsgesetz geregelt. Es ist an und für sich von der Wahl und deren Annahme streng zu scheiden: bei Abschluß des Vertrages wird die Gesellschaft durch den Vorstand (Geschäftsführer, Grubenvorstand) vertreten. Dieser kann aber nur mit demjenigen, der die Wahl wirksam angenommen hat, und nur zu den im Zeitpunkt der Wahl in der Satzung oder von der Hauptversammlung festgesetzten Bedingungen abschließen. Der Gewählte — der schon durch die Annahme der Wahl Aufsichtsratsmitglied geworden ist — kann hierbei nicht als „Dritter" i. S. des § 74 Abs. 2 AktGes. angesehen werden (str.; richtig: Schlegelberger-Quassowski Anm. 11 Abs. 1 a. E. zu § 74). Das bedeutet, daß es für die Bestimmung des verbindlichen Inhalts der Vereinbarung nicht auf die Kenntnis des Aufsichtsratsmitglieds von der Begrenzung der Vertretungsmacht des Vorstands ankommt. Der Vertrag kann stillschweigend zustandekommen; Bestimmungen der Satzung usw. über eine Vergütung werden dann ohne weiteres Teil des Vertrages. Dieser hat eine Geschäftsbesorgung zum Gegenstande; er ist also bei Entgeltlichkeit ein Dienstvertrag i. S. des § 675 BGB., im Falle der Unentgeltlichkeit ein Auftrag i. S. der §§ 662 ff. BGB., RGZ. 123, 354. Satzung oder Hauptversammlung müssen für alle Mitglieder — abgesehen von der des Vorsitzers (darüber unten unter c) — eine gleiche Vergütung festlegen. (Anders für das bisherige Recht im Anschluß an RGZ. 75, 308 u. OLG. 22, 2, die nur im Zweifel gleiche Vergütung bzw. Verteilung nach billigem Ermessen annehmen, die h. M.). Unzulässig und unwirksam wäre insbesondere ein Ausschluß oder eine verschiedene Bemessung der Vergütung nur für die Angehörigen der einen oder anderen Mitgliedergruppe. Allgemein wird angenommen, daß das einzelne Mitglied gegenüber dem Vorstand auf Entgelt „verzichten" könne (vgl. z. B. Baumbach-Hueck Anm. 3 zu § 87). Auch hiergegen sind Bedenken zu erheben. Ist die Frage der Vergütung durch die Satzung oder sonst bereits im Zeitpunkt der Wahl eine verbindliche Bestimmung getroffen worden, so erscheint eine solche Auffassung bedenklich. Zwar besteht für die Gesellschaft hinsichtlich des Vertrages gegenüber den Gewählten gewissermaßen Kontrahierungszwang, jedoch dürfte ein gleiches auch umgekehrt hinsichtlich der in der gedachten Weise festgelegten Entgeltgrundsätze anzunehmen sein. Ein abweichendes Entgelt zu vereinbaren, läge dann außerhalb der Vertretungsmacht des Vorstandes usw. Die weitere Folge wäre, daß ein Vertrag mit einem den festgelegten Grundsätzen entsprechenden Inhalt durch die Aufnahme der Aufsichtsratstätigkeit, zu der wiederum bereits die angenommene Wahl als solche verpflichtet, stillschweigend zustandekommt. Alsdann ist aber kein einseitiger Verzicht auf die etwa festgesetzte Vergütung, sondern nach allgemeinen Grundsätzen nur ein Erlaßvertrag möglich, für dessen Abschluß aber im angenommenen Falle die Vertretungsmacht des Vorstandes usw. ebenfalls zu verneinen wäre. Der Vertrag kann ferner Bestimmungen über die Beendigung des Amtes, insbesondere durch **Niederlegung**, enthalten; über ihre Bedeutung vgl. Anm. 1 zu § 11.

b) Pflichten des einzelnen Mitglieds.

Jedes Mitglied ist verpflichtet, alles zu tun, um die gehörige und gewissenhafte Wahrnehmung der durch Gesetz und zulässige Satzungsbestimmungen vorgesehenen Aufgaben des Aufsichtsrates zum Wohle des Unternehmens zu ermöglichen. Der Grad der dabei anzuwendenden Sorgfaltspflicht wird vom Gesetz objektiv bemessen. § 99 AktGes. erklärt die Vorschriften des § 84 über die Sorgfaltspflicht und **Verantwortlichkeit** der Vorstandsmitglieder für sinngemäß anwendbar. Die Vorstandsmitglieder haben „die Sorgfalt eines ordentlichen und gewissenhaften Geschäftsleiters" anzuwenden; die Verletzung dieser Sorgfalt verpflichtet zum Ersatz des der Gesellschaft dadurch entstehenden Schadens, wobei die Beweislast für die Anwendung der vom Gesetz geforderten Sorgfalt dem auf Ersatz in Anspruch genommenen Mitglied obliegt; der Ersatzanspruch kann auch von Gläubigern der Gesellschaft unmittelbar geltend gemacht werden, wenn diese von der Gesellschaft keine Befriedigung ihrer Ansprüche erlangen können und der Ersatzpflichtige entweder bestimmte in § 84 Abs. 3 AktGes. aufgeführte Handlungen begangen oder mindestens grob fahrlässig gehandelt hat; nur der Gesellschaft, nicht auch den Gläubigern und dem Konkursverwalter der Gesellschaft gegenüber entfällt die Ersatzpflicht, wenn die Schadensverursachung auf einem gesetzmäßigen Beschluß der Hauptversammlung beruht; ein Erlaß oder eine Ermäßigung der Haftung ist im Verhältnis zur Gesellschaft außerhalb des Konkurses oder des außergerichtlichen Vergleichsverfahrens des Schädigers nicht innerhalb der ersten fünf Jahre, mit Wirkung gegen Gesellschaftsgläubiger und gegen den Konkursverwalter der Gesellschaft überhaupt nicht möglich; die bloße Entlastung für ein Geschäftsjahr ist nach stark umstrittener, aber wohl herrschender Ansicht nur eine die Geltendmachung der Ersatzansprüche unberührt lassende Vertrauenskundgebung (vgl. die Übersicht über den Streitstand bei Baumbach-Hueck Anm. 1 B zu § 104). All dies gilt nach § 99 AktGes. entsprechend auch für Aufsichtsratsmitglieder; ihre Sorgfalt muß — entsprechend den gegenüber der Vorstandskompetenz andersartigen Obliegenheiten des Aufsichtsrats — die einer gewissenhaften Überwachungsperson sein. Das trifft auf sämtliche Aufsichtsratsmitglieder gleichermaßen zu. Man wird diesen **Sorgfaltsgrad** zwar schwerlich mit den Fähigkeiten eines öffentlich bestellten Wirtschaftsprüfers gleichsetzen dürfen, immerhin aber ein Maß von Einsicht und Kenntnissen voraussetzen müssen, welches ausreicht, um die Geschäftsvorgänge in ihrer handelsrechtlichen Bedeutung und normalen wirtschaftlichen Tragweite auf dem Gebiete des Wirtschaftszweiges der Gesellschaft erfassen und beurteilen zu können. Wer über diese Fähigkeiten nicht verfügt, darf eine Wahl in den Aufsichtsrat im eigenen Interesse nicht annehmen; ein Wahlvorschlag, dessen Bestätigung zur Wahl einer Person ohne diese Fähigkeiten führen würde, muß von der Hauptversammlung auch dann abgelehnt werden können, wenn sie nicht ohne wichtige Gründe von einer Bestätigung absehen kann (vgl. dazu Anm. 29 zu § 6 u. Anm. 16 zu § 8); eine Person ohne diese Fähigkeiten darf endlich auch vom Registerrichter (im Wege der Notbestellung), will er sich nicht seinerseits einer Amtspflichtverletzung schuldig machen, nicht zum Aufsichtsratsmitglied bestellt werden (vgl. dazu Anm. 3 zu § 7 u. Anm. 25 zu § 8). Die Haftung der Aufsichtsratsmitglieder, die den Schadenseintritt hätten abwenden können, ist untereinander und im Verhältnis zu der Haftung der verantwortlichen Vorstandsmitglieder gesamtschuldnerisch. Sie braucht im Einzelfall nicht alle Aufsichtsratsmitglieder zu treffen, so z. B. nur die Angehörigen eines bestimmten mit der schuldhaft vernachlässigten Angelegenheit befaßten Ausschusses. Da der Aufsichtsrat nicht selbst für die Gesellschaft handelt, ist der ersatzverpflichtende Umstand bei seinen Mitgliedern regelmäßig eine Unterlassung. Für das einzelne Mitglied kann dies nicht nur dann zur Befreiung von der Haftung führen, wenn das Verhalten des Vorstandes nicht mehr verhindert werden konnte, sondern auch dann, wenn der Aufsichtsrat in seiner Mehrheit ein von dem Mitglied angeregtes Einschreiten gegenüber dem Vorstand abgelehnt hatte. Ein solches Mitglied wird aber nachzuweisen haben, daß es von den Möglichkeiten des § 94 AktGes. Gebrauch gemacht und selbst (nicht etwa durch Stimmboten nach § 93 Abs. 3 AktGes.) die Angelegenheit zu der auf sein Betreiben anberaumten Sitzung unter Anführung seiner Kenntnis und seiner Bedenken nachdrücklich vertreten hat, ohne mit seiner Auffassung durchzudringen; es darf sich in solchen Fällen auch nicht mit schriftlicher Abstimmung einverstanden erklärt haben dürfen. Nur insofern kann man auch von einer Pflicht des einzelnen Aufsichtsratsmitglieds zur Stimmabgabe sprechen; vgl. dazu auch unten Anm. 21. Pflicht zur **Mitarbeit** und damit zum Erscheinen in den Sitzungen des Aufsichtsrats und ggf. eines Ausschusses ergibt sich nur im Rahmen des Anstellungsvertrages, weshalb sie bei dessen Unentgeltlichkeit abgeschwächt oder auch sonst durch stillschweigende Übung modifiziert sein kann, was für die in § 99 AktGes. statuierte Sorgfaltspflicht niemals zutrifft. Unabhängig von der Verpflichtung zur Herbeiführung der erforderlichen Überwachungsmaßnahmen trifft jedes Aufsichtsratsmitglied eine **Verschwiegenheitspflicht** hinsichtlich vertraulicher Angelegenheiten, deren Verletzung nach den allgemeinen Kausalgrundsätzen ersatzpflichtig macht. Vgl. im übrigen die Strafvorschriften der §§ 294 bis 297 ff. AktGes., die auf Grund des § 3 Abs. 2 (obwohl dieser nur von „Aufsichtsrat", nicht von dessen Mitgliedern spricht) ebenfalls für alle Mitglieder der künftigen Montan-Aufsichtsräte gelten.

c) Rechtsstellung des Aufsichtsratsvorsitzers.

Daß das Mitbestimmungsgesetz durch die Hervorhebung der Gleichheit der Rechte und Pflichten aller Aufsichtsratsmitglieder nicht das Institut des Aufsichtsratsvorsitzers beseitigen wollte, steht außer Frage. Man hat ausdrücklich erwogen, ob das nach § 8 zu bestellende sog. „elfte Mitglied" etwa ohne weiteres diese Stellung einnehmen solle — ein Gedanke, der indessen abgelehnt worden ist. Angesichts der klaren Bestimmungen des Aktiengesetzes kann es auch nicht zweifelhaft sein, daß weder die Institution noch die freie Wählbarkeit des Vorsitzers im Aufsichtsrat mit einzelnen Bestimmungen des Mitbestimmungsgesetzes oder dem sie tragenden Paritätsgedanken in Widerspruch stehe. Vgl. dazu Anm. 7 zu § 2 (Abs. 4 unter b).

Die unter dem Gesichtspunkt der Parität geregelte Zusammensetzung des Aufsichtsrats kann freilich dahin drängen, daß dem sog. elften Mitglied der Vorsitz im Aufsichtsrat übertragen wird; s. auch Kötter JR. 1951, 452 N. 41 u. Anm. 25 zu § 8.

Der Vorsitzer im Aufsichtsrat hat nach dem Aktiengesetz grundsätzlich die Stellung eines primus inter pares. Der Aufsichtsrat bleibt unter ihm ein Kollegialorgan, und die Satzung kann daran auch nur insoweit etwas ändern, als dies im Interesse der Vermeidung eines unerwünschten gegenseitigen Aufhebens einander widerstreitender Kräftegruppen erforderlich und angemessen ist. Daraus folgt, daß die Satzung dem Vorsitzer zwar den Stichentscheid be i Stimmengleichheit übertragen (s. darüber oben unter a), ihm jedoch keine weitergehenden Befugnisse beilegen, insbesondere nicht seine Zuständigkeit für in die Kompetenz des Gesamtorgans fallende Entschließungen anordnen kann. Soweit die Satzung die gesetzliche Stellung des Aufsichtsratsvorsitzers modifizieren will, muß es sich daher um reine Geschäftsordnungsfragen handeln. Angesichts der Vorschrift des § 93 Abs. 2 AktGes. wird aber darüber hinaus mit der bisher schon herrschenden Meinung (Schlegelberger-Quassowski Anm. 5 zu § 93; Baumbach-Hueck Anm. 2 B zu § 93) anzunehmen sein, daß auch dies seine Grenze findet, wo die Teilnahme von Mitgliedern an Sitzungen eines Ausschusses in Frage steht, dem sie nicht angehören. Die Satzung kann hier die Befugnis des Vorsitzers zwar dadurch gegenstandslos machen, daß sie solche Teilnahme allgemein verbietet. Als ein Minus muß sie auch bestimmen können, daß die Teilnahme nur mit Erlaubnis des Vorsitzenden im Einzelfall für bestimmte Mitglieder oder bei bestimmten Ausschüssen oder an bestimmten Ausschußsitzungen zulässig sei. Die Teilnahme darf hingegen nicht nur für eine Mitgliedergruppe verboten sein. Bisher wurde für zulässig gehalten, daß die Teilnahme für Aufsichtsratsmitglieder bestimmter Berufszugehörigkeit (z. B. Ingenieure und Techniker) in der Satzung ausgeschlossen werde (vgl. z. B. Godin-Wilhelmi Anm. II 5 zu § 93); daran wird grundsätzlich auch künftig allgemein festzuhalten sein, nur darf die Berufsabgrenzung nicht so vorgenommen werden, daß sie stets für bestimmte Aufsichtsratssitze oder gar Mitgliedergruppen den Ausschluß bedeutet. Will die Satzung hingegen keinen dieser Wege gehen, so kann sie das Recht des Vorsitzers, die Teilnahme im Einzelfalle zu versagen, nicht völlig ausschließen, sondern es höchstens an das Vorliegen eines wichtigen Grundes binden; ob ein solcher Grund vorliegt, muß aber der pflichtmäßigen Entscheidung des Vorsitzers überlassen bleiben, so daß die Aufzählung bestimmter Fälle in der Satzung nur als Anführung von Beispielen, nicht hingegen in ausschließlichem Sinne wirksam wäre. In jedem Falle ist die Entscheidung des Vorsitzers bindend (Schlegelberger-Q.uassowski Anm. 5 zu § 93; Godin-Wilhelmi Anm. II 5 zu § 93; Gadow-W. Schmidt Anm. 6 zu § 93); sie kann ihn bei Ermessensmißbrauch aber zum Ersatz eines auf ihr beruhenden Schadens der Gesellschaft verpflichten (Godin-Wilhelmi

a. a. O.), anderseits auch dem pflichtwidrig ausgeschlossenen Mitglied einen Grund zur Amtsniederlegung (vgl. darüber Anm. 1 zu § 11!) geben (Gadow-W. Schmid a. a. O.).

Das Aktiengesetz kennt eine Reihe weiterer Funktionen des Aufsichtsratsvorsitzers. Z. T. hängen sie mit der inneren Organisation des Aufsichtsrats und seiner Überwachungsfunktion unlöslich zusammen, z. T. sind sie mehr zufälliger Natur. Zur letzteren Kategorie gehören die Mitwirkung bei Anmeldungen zum Handelsregister (vgl. §§ 151, 155, 176, 180 AktGes.); bei ihr wird anzunehmen sein, daß die Funktionen trotz § 3 Abs. 2 (vgl. dazu Anm. 6 zu § 3) auf die Aktiengesellschaft beschränkt bleiben, da der Registerrichter bei einer Gesellschaft mit beschränkter Haftung kaum prüfen soll, ob die Gesellschaft dem Mitbestimmungsgesetz unterfällt, um über die Ordnungsmäßigkeit der Anmeldung von Kapitalveränderungen entscheiden zu können (a. A. Fitting BArbBl. 1951, 274); bei bergrechtlichen Gewerkschaften sind diese Anmeldungsvorschriften wegen Nichtvorhandenseins eines Nennkapitals von vornherein gegenstandslos. Zu den von dem Wesen des aktienrechtlichen Aufsichtsrats untrennbaren Funktionen des Vorsitzers gehören hingegen z. B. noch: Einberufung der Aufsichtsratssitzungen (DR. 1940, 450 [KG.]), vgl. § 94 Abs. 1 S. 1 AktGes.; Vorbereitung, Leitung der Sitzungen (vgl. Baumbach-Hueck Anm. 2 C zu § 92); Unterzeichnung der Niederschriften über die Verhandlungen und Beschlüsse des Aufsichtsrats (§ 92 Abs. 2 AktGes.), Mitteilung der vom Aufsichtsrat gefaßten Beschlüsse (Schlegelberger-Quassowski Anm. 8 Abs. 3 zu § 92), Entgegennahme dringlicher Vorstandsberichte (§ 81 S. 1 AktGes.), aber auch sonstiger Erklärungen des Vorstands oder eines Vorstandsmitglieds (Schlegelberger-Quassowski a. a. O.); Stellungnahme zum Berichtsverlangen eines einzelnen Aufsichtsratsmitglieds (§ 95 Abs. 2 S. 2 AktGes.).

Welche Funktionen dem Vorsitzer des Aufsichtsrats von der Satzung übertragen werden können, ist streitig. Nach herrschender und richtiger Auffassung (JFG. 1, 224; Schlegelberger-Quassowski Anm. 9 zu § 92; Gadow-W. Schmidt Anm. 6 zu § 92) kann es sich nicht um Funktionen handeln, die das Gesetz dem Aufsichtsratskollegium zuteilt, vgl. § 95 Abs. 6 AktGes. Entscheidungen des Aufsichtsrats auf Grund gesetzlicher Zuständigkeit vermag die Satzung dem Vorsitzer ebensowenig zu übertragen wie das Gesetz hierbei überhaupt eine Stellvertretung im Willen kennt. Es ist daher nicht unbedenklich, wenn gleichwohl gelehrt wird, daß dem Vorsitzer die Vertretungsmacht des § 97 Abs. 1 AktGes. von der Satzung übertragen werden könne (so Schlegelberger-Quassowski u. Gadow-W. Schmidt a. a. O.); diese Vertretungsmacht ist zwar pfilchtgebunden, doch wirkt die Bindung nur intern wie bei jeder Vertretungsmacht. Richtiger dürfte es danach sein anzunehmen, daß die Vertretungsmacht nur insoweit übertragen werden kann, als auch die Entscheidungsbefugnis übertragbar ist, d. h. also, daß beides wohl vom Gesamtaufsichtsrat einem Ausschuß übertragen werden kann, nicht aber von der Satzung und nicht dem Vorsitzer allein. (Anders die h. M.) Ähnlich soll nach Baumbach-Hueck Anm. 2c zu § 93 der Aufsichtsratsvorsitzer nur „Erklärungsbevollmächtigter“ des Kollegiums sein können derart, daß seine Erklärungen auch nach außen hin nur im Rahmen der Vollmacht (kraft der Satzung) wirken; ob dies mit dem Wesen der Vertretung zu vereinbaren ist, muß zweifelhaft erscheinen. Gleichfalls ablehnend: Godin-Wilhelmi Anm. II 3 zu § 93. Handelt also der Vorsitzer für den Aufsichtsrat, so ist er nach der hier vertretenen Auffassung stets Vertreter ohne Vertretungsmacht oder Bote; d. h.: seine Erklärungen bedürfen der Genehmigung des Kollegiums, falls sie nicht bereits Gegenstand eines Aufsichtsratsbeschlusses waren, den der Vorsitzer zum Zwecke seiner technischen Durchführung übermittelt. Hierzu bedarf es aber kaum einer Satzungsbestimmung. Daß die Vertreter der h. L. den Vorsitzer teils als Vertreter des Kollegiums, teils als Vertreter der Gesellschaft (neben dem Aufsichtsrat) ansehen wollen, zeigt ebenso wie die von Baumbach-Hueck a. a. O. gemachte Einschränkung die Mißlichkeit der von ihnen befürworteten Lösung. (Vgl. dazu Gadow-W. Schmidt Anm. 2 a. E. zu § 92 und die dort Zitierten, anderseits Möhring-Schwartz S. 91!) Zulässig und üblich ist es, dem Vorsitzer des Aufsichtsrats durch die Satzung den Vorsitz in der Hauptversammlung zu übertragen.

Bei Verhinderung des Vorsitzers (ebenso Schlegelberger-Quassowski Anm. 10 zu § 92, Möhring-Schwartz S. 90; nach Baumbach-Hueck soll es wenigstens „im Zweifel" gelten, wobei die Bedeutung dieser Einschränkung unklar bleibt; ablehnend: Gadow-W. Schmidt Anm. 8 zu § 92) nehmen seine Stellvertreter die Funktionen wahr, die ihm durch Gesetz oder Satzung beigelegt sind; vgl. Schlegelberger-Quassowski a. a. O.

Sog. passive Vertretungsmacht wird dem Vorsitzer wie jedem Mitglied des Aufsichtsrats beizumessen sein (vgl. Schlegelberger-Quassowski Anm. 7 Abs. 2 a. E. zu § 97); sie kann durch die Satzung nicht ausgeschlossen werden. Sie ist nicht zu verwechseln mit der Vertretungsmacht in Passivprozessen, über diese vgl. Anm. 7 zu § 2 (unter cγ) Abs. 6).

Ein Vorrecht des Aufsichtsratsvorsitzers, das ihm von der Satzung üblicherweise gewährt wird, dürfte auch von § 4 Abs. 3 nicht berührt werden: eine die Bezüge der anderen Mitglieder angemessen übersteigende Vergütung.

Zur Nennung des Namens des Aufsichtsratsvorsitzers auf Geschäftsbriefen besteht nach § 100 S. 1 AktGes. eine Verpflichtung. Auch im Geschäftsbericht und bei der Veröffentlichung des Jahresabschlusses ist der Vorsitzer des Aufsichtsrats als solcher zu kennzeichnen (§§ 128 Ab. 4, 144 Abs. 1 S. 2 AktGes.). Diese Vorschriften sind aber ebenso wie die Anmeldepflicht des Vorsitzers (darüber s. o. Abs. 4. d. Anm.) auch künftig auf Aktiengesellschaften zu beschränken. Sie gehören gleichfalls nicht zum Wesen des Aufsichtsrats.

21. Daß **kein Aufsichtsratsmitglied an Aufträge oder Weisungen gebunden** sei, ist eine in ihrer Bedeutung nicht völlig klare Vorschrift. Das Gesetz konnte unter verschiedenen Gesichtspunkten Anlaß zu dieser Betonung einer Unabhängigkeit sämtlicher Aufsichtsratsmitglieder haben.

In erster Linie ist bei der Aufnahme des § 4 Abs. 3 S. 2 sicherlich das politische Bestreben wirksam gewesen, auch in bezug auf die alleinige von Wünschen oder Aufträgen Dritter unabhängige Verantwortlichkeit der Aufsichtsratsmitglieder die Gleichheit der verschiedenen Mitgliedergruppen zu betonen. Insoweit ist die Vorschrift nur eine schon aus dem vorhergehenden Satz abzuleitende Unterstreichung und Wiederholung des Gleichberechtigungsprinzips. Die Unterstreichung besagt darüber hinaus positiv, daß auch die von den

Betriebsräten und Gewerkschaften vorgeschlagenen Aufsichtsratsmitglieder dem Unternehmen zu „gedeihlichem Wirken" (vgl. § 8 Abs. 2 S. 2!) verbunden sind. Diese Auffassung konnte insofern zweifelhaft erscheinen, als man die sog. weiteren Mitglieder zunächst als unabhängige Personen (§ 4 Abs. 2 S. 1 RegEntw.) und geradezu als „unabhängige Mitglieder" (§ 3 Abs. 1 Buchst. a) u. b) RegEntw.) bezeichnen wollte. Das Gesetz ist aber insoweit zu der Formulierung des Referentenentwurfs zurückgekehrt. Angesichts dessen ist die Betonung der Nichtbindung in den BT-Ausschüssen vielleicht unbewußt auch aus dem Gedanken an die Eigenverantwortlichkeit parlamentarischer Abgeordneter erhalten geblieben. Die im Arbeitskreis der Ausschüsse geäußerten Ansichten in bezug auf die Vorschrift waren indessen geteilt; einige Mitglieder des Arbeitskreises hielten die Aufnahme der Vorschrift — mit Recht — für entbehrlich, andere wollten sie sogar noch entsprechend einer vom Bundesrat gegebenen Empfehlung (BT.-Drucks. zu Nr. 1858) durch folgende Hinzufügung ergänzt wissen:

> „Die Mitglieder des Aufsichtsrats treffen ihre Entscheidungen unparteiisch und nach bestem Wissen und Gewissen unter Berücksichtigung des Gemeinwohls zum Besten des Unternehmens und der zum Unternehmen gehörigen Betriebe."

Vgl. ArbKreisProt. Nr. 4 (S. 3) u. Nr. 8 (S. 3) — Empfehlung des Abg. Richter (SPD.) und Antrag Dr. Schöne (SPD.)!

Es kann keinem Zweifel unterliegen, daß diese Vorschrift keine sachliche Bedeutung gehabt hätte (falls man ihr nicht etwa eine Beschränkung auf die in eigenen Angelegenheiten angewendete Sorgfalt hätte finden wollen). Die Sorgfaltspflicht sämtlicher Aufsichtsratsmitglieder ergibt sich schon aus § 99 i.V.m. § 84 AktGes. (s. dazu oben Anm. 20 unter b)) und kann für die von der Hauptversammlung nicht frei gewählten, sondern nur bestätigten Mitglieder ebensowenig in Zweifel gezogen werden wie für die gemäß § 88 AktGes. in den Aufsichtsrat entsandten oder auf Grund einer Notbestellung in ihn gelangten Personen. Ihnen allen muß das Wohl des Unternehmens Richtschnur ihrer Tätigkeit im Aufsichtsrat sein. Es ist auch schlechterdings nicht denkbar, daß das Wohl des Unternehmens von dem der Gesamtheit seiner Betriebe verschieden sei. Beim „Besten" der Gesellschaft könnte es sich selbstverständlich auch nur um das „wohlverstandene" Beste der Gesellschaft handeln, und dabei ist nach einer geläuterten modernen Wirtschafts- und Sozialauffassung unter allen Umständen die angemessene Förderung und Entwicklung aller Betriebsabteilungen und das Wohl der darin Beschäftigten einbegriffen. Maßstab ist eben nicht die rückständige Haltung einzelner Unternehmer — falls es sie noch geben sollte —, die das Unternehmen nicht als einen lebendigen Gesamtorganismus sehen und die seine Bezogenheit auf die Interessen leugnen möchte, sondern die jedem vernünftigen Unternehmer klare Erkenntnis, daß das Wohl des ganzen Unternehmens von dem seiner Arbeiter und Angestellten nicht zu trennen ist. Insofern sind also auch bei dem pflichtmäßigen Handeln der Aufsichtsmitglieder höchstens **vermeintliche** Pflichtenkollisionen denkbar. Von ihnen ist nicht zu handeln. Der Erörterung bedarf vielmehr allein ein Problem, das sich ähnlich schon nach bisherigem Recht für die von einem Aktionär gem. § 88 AktGes. in den Aufsichtsrat entsandten Mitglieder stellte: Darf ein solches Aufsichtsratsmitglied die Interessen des entsendenden

Aktionärs bei seiner Tätigkeit im Aufsichtsrat berücksichtigen und vertreten? Dürfen künftig die von den Gewerkschaften und etwa auch die im Einvernehmen mit diesen von den Betriebsräten vorgeschlagenen Mitglieder spezifischen Gewerkschaftsinteressen bei der Abstimmung und bei ihren sonstigen Betätigungsmöglichkeiten im Aufsichtsrat Rechnung tragen? Daß hier wie dort eine Kollision mit den konkreten Interessen des Unternehmens auftreten kann, läßt sich schlechterdings nicht in Abrede stellen. Völlig klar ist dies bei den nach § 88 AktGes. entsandten Mitgliedern. Mit vollem Recht wird von einer gesicherten h. M. angenommen, daß ein solches Mitglied zwar die Weisungen und Richtlinien des entsendenden Aktionärs beachten darf und je nach seinem Vertragsverhältnis zu diesem auch beachten muß, daß aber im Kollisionsfalle keine Bindung des Mitglieds an solcherlei Weisungen besteht und daß das Mitglied dann allenfalls sein Amt niederlegen, aber nicht einmal die Zuflucht zur Stimmenthaltung nehmen darf (falls ihm persönlich die im Interesse des Unternehmens erforderliche Stellungnahme klar ist oder bei sorgfältiger Erwägung klar sein würde); vgl. dazu RGZ. 165, 80; Schlegelberger-Quassowski Anm. 13 zu § 88; Godin-Wilhelmi Anm. II 6 Abs. 2 zu § 92; Baumbach-Hueck Anm. 3 B zu § 92. Im Falle der von der Hauptversammlung auf Vorschlag bestätigten Mitglieder ist die Rechtslage nun noch insofern von der soeben behandelten verschieden, als sie — was nach zutreffender h. M. bei den nach § 88 AktGes. entsandten Mitgliedern nicht der Fall zu sein braucht (vgl. z. B. Baumbach-Hueck Anm. 4 zu § 88 u. Schlegelberger-Quassowski Anm. 24 zu § 88) — in einem die Bestellung als Aufsichtsratsmitglied tragenden Geschäftsbesorgungsverhältnis zur Gesellschaft stehen. Man nimmt die Entstehung eines solchen Vertrages sogar für den Fall der Notbestellung eines Aufsichtsratsmitglieds nach § 89 an (vgl. Baumbach-Hueck Anm. 1 C zu § 89); dies wird auch für die nach § 7 (s. dazu Anm. 3 zu § 7 unter d) oder analog § 29 BGB. zu bestellenden Mitglieder (vgl. hierüber Kötter, NJW. 1951, 421 u. Anm. 25 zu § 8) gelten müssen. Umsomehr gilt es aber für die „bestätigten" Mitglieder. Allerdings wird es bei den nach § 6 Abs. 3 vorzuschlagenden Arbeitnehmervertretern nicht grundsätzlich unmöglich sein, daß diese außerdem noch in einem Vertragsverhältnis zu der vorschlagsberechtigten Gewerkschaftsorganisation stehen. Die dadurch übernommenen Verpflichtungen würden aber überall dort die Grenze ihrer Verbindlichkeit finden, wo sie mit dem Wohle des Unternehmens in Widerspruch treten. Die Nichtbeachtung dieser Grenze würde nach § 99 AktGes. eine persönliche Ersatzpflicht des dann pflichtwidrig handelnden Aufsichtsratsmitglieds begründen. Dies alles folgt aus dem Wesen der Mitgliedschaft im Aufsichtsrat, an deren Rechtsnatur vom Mitbestimmungsgesetz, wie § 4 Abs. 3 und seine Vorgeschichte beweisen, offenbar nichts geändert werden sollte. Es ist daher nicht völlig zutreffend, wenn in Äußerungen zu der Regelung des Mitbestimmungsrechts der Arbeitnehmer gelegentlich der Ansicht Ausdruck verliehen wird, daß nunmehr die Arbeitnehmer die „Mitverantwortung" in den Unternehmen der Grundstoffindustrie übernehmen müßten. Diese „Mitverantwortung" kann grundsätzlich immer nur eine persönliche Verantwortung (Schadensersatzpflicht) des einzelnen Mitglieds sein, und es würde z. B. eine Umgehung des auch angesichts der Vorschriften des § 4 Abs. 3 weiterhin anwendbaren § 99 AktGes. bedeuten, wollte eine vorschlagsberechtigte gewerkschaftliche Spitzenorganisation dem

Vorgeschlagenen die Freistellung von dieser persönlichen Ersatzpflicht zusagen oder anderweit für Freistellung des Mitglieds — etwa durch Abschluß einer Haftpflichtversicherung zu seinen Gunsten — Sorge tragen; letzteres muß persönliche Angelegenheit des einzelnen Aufsichtsratsmitglieds bleiben. (Eine andere Frage ist, ob daneben eine Ersatzpflicht der Gewerkschaftsorganisation besteht, wenn sie eine pflichtwidrig befolgte Weisung erteilt hat. Anders als bei § 88 AktGes. ließe sich hier m. E. eine solche Haftung bejahen, weil § 4 Abs. 3 insoweit als Schutzgesetz i. S. des § 823 Abs. 2 BGB. aufzufassen sein wird.)

Stimmrechtskollisionen in dem Sinne, daß das Aufsichtsratsmitglied von der Mitwirkung bei einer Beschlußfassung überhaupt ausgeschlossen ist, sind nur bei der Kollision bestimmter persönlicher Interessen (Entscheidung über den Abschluß von Rechtsgeschäften oder die Führung eines Rechtsstreits mit ihm) und denen der Gesellschaft, anzuerkennen. Das muß ebenso gelten wie schon nach bisherigem Recht und folgt aus dem in § 34 BGB. zum Ausdruck kommenden Grundsatz; vgl. dazu Baumbach-Hueck Anm. 3 B zu § 92; wegen der Rechtsnatur des „Stimmboten" muß in Fällen derartiger Kollisionen stets auch die Stimmabgabe durch Boten unwirksam sein (ebenso anscheinend Baumbach-Hueck Anm. 3 B zu § 92, die aber von Interessen des „Vertretenen" sprechen); der Vorsitzer kann das befangene Aufsichtsratsmitglied nach richtiger Ansicht insoweit sogar von der Teilnahme an einer Beratung des Aufsichtsrats über Gegenstände ausschließen, bei der ihm wegen der Kollision kein Stimmrecht zusteht. Vgl. zu allem auch oben Anm. 20 unter a).

Daß ein Aufsichtsratsmitglied schon pflichtwidrig handelt, wenn es sich Dritten gegenüber verpflichtet, in bestimmtem Sinne zu stimmen, versteht sich von selbst. Zwar stellt das Gesetz (§ 299 AktGes.) nur den Stimmenverkauf durch Aktionäre unter Strafe, und Abstimmungsvereinbarungen unter Aktionären sind in anderen Fällen sogar im allgemeinen als wirksam anerkannt (vgl. dazu RGZ. 112, 278; 133, 92; 160, 202; HRR. 27, 2114 — im einzelnen str.). Für Aufsichtsratsmitglieder folgt die Unzulässigkeit einer Stimmbindung schon aus §§ 99, 95 Abs. 6 AktGes., so daß es eines Eingehens auf das allgemeine Problem der Treupflicht — wie bei Aktionären (vgl. dazu Fechner S. 107) nicht bedarf; die Treupflicht folgt bei Aufsichtsratsmitgliedern ohne weiteres aus ihrem Vertrage mit der Gesellschaft. Vgl. dazu auch Anm. 18 zu § 6.

§ 5

Die in § 4 Abs. 1 Buchstabe a bezeichneten Mitglieder des Aufsichtsrats[1] werden durch das nach Gesetz, Satzung oder Gesellschaftsvertrag zur Wahl von Aufsichtsratsmitgliedern berufene Organ (Wahlorgan)[2] nach Maßgabe der Satzung oder des Gesellschaftsvertrags gewählt[3]. Im Falle der Entsendung von Aufsichtsratsmitgliedern nach § 88 des Aktiengesetzes[4] darf deren Gesamtzahl ein Drittel der Vertreter der Anteilseigner nicht übersteigen[5].

1. § 5 handelt im Grunde von zwei Mitgliedergruppen, nämlich von den sog. Vertretern der Anteilseigner und einem der drei „weiteren" Mitglieder. Nur für die Bestellung der „Vertreter der Anteilseigner" gilt das bisherige Recht (s. aber auch dazu unten Anm. 5); für das in § 4 Abs. 1 Buchst. a) bezeichnete „weitere" Mitglied sieht das Mitbestimmungsgesetz zwar ebenfalls kein Vorschlagsrecht vor, es bindet aber die nach bisherigem Recht zur Bestellung Befugten durch die negativen Mitgliedschaftsvoraussetzungen des § 4 Abs. 2.

2. „Wahlorgan" ist ein vom Mitbestimmungsgesetz geschaffener neuer Sammelbegriff, der in § 5 S. 1 überdies unrichtig definiert ist. Die nicht nur in dieser Beziehung unglückliche Fassung des Gesetzestextes beruht darauf, daß während der Ausschußberatungen lange zweifelhaft war, ob mit der neuen Regelung das Fortbestehen von Entsendungsrechten nach § 88 AktGes. und von satzungsmäßig u. U. nicht nur für Anteilseigner begründeten Entsendungsrechten bei Gesellschaften mit beschränkter Haftung oder bergrechtlichen Gewerkschaften vereinbar sei. (Vgl. dazu — zur Verneinung der Frage neigend — Hueck „Der Betrieb" 1951, 167!) Die Ausschüsse haben sich schließlich für die unter Anm. 5 erläuterte Lösung entschieden. Ihr ist aber zumindest in der Fassung des § 5 S. 1 nicht Rechnung getragen worden, da in dieser Vorschrift auch weiterhin nur von „Wahl" die Rede ist. Gemeint ist aber, wie angesichts des auf § 88 AktGes. Bezug nehmenden zweiten Satzes nicht zweifelhaft sein kann, die „Bestellung" in dem zugleich Wahl und Entsendung umfassenden Sinne. Unter „Wahlorgan" ist also außer der zur Wahl nach § 87 AktGes. ggf. i. Verb. m. § 3 Abs. 2 (s. dazu auch die flg. Anm.) berufenen Versammlung der Anteilseigner (Hauptversammlung, Gesellschafterversammlung oder Gewerkenversammlung) auch ein nach der Satzung rechtswirksam zur Entsendung von Aufsichtsratsmitgliedern Berufener (darüber, wer dies bei den dem Mitbestimmungsgesetz unterliegenden Gesellschaften mit beschränkter Haftung oder bergrechtlichen Gewerkschaften sein kann, s. unten Anm. 4) zu verstehen.

3. Die Vorschrift will nur besagen, daß die **Bestellungskompetenz** insoweit nicht von Vorschlagsrechten Dritter beeinträchtigt sein soll. Vgl. oben Anm. 1 u. 2. Nicht hingegen sollen die (vgl. auch § 3 Abs. 2) für die Bestellung geltenden gesetzlichen Vorschriften der §§ 86ff. des Aktiengesetzes irgendwie berührt werden. Der Hinweis auf Satzung oder Gesellschaftsvertrag unterstreicht lediglich, daß eine nach diesen Vorschriften mögliche satzungsmäßige Ausgestaltung der Bestellungsmodalitäten weiterhin zulässig sein soll. Über diese Möglichkeit, soweit es sich um die Entsendung handelt, vgl. unten Anm. 4. Was die Wahl anlangt, so kann angesichts der insoweit textlich nicht aufeinander abgestimmten Vorschriften des § 3 Abs. 2 und des § 5 S. 1 zweifelhaft sein, ob bei Gesellschaften mit beschränkter Haftung und bergrechtlichen Gewerkschaften eine Wahl von Aufsichtsratsmitgliedern nach § 4 Abs. 1 Buchst. a einem anderen Gremium als der Versammlung der Anteilseigner übertragen werden kann. Nach § 3 Abs. 2 finden die aktienrechtlichen Vorschriften auf „den Aufsichtsrat" und seine Rechte und Pflichten „sinngemäß" Anwendung. Da das Gesetz die Frage der Zusammensetzung selbst regelt, könnte daraus geschlossen werden, daß erst für den vollständig konstituierten Aufsichtsrat Aktienrecht gelten soll. Der Sinn der Vorschrift des § 3 Abs. 2

geht jedoch weiter. Während § 3 Abs. 1 den Aufsichtsrat als obligatorisches Organ bei allen unter das Gesetz fallenden juristischen Personen einführt, sollte § 3 Abs. 2 sicherstellen, daß das Gesetz diesen Aufsichtsrat auch mindestens in der Konstituierung und Kompetenz voraussetzen dürfe, wie sie nach § 52 Abs. 1 GmbHGes. im Zweifel bestehen. (Darüber, daß aus § 3 Abs. 2 hinsichtlich der Kompetenz und aus § 5 S. 2 hinsichtlich der Konstituierung eine noch weitergehende Annäherung an die aktienrechtliche Regelung zu folgern ist, vgl. Anm. 6 zu § 3 und unten Anm. 4) Mangels einer näheren Begründung des Regierungsentwurfs läßt sich diese Absicht des Gesetzes aus den Materialien nicht eindeutig nachweisen, zumal der Wortlaut eher für die gegenteilige Auslegung zu sprechen scheint; die hier befürwortete Lösung entspricht aber dem sinngemäßen Zusammenhang der Regelung. Und zwar gilt dies gleichermaßen für bergrechtliche Gewerkschaften wie für Gesellschaften mit beschränkter Haftung, obwohl im Berggesetz eine i. Zw. auf § 87 Abs. 1 S. 1 AktGes. verweisende Vorschrift fehlt. Für die Frage der Wahl bedeutet dies aber, daß für sie nur die Versammlung der Anteilseigner zuständig ist. Vgl. auch oben Anm. 2. Das Ergebnis muß insbesondere dann befriedigen, wenn man bedenkt, daß sonst bei Gesellschaften mit beschränkter Haftung z. B. eine Bestellung der ersten Mitglieder des Aufsichtsrats im Gesellschaftsvertrag in Verbindung mit der Bestimmung turnusmäßigen Ausscheidens unter gleichzeitiger Neuergänzung durch Kooptation möglich, jedoch mindestens mit § 8 unvereinbar wäre (vgl. § 8 Abs. 1 S. 1 u. Abs. 2).

4. § 88 AktGes. eröffnet für Aktiengesellschaften die Möglichkeit, bestimmten Aktionären oder den jeweiligen Inhabern bestimmter Aktien in der Satzung die Befugnis zur **Entsendung von Aufsichtsratsmitgliedern** einzuräumen, und regelt Bestellung und Abberufung solcher entsandten Mitglieder. § 5 setzt diese Möglichkeit als fortbestehend voraus.

Zweifelhaft kann sein, was aus der Erwähnung lediglich des § 88 AktGes. in § 5 S. 2 für die unter das Mitbestimmungsgesetz fallenden Gesellschaften mit beschränkter Haftung und bergrechtlichen Gewerkschaften zu folgern ist. Unter Berücksichtigung der grundsätzlichen Vorschrift des § 3 Abs. 2 sind hier verschiedene Auffassungen denkbar.

a) § 3 Abs. 2 erwähnt nur den Aufsichtsrat sowie dessen Rechte und Pflichten. Man könnte danach denken, daß für Gesellschaften mit beschränkter Haftung und bergrechtliche Gewerkschaften die aktienrechtlichen Vorschriften über die Konstituierung des Aufsichtsrats (soweit §§ 4ff. sie unberührt lassen!) überhaupt außer Betracht bleiben; diese Auffassung ist oben Anm. 3 abgelehnt worden. § 5 kann auch nicht zu ihrer Unterstützung ins Feld geführt werden, weil in dieser Vorschrift nur an eine gesetzliche Regelung von Entsendungsrechten gedacht wurde, die außerhalb des Aktienrechts nicht besteht. Aus § 5 läßt sich daher weder schließen, daß bei Gesellschaften mit beschränkter Haftung und bergrechtlichen Gewerkschaften keine Entsendungsrechte außerhalb der Grenzen des § 88 AktGes. möglich bleiben sollten, noch etwa gar, daß bei ihnen überhaupt keine Entsendungsrechte mehr bestehen könnten. — Auch § 52 Abs. 1 GmbHGes. führt zu keiner ausschlaggebenden Klärung der aufgeworfenen Frage. Dort ist § 88 AktGes. nicht erwähnt. Die Aufhebung des Grundsatzes des nur fakultativen Aufsichtsrats bei Gesellschaften mit beschränkter Haftung und bergrechtlichen Gewerkschaften muß nun zwar bedeuten, daß „Wahlorgan" grundsätzlich die Versammlung der Anteilseigner ist; s. dazu oben Anm. 3 a. E. Es läßt sich aber in bezug auf Entsendungsrechte nicht entsprechend folgern, daß das, was § 52 Abs. 1 GmbHGes. bisher im Zweifel gelten lassen wollte, nunmehr zwingend sei. Denn § 52 Abs. 1 GmbHGes. kann begreiflicherweise deshalb § 88 AktGes. nicht erwähnen, weil dieser Satzungsbestimmungen über die Konstituierung des Aufsichtsrats voraussetzt, während § 52 Abs. 1 GmbHGes. ja gerade den umgekehrten Fall ihres Fehlens im Auge hat. Insoweit läßt sich auch nicht im Hinblick auf die bestehende Möglichkeit, Entsendungsrechte im Gesellschaftsvertrage vorzusehen, sagen, die Aufzählung der aktienrechtlichen Vorschriften in § 52 GmbHGes. sei „nicht vollständig" (so Baumbach-Hueck GmbHGes. Anm. 2 A zu § 52); die Aufführung des § 88 AktGes. in § 52 GmbHGes. wäre vielmehr völliger Widersinn gewesen. Daß bisher im Gesellschaftsvertrage Gesellschafter oder Dritte ermächtigt werden konnten, ihnen genehme Personen in den Aufsichtsrat zu entsenden oder selbst in diesen einzutreten (vgl. RGZ. 165, 74 u. Baumbach-Hueck a. a. O.), folgt keineswegs aus einer — etwa im Wege der ergänzenden Interpretation ableitbaren — Analogie zu § 88 AktGes. (die jenes Ergebnis ja auch gar nicht tragen könnte), sondern auf der Freiheit, einen Aufsichtsrat bei der Gesellschaft mit beschränkter Haftung beliebig zu schaffen und auszugestalten. Es ist demnach zu fragen, ob mit der Schaffung des obligatorischen Aufsichtsrats auch die vom Aktienrecht abweichenden Ausgestaltungsmöglichkeiten des Entsendungsrechts beseitigt sind. Enthalten also Gesellschaftsverträge oder Statuten Bestimmungen über Entsendungsrechte, so muß nach dem Gesamtsinn der Mitbestimmungsregelung die Frage beantwortet werden, inwieweit nunmehr nach § 3 Abs. 2 Aktienrecht und ggf. die in § 5 S. 2 vorgesehene Modifizierung des § 88 AktGes. Platz greifen sollen.

b) Die Bejahung der Anwendbarkeit des Aktienrechts würde bedeuten, daß nur bestimmten Gesellschaftern oder Gewerken oder den Inhabern bestimmter Gesellschaftsanteile oder Kuxe, nicht jedoch Dritten ein Entsendungsrecht eingeräumt werden könnte. Daß diese Einschränkung der bisherigen Gestaltungsmöglichkeiten durch die Grundsätze des Mitbestimmungsgesetzes bedingt würde, läßt sich nun schlechterdings nicht sagen. Die Frage ist zwar in den Ausschüssen des Bundestages und in dessen Plenum nicht erörtert worden, wohl aber in den Ausschüssen des Bundesrates. Hier ist die Auffassung vertreten worden, daß bei Gesellschaften mit beschränkter Haftung und bergrechtlichen Gewerkschaften die Möglichkeit, eine Entsendung von Aufsichtsratsmitgliedern auch Dritten zuzugestehen, aus wirtschaftlichen Rücksichten fortdauern sollte. In der Tat ist wohl davon auszugehen, daß diese Möglichkeit als Ausfluß der Wesensverschiedenheit dieser Körperschaften nicht dem Grundsatz der Angleichung an das Aktienrecht (§ 3 Abs. 2) unterfällt; vgl. dazu Anm. 6 zu § 3.

c) Auch bei dieser Auslegung bleibt aber noch die Frage offen, ob § 5 S. 2 in Entsendungsrechte bei Gesellschaften mit beschränkter Haftung oder bergrechtlichen Gewerkschaften eingreift. Bei der unter b) vertretenen Auffassung, daß § 88 AktGes. für solche Entsendungsrechte auch künftig unanwendbar bleibe, spricht der Wortlaut des § 5 S. 2 gegen die Annahme eines solchen

Eingreifens. Nur in § 88 AktGes. ist eine Zahlenrelation zwischen gewählten und entsandten Mitgliedern vorgesehen. Der GmbH.-Vertrag und das Gewerkschaftsstatut können auch in dieser Beziehung eine andere Regelung treffen. Der Sinn des § 5 S. 2 muß aber zu seiner entsprechenden Anwendung auch in solchen Fällen nötigen. Die Vorschrift ist eine Folgerung aus der mit dem Mitbestimmungsgesetz verbundenen Einflußbeschränkung der Anteilseigner und dem Sonderrechtscharakter der Entsendungsrechte. Ist die Zahl der Aufsichtsratssitze, die in Ausübung von Entsendungsrechten besetzt werden können, fest oder in einem Verhältnis zur Gesamtzahl der Aufsichtsratssitze bestimmt, so besteht dasselbe gesetzgeberische Anliegen wie angesichts der gesetzlichen Beschränkung des § 88 Abs. 1 S. 2 AktGes., wonach höchstens der dritte Teil der Sitze (vgl. dazu unten Anm. 5!) in Ausübung von Entsendungsrechten besetzt werden kann. Wäre diese Relation unverändert bestehen geblieben, so hätte sie in Verbindung mit §§ 6, 8 eine von der Mitbestimmungsregelung nicht beabsichtigte weitere Reduzierung des Einflusses der Gesamtheit der Anteilseigner und u. U. eine sogar unerwünschte Steigerung des Einflusses von Minderheiten im Gefolge haben können: ein Einfluß der Hauptversammlung auf die Aufsichtsratsbesetzung besteht künftig nur noch im halben bisherigen Ausmaß, während die Entsendungsrechtsbegrenzung noch auf die volle Mitgliederzahl abstellt. Bei einer Zahl von elf Aufsichtsratsmitgliedern würden nach § 88 Abs. 1 S. 2 AktGes. bis zu drei Mitglieder von einzelnen Aktionären entsandt werden können; die Hauptversammlung könnte daher, wenn die Entsendungsrechte uneingeschränkt fortbestünden, u. U. statt bisher acht, nur noch zwei Mitglieder von sich aus wählen, wobei noch die Wählbarkeitsbeschränkung für ein „weiteres" Mitglied nach § 4 Abs. 2 zu berücksichtigen wäre. Nach der Regelung des § 5 S. 2 soll das als Höchstgrenze für Entsendungen festgesetzte Drittel des § 88 Abs. 1 S. 2 AktGes. deshalb nicht auf die Gesamtmitgliederzahl, sondern auf die Zahl der „Vertreter der Anteilseigner" bezogen werden. (Darüber, was dies praktisch für die Begrenzung der Entsendungsrechte bedeutet, s. unten Anm. 5.) Das Gesetz konnte eine derartige Begrenzung nicht der Satzung überlassen; falls nämlich schon Entsendungsrechte satzungsmäßig begründet waren, wäre deren Einschränkung im Zweifel nur mit Zustimmung der Berechtigten möglich gewesen. (Entsendungsrechte sind Sonderrechte i. S. des § 35 BGB.; vgl. dazu Schlegelberger-Quassowski Anm. 17 zu § 88, Baumbach-Hueck Anm. 5c zu § 88; Godin-Wilhelmi Anm. I zu § 88). § 5 S. 2 muß daher auch bei einer entsprechenden Gestaltung des GmbH.-Vertrages oder des Gewerkschaftsstatuts eingreifen. Auch hier würde die Gesellschafter- oder Gewerkenversammlung gegenüber den Entsendungsberechtigten an Einfluß auf der „Eigentümerseite" verlieren, wenn man den Grundsatz des § 5 S. 2 nicht ebenfalls anwenden wollte. Es muß jedoch beachtet werden, daß bei der gebotenen Analogie an die Stelle des gesetzlichen Drittels der im Gesellschaftsvertrag oder Statut zugelassene Höchstanteil treten muß. Als künftiger Höchstanteil ist dabei auch das Verhältnis einer festen Zahl von entsandten Mitgliedern zu der bisher satzungsmäßig vorgesehenen Fest- oder Höchstzahl aller Aufsichtsratsmitglieder anzusehen.

5. Die Zahl der „Vertreter der Anteilseigner" beträgt im Regelfalle (§ 4 Abs. 1 Buchst. a) vier, im Falle des § 9 Abs. 1 sechs und im Falle des § 9 Abs. 2

acht; vgl. dazu Anm. 5—7 zu § 9. Demgemäß kann regelmäßig nur noch ein einziges Mitglied in die Montan-Aufsichtsräte „entsandt" werden. Nur in den Fällen des satzungsmäßig erweiterten Aufsichtsrats (§ 9) ist die höchstzulässige Zahl zwei. Die sich bei der vorgeschriebenen Drittelung ergebenden Bruchteile finden also keine Berücksichtigung.

Darüber, wem die Satzung usw. ein Entsendungsrecht gewähren kann, vgl. die vor. Anm. unter b.

Die vom Gesetz vorgeschriebene Beschränkung der Sonderrechte ist keine Enteignung, da sie sich im Rahmen der Einflußbegrenzung hält, welche das Mitbestimmungsgesetz allgemein den aus der Kapitalanlage in der Montanindustrie fließenden Rechten zumutet. Der von Hueck i. „Der Betrieb" 51, 167 befürwortete völlige Wegfall der Entsendungsrechte hätte hingegen als eine über solches Maß hinausgehende Entziehung von Sonderrechten wohl nur gegen Entschädigung wirksam angeordnet werden können. Der Grundsatz der Gleichmäßigkeit ist ebenfalls im Rahmen des Möglichen gewahrt. Da es sich bei den im Mitbestimmungsgesetz vorgesehenen Mitgliederzahlen um Festzahlen handelt (vgl. dazu Anm. 2 zu § 4 u. Kötter NJW. 51, 421), kann hier die Streitfrage, ob die zulässige oder die tatsächliche Mitgliederzahl die Grundlage für die Berechnung des zulässigen Drittels maßgebend sei (für die Zugrundelegung der tatsächlichen Besetzung: Godin-Wilhelmi Anm. II 2 zu § 88; anders mit Recht die h. L.!), nicht im selben Sinne wie sonst aufgeworfen werden, denn ein Herabsinken unter die Festzahl ist hier stets nur eine vorübergehende Anomalie; vgl. § 7 m. Anm. Immerhin kann — unvermeidlicherweise — die neue Relation den Entsendungsberechtigten u. U. ungünstiger sein als die bisher zulässige. Insbesondere im Regelfalle und im Falle des § 9 Abs. 2 beträgt die mögliche Höchstzahl der „entsandten" Mitglieder nur ein Fünftel der Zahl der ohne Vorschlagsbindungen bestellbaren Mitglieder; vgl. dazu Anm. 3 zu § 4. Angesichts des Sonderrechtscharakters der Entsendungsrechte werden deren Inhaber von den Anteilseignern — bei Aktiengesellschaften und Gesellschaften mit beschränkter Haftung — verlangen können, daß bei einem 20 Millionen DM. übersteigenden Nennkapital von der Möglichkeit des § 9 Abs. 1 Gebrauch gemacht wird, da nur bei dieser Gestaltung die alte Relation bestehen bleibt; vgl. Kötter NJW. 51, 417 N. 4. Voraussetzung ist dabei, daß die gesetzliche Höchstrelation auch tatsächlich verwirklicht war. In diesem Falle wäre es auch bei einem Kapital über 50 Millionen DM. unzulässig, von der in § 9 Abs. 2 vorgesehenen Gestaltungsmöglichkeit Gebrauch zu machen, wenn nicht alle entsendungsberechtigten Aktionäre oder Gesellschafter zustimmen; andernfalls ist der Beschluß anfechtbar nach §§ 197, 198 AktGes. bzw. — bei der GmbH. — in Analogie zu diesen Vorschriften (RGZ 166, 129). Entsendungsberechtigte Dritte werden allerdings nur schuldrechtliche Ansprüche geltend machen und die körperschaftliche Beeinträchtigung ihrer Rechte lediglich indirekt verhindern können (Schadensersatz, Rücktritt vom Kreditvertrage u. dgl.). Trotzdem kann es bei einer Mehrheit von Entsendungsberechtigten leicht vorkommen, daß nicht mehr jeder einzelne von ihnen zur selbständigen Entsendung auch nur eines Aufsichtsratsmitglieds berechtigt ist. Die Folge ist, daß mehrere Entsendungsberechtigte miteinander in eine Gemeinschaft an dem auf eine nicht mehr unter ihnen teilbare Sitzzahl reduzierten Entsendungsrecht geraten. Im Regelfalle konnten z. B. bei einer Aktiengesellschaft mit 10 Millionen DM. Grundkapital und einem zwölfköpfigen Aufsichtsrat für vier Sitze Entsendungsrechte begründet sein, die sich künftig auf nur einen Sitz konzentrieren. Die Ausübung des Rechts muß sich nunmehr nach § 745 BGB. richten; d. h. grundsätzlich entscheidet die Stimmenmehrheit, die sich aus dem Umfang der bisherigen Entsendungsrechte ergibt. Steht hiernach einem einzigen die Bestimmung des zu entsendenden Aufsichtsratsmitglieds zu, so muß billigerweise versucht werden, durch einen dem Verhältnis der bisherigen Entsendungsrechte entsprechenden Turnus dem satzungsmäßig vorgesehenen Kräfteverhältnis Rechnung zu tragen; eine Analogie zu § 745 Abs. 2 BGB. — unter Ausschaltung des Mehrheitsbeschlusses und notfalls unter entsprechender Abkürzung der Amtsdauer der entsandten Mitglieder — dürfte hier geboten sein, um dem Sinn des Gesetzes Rechnung zu tragen.

§ 6[1]

(1) Unter den in § 4 Abs. 1 Buchstabe b bezeichneten Mitgliedern des Aufsichtsrats[1] müssen sich ein Arbeiter und ein Angestellter befinden[2], die in einem Betriebe des Unternehmens beschäftigt sind[3]. Diese Mitglieder[2] werden dem Wahlorgan[4] durch die Betriebsräte[5] der Betriebe des Unternehmens nach Beratung[6] mit den in den Betrieben des Unternehmens vertretenen Gewerkschaften[7] und deren Spitzenorganisationen[8] vorgeschlagen[9]. Zur Aufstellung dieser Vorschläge[9] bilden die Arbeitermitglieder und die Angestelltenmitglieder der Betriebsräte[5] je einen Wahlkörper[10]. Jeder Wahlkörper wählt in geheimer Wahl[9] das auf ihn entfallende Mitglied[11].

(2) Die nach Absatz 1 gewählten Personen[11] sind vor Weiterleitung der Vorschläge[9] an das Wahlorgan[4] innerhalb von zwei Wochen nach der Wahl[9] den Spitzenorganisationen[8] mitzuteilen[12], denen die in den Betrieben des Unternehmens vertretenen Gewerkschaften[7] angehören[8]. Jede Spitzenorganisation[8] kann binnen zwei Wochen nach Zugang[13] der Mitteilung[12] Einspruch[14] bei den Betriebsräten[5] einlegen[15], wenn der begründete Verdacht besteht[16], daß ein Vorgeschlagener[11] nicht die Gewähr bietet[17], zum Wohle des Unternehmens und der gesamten Volkswirtschaft verantwortlich im Aufsichtsrat mitzuarbeiten[18]. Lehnen die Betriebsräte[5] den Einspruch[14] mit einfacher Stimmenmehrheit ab[19], so können die Betriebsräte[5] oder die Spitzenorganisation[8], welche den Einspruch eingelegt[15] hat, den Bundesminister für Arbeit anrufen[20]; dieser entscheidet[21] endgültig[22].

(3) Zwei der in § 4 Abs. 1 Buchstabe b bezeichneten Mitglieder[1] werden von den Spitzenorganisationen[8] nach vorheriger Beratung[6] mit den im Betriebe vertretenen Gewerkschaften[7] und den Betriebsräten[5] dem Wahlorgan[4] vorgeschlagen[9]. Die Spitzenorganisationen[8] sind nach dem Verhältnis ihrer Vertretung in den Betrieben[23] vorschlagsberechtigt[24]; sie sollen bei ihren Vorschlägen die innerhalb der Belegschaften bestehenden Minderheiten[25] in angemessener Weise berücksichtigen[26].

(4) Für das in § 4 Abs. 1 Buchstabe b bezeichnete weitere Mitglied[27] gilt Absatz 3 entsprechend[28].

(5) Das Wahlorgan[4] ist an die Vorschläge[9] der Betriebsräte[5] und der Spitzenorganisationen[8] gebunden[29].

1. Der Wortlaut der Vorschrift ist inkorrekt; Abs. 1—3 behandeln nur die „Vertreter der Arbeitnehmer", vgl. § 4 Abs. 1 Buchst. b u. Anm. 7 zu § 4. Das ergibt sich aus Abs. 4; s. dazu unten Anm. 27. § 6 verstößt insoweit gegen den sonstigen Sprachgebrauch des Gesetzes, was sich daraus erklärt, daß die Vorschrift auf einem aus der Mitte des Bundestages in der zweiten Lesung gestellten Antrage beruht, dem gegenüber sämtliche Abänderungsanträge der 3. Lesung einer z. T. überraschenden Ablehnung verfielen; vgl. BT-Drucks. Nr. 2117 u. BT-Prot. über die 132. Sitzung S. 5081 B.

2. Ein „Vertreter der Arbeitnehmer" muß ein Arbeiter und ein weiterer ein Angestellter des Unternehmens sein. Die Unvereinbarkeitsvorschrift des § 90 Abs. 1 S. 2 AktGes. hat insoweit keine Geltung; vgl. § 2 u. Anm. 7 dazu (Abs. 7 unter a), ferner Anm. 3 zu § 4. Andere Personen können insoweit selbst dann nicht wirksam bestellt werden, wenn darauf ein Vorschlag der Betriebsräte gerichtet ist. Diese beiden Sitze im Aufsichtsrat sind künftig ebenso gebunden wie die der „weiteren" Mitglieder, was schon bei Aufstellung der Vorschläge zu berücksichtigen ist. Bei Nichtbeachtung des gesetzlichen Erfordernisses besteht keine „Bindung" des Wahlorgans; s. dazu aber auch unten Anm. 29.

Darüber, daß sich bei den erweiterten Aufsichtsräten des § 9 die Zahl der Arbeiter, die dem Aufsichtsrat angehören müssen, auf zwei bzw. drei erhöht, vgl. Anm. 6 u. 7 zu § 9.

3. Die Vorschrift läßt keinen echten Zweifel darüber, daß die Beschäftigung in einem Betriebe des Unternehmens nicht nur im Zeitpunkt der „Wahl" bestehen, sondern daß sie weiterhin fortdauern muß, falls der „Gewählte" Aufsichtsratsmitglied bleiben soll; vgl. dazu auch Anm. 1 zu § 11 (unter c). Die Bestellung zum Aufsichtsratsmitglied kann bei Berufung des Angestellten bzw. Arbeiters auf einen dieser beiden Sitze für ihn also niemals wichtiger Grund zur Kündigung sein. Der Arbeitnehmer hat aber wie jeder andere, dem die Bestellung zum Aufsichtsratsmitglied angetragen wird, die freie Entschließung darüber, ob er die „Wahl" annehmen will oder nicht. Der Gesellschaft usw. gegenüber besteht sicherlich keine Verpflichtung zur Annahme (etwa auf Grund des Arbeitsvertrages), und selbst eine etwa dem

Betriebsrat gegenüber im Vorschlagsverfahren abgegebene Bereitschaftserklärung, sich vorschlagen zu lassen, kann den vorgeschlagenen Arbeitnehmer m. E. nicht hindern, das Amt abzulehnen; denn für eine solche Entschließung kann die Stellungnahme der Hauptversammlung usw. (Abstimmungsverhältnis!) von wesentlicher Bedeutung sein. Nimmt der Arbeitnehmer an, so folgt aus einer Analogie zu § 162 Abs. 2 BGB. i. V. m. § 6 Abs. 1 S. 1 ohne weiteres ein ungeschriebener Kündigungsschutz zu seinen Gunsten: jede Kündigung seitens der Gesellschaft usw., die nicht durch einen ohne Zutun des Dienstberechtigten entstandenen wichtigen Grund außerhalb der Aufsichtsratstätigkeit des Gekündigten gerechtfertigt werden kann, ist nichtig. Wichtiger Grund ist dabei hier wie stets nur ein Tatbestand, der die Fortsetzung des Dienstverhältnisses als unzumutbar erscheinen läßt. Daß die Annahme der „Wahl" oder die Mitgliedschaft als solche niemals diesen Tatbestand begründen kann, versteht sich nach dem Sinn des § 6 Abs. 1 S. 1 von selbst. Das im Aufsichtsrat an den Tag gelegte Verhalten des Arbeitnehmers kann aber ebenfalls nicht zur Begründung seiner fristlosen Kündigung herangezogen werden, weil sonst die Vorschriften über die Abberufung (§ 11 Abs. 2) umgangen werden könnten. — Man muß weiterhin annehmen, daß der notwendige Zeitaufwand für die Aufsichtsratstätigkeit dem Arbeitnehmer keine Kürzung des Arbeitsentgelts eintragen darf. Ist als Arbeitsentgelt ein Stundenlohn vereinbart (mit oder ohne Akkordzuschläge), so würde dessen Fortzahlung für die durch die Aufsichtsratstätigkeit versäumten Stunden nach allgemeinen Grundsätzen schwerlich gefordert werden können. Das Gegenteil muß aber jedenfalls bei unentgeltlicher Aufsichtsratstätigkeit aus dem Sinn des Mitbestimmungsgesetzes (vgl. z. B. auch § 70 BRB. v. 1920) gefolgert werden. Erhalten die Aufsichtsratsmitglieder als solche eine Vergütung, so reicht dieser Gedanke allerdings nicht aus, um die Unzulässigkeit des Lohnabzugs zu begründen; sie folgt aber m. E. auch hier aus dem Gesichtspunkt der — vom Unternehmer nach Treu und Glauben hintanzuhaltenden — Pflichtenkollision: dem an den Aufsichtsratssitzungen gewissenhaft teilnehmenden „Arbeitnehmervertreter" darf unmöglich der Nachteil des Lohnabzugs erwachsen. (Anders läge dies nur, wenn die Vergütung der Aufsichtsratsmitglieder nach Maßgabe ihrer Teilnahme an den Sitzungen abgestuft wäre; eine solche Bestimmung ist nicht üblich, würde jedoch mit dem Grundsatz des § 98 Abs. 1 S. 1 AktGes. noch in Einklang stehen; vgl dazu Gadow-W. Schmidt Anm. 1 u. 13 a. E. zu § 98). Gegen eine unterschiedliche Behandlung der Lohnzahlung bei entgeltlicher und bei unentgeltlicher Aufsichtsratstätigkeit spricht aber auch die u. U. — so namentlich für den ersten Aufsichtsrat (§ 98 Abs. 2 AktGes.) — bestehende Ungewißheit über ein solches Entgelt, ferner die sonst regelmäßig eintretende und vom Gesetz sicherlich nicht gewollte Verschiedenheit in der Behandlung des Arbeiter- und des Angestelltenmitglieds. Man wird also allgemein Lohn- oder Gehaltsabzug wegen Zeitversäumnis infolge Aufsichtsratstätigkeit als unzulässig ansehen müssen, auch wenn der Arbeitsvertrag hierüber keine Bestimmung enthält.

Eine nach dem oben Gesagten wirksame Kündigung aus wichtigem Grunde kann ohne Zustimmung des Wahlkörpers des Gekündigten erklärt werden. Eine entsprechende Anwendung der Vorschrift des § 11 Abs. 2 kommt nicht in Betracht. Zwar setzt die Innehabung eines der gebundenen Sitze im Aufsichtsrat das gleichzeitige Bestehen des Arbeitsverhältnisses zum Unternehmen voraus. Daraus folgt indessen nur, daß die Möglichkeiten einer Beendigung des Arbeitsverhältnisses in der oben dargelegten Weise eingeschränkt werden müssen. Ist die Fortsetzung des Dienst- oder Arbeitsvertrages der Gesellschaft usw. aber aus von ihr nicht zu vertretenden, außerhalb des Aufsichtsratsamtes des Arbeitnehmers liegenden Gründen unzumutbar geworden, so muß sie aus eigenem freien Entschluß kündigen können.

4. Wahlorgan ist auch hier das in § 5 S. 1 bezeichnete Organ der juristischen Person, die das Unternehmen betreibt, also Hauptversammlung, Gesellschafter- oder Gewerkenversammlung; s. Anm. 3 Abs. 2 zu § 5. § 6 Abs. 1 u. 2 stiften allerdings insofern terminologische Verwirrung, als sie eine nicht dem „Wahlorgan" obliegende Tätigkeit ebenfalls „Wahl" nennen, nämlich die Aufstellung der Vorschläge für die Bestellung zum Aufsichtsratsmitglied. Die Aufstellung dieser Vorschläge ist allerdings im Gegensatz zu der dem „Wahlorgan" überlassenen Tätigkeit ihrem Wesen nach echte Wahl, aber nicht Aufsichtsratswahl. Daß diese — als Bestätigung der Vorschläge, kürzer: „Vorschlagswahl" (vgl. Kötter NJW. 51, 420 N. 50 u. Text dazu) — den Vorschlägen nachfolgen soll, sagt § 6 nicht ausdrücklich, sondern setzt es stillschweigend voraus. S. dazu auch unten Anm. 9 u. 29.

5. Die **Betriebsräte** sämtlicher Betriebe der Gesellschaft usw., deren Aufsichtsrat konstituiert werden soll, werden hier vom Gesetz als Einheit zusammengefaßt und nach Arbeiter- und Angestelltenmitgliedern in zwei ebenfalls über die einzelnen Betriebe hinausreichende Gremien aufgeteilt. Vgl. unten Anm. 10. Die Vorschläge werden von den Teilgremien als den „Wahlkörpern" aufgestellt, aber in der möglichen Auseinandersetzung mit einer gewerkschaftlichen Spitzenorganisation einheitlich von der Gesamtheit aller Betriebsratsmitglieder vertreten oder aufgegeben; s. dazu unten Anm. 19 u. 20.

Der Gesamtheit aller Betriebsratsmitglieder fehlt, wenn die Gesellschaft usw. eine Mehrzahl von Betrieben unterhält, eine zur Durchführung der in § 6 vorgesehenen Aufgaben taugliche Organisation. Sie müßte daher bei der in § 15 Buchst. b) vorbehaltenen Regelung des Vorschlagsverfahrens in erster Linie geschaffen werden. Solange sie fehlt, wird man aber jeden Vorschlag als wirksam und bestätigungsfähig ansehen müssen, der durch geheime Wahlen nach den hierfür allgemein überkommenden Grundsätzen ermittelt worden ist.

Man wird ferner annehmen müssen, daß die beiden Wahlkörper in dem (vgl. §§ 11 Abs. 2 u. 15 Buchst. b) nicht besonders geregelten Vorschlagsverfahren für die Abberufung der nach § 6 Abs. 1 vorgeschlagenen Aufsichtsratsmitglieder ohne vorherige Beratung mit den Gewerkschaften und ihren Spitzenorganisationen lediglich über entsprechende Anregungen aus ihrer Mitte oder von außen her abzustimmen haben.

6. Wechselseitige Beratung der Vorschlagsberechtigten dient sowohl der Wahrung der betriebsgebundenen Interessen der Arbeitnehmer des Unternehmens bei den Vorschlägen der gewerkschaftlichen Spitzenorganisationen als auch einer Lenkung der bei den Betriebsräten bestehenden Vorschlagsabsichten unter allgemeineren, den gewerkschaftlichen Spitzenorganisationen u. U. eher zugänglichen Gesichtspunkten. Die gesetzliche Sicherstellung dieses Beratungszwanges für die Betriebsräte war bei der Gesetzesberatung im Bundestag und seinen Ausschüssen ein erheblich umstrittener Punkt, dessen

völlige Preisgabe die parlamentarische Opposition mit großer Entschiedenheit ablehnte, was von Koalitionsvertretern mit der Mindestforderung auf die dann in das Gesetz aufgenommene wechselseitige Ausgestaltung der Vorberatungspflicht beantwortet wurde. Allerdings ist die Gleichmäßigkeit nur unvollkommen erreicht: die Betriebsräte haben keine Möglichkeit, ihre Bedenken gegen die Vorschläge der Spitzenorganisationen einer neutralen Instanz zu unterbreiten, ja, es besteht theoretisch sogar die Möglichkeit, daß sie von den Vorschlägen der Betriebsräte nicht einmal Kenntnis erhalten; diese Regelung ist unbefriedigend.

7. Gewerkschaften, die „in den Betrieben des Unternehmens vertreten" sind, sind solche, denen Arbeitnehmer der juristischen Person als Mitglieder angehören. Eine andere Möglichkeit „vertreten" zu sein, gibt es für die Gewerkschaften nicht; die Fassung des Gesetzes muß als wenig glücklich bezeichnet werden.

8. **Spitzenorganisation** der Gewerkschaften ist jede zentrale gewerkschaftliche Vereinigung, und zwar, soweit vorhanden, die nicht nur regional, sondern auch fachlich übergeordnete Stelle. Das herausragende Beispiel einer solchen Spitzenorganisation ist der Deutsche Gewerkschaftsbund (DGB). Aufgegeben ist im Gesetz hingegen der noch im RegEntw. enthaltene Begriff der sog. „zuständigen Spitzenorganisation", womit diejenige gemeint war, deren angeschlossene Gewerkschaften unter den Arbeitnehmern der juristischen Person die meisten Mitglieder zählen. Der Begriff der Spitzenorganisation i. S. des Mitbestimmungsgesetzes ist überhaupt nicht auf Organisationen zu beschränken, die nur Gewerkschaften und nicht Arbeitnehmer als unmittelbare Mitglieder haben; so ist z. B. auch die Deutsche Angestellten-Gewerkschaft (DAG.) Spitzenorganisation i. S. des Gesetzes. Hierüber bestand — entgegen dem Anschein des § 6 Abs. 2 S. 1, der insoweit ein Redaktionsversehen enthält — nicht nur in den Ausschußberatungen Einigkeit, da sonst die Formulierung des Reg.Entw. („zuständige Spitzenorganisation") hätte übernommen werden können.

Die Spitzenorganisationen sind üblicherweise nichtrechtsfähige Vereine des Privatrechts, woran keine Argumentation zur Rechtsstellung der auf ihren Vorschlag hin bestellten Aufsichtsratsmitglieder vorbeigehen darf. Diese haben ebensowenig wie die von den Betriebsräten vorgeschlagenen Mitglieder die rechtliche Stellung eines nach § 88 AktGes. entsandten Mitglieds. Insbesondere lassen sich Grundsätze über eine Haftung der nach § 88 AktGes. Entsendungsberechtigten und über einen außerordentlichen Widerruf der von ihnen entsandten Mitglieder nicht unmittelbar hierher übertragen, wenngleich das Mitbestimmungsgesetz bei Abwägung aller Interessen insoweit nicht lückenfrei genannt werden kann. A. A. — teilweise — anscheinend Möhring S. 517/18. Wenn Möhring aus anderen Gesichtspunkten zu einer Haftung „derjenigen Stellen" gelangen möchte, „von deren Zustimmung die Abberufung der Aufsichtsratsmitglieder abhängig ist", wenn diese Stellen ihre Zustimmung verweigern, und er darüber hinaus das Wahlorgan in solchem Falle für berechtigt erklärt, die vorgeschlagenen Aufsichtsratsmitglieder abzuberufen, so vermag ich ihm dabei nur in seinem Ausgangspunkt zu folgen: Es muß in der Tat angenommen werden, daß jeder, der kraft Gesetzes in bezug auf das Unternehmen eine ähnliche Einwirkungsmöglichkeit wie ein Anteilseigner erlangt, in demselben Umfange wie ein Anteilseigner für eine von ihm herbeigeführte Schädigung des Unternehmens haftet und grundsätzlich seine Einwirkungsmöglichkeit unter Wahrung der Interessen des Unternehmens ausüben muß. Gegebenenfalls muß er dem Unternehmen auf Ersatz eines Schadens haften und sich den Einwand mißbräuchlicher Rechtsausübung ebenso gefallen lassen wie ein Anteilseigner. Abgesehen von der Problematik des Rechtsgedankens einer Treupflicht der Aktionäre, steht aber der Praktikabilität seiner von Möhring a. a. O. vorgeschlagenen Fortbildung hier ein Doppeltes entgegen: § 101 AktGes., dessen Voraussetzungen auch Möhring in den erörterten Fällen nur selten erfüllt sieht, läßt sogar die Schädigung der Gesellschaft zu, wenn die Ausübung des schädigenden Einflusses „schutzwürdigen Belangen dient" (§ 101 Abs. 3 AktGes.), und zum anderen würde sich fragen, wer — selbst wenn man die Streitfrage einer Anwendbarkeit des § 31 BGB. auf nichtrechtsfähige Vereine unbedenklich bejahen wollte — für die Nichtabberufung eines im Wege der Vorschlagswahl nach § 6 Abs. 5 bestellten Aufsichtsratsmitglieds verantwortlich wäre. M. E. handeln die Betriebsräte und die Vorstände der Spitzenorganisationen nicht rechtswidrig, wenn sie von gesetzlichen Befugnissen ordnungsmäßig Gebrauch machen, was auch stets dann der Fall ist, wenn sie auf Grund gefaßter Beschlüsse die Abberufung eines Aufsichtsratsmitglieds nicht vorschlagen. Es zeigt sich hier wiederum, daß die Grundlage des neuen Mitbestimmungsrechts zu den handelsrechtlichen Organisationsformen des geltenden Rechts nicht passen will: würde das Mitbestimmungsrecht auf Beteiligung beruhen, so könnte man — vgl. § 101 Abs. 7 AktGes. — seine Ausübung sicherlich niemals als ersatzverpflichtendes Verhalten ansehen. Will man nun also die von Möhring befürwortete Rechtsfortbildung bejahen, so wird man sich auch mit einer Analogie zu § 101 Abs. 7 AktGes. befreunden, mindestens aber anerkennen müssen, daß die gesetzlichen Befugnisse der Betriebsräte und Spitzenorganisationen „schutzwürdigen Belangen" dienen (§ 101 Abs. 3 AktGes.). Nun begegnen sich hier freilich zwei positiv-rechtliche Ungereimtheiten, auf deren eine Godin-Wilhelmi Anm. 6 zu § 101 mit Recht hinweisen; aber wenn es eine positiv-rechtliche Antwort auf ihre Frage gibt, welche Belange so schutzwürdig sein sollen, daß die unbeteiligte Gesellschaft und ihre Aktionäre um solcher Belange willen eine Schädigung hinnehmen müßten (a. a. O.), so läßt sie sich nunmehr aus dem Mitbestimmungsgesetz in Ansehung derjenigen herleiten, die zur Sicherstellung des gesetzlich zugestandenen Arbeitnehmereinflusses Aufsichtsratsmitglieder vorschlagen und sie zu demselben Zwecke im Amt belassen können. Krassen Fällen wird man mit § 826 BGB. begegnen können. Dem Treuegedanken läßt sich im übrigen gegenüber den neuen Mitbestimmungsfaktoren noch in anderer Weise — begrenzt — Geltung verschaffen; s. darüber unten Anm. 29 Abs. 2 a. E., ferner Anm. 21 Abs. 3 zu § 4.

9. Die **Vorschläge** der Betriebsräte machen ebensowenig wie die der Spitzenorganisationen die vorgeschlagenen Personen zu Aufsichtsratsmitgliedern. Wenn Abs. 2 S. 1 von „gewählten Personen" spricht, so ist das demgegenüber zwar auf den ersten Blick mißverständlich, nach dem ganzen Zusammenhang aber trotzdem klar; gemeint sind nur die von den Wahlkörpern für ihre Vorschläge in Aussicht genommenen Personen, die noch der stillschweigenden Zustimmung der Spitzenorganisationen bedürfen, um vorgeschlagen werden zu können.

Anm. 9

Das Zustandekommen der Vorschläge ist verschieden gestaltet, je nach dem, ob die Betriebsräte oder die Spitzenorganisationen vorschlagsberechtigt sind. Zunächst unterscheidet sich das Vorschlagsverfahren schon durch den ungleichen Grad der Selbständigkeit der Vorschlagsberechtigten; vgl. darüber oben Anm. 6. Insofern ist es nicht korrekt, wenn das Gesetz in Abs. 2 S. 2 von „Vorgeschlagenen" spricht; vor Ablauf der Einspruchsfrist (vgl. unten Anm. 13 u. 15) steht keinesfalls fest, ob die gem. Abs. 1 „Gewählten" wirklich vorgeschlagen werden. Sodann ist das technische Mittel für die Aufstellung der Vorschläge nicht das gleiche: die Betriebsräte präsentieren Wahlergebnisse ihrer Arbeiter- bzw. Angestelltenmitglieder, wohingegen die Vorschlagsbildung bei den Spitzenorganisationen ihrem internen organisatorischen Belieben überlassen ist. Schließlich ist die Auswahl der vorzuschlagenden Personen verschieden begrenzt: die Betriebsräte müssen Arbeitnehmer vorschlagen (s. im einzelnen oben Anm. 2), die Spitzenorganisationen haben lediglich bei einem Vorschlag (im Falle des § 9 Abs. 2: bei zwei Vorschlägen) die Beschränkungen des § 4 Abs. 2 zu beachten. Formell besteht noch ein weiterer Unterschied: die Vorschläge der Betriebsräte dringen gegenüber dem Einspruch einer Spitzenorganisation nicht durch, wenn die von den Wahlkörpern gewählten Personen nicht „die Gewähr" bieten, „zum Wohle des Unternehmens und der gesamten Volkswirtschaft verantwortlich im Aufsichtsrat mitzuarbeiten". (Über die Bedeutung dieser Einschränkung s. unten Anm. 18). Es kann nun aber nicht zweifelhaft sein, daß auch die Vorschläge der Spitzenorganisation dieselbe Rücksicht nehmen müssen; nur ist die Sicherstellung solcher „Gewähr" der Eigenverantwortung der Spitzenorganisationen überlassen; s. dazu aber unten Anm. 29.

Vorschläge, die unter Verletzung der Vorschriften über das Vorschlagsverfahren gemacht werden, sind entweder völlig unwirksam oder — regelmäßig — nicht die Grundlage für eine unanfechtbare Vorschlagswahl oder endlich — in Ausnahmefällen — trotz Verfahrensverstoß wirksam.

a) Unwirksam ist ein Vorschlag, insoweit darin Personen benannt sind, die entweder überhaupt nicht oder nicht auf den Sitz in den Aufsichtsrat gewählt werden können, für den sie vorgeschlagen sind. Vgl. dazu Anm. 7 zu § 2 (Abs. 8 unter a) u. Anm. 8 zu § 4. Kein Rechtsakt kann die mit ihm beabsichtigten Wirkungen zeitigen, der auf ein rechtlich mißbilligtes Ziel gerichtet ist. Der Vorschlag, eine nicht wählbare Person zu „wählen", ist daher schlechthin unbeachtlich; über die sich daraus ergebende Folgerung vgl. unten Anm. 29 Abs. 2 u. 4.

b) Andere Mängel des Vorschlages hindern zwar nicht eine zunächst gültige Vorschlagswahl, begründen aber deren Anfechtbarkeit. Dahin gehören z. B. Vorschläge, die von den Betriebsräten ausgehen, bei denen aber die Mindesterfordernisse einer Wahl durch die Wahlkörper außer Acht gelassen wurden oder nicht zuvor den Spitzenorganisationen zugegangen waren oder hinsichtlich deren noch ein Einspruchsverfahren schwebt oder denen eine Spitzenorganisation mit Erfolg entgegengetreten ist. Gleichzustellen sind Vorschläge der Spitzenorganisationen, die ohne die vorherige Beratung mit den Betriebsräten aufgestellt worden sind. (Im umgekehrten Falle heilt die unterlassene Beratung durch ungenutztes Verstreichenlassen der Einspruchsfrist).

c) Als wirksam und unanfechtbar wird die Wahl hingegen angesehen werden können, wenn lediglich Förmlichkeiten außer Acht gelassen worden sind, deren Nichtbeachtung gleichwohl eine materiell einwandfreie Aufstellung der Vorschläge unter Berücksichtigung der Willensrichtung der dabei Beteiligten zuläßt. Vorschriften solcher Art würde vermutlich die bisher nicht erlassene in § 15 Buchst. b vorbehaltene DurchfVO. enthalten. Durch die Wahl einer unter derartigen Verstößen vorgeschlagenen Person werden die Verstöße zweifellos geheilt. Die Frage dürfte überall da von Bedeutung sein, wo bereits vor Erlassung der vorbehaltenen DurchfVO. Aufsichtsratswahlen stattfinden, wie z. B. im Zuge der Errichtung sog. Einheitsgesellschaften (vgl. dazu Anm. 25 zu § 1), die seit Juli 1951 im Gange ist. Es ist kein Zweifel, daß hier nicht auf die Verkündung der in § 15 Buchst. b lediglich vorbehaltenen Rechtsverordnung gewartet zu werden braucht; angesichts der Vorschrift des § 14 Abs. 2 muß jeder vorher in einer den gesetzlichen Mindestanforderungen genügenden Weise aufgestellte Vorschlag als Grundlage für eine vollgültige Vorschlagswahl angesehen werden.

10. Die beiden Wahlkörper des Abs. 1 S. 3 sind nach dem in der vorstehenden Anm. Gesagten im Grunde nur befugt, „Vorschläge" vorzuschlagen. Das geschieht im Wege geheimer Wahlen, deren Durchführung unbedingt sichergestellt sein muß. Diese Regelung stellt eine Mittellösung zwischen den sich im Bundestag extrem gegenüberstehenden Auffassungen über die Bestellung der Arbeitnehmervertreter dar. Die noch im RegEntw. zu findende gewerkschaftliche Konzeption sah ein bindendes Präsentationsrecht der zuständigen Spitzenorganisation hinsichtlich aller in § 4 Buchst. b bezeichneten Mitglieder vor; die Betriebsräte waren lediglich auf Anträge beschränkt, die allerdings von der Spitzenorganisation nur aus dem jetzt zum Einspruchstatbestand erhobenen Grunde (vgl. unten Anm. 18) abgelehnt werden konnten; § 5 Abs. 1 Reg.Entw. (Anh. I 3). Demgegenüber erstrebten die Koalitionsparteien, daß die Betriebsversammlungen insoweit unmittelbar die Befugnisse der Hauptversammlung usw. ausüben sollten. S. dazu die vom 2o. u. 13. Ausschuß vorgeschlagene Fassung des § 6 — BT-Drucks. Nr. 2042 — (Anh. I 6). Die vom Gesetz übernommene Regelung (über die Entstehungsgeschichte s. auch oben Anm. 2) nähert sich weitgehend der des RegEntw.; das Einspruchsverfahren überträgt jedoch die Entscheidung über die Vorschläge im Streitfall zwischen Betriebsräten und gewerblichen Spitzenorganisationen dem Bundesarbeitsminister; dazu unten Anm. 20—22.

11. Die Arbeitermitglieder der Betriebsräte wählen den oder — vgl. § 9 — die vorzuschlagenden Arbeiter, die Angestelltenmitglieder den vorzuschlagenden Angestellten. Dies muß sich notfalls so lange wiederholen, bis die Spitzenorganisationen sich mit den Wahlergebnissen abfinden oder der Bundesarbeitsminister ihren Einspruch zurückweist. Vgl. unten Anm. 21. In diesem Sinne läßt sich also sagen, daß das Gesetz für die betriebsangehörigen Aufsichtsratsmitglieder ein Vorschlagsrecht der Betriebsräte vorsieht, so daß jene im engeren Sinne als Arbeitnehmervertreter (nämlich als Vertreter der im Unternehmen Beschäftigten) und im Gegensatz zu der anderen Hälfte der „Vertreter der Arbeitnehmer" nicht als Vertreter der Arbeitnehmerschaft im allgemeinen anzusehen sind.

12. Die Mitteilung des Wahlergebnisses ist fristgebunden, wobei jedoch eine Fristüberschreitung die Wahlen nicht unwirksam machen kann. In jedem Falle setzt die Mitteilung, die von den Mitgliedern der Wahlkörper oder von den Betriebsräten als solchen veranlaßt werden kann, die Einspruchsfrist in Lauf; maßgeblich ist dabei der Tag des Zugangs der Mitteilung. S. dazu die flg. Anm. Die Mitteilung ist — über den zu engen Gesetzeswortlaut hinaus! vgl. dazu oben Anm. 8 Abs. 1 a. E. — an jede Spitzenorganisation zu richten, der (nach Kenntnis auch nur eines Betriebsratsmitgliedes) Arbeitnehmer der juristischen Person — mittelbar oder unmittelbar — angehören. Es können daher verschiedene Einspruchsfristen hinsichtlich eines Vorschlags laufen.

13. Zugang der Mitteilung tritt spätestens mit Kenntnisnahme von ihrem Inhalt, jedoch in Ermangelung einer solchen schon dann ein, wenn derjenige, an den die Mitteilung gerichtet ist, unter normalen Umständen von ihrem Inhalt Kenntnis nehmen könnte und verkehrsüblich angenommen werden darf, daß er von dieser Möglichkeit Gebrauch macht. Vgl. dazu die Erläuterungsbücher zu § 130 BGB. m. Nachweisen aus der Rspr. Bei der — naheliegenden — Verwendung von Einschreibebriefen ist dies regelmäßig der Tag der Zustellung des Briefes oder einer postalischen Mitteilung über dessen Ankunft und Lagerung; bei Postzustellung an Sonn- oder Feiertagen ist es, wenn der Empfänger kein Privater ist, der auf den Tag solcher Zustellung folgende Werktag, es sei denn, daß die Zustellung an den Adressaten selbst bewirkt wird. Die gewerkschaftlichen Spitzenorganisationen (s. oben Anm. 8) können als Vereine nur in der Person ihrer Vorstandsmitglieder Kenntnis erlangen, jedoch genügt schon Kenntnis oder Möglichkeit der Kenntnis eines einzigen Vorstandsmitgliedes: dieser Grundsatz des Vereinsrechts (§ 28 Abs. 2 BGB.) gilt allgemein in Fällen der Kollektivvertretung; er findet nach richtiger Auffassung insbesondere auch auf nichtrechtsfähige Vereine Anwendung, vgl. SeuffA. 77, 91; OLG. 20, 30. Es dürfte sich empfehlen, daß die in § 6 Abs. 2 vorgeschriebene Mitteilung unter „Einschreiben gegen Rückschein" an das geschäftsführende Vorstandsmitglied der Spitzenorganisation unter seinem Namen, jedoch unter der Anschrift der Geschäftsstelle und mit dem Zusatz „oder Vertreter" gerichtet wird; der Rückschein gibt den Betriebsräten Gewißheit darüber, von welchem Zeitpunkt ab die „Vorschläge" der Wahlkörper dem Wahlorgan der juristischen Person (über deren Vorstand usw.) zugeleitet werden können, wenn sich die Spitzenorganisationen nicht rühren.

14. Einspruch i. S. des § 6 Abs. 2 ist die Erklärung einer gewerkschaftlichen Spitzenorganisation gegenüber den Betriebsräten, daß die Spitzenorganisation eine von einem Wahlkörper in Vorschlag gebrachte Person für nicht willens oder sonst nicht geeignet ansehe, sachgemäß und verantwortlich im Aufsichtsrat mitzuarbeiten. Eine bloße Widerspruchserklärung ohne solche Begründung wäre unbeachtlich. Gänzlich unzulässig würde auch der Einspruch einer Spitzenorganisation sein, der lediglich darauf gestützt wäre, daß ihre Anregungen aus einer Vorberatung von einem Wahlkörper nicht berücksichtigt worden seien. Ebensowenig kann der Einspruch auf andere Gründe gestützt werden, etwa darauf, daß der Gewählte noch nicht lange im Unternehmen tätig oder — umgekehrt — mit Aktionären oder Vorstandsmitgliedern befreundet sei. Es kommt überhaupt nicht auf derartige Momente an, durch die Arbeitnehmer- oder gar Gewerkschaftsinteressen berührt werden. Einspruchsgrund ist vielmehr allein die Gefährdung des Unternehmensinteresses unter gesamtwirtschaftlichen Gesichtspunkten. Das will das Gesetz durch die Aufstellung des Kriteriums der Gewähr verantwortlicher Mitarbeit zum Ausdruck bringen, wenn es sie gleichermaßen zum Unternehmenswohl und zum wirtschaftlichen Gemeinwohl in Beziehung setzt. Vgl. dazu im einzelnen unten Anm. 16—18.

Der Einspruch hat zunächst die Wirkung, daß sich die Gesamtheit der Betriebsräte mit dem von einem ihrer Wahlkörper aufgestellten „Vorschlag“, den die widersprechende Spitzenorganisation beanstandet, auseinanderzusetzen, d. h. ihn überprüfen muß. Macht sie sich den „Vorschlag“ zu eigen (vgl. dazu unten Anm. 19), so kann er noch als Wahlvorschlag an die Hauptversammlung usw. gelangen (wenn nämlich der Bundesarbeitsminister entweder überhaupt nicht angerufen wird (vgl. unten Anm. 20) oder aber — im Falle seiner Anrufung — gegen die widersprechende Spitzenorganisation entscheidet; s. unten Anm. 21). Als Umkehrschluß läßt sich hieraus ableiten, daß dann, wenn die Betriebsräte dem angegriffenen Vorschlage eines Wahlkörpers nicht beitreten, eine neue Wahl stattfinden muß, gegen die dann wiederum Einspruch eingelegt werden kann usw. — Der Einspruch ist gewissermaßen eine materielle Wahlbeschwerde, über welche zunächst die Gesamtheit der Betriebsräte zu befinden hat. Das Verhältnis dieses Beschlußgremiums zu den aus ihm gebildeten Wahlkörpern, deren Vorschlag in Frage steht, differiert erheblich — je nachdem, ob es sich um das Angestelltenmitglied oder um die Arbeitermitglieder des Aufsichtsrats handelt. Immerhin wird u. U. durch das Stimmenverhältnis bei der Abstimmung über den Einspruch eine starke Legitimation der Vorgeschlagenen geschaffen, über die der Bundesarbeitsminister nur bei schwerwiegenden Gegengründen wird hinweggehen können. Ohne Einspruch eingelegt zu haben, kann keine Spitzenorganisation den Bundesarbeitsminister anrufen; insofern ist diese Anrufung gewissermaßen weitere Beschwerde und hat einen guten Sinn, während das Anrufungsrecht der ihren Wahlkörpern beitretenden Betriebsräte zweifellos eine durch keinerlei Interessenschutz gerechtfertigte Anomalie darstellt; s. dazu auch unten Anm. 20.

15. Die **Einlegung des Einspruchs** ist fristgebunden. Mit dem Einspruch müssen dessen Gründe angegeben werden. Ob es genügt, daß der abstrakte Einspruchsgrund in der gesetzlichen Formulierung wiederholt wird, kann zweifelhaft erscheinen. Die Fassung und der Sinn des Gesetzes deuten eher darauf hin, daß schon bestimmte Tatsachen angeführt werden müssen, auf die sich der in § 6 Abs. 2 S. 2 bezeichnete Verdacht gründet. Er mag dann in der Folge noch durch weitere Angaben und Beweismittel gerechtfertigt werden. Mit einem verspäteten oder nicht gesetzmäßig begründeten Einspruch brauchen sich die Betriebsräte nicht zu befassen. — Vgl. im übrigen noch oben Anm. 12a. E.

16. Das Gesetz bezeichnet das Bestehen eines begründeten Verdachts bestimmter Art als Einspruchsgrund. Die Ausdrucksweise ist zumindest wenig glücklich, zumal es sich um den Verdacht auf ein „Nicht-Gewährbieten“ handelt; vgl. zu letzterem die flg. Anm. Gemeint ist offenbar das nachweisbare Vorliegen bestimmter Tatsachen, die bei verständiger Würdigung der Gesamtumstände eine Besorgnis rechtfertigen, mit welcher kein Wahlvorschlag belastet sein darf. Der Bundesarbeitsminister wird im Falle seiner Anrufung im Streitfall in erster Linie diese Tatsachen nachprüfen, u. U. also z. B. Zeugen vernehmen müssen.

17. Über den Sinnzusammenhang, in welchem das „Nicht-Gewährbieten“ zu verstehen ist, vgl. bereits die vorstehende Anm. Ein Vorgeschlagener steht danach nur dann im „Verdacht“, keine „Gewähr“ für eine verantwortliche Mitarbeit im Aufsichtsrat zu bieten, wenn die Umstände die Besorgnis rechtfertigen, daß er nicht unter Beachtung der vom Gesetz hervorgehobenen Gesichtspunkte im Aufsichtsrat mitarbeiten werde. Die Formulierung, die das Gesetz gewählt hat, ist pleonastisch und auch schief: fehlt — angesichts der Persönlichkeit des Vorgeschlagenen und den über seinen Werdegang, seine Einstellung und Fähigkeiten bekannt gewordenen Tatsachen — eine ausreichende Gewähr für die bezweckte Mitarbeit, so besteht natürlich der Verdacht, daß der Vorgeschlagene nicht in bezweckter Weise mitarbeiten werde. Das Gesetz will nun offenbar schon eine Vermutung für den Einspruch genügen lassen. Diese muß sich dann aber auf Tatsachen mit typischem Wahrscheinlichkeitswert gründen. Die Vermutung statt aus Tatsachen schon aus einem bloßen Verdacht (also etwa einer Verdächtigung) abzuleiten, wäre unerträglich: der „begründete Verdacht“ ist nichts anderes als die Feststellung einer unzureichenden Gewähr. Beides miteinander zu verbinden, hieße eine ohnehin drohende Rechtsunsicherheit fördern.

18. Fähigkeit und Bereitschaft, das Amt im Aufsichtsrat zum Wohl des Unternehmens und der gesamten Volkswirtschaft zu verwalten, ist hiernach ein gesetzliches Postulat auch für die von Arbeitnehmerseite benannten Aufsichtsratsmitglieder. Die Spitzenorganisationen der Gewerkschaften zum Wächter über die Erfüllung dieser Anforderungen zu bestellen, ist durch verschiedene Umstände gerechtfertigt. Da es sich um Betriebsangehörige handelt, könnte zwar die Wahrung des Unternehmenswohls dem Wahlorgan überlassen bleiben (s. dazu unten Anm. 29); anders liegt es aber mit der Wahrung der volkswirtschaftlichen Gesamtinteressen. Daß diese bei der Aufsichtsratsbestellung nicht nur unter dem Blickwinkel des wirtschaftlichen Mitunternehmers gesehen werden sollen, ist eines der Hauptanliegen des Mitbestimmungsgesetzes. Wenn daneben die gewerkschaftlichen Spitzenorganisationen als Kontrollfaktor eingeführt sind, so handelt es sich um einen Ausdruck des Paritätsgedankens, von dem das Gesetz getragen wird. Das Wohl des Unternehmens wie auch das der gesamten Volkswirtschaft wird nun aber von dieser Seite aus unter gewerkschaftlichem Gesichtswinkel beurteilt werden; und hierin liegt eine gewisse Disharmonie: zwar mag in Ansehung der Unternehmensinteressen aus dem Zusammenspiel beider Faktoren eine echte „Integration“ erwachsen — hinsichtlich des volkswirtschaftlichen Gesamtwohls würde es dazu eines dritten Faktors bedürfen. Auch hier zeigen sich Schwächen des Gesetzes, die teils auf das Unterbleiben einer Eigentumsneuordnung zurückgehen und zum andern die Fragwürdigkeit des im Mitbestimmungsgesetz sonst nicht berücksichtigten Postulats der sog. überbetrieblichen Mitbestimmung erkennen lassen, die bei dieser Kompetenz der Spitzenorganisationen zumindest anklingt. Immerhin hat die Erwähnung der gesamten Volkswirtschaft den schon oben Anm. 14 angedeuteten Sinn, daß spezifisch gewerkschaftliche Interessen keinen Einspruch stützen können:

auf sie geht nur der Blickwinkel der Einspruchsberechtigten zurück, hingegen muß ihr Blick gerichtet sein auf den umfassenderen Bereich der Volkswirtschaft, dem nach heute allgemein anerkannter Auffassung auch jedes einzelne Unternehmen zu dienen hat. Darüber, daß in der zweiten Stufe des Einspruchsverfahrens ein objektiver Maßstab anzulegen ist, s. unten Anm. 21. Ein weiterer Rechtfertigungsgrund für die Einschaltung der gewerkschaftlichen Spitzenorganisationen kann wohl darin gesehen werden, daß es wünschenswert ist, nur wirklich repräsentative Vorschläge an das Wahlorgan heranzutragen, damit nicht etwa eine Ablehnung der Vorschläge durch das Wahlorgan (oben Anm. 4) zur Regel wird. Hier könnte u. U. eine Vorberatung der Gewerkschaften und ihrer Spitzenorganisationen mit den Betriebsräten nicht ausreichen, um die Folgen mangelnder Einsicht des einen oder anderen Wahlkörpers zu verhüten.

Das Wohl der gesamten Volkswirtschaft läßt im Rahmen der verfassungsmäßigen staatlichen Grundordnung natürlich keine politischen Wertungen zu; anderseits ist jenes Interesse stets bedroht, wenn ein Verdacht auf Bestrebungen oder Neigungen besteht, sich von einer Negierung oder Bekämpfung dieser Grundordnung leiten zu lassen; insoweit haben die gewerkschaftlichen Spitzenorganisationen sicherlich ein echtes Mandat der Gesamtheit, wenn sie in derartigen auf konkreten Tatsachen (nicht auf bloßen Verdächtigungen) beruhenden „Verdachts“-Fällen von ihrem Einspruchsrecht Gebrauch machen. Nicht zuletzt von hier aus kann das Einspruchsrecht seine besondere Rechtfertigung erfahren, und die Praxis seiner Handhabung hat daher große Bedeutung.

19. Die Betriebsräte beschließen nach rechtzeitig erhobenem Einspruch darüber, ob er abzulehnen oder ob ihm durch erneute Wahlen (für die dann das oben Anm. 9—11 Gesagte gilt) Rechnung zu tragen ist. Das Gesetz schweigt darüber, was geschehen soll, wenn in der Versammlung der Betriebsräte keine Mehrheit für die Ablehnung des Einspruchs stimmt. Alsdann muß erneut gewählt werden, was sich aus dem Zusammenhang zwingend ergeben dürfte, aber ggf. durch die vorbehaltene Rechtsverordnung noch klargestellt werden sollte.

20. Die **Anrufung des Bundesarbeitsministers** ist nur für die widersprechende Spitzenorganisation sinnvoll. Wenn das Gesetz trotzdem auch den Betriebsräten die gleiche Möglichkeit eröffnet, so handelt es sich dabei um eine nur aus der Entstehungsgeschichte der Vorschrift zu erklärende Ungereimtheit (vgl. dazu oben Anm. 1 u. 14 Abs. 2 a. E.). Sie wird allerdings dadurch verdeckt, daß das Gesetz den weiteren Fehler begeht, für die Anrufung des Bundesarbeitsministers keine Frist vorzusehen. Man wird annehmen dürfen, daß die Frist für die Weiterverfolgung des Einspruchs nicht länger sein kann als die Einspruchsfrist und daß sie mit Bekanntwerden des Ablehnungsbeschlusses beginnt. Vgl. dazu auch die flg. Anm.

Zur Anrufung des Bundesarbeitsministers sind neben der widersprechenden Spitzenorganisation die Betriebsräte befugt. Angesichts der Sinnlosigkeit einer solchen Anrufung seitens der Betriebsräte wird in der Praxis von ihr hoffentlich abgesehen werden. Die Anhörung der Betriebsräte ist nobile officium des von einer widersprechenden Spitzenorganisation angerufenen Bundesarbeitsministers, der auch schwerlich umhin kann, hierbei die Wahl- und Abstimmungsergebnisse zu ermitteln, da sie bei seiner Entscheidung ins Gewicht fallen könnten. Zur Darlegung des Standpunkts der Betriebsräte bedarf es also keiner Anrufung des Ministers durch sie. Diese könnte einzig und allein einer Beschleunigung des Verfahrens dienen, wenn die widersprechende Spitzenorganisation den Einspruch zwar weiterverfolgen will, aber die Anrufung des Arbeitsministers verzögert.

In der Hand der widersprechenden Spitzenorganisation ist die „Anrufung" des Arbeitsministers gewissermaßen weitere Beschwerde; sie enthält das Gesuch, die Ablehnung des Einspruchs auf ihre Berechtigung hin zu überprüfen.

21. Durch die **Entscheidung des Bundesarbeitsministers** ist der Einspruch entweder für begründet oder für unbegründet oder aber schon für unzulässig zu erklären.

Die Entscheidung ist den normalen Aufgaben einer Verwaltungsbehörde wesensfremd und stellt lediglich formal einen Verwaltungsakt dar. Das Gesetz hat eine ihrer Natur nach zur freiwilligen Gerichtsbarkeit gehörige Angelegenheit einer reinen Verwaltungsbehörde zugewiesen. Der Arbeitsminister muß in Ausübung einer ihm positiv-rechtlich übertragenen Rechtsprechungsfunktion Antrag und Einspruch in förmlicher und sachlicher Hinsicht auf ihre Gesetzmäßigkeit hin untersuchen. Dabei ist zu unterscheiden:

a) Ist der Antrag auf Entscheidung durch den Bundesarbeitsminister nicht in rechter Frist und Form eingelegt, so ist schon dieser Antrag als unzulässig zurückzuweisen.

b) Im andern Falle ist der Einspruch entweder

α) unzulässig, z. B. dann, wenn er nicht von einer im Unternehmen vertretenen Spitzenorganisation oder verspätet oder ohne jegliche Angabe von Gründen (die aber wohl bis zur Ablehnung noch nachgeholt werden kann) oder nicht in schriftlicher Form eingelegt ist; in diesem Falle ist der Einspruch für unzulässig zu erklären;

oder

β) zulässig und begründet, wenn nämlich die mit ihm geltend gemachten Umstände den Verdacht rechtfertigen, daß die Tätigkeit des Vorzuschlagenden im Aufsichtsrat für das Unternehmen oder die Gesamtwirtschaft zumindest nicht förderlich sein werde;

oder

γ) zwar zulässig, aber mangels einer tatsächlichen schlüssigen Rechtfertigung des beschriebenen Verdachts unbegründet.

Nur im Falle b β) führt die Entscheidung des Bundesarbeitsministers zur Wahl neuer Kandidaten, während es sonst bei den angegriffenen Vorschlägen der Wahlkörper verbleibt. Ein unzulässiger Antrag ist dem nicht gestellten Antrage gleichzuachten.

Für ein Ermessen ist bei der Entscheidung nur insoweit Raum, als es sich um die Abschätzung der erfahrungsmäßigen Tragweite der „Verdachtstatsachen" handelt.

Die Entscheidung des Arbeitsministers bedarf zu ihrer Wirksamkeit an und für sich keiner Begründung, zumal sie (vgl. dazu die flg. Anm.) unanfechtbar ist. Sie nicht mit Gründen zu versehen, würde jedoch ihrer dargelegten Natur und sowohl den Interessen der Beteiligten als auch der gesetzlichen Beschränkung der Einspruchsgründe unangemessen sein.

22. Die Entscheidung des Bundesarbeitsministers ist endgültig. Das Gesetz läßt kein Rechtsmittel gegen die Entscheidung zu, so daß sie für die Beteiligten sofort verbindlich wird. Hat das Wahlorgan etwa den von einem Wahlkörper Vorgeschlagenen in den Aufsichtsrat „gewählt" und wird der gegen den Wahlkörperbeschluß erhobene Einspruch einer Spitzenorganisation für begründet erklärt, so ist die Vorschlagswahl mit der Bekanntmachung der ministeriellen Entscheidung ohne weiteres hinfällig, während im anderen Falle die zunächst fehlerhafte Vorschlagswahl geheilt wird.

Darüber hinaus kann die ministerielle Entscheidung aber auch nicht vor den Verwaltungsgerichten oder gar vor den ordentlichen Gerichten angefochten werden. Der Verwaltungsrechtsweg ist, da er nur auf landesrechtlichen Vorschriften beruht, zulässigerweise ausgeschlossen worden. Ebensowenig steht hier nach Art. 19 Abs. 4 GG. einem der Beteiligten der Rechtsweg offen, da ein „Recht" i. S. dieser Vorschrift durch die Entscheidung nicht verletzt sein kann.

23. Ein **Vorschlagsrecht der Spitzenorganisationen** wird im Gegensatz zu ihrem Einspruchsrecht nicht schon durch ihre „Vertretung" in den Betrieben des Unternehmens begründet. Bei mehreren im Unternehmen „vertretenen" Spitzenorganisationen kann das Verhältnis ihrer „Vertretung" vielmehr so liegen, daß die stärker vertretene das Vorschlagsrecht allein ausübt. Das Gesetz läßt Maßstäbe für die Verteilung der Vorschlagsrechte vermissen. Die Spitzenorganisationen müssen aber zumindest einander wechselseitig ihre Mitgliederzahlen in den Betrieben des Unternehmens bekanntgeben und mit deren Hilfe ihre Vorschlagsberechtigung ermitteln. Mit Fitting BArbBl. 51, 205f. ist anzunehmen, daß die Grundsätze einer Verhältniswahl nach dem d'Hondschen System dem Zweck des Gesetzes am besten entsprechen. Eine Spitzenorganisation, die unmittelbar oder durch ihre angeschlossenen Gewerkschaften in den Betrieben zusammen mehr als die dreifache Mitgliederzahl gegenüber der nächststärksten Spitzenorganisation aufweist, übt danach im Regelfalle des § 4 Abs. 1 die Vorschlagsrechte allein aus. Entgegen Fitting a. a. O. S. 106 ist nämlich davon auszugehen, daß die Verteilung der Vorschlagsberechtigungen für die nicht gemäß § 6 Abs. 1 gebundenen Sitze nach § 4 Abs. 1 Buchst. b einheitlich vorzunehmen ist. Es ist also nicht etwa nur für die beiden nicht von den Betriebsräten vorzuschlagenden Arbeitnehmervertreter die Vorschlagsberechtigung zu ermitteln, womit dann gleichzeitig feststünde, wer die „weiteren" Mitglieder des § 4 Abs. 1 Buchst. b vorzuschlagen hätte (so Fitting a. a. O.), sondern die Mitgliederzahlen sind zu dividieren, bis soviele höchste Quotienten feststehen, wie Kandidaten insgesamt — nach § 6 Abs. 3 u. 4 — von den Spitzenorganisationen vorgeschlagen werden können. Die Größenordnung der Quotienten ergibt dabei die Reihenfolge in der Ausübung des Vorschlagsrechts, so daß die stärkste Spitzenorganisation es im Regelfalle des § 4 Abs. 1 in der Hand behält, ob sie beliebige Personen oder auch das „weitere" (den Negativvoraussetzungen des § 4 Abs. 2 unterworfene) Mitglied nominieren will. Die Mitgliederzahlen sind also zuerst durch eins, dann durch zwei, sodann durch drei usf. zu teilen, bis die Quotienten der höchsten Mitgliederzahl niedriger sind als die für eine Vorschlagsberechtigung in Betracht kommenden Quotienten früherer Divisionsreihen. Beim erweiterten Aufsichtsrat des 9 Abs. 2 werden mithin z. B. sechs Höchstquotienten benötigt. Hat die Spitzenorganisation A 18000, die Spitzenorganisation B 8000 und die Spitzenorganisation C 2400 Mitglieder, so ergibt sich dabei folgendes Bild. Es sind fünf Quotientenreihen zu bilden:

	A	B	C
(: 1)	**18000** (1)	**8000** (3)	2400
(: 2)	**9000** (2)	**4000** (6)	1200
(: 3)	**6000** (4)	2333	800
(: 4)	**4500** (5)	2000	600
(: 5)	3600	1600	480

Auf A entfallen vier und auf B zwei Vorschlagsrechte, während C leer ausgeht. A steht es frei, die beiden „weiteren" Mitglieder vorzuschlagen, und kann von B höchstens gezwungen werden, eines von ihnen vorzuschlagen, da die Verteilung der höchsten Quotienten auch die Reihenfolge in der Ausübung der Vorschlagsrechte festlegt. (Bei der Fittingschen Auffassung würde A drei Vertreter der Arbeitnehmer und die beiden weiteren Mitglieder vorschlagen, B hingegen nur einen Vertreter der Arbeitnehmer — ein Ergebnis, das sich auch kaum mit der gesetzlichen Empfehlung der Minderheitenberücksichtigung vertrüge). Gleichheit mehrerer Höchstzahlen muß wohl bedeuten, daß das Vorschlagsrecht insoweit nur gemeinschaftlich ausgeübt werden kann.

24. Vorschlagsberechtigung der Spitzenorganisationen bedeutet das grundsätzlich nur durch § 4 Abs. 2 teilweise eingeschränkte Recht, nach ihrem Gutdünken dem Wahlorgan Aufsichtsratskandidaten zu präsentieren. Eine vorschlagsberechtigte Spitzenorganisation ist weder an Anregungen der Betriebsräte gebunden, noch einem Einspruch von irgendeiner Seite ausgesetzt. Durch die Namhaftmachung eines Kandidaten wird das Vorschlagsrecht verbraucht; man wird nicht zulassen können, daß ohne Einvernehmen mit dem Wahlorgan ein bereits erklärter Vorschlag abgeändert wird. S. im übrigen über die Bedeutung der Vorschläge unter Anm. 28.

25. Minderheiten innerhalb der Belegschaften sind nicht nur die Mitglieder einer Spitzenorganisation, auf die kein Vorschlagsrecht entfallen ist, sondern auch Nichtorganisierte, Angestellte (gegenüber Arbeitern) sowie solche Belegschaftsmitglieder, die einer Betriebsabteilung angehören, deren Produktionszweig aus dem Rahmen des überwiegenden Betriebszwecks (vgl. dazu Anm. 8 zu § 1) des Unternehmens herausfällt.

26. Die angemessene **Berücksichtigung von Minderheiten** wird meist nur bei den erweiterten Aufsichtsräten des § 9 in Betracht kommen. (Ebenso Fitting a. a. O.) Das Gesetz enthält hier nur eine Soll-Vorschrift und schweigt auch über die Art und Weise, in der eine Berücksichtigung stattfinden soll. Was hier als „angemessen" bezeichnet werden kann, wird je nach den Umständen verschieden sein. Einer Spitzenorganisation wird selten angesonnen werden können, daß sie ihre Vorschlagsberechtigung zugunsten des ausgesprochenen Exponenten einer ihr nicht zugehörigen Minderheit ausübt. Ebensowenig wird sie sich darauf einzulassen brauchen, daß die Minderheit der Nomination geradezu zustimmt; in Grenzfällen (z. B. bei knappem Ausfall einer anderen Spitzenorganisation bei der Vorschlagsverteilung oder hohem Prozentsatz Nichtorganisierter) kann dies aber der Billigkeit entsprechen. Völlige Mißachtung der Soll-Vorschrift ist unter dem Gesichtspunkt der „Bindung" des Wahlorgans an die Vorschläge u. U. von Bedeutung.

27. Für dieses Mitglied gelten die eine Wählbarkeit einschränkenden Voraussetzungen des § 4 Abs. 2, die schon im Vorschlag berücksichtigt werden müssen. Vgl. dazu oben Anm. 1 u. 2.

28. Die Vorschlagsberechtigung für das der Arbeitnehmerseite vorbehaltene „weitere" Mitglied (im Falle des § 9 Abs. 2: für zwei Mitglieder dieser Art) ist den Spitzenorganisationen und nicht den Betriebsräten zugebilligt worden. Das ist der Sinn des § 6 Abs. 4, der damit ein stark umkämpftes Zugeständnis an die Forderungen des Deutschen Gewerkschaftsbundes festgelegt hat. (Vgl. demgegenüber § 6 Abs. 3 i. d. Fass. der Beschlüsse des 20. Ausschusses — Anh. I 6.) Es kann daher nach der Entstehungsgeschichte nicht etwa der Schluß gezogen werden, das Gesetz habe durch die Sonderung der Absätze 3 und 4 eine Entscheidung für die Art der Verteilung der Vorschlagsrechte unter die im Unternehmen vertretenen Spitzenorganisationen i. S. der Fittingschen Auffassung (vgl. BArbBl. 50, 106 u. dazu oben Anm. 23) treffen wollen. Ohne Kenntnis der Entstehungsgeschichte könnte vielleicht der Eindruck entstehen, als ob § 6 Abs. 4 ein zweites Berechnungsverfahren habe vorschreiben wollen, falls man weiter voraussetzt, der Gesetzgeber habe hierbei an die Anwendung des d'Hondschen Systems gedacht. Da letzteres indessen in den Beratungen des Gesetzes nirgendwo zum Ausdruck gekommen ist, muß entsprechend der natürlichen Auffassung angenommen werden, daß § 6 Abs. 4 nur das Problem der Zuordnung des „weiteren" Mitglieds zu einer der beiden zuvor behandelten Vorschlagskompetenzen entscheidet.

29. Die **Bindung des Wahlorgans** an die Vorschläge der Betriebsräte und Spitzenorganisationen stellt eine der heikelsten Fragen des Gesetzes dar; sie war von Anfang an lebhaft umstritten und hängt aufs engste mit der funktionellen Bedeutung der Vorschrift des § 7 zusammen, s. darüber Anm. 2 Abs. 2 zu § 7. Die Frage der bindenden Wirkung von Wahlvorschlägen taucht aber nicht nur in § 6, sondern auch bei der Bestellung des sog. Elften Mannes auf, ist dort jedoch anders gelöst worden (vgl. Anm. 15 u. 25 zu § 8). § 6 Abs. 5 ist wie sämtliche Vorschriften des § 6 in Abkehr von den Beschlüssen des 20. Ausschusses (Anh. I 6) ,die keinerlei Vorschlagsbindung vorsahen, und unter der Devise „Wiederherstellung des Regierungsentwurfs" in der 3. Lesung beschlossen worden. Es ist also davon auszugehen, daß die Vorschrift zwar die im RegEntw. (Anh. I 3) enthaltene Regelung normieren, aber anderseits über diese nicht hinausgehen wollte. § 5 Abs. 3 d. RegEntw., der keine Vorschläge der Betriebsräte, sondern nur solche der „zuständigen Spitzenorganisation" kannte, lautete:

> „Das Wahlorgan ist an die Vorschläge der zuständigen Spitzenorganisation gebunden; es kann nur Personen wählen, die von dieser vorgeschlagen sind."

Der zweite Halbsatz dieser Vorschrift enthält offenbar die Erklärung dessen, was unter „Bindung" an die Vorschläge verstanden sein sollte. Andernfalls wäre er nicht nur überflüssig, sondern geradezu unsinnig gewesen; die Wahl anderer als der vorgeschlagenen Personen auch nur als Möglichkeit in Betracht zu ziehen, setzt notwendig voraus, daß das Gebundensein nicht etwa mit einem Zwang zur Vornahme einer Vorschlagswahl gleichzusetzen ist. Daß auch solcher Zwang nur indirekt zu verwirklichen wäre, liegt überdies auf der Hand. Demgemäß bedeutet die Vorschrift über die Bindung des Wahlorgans an die Vorschläge der Betriebsräte und Gewerkschaften auch in der in das Gesetz eingegangenen Fassung lediglich, daß eine nicht vorgeschlagene Person nicht statt einer vorgeschlagenen gewählt werden kann. Man muß annehmen, daß eine solche Wahl nichtig wäre, da § 6 Abs. 5 eine im öffentlichen Interesse gegebene Vorschrift ist; vgl. § 195 Nr. 3 AktGes.

Streitig ist, was zu geschehen hat, wenn das Wahlorgan sich — angesichts der Unmöglichkeit, eine nicht vorgeschlagene Person auf einen der in § 6 behandelten Aufsichtsratssitze zu wählen — untätig verhält, jedenfalls aber die Vorgeschlagenen oder einzelne von ihnen nicht wählt. Nach Fitting a. a. O. N. 15 besteht dann ein „Zwang zur Einigung" zwischen den vorschlagsberechtigten Stellen und dem Wahlorgan. Dem kann in dieser Form nicht beigetreten werden. Es ist zwar ohne weiteres möglich, daß mit Zustimmung des Wahlorgans neue Vorschläge aufgestellt werden. Auch im Falle der beiden Arbeitnehmermitglieder stünde dem selbst eine Entscheidung des Bundesministers für Arbeit im Einspruchsverfahren nicht im Wege, da sie nur die individuelle Wahltauglichkeit, nicht etwa die relativ größte Eignung eines Vorgeschlagenen feststellen kann. Indessen liegt eine solche Möglichkeit völlig außerhalb jeder Rechtspflicht, so verständig ihre Verfolgung im Einzelfall auch sein mag. Fittings gegenteilige Auffassung beruht auf der irrigen Annahme, daß das Gesetz im Fall des Unterbleibens der Vorschlagswahl keinen anderen Weg zur Konstituierung des Aufsichtsrats biete. Das trifft indessen nicht zu. Vielmehr ist nach Ablauf von drei Monaten eine Notbestellung der fehlenden Mitglieder gem. § 7 zu betreiben. A. A. Fitting a. a. O. N. 8; vgl. dazu und über die Bedeutung und Dauer solcher Notbestellung Anm. 2 Abs. 2 u. Anm. 3 zu § 7 (unter a). Aus welchen Gründen das Wahlorgan von der Wahl eines Vorgeschlagenen glaubt absehen zu sollen, ist für das Maß seiner Bindung gleichgültig. Nur wenn als „weiteres" Mitglied oder für den Arbeiter- oder Angestelltensitz Personen vorgeschlagen sein sollten, die den für diese Aufsichtsratssitze aufgestellten gesetzlichen Wählbarkeitsvoraussetzungen nicht genügen, wird das Wahlorgan die Aufstellung neuer, ordnungsmäßiger Vorschläge fordern können. Vgl. dazu — für die insoweit ähnlich liegenden Fälle des § 8 Abs. 3 — Kötter NJW. 51, 419 (Text zu N. 35). Die Gründe des Wahlorgans für die Unterlassung der Wahl können aber im Verfahren nach § 7 Bedeutung gewinnen und möglicherweise die vom Registerrichter bei der Notbestellung zu treffende Personenauswahl beeinflussen; vgl. dazu Anm. 3 zu § 7 (unter c γ). Regelmäßig wird das Wahlorgan durch seine Untätigkeit nicht hindern können, daß die gem. § 6 vorgeschlagenen Personen zu Aufsichtsratsmitgliedern bestellt werden, es sei denn, daß insbesondere die Spitzenorganisationen bei Auswahl ihrer Kandidaten oder Unterlassung eines Einspruchs sich von objektiv fehlerhaften Gesichtspunkten haben leiten lassen. Ist das nicht der Fall, so kann m. E. bei fortgesetztem passiven Widerstand des Wahlorgans, der dann geradezu einer Obstruktion des Mitbestimmungsgesetzes gleichkäme, diesem in derselben Weise Geltung verschafft werden wie bei offener Ignorierung des Mitbestimmungsrechts; vgl. dazu Anm. 1 Abs. 4 zu § 1. Allerdings wird die Wahlablehnung nur unter den gekennzeichneten besonderen Umständen als Gesetzesverletzung angesehen werden können. In anderen Fällen kann sie sogar als zulässige Selbsthilfe gegenüber dem Versuch, treuwidrig eine Gefährdung des Unternehmens herbeizuführen, durchaus schutzwürdig sein und wird bei einem derartigen Sachverhalt auch nicht auf dem Wege über § 7 wirkungslos gemacht werden dürfen.

Die „Wahl" eines Vorgeschlagenen ist gleichwohl keine Wahl im technischen Sinne, sondern die Bestätigung des Wahlvorschlages, deren Unerläßlichkeit (i. S. des Bestellungsaktes) das Vorschlagsrecht von dem Entsendungsrecht wesentlich unterscheidet. Vgl. hierüber schon oben Anm. 8 Abs. 2. Ich habe (NJW. 51, 420 N. 50 u. Text dazu) für die insofern gleichliegenden Fälle der Bestätigung eines Vorschlags nach § 8 Abs. 1 sowie der Auswahl aus einem Dreiervorschlag nach § 8 Abs. 3 angeregt, den Vorgang als „Vorschlagswahl" zu bezeichnen; wenngleich sich gegen diesen Ausdruck auch Einwendungen aus sprachlichen Gründen erheben lassen, dürfte er zur Unterscheidung der Bestätigung von Wahlvorschlägen gegenüber echten Wahlen tauglich und zweckmäßig sein. Diese Unterscheidungsfunktion ist zwar im Rahmen des § 6 nach dem oben (Abs. 1 d. Anm.) Gesagten nicht in demselben Sinne praktisch wie bei § 8, wo unter gewissen Voraussetzungen auch die Wahl eines Nichtvorgeschlagenen gültig sein kann.

Eine **Vorschlagswahl** ist regelmäßig wirksam, zuweilen anfechtbar, ausnahmsweise nichtig. — Anfechtbarkeit liegt in den oben Anm. 9 Abs. 3 unter b) erörterten Fällen vor. Hierbei ist zu unterscheiden: Die Vorschlagswahl kann daneben oder lediglich aus Gründen anfechtbar sein, die jeden Beschluß des Wahlorgans anfechtbar machen würden; insoweit bewendet es bei den allgemeinen Vorschriften, die nur eine Heilungsmöglichkeit durch Verstreichenlassen der Anfechtungsfrist vorsehen, vgl. § 199 Abs. 1 AktGes. Die Vorschlagswahl kann aber auch nur wegen der in Anm. 9 Abs. 3 unter b) behandelten Umstände anfechtbar sein; dann liegt der Mangel außerhalb des eigentlichen Sozialaktes und dieser kann dann noch bis zu seiner Vernichtung heilen, wenn jener Mangel behoben wird. S. dazu schon oben Anm. 20 a. E. Der Weg, auf dem die Anfechtbarkeit geltend zu machen ist, wird zwar in beiden Fällen der gleiche sein müssen; im zweiten Falle erledigt sich aber bei Behebung des Mangels eine anhängige Anfechtungsklage. — Nichtigkeit der Vorschlagswahl in den oben Anm. 9 (Abs. 3 unter a) erörterten Fällen folgt aus § 195 Nr. 3 AktGes. (der ebenso wie §§ 197ff. AktGes. entsprechend auch bei Gesellschaften mit beschränkter Haftung anzuwenden ist; vgl. Baumbach-Hueck, GmbHGes. Anh. zu § 47, Bem. 1 u. 2). Über die Möglichkeit ihrer Heilung s. § 196 Abs. 2 AktGes. — Ähnliches wie für Aktiengesellschaften und Gesellschaften mit beschränkter Haftung gilt in beiden Punkten auch für bergrechtliche Gewerkschaften; vgl. Boldt Anm. 4 zu § 115. Die Klage aus § 115 Allg.Bergges. dürfte gegenüber Vorschlagswahlen schwerlich erhoben werden können; ihre Unzulässigkeit ergibt sich hier m. E. schon aus § 3 Abs. 2. — Nur im Falle der nichtigen Vorschlagswahl hat der „Gewählte" dem Aufsichtsrat i. S. des § 7 nicht angehört, während bei bloßer Anfechtbarkeit die Dreimonatsfrist erst mit der Rechtskraft des der Anfechtungsklage stattgebenden Urteils beginnt; insoweit gilt für Vorschlagswahlen nichts anderes als für echte Wahlen.

§ 7

Gehören dem Aufsichtsrat länger als drei Monate[1] weniger als fünf nach § 5 oder weniger als fünf nach § 6 zu wählende Mitglieder an,[2] so gilt § 89 des Aktiengesetzes entsprechend.

1. Die Dreimonatsfrist ist in Anlehnung an § 89 AktGes. vorgesehen. Man kann zweifeln, ob die inneren Gründe beider Vorschriften insofern die Gleichsetzung voll rechtfertigen. Im Falle des § 89 AktGes. ist der Aufsichtsrat nicht handlungsfähig, was bei dem von § 7 geregelten Tatbestande nur in den allerseltensten Fällen zutreffen wird; vgl. § 10. Während es also bei § 89 AktGes. darum geht, der Gesellschaft wieder ein funktionsfähiges Aufsichtsorgan zu verschaffen, will § 7 einer zeitweiligen Durchbrechung der Parität ein Ende machen (s. auch Fitting BArbBl. 51, 203ff. (204), Text zu N. 8!). Im ersteren Falle sind die Interessen der Gesellschaft und derjenigen Aufsichtsratsmitglieder berührt, die infolge der Beschlußunfähigkeit des Gesamtorgans ihre an sich fortdauernden Pflichten (str.; richtig insofern Godin-Wilhelmi Anm. II 1 Abs. 6 zu § 86 (S. 375)) nicht wahrnehmen können. Im Falle des § 7 steht hingegen neben einem — hier aber ganz anders gearteten — Interesse der Gesellschaft der Schutz der ausgewogenen Mitbestimmung im Verhältnis der Anteilseigner und der Arbeitnehmerschaft in Frage. Dieser Verschiedenheit entspricht auch eine unterschiedliche Bedeutung der Dreimonatsfrist in beiden Vorschriften. In § 89 AktGes. ist sie begreiflicherweise vorgesehen, um der Hauptversammlung oder den Entsendungsberechtigten Gelegenheit zu geben, ohne Inanspruchnahme des Gerichts durch Neubestellung von Mitgliedern dem aufgetretenen Mangel abzuhelfen.(U. U. nach vorheriger Abberufung, wenn man mit einer verbreiteten Ansicht — Baumbach-Hueck Anm. 1 A zu § 89, zustimmend Gadow-W. Schmidt Anm. 1 zu § 89 — annehmen will, daß auch bei Behinderung von Mitgliedern, die nicht zur Beendigung oder — nach § 90 Abs. 2 S. 2 AktGes. — zum Ruhen des Amtes führt, nach § 89 AktGes. einzuschreiten ist. Das gegen diese Ansicht vorgebrachte Argument, es sei mit der in § 93 Abs. 3 AktGes. vorgesehenen Möglichkeit zu helfen — vgl. Schlegelberger-Quassowski Anm. 2 a. E. zu § 89 — ist m. E. allerdings nicht sehr überzeugend, weil ein solcher Ausweg möglicherweise eine Satzungsänderung voraussetzt. Man wird hier vielmehr den bei Godin-Wilhelmi Anm. II 9- zu § 87 u. Anm. II 2 a. E. zu § 89 entwickelten Gedanken folgen und annehmen müssen, daß Behinderungen, die länger als drei Monate — ggf. auch unter Berücksichtigung einer von der Satzung eröffneten Möglichkeit nach § 93 Abs. 3 AktGes. — eine Mitwirkung unmöglich machen, zur Beendigung der Mitgliedschaft im Aufsichtsrat führen. Andernfalls würde ich u. U. keine Möglichkeit sehen, nach § 89 AktGes. einzugreifen: sind diejenigen, deren Behinderung die Beschlußfähigkeit beseitigt hat, weiterhin Aufsichtsratsmitglieder, so müßte der Registerrichter möglicherweise dazu seine Hand reichen, mehr Aufsichtsratsmitglieder zu bestellen, als gesetzlich oder satzungsmäßig zulässig ist. Vgl. zu der Frage auch die flg. Anm. u. Anm. 1 zu § 11; sie liegt anders als die — zu bejahende — Frage, ob nach der Notbestellung eine ordentliche Bestellung vorgenommen werden kann, obwohl dadurch — in Verbindung mit der Notbestellung — die zulässige Höchstzahl überschritten wird; vgl. hierzu § 89

Abs. 2 AktGes. u Gadow-W. Schmidt Anm. 6 zu § 89 u. Godin-Wilhelmi Anm. II 5 zu § 89.) Bei § 7 ist nun eine ähnliche „Behebung des Mangels" ohne weiteres nur möglich, wenn ein von der Hauptversammlung usw. in der bisherigen Weise gewähltes Mitglied weggefallen war. Daß in den anderen Fällen drei Monate lang bis zur Ersatzbestellung eines Vertreters der Arbeitnehmer oder des § 4 Abs. 1 Buchst. b bezeichneten weiteren Mitglieds verstreichen, erfordert in der Zwischenzeit von den übrigen Aufsichtsratsmitgliedern Takt und jede mit ihren Überwachungspflichten zu vereinbarende Zurückhaltung; ersatzpflichtig würden sie sich durch eine Beschlußfassung während dieser Zeit allerdings nicht machen, zumal späterhin jeder Gegenstand einer Beschlußfassung grundsätzlich wieder aufgerollt werden könnte; vgl. § 94 AktGes.

2. Die zu wählenden Mitglieder „gehören" dem Aufsichtsrat nur dann nicht „an", wenn sie entweder noch gar nicht gewählt waren oder aber nach ihrer Wahl die Mitgliedschaft wieder verloren haben; hierüber vgl. Anm. 1 zu § 11. Das oben Anm. 1 behandelte Problem zu § 89 AktGes. kann hier nicht in derselben Fragestellung aufgeworfen werden, die etwa zu der dort behandelten Auffassung von Baumbach-Hueck (Anm. 1 A zu § 89) geführt hat. Hier kann m. E. kein Zweifel bestehen, daß nur ein Verlust der Mitgliedschaft, hingegen keine dazu nicht ausreichende Behinderung des Mitglieds eine Notbestellung rechtfertigt. Läßt man nach der hier — vgl. oben Anm. 1 — unterstützten Auffassung die Mitgliedschaft durch den Eintritt einer die gesetzliche Frist voraussichtlich überschreitenden Behinderung enden, so ergibt sich für § 89 AktGes. freilich keine abweichende Lösung. (Es wäre m. E. nicht gerechtfertigt, wollte man der erwähnten Auffassung entgegenhalten, daß vor Ablauf von drei Monaten keine Klarheit über die Frage der Beendigung der Mitgliedschaft bestehe. Richtig wäre daran nur, daß man in der Schwebezeit noch nicht mit Sicherheit weiß, ob der Beginn der Behinderung die Mitgliedschaft beendet hat; es genügt aber vollauf, wenn dies spätestens nach Ablauf von drei Monaten zur Gewißheit wird. Es wäre unerträglich, wenn die Fristen des § 89 AktGes. wie des § 7 erst von irgendeinem nach dem Beginne der sich dann als „dauernd" erweisenden Behinderung liegenden Zeitpunkte an laufen würden. Und auch für die Frage der Verantwortlichkeit des ausscheidenden Behinderten entsteht bei der vorgeschlagenen Lösung kein Nachteil: liegt überhaupt eine echte Behinderung vor, so kann die Haftung ohnehin nur auf eigene schuldhafte Herbeiführung der Behinderung gegründet sein; dann macht es aber keinen Unterschied, ob die Mitgliedschaft darüber hinaus noch fortdauert oder — wie sich später herausstellt — als Folge der schuldhaften Herbeiführung der Behinderung endete, denn das Verschulden ist in jedem Falle noch Verletzung der Mitgliedspflichten.)

Zweifelhaft kann nur sein, ob § 7 auch eingreifen soll, wenn im Zuge der Konstituierung des Aufsichtsrats keine Wahl — praktisch also keine Vorschlagswahl nach § 6 — zustandekommt, oder ob die Bedeutung der Vorschrift auf die Fälle beschränkt ist, in denen nach völliger Konstituierung des Aufsichtsrats ein Mitglied — mit Ausnahme des Elften Mannes (über diesen s. Anm. 25 zu § 8 u. Anm. 6 zu § 11) — wegfällt. Die letztere Auffassung vertritt Fitting (BArbBl. 51, 203ff. N. 8) unter Berufung auf die herrschende Lehre zu § 89 AktGes. Die Ausführung Fittings beruht schon hinsichtlich dieser Argumentation auf einem offenbaren Mißverständnis. Richtig ist nur, daß unzweifelhaft im Gründungsstadium keine Notbestellung vorgenommen werden kann; das ist nie bestritten worden und muß allerdings auch für die Fälle festgehalten werden, in denen (s. dazu Anm. 25 zu § 1!) schon im Gründungsstadium die Vorschriften der §§ 4ff. Anwendung finden; vgl. auch Kötter NJW. 51, 421 (unter 7 bβ). Darüber hinaus macht es aber schon für § 89 AktGes. keinen Unterschied, auf welchem Umstande die Beschlußunfähigkeit des Aufsichtsrats beruht; auch wenn sie infolge einer Satzungsänderung eintritt, durch die eine höhere Zahl von Mitgliedern zur Beschlußfähigkeit des Aufsichtsrats vorgeschrieben wird, als bisher dem Aufsichtsrat angehören konnten, ist der Fall des § 89 AktGes. ohne weiteres gegeben, falls nicht binnen drei Monaten nach der Satzungsänderung die fehlenden Aufsichtsratsmitglieder gewählt bzw. entsandt worden sind (vgl. Schlegelberger-Quassowski Anm. 3 zu § 89). Dieser Fall liegt aber in keiner Weise anders als der, daß auf Grund Inkrafttretens des Mitbestimmungsgesetzes bei einer bereits wirksam entstandenen Gesellschaft der bisherige Aufsichtsrat nicht mehr den gesetzlichen Vorschriften entspricht und (vgl. dazu Anm. 11 zu § 14) nur ergänzt zu werden braucht. Diesen Übergangsfall wiederum anders entscheiden zu wollen als die Fälle späterer Neuwahlen auf Grund der §§ 4ff. erscheint widersinnig. Im übrigen sprechen die Stellung des § 7 im Gesetz und seine Entstehungsgeschichte eindeutig gegen die Auffassung Fittings. Die Vorschrift dient danach nicht nur der Erhaltung, sondern notfalls — bei allen bereits existenten Gesellschaften — schon der Schaffung der paritätischen Aufsichtsratsbesetzung. Fittings Folgerung, daß die Beteiligten sich einigen müßten, läßt sich zwar als politische Lösung hören; sie hat aber bei den Gesetzesberatungen nicht hier, sondern nur hinsichtlich des Elften Mannes zeitweilig in Erwägung gestanden. Die dem § 7 entsprechenden Vorschriften der Entwürfe haben vielmehr von Anfang an auch Antwort auf die Frage geben sollen, was zu geschehen hat, wenn das Wahlorgan den Vorschlägen der Betriebsräte oder der Gewerkschaften nicht folgt. Man hat hier gerade in der Dreimonatsfrist das Instrument gesehen, wenn irgend möglich die selbstverständlich wünschenswerte Einigung zwischen den Vorschlagsberechtigten und dem „Wahlorgan" eintreten zu lassen, da es natürlich schwer erträglich ist, den Bestellungsvorgang so lange hinauszuzögern. Über diese Form eines indirekten „Zwanges zur Einigung" geht das Gesetz aber nicht hinaus. Würde man Fitting folgen, so bliebe das Gesetz die Antwort schuldig, was geschehen soll, wenn der „Zwang" versagt; hierfür mußte eine rechtliche Lösung gefunden werden, die freilich Notlösung ist und nicht als Regelfall angesehen werden kann. Die gegenteilige Auffassung Fittings leidet auch insofern an einem inneren Bruch, als das von ihr herausgestellte Prinzip überhaupt zur Ablehnung einer Vorschrift wie § 7 führen müßte. In der Tat ist der von Fitting selbst notgedrungen eingeräumte Geltungsbereich des § 7 nicht weniger prinzipwidrig als die von Fitting abgelehnte Auffassung. Es kann nämlich gar kein Zweifel darüber bestehen, daß auch bei späterem Absinken der Mitgliederzahl des Montanaufsichtsrats Ergänzungswahlen nach §§ 5, 6 stattfinden müssen. Nun ist § 7 sicherlich nicht aus der Befürchtung heraus eingefügt worden, daß im Rahmen des § 5 Nachwahlen unterbleiben würden; im Rahmen des § 6 ist aber bei einer Nachwahl genau so viel und genau so wenig Anlaß, einen Zwang zur Einigung walten zu lassen, wie sonst. Dieser

Gesichtspunkt kann also die einschränkende Auslegung der Vorschrift nicht stützen. Man sollte auch nicht etwa anführen, daß die Umständlichkeiten des ordentlichen Bestellungsverfahrens bei späterem Wegfall eines nach § 6 bestellten Mitglieds hätten vermieden werden sollen. Einmal ist davon bei den Gesetzesberatungen nicht die Rede gewesen, und sodann bleiben auch in diesem Falle alle Beteiligten verpflichtet, im Sinne einer ordentlichen Ersatzbestellung zusammenzuwirken; denn auch die Bestellung von Ersatzmitgliedern nach § 7 ist eine Notbestellung, für die § 89 Abs. 2 AktGes. uneingeschränkt gilt, s. darüber unten Anm. 3. Endlich kann auch die bloße Wortauslegung die Fittingsche Ansicht nicht stützen. Das Gesetz mußte für beide Fälle, in denen § 7 Platz zu greifen hat, einen gemeinsamen Ausdruck finden; er wurde in dem „Nicht-angehören" erblickt; daß jedoch von „dem Aufsichtsrat" in strengem Sinne erst nach dessen vollständiger Konstituierung gesprochen werden kann, ist eine im Zuge der Beratungen erst verhältnismäßig spät eingetretene Erkenntnis gewesen, deren Folge u. a. die Aufnahme einer zunächst fehlenden Vorschrift über die Beschlußfähigkeit des Aufsichtsrats (§ 10) gewesen ist (vgl. dazu ArbKreisProt. Nr. 4 u. 10).

3. § 89 AktGes. lautet:

„Bestellung durch das Gericht.

(1) Gehören dem Aufsichtsrat länger als drei Monate weniger als die zur Beschlußfähigkeit nötige Zahl von Mitgliedern an, so hat ihn das Gericht auf Antrag des Vorstands, eines Aufsichtsratsmitglieds oder eines Aktionärs auf diese Zahl zu ergänzen. Der Vorstand ist verpflichtet, den Antrag zu stellen.

(2) Das Gericht hat die von ihm bestellten Mitglieder abzuberufen, wenn die Voraussetzungen weggefallen sind."

Die entsprechende Anwendung der Vorschrift, die § 7 vorschreibt, betrifft also ihre Rechtsfolge, für deren Eintritt § 7 neue Voraussetzungen aufstellt. Rechtsfolge in diesem Sinne ist die auf Antrag vorzunehmende Ergänzung des Aufsichtsrats in dem Ausmaße, daß der die Antragsvoraussetzung bildende Umstand einer Lücke im Aufsichtsrat beseitigt wird. Das Gericht muß also zufolge der in § 7 vorgeschriebenen entsprechenden Anwendung des § 89 AktGes. so viele Personen zu Aufsichtsratsmitgliedern bestellen, wie — abgesehen von dem nach § 8 zu bestellenden Mitglied — an zehn (oder in den Fällen des § 9 an vierzehn bzw. zwanzig!) fehlen.

a) Die gerichtliche Bestellung ist in jedem Falle nur eine **Notbestellung**. Entfällt ihr Anlaß, so ist sie entsprechend § 89 Abs. 2 AktGes. zurückzunehmen, der durch das Gericht Bestellte also wieder abzuberufen. Anders als bei § 89 AktGes., wo (vgl. Schlegelberger-Quassowski Anm. 5 zu § 89; Godin-Wilhelmi Anm. II 5 zu § 89) der dort maßgebliche Mangel der Beschlußunfähigkeit auch durch Änderung der Satzungsbestimmungen über die Voraussetzungen der Beschlußfähigkeit beseitigt werden kann, kommt bei § 7 nur die Nachholung der Wahl oder eine Ergänzungswahl i. S. des § 5 bzw. des § 6 in Betracht. Sie bleibt jederzeit — nach Stellung des Antrages auf Notbestellung und auch nach dieser selbst — zulässig, kann allerdings mit rechtlichen Mitteln nicht erzwungen werden. Das Gericht muß, um ggf. seiner Abberufungspflicht genügen zu können, in geeigneter Weise sicherstellen, daß es unverzüglich von der Vornahme der Wahl unterrichtet wird. Eine andere Art der Abberufung als durch das Gericht kann für die durch Notbestellung in den Aufsichtsrat Gelangten nicht vorgesehen werden (allg. M.). Auch § 11 greift insoweit nicht ein.

b) Zuständig zur Vornahme der Notbestellung ist nach § 89 AktGes. das Registergericht des Sitzes der Gesellschaft; vgl. § 145 FGG. Die Bezugnahme auf § 89 AktGes. in § 7 umfaßt auch die für § 89 AktGes. erlassenen Vorschriften über Zuständigkeit und Verfahren. Hingegen ist m. E. schon § 303 Abs. 1 AktGes. nicht anwendbar, worüber man freilich noch zweifeln kann. Unanwendbar ist sicherlich § 297 Nr. 1 AktGes.

c) Das Verfahren der freiwilligen Gerichtsbarkeit ist von dem Grundsatz der Amtsermittlung beherrscht. Zweifelhaft ist, was angesichts der gegenüber § 89 AktGes. veränderten sachlichen Voraussetzungen der Notbestellung vom Registerrichter bei einer Antragstellung auf Grund des § 7 zu prüfen und ggf. bei Vornahme der Notbestellung zu beachten ist.

α) Völlige Gleichheit dürfte in beiden Fällen nur hinsichtlich der Person der Antragsberechtigten bestehen. Neben dem einzelnen Aufsichtsratsmitglied und jedem Aktionär hat der Vorstand als solcher ein Antragsrecht; mit der h. M. ist anzunehmen, daß es ausreichend, aber auch erforderlich ist, daß eine zur Vertretung der Gesellschaft ausreichende Zahl von Vorstandsmitgliedern den Antrag stellt, vgl. statt aller Schlegelberger-Quassowski Anm. 4 zu § 89. Im Falle des § 89 AktGes. hat nun allerdings ein einzelnes Vorstandsmitglied darüber hinaus die Möglichkeit, den etwaigen Widerstand seiner Vorstandskollegen zu brechen und sie mit Hilfe des Registerrichters zur Mitwirkung bei der Stellung des Antrages zu zwingen. Diese Möglichkeit besteht im Falle des § 7 nicht, der lediglich auf § 89 AktGes., nicht hingegen (s. o. unter b) auch auf die Vorschrift des § 303 Abs. 1 AktGes. (Anhaltung durch Ordnungsstrafen!) verweist; die Bezugnahme des § 7 auf § 89 Abs. 1 S. 2 AktGes., wonach der Vorstand zur Stellung des Antrages verpflichtet sein soll, stellt also eine lex imperfecta dar, (a. M. Kißkalt S. 12), deren Verletzung allenfalls nach § 84 AktGes. zu einer Schadensersatzpflicht der sich untätig verhaltenden Vorstandsmitglieder führen kann. — Daß auch die Vorschlagsberechtigten des § 6 ein Antragsrecht hätten, kann § 7 i. V. m. § 89 AktGes. nicht entnommen werden, worin sich wieder der anorganische Charakter der Mitbestimmungsregelung zeigt. Da die Möglichkeit zur Verhängung von Ordnungsstrafen gegen den Vorstand fehlt, kann auch keine Anregung der Vorschlagsberechtigten beim Registerrichter zum Ziele führen. Indessen ist keine unliebsame Folge dieser Gesetzeslücke zu befürchten, da in jedem Falle das einzelne Aufsichtsratsmitglied antragsberechtigt ist. Hierdurch dürfte immer die Gewähr gegeben sein, daß der Antrag gestellt wird, auch wenn der Vorstand versagen sollte; denn entweder gehört —schon oder noch — dem Aufsichtsrat mindestens ein Mitglied an, das nach §§ 6, 8 bestellt worden ist, oder aber der Aufsichtsrat ist (vgl. § 10) nicht beschlußfähig, so daß § 89 AktGes. unmittelbar eingreift. S. dazu unten unter c γ) a. E.

β) Der Registerrichter muß materiell prüfen, ob dem Aufsichtsrat die nach §§ 5 und 6 zu bestellenden Mitglieder angehören, d. h. ob eine wirksame Wahl (§ 87 AktGes., § 6) oder Entsendung (§ 88 AktGes.) stattgefunden hat, im Falle der Wahl auch, ob diese angenommen worden ist, und ferner, ob eine so begründete Mitgliedschaft nicht erloschen ist. Zu letzterem vgl. Anm. 1

zu § 11. Kommt der Registerrichter zur Verneinung der Frage, so hat er, falls der festgestellte Zustand bereits drei Monate oder länger andauert, die beantragte Notbestellung vorzunehmen. Der Tatbestand, der einen Antrag auf Notbestellung nach § 7 rechtfertigt, kann sich in seltenen Fällen mit dem des § 89 AktGes. decken; vgl. dazu den vor. Abs. d. Anm. a. E. und oben Anm. 2. Über diesen Fall s. Anm. 1 u. 3 zu § 10.

γ) Sicher ist nur, daß das Gericht bei der Bestellung an Vorschläge des Antragstellers in bezug auf die Person der zu Bestellenden nicht gebunden ist. Ist es hingegen in deren Auswahl völlig frei? Die Frage ist schon auf dem Boden des § 89 AktGes. zu verneinen. Man nimmt mit Recht an, daß auch bei Notbestellungen ggf. satzungsmäßige, erst recht also gesetzliche Mitgliedschaftsvoraussetzungen berücksichtigt werden müssen. So kann der Registerrichter zweifellos kein Mitglied des Vorstandes im Wege der Notbestellung zum Aufsichtsratsmitglied machen, ebensowenig (vgl. Gadow-W. Schmidt Anm. 3 zu § 89) kann er sich aber über gültige satzungsmäßige Bestimmungen über die Mitgliedschaft hinwegsetzen, sondern muß sie in derselben Weise beachten, wie dies die Hauptversammlung tun müßte. Können die Voraussetzungen der Mitgliedschaft noch ohne weiteres erworben werden, so wird die Bestellung mit ihrem alsbaldigen Erwerb wirksam, d. h. sie kann — wie eine Wahl — von dem Bestellten angenommen werden. Gilt dies alles schon für die Notbestellung zwecks Herstellung der Beschlußfähigkeit des Aufsichtsrats, so gilt es erst recht für die in § 7 vorgesehene Notbestellung, insbesondere soweit sie für eine Wahl nach § 6 vorläufigen Ersatz bietet. Hier wie dort wird der Registerrichter nur aus wichtigen Gründen davon absehen können, andere Personen zu bestellen als diejenigen, welche gewählt werden könnten. Haben die Betriebsräte oder die Gewerkschaften z. B. keine Vertreter der Arbeitnehmer vorgeschlagen, so muß der Registerrichter andere Personen auswählen, genau wie wenn etwa die Satzung vorsähe, daß ein Aktienbesitz Voraussetzung für die Mitgliedschaft im Aufsichtsrat sei, aber keiner der noch nicht dem Aufsichtsrat angehörenden Aktionäre zur Übernahme des Amtes bereit ist. Liegen Vorschläge vor, so wird das Gericht prüfen müssen, ob sie den Vorschriften der §§ 4 u. 6 entsprechen; es muß die Bestellung in der Weise vornehmen, daß insbesondere § 4 Abs. 2 und § 6 Abs. 1 S. 1 Genüge geschieht, also neben zwei beliebig von den gewerkschaftlichen Spitzenorganisationen Vorgeschlagenen je ein Arbeiter und ein Angestellter des Unternehmens sowie ein i. S. des § 4 Abs. 2 unabhängiges Mitglied dem Aufsichtsrat angehören. Ebenso muß der Registerrichter § 4 Abs. 2 beachten, wenn ein nach § 5 für diesen „weiteren" Aufsichtsratssitz bestelltes Mitglied länger als drei Monate fehlt. Umgekehrt wird er an Stelle eines „Vertreters der Anteilseigner" im Wege der Notbestellung nicht etwa einen die Voraussetzungen des § 4 Abs. 2 erfüllenden Bundes-, Landes oder Kommunalbeamten setzen dürfen. Im Zuge der jeweiligen Konstituierung des Aufsichtsrats ist u. a. stets eine Person zu bestellen, die in einem nach § 6 Abs. 2 vom Bundesminister für Arbeit bestätigten Vorschlage benannt ist. Dies gilt auch dann, wenn alle nach § 6 zu bestellenden Mitglieder fehlen und nur ein Antrag nach § 89 AktGes. gestellt ist.

d) Durch Annahme der Bestellung, im Falle vorheriger Bereiterklärung durch die Bestellung unmittelbar, erwirbt der Bestellte die Mitgliedschaft im

Aufsichtsrat. Die Satzung kann ihn nicht schlechter stellen, als wenn er auf dem ordentlichen Wege in den Aufsichtsrat gelangt wäre; an die Notbestellung anknüpfende negative Qualifikationen der Satzung sind unwirksam. Vgl. Gadow-W. Schmidt Anm. 4 zu § 89. Auch in bezug auf ein Dienst- oder Auftragsverhältnis zur Gesellschaft gilt nichts anderes als bei regulärer Bestellung. Vgl. darüber Anm. 20 zu § 5 (letzter Absatz unter a) u. Anm. 3 Abs. 1 zu § 6.

e) Soweit bergrechtliche Gewerkschaften unter § 1 fallen, stellt die Verweisung des § 7 auf § 89 AktGes. eine Anomalie dar, die allerdings insoweit auch in § 3 Abs. 2 enthalten ist. Das Allg. Bergges. kennt eine Notbestellung nur für den Repräsentanten; vgl. § 127 Abs. 2 u. 3 Allg. Bergges. („interimistischer Repräsentant"); diese Vorschrift entspricht also funktionell der des § 76 AktGes. Eine Zuständigkeit des Registergerichts ist bei bergrechtlichen Gewerkschaften normalerweise deshalb nicht gegeben, weil bei ihnen keine konstitutive Registereintragung in Frage kommt. Deshalb muß in Erwägung gezogen werden, ob nicht die Verweisung auf § 89 AktGes. für bergrechtliche Gewerkschaften in eine entsprechende Zuständigkeit der Bergbehörde (vgl. § 127 Allg. Bergges.) umzudeuten ist. Diese Auslegung könnte indessen m. E. nur im Notfalle Platz greifen. Nun ist aber angesichts der in § 1 Abs. 2 aufgestellten Voraussetzungen das Mitbestimmungsgesetz stets nur auf solche bergrechtlichen Gewerkschaften anwendbar, die kraft Gewerbebetriebs und (obligatorischer) Eintragung im Handelsregister Kaufmann sind (§ 2 HGB.); denn zweifellos erfordern Bergwerkunternehmen mit in der Regel mehr als eintausend Arbeitnehmern ohne Ausnahme der Art und dem Umfang nach einen kaufmännisch eingerichteten Gewerbebetrieb. Da die in § 1 bezeichneten Gewerkschaften juristische Personen sind, findet also § 2 HGB. auf sie Anwendung (vgl. Art. 5 EG. HGB.), und insofern kann auch bei ihnen von einem Registergericht gesprochen werden; ihre nach § 89 AktGes. zu behandelnden Angelegenheiten dem darin bewanderten Dezernenten zu übertragen, wird bei großen Registergerichten allenfalls ein Anliegen zweckentsprechender Geschäftsverteilung sein. Der Umdeutung des § 7 (und teilweise — s. o. — des 3 Abs. 2) bedarf es hiernach m. E. nicht.

f) Wegen der Abberufung der auf Grund des § 7 bestellten Aufsichtsratsmitglieder vgl. Anm. 5 a. E. zu § 11.

§ 8[1]

(1) Das in § 4 Abs. 1 Buchstabe c bezeichnete weitere Mitglied des Aufsichtsrats[1] wird durch das Wahlorgan[2] auf Vorschlag der übrigen Aufsichtsratsmitglieder[3] gewählt. Der Vorschlag wird durch diese Aufsichtsratsmitglieder[3] mit Mehrheit aller Stimmen beschlossen[4]. Er bedarf jedoch der Zustimmung[5] von mindestens je drei Mitgliedern[6], die nach 5 und die nach § 6 gewählt sind[7].

(2) Kommt ein Vorschlag nach Absatz 1[4] nicht zustande[8] oder wird eine vorgeschlagene Person nicht gewählt[9], so ist ein Vermittlungsausschuß[10] zu bilden[11], der aus vier Mitgliedern besteht[12]. Je zwei Mit-

glieder werden von den nach § 5 und den nach § 6 gewählten Aufsichtsratsmitgliedern[7] gewählt[12].

(3) Der Vermittlungsausschuß[10] schlägt innerhalb eines Monats[13] dem Wahlorgan[2] drei Personen zur Wahl vor[14], aus denen das Wahlorgan das Aufsichtsratsmitglied[1] wählen soll[15]. Kommt die Wahl auf Grund des Vorschlages des Vermittlungsausschusses[14] aus wichtigen Gründen[16] nicht zustande[17], insbesondere[16] dann, wenn keiner der Vorgeschlagenen[1] die Gewähr für ein gedeihliches Wirken für das Unternehmen bietet[16], so muß die Ablehnung durch Beschluß festgestellt werden[17]. Dieser Beschluß muß mit Gründen versehen sein[18]. Über die Berechtigung der Ablehnung der Wahl[16] entscheidet auf Antrag des Vermittlungsausschusses[14, 19] das für das Unternehmen zuständige[20] Oberlandesgericht[21]. Im Falle der Bestätigung der Ablehnung[16] hat der Vermittlungsausschuß[10] dem Wahlorgan[2] drei weitere Personen vorzuschlagen[14, 22]; für diesen zweiten Vorschlag[22] gilt die vorstehende Regelung (Sätze 2 bis 4) entsprechend[23]. Wird die Ablehnung der Wahl[17] von dem Gericht[21] für unberechtigt erklärt[24], so hat das Wahlorgan einen der Vorgeschlagenen zu wählen[25]. Wird die Ablehnung der Wahl aus dem zweiten Wahlvorschlag[22] von dem Gericht für berechtigt erklärt[16], oder erfolgt kein Wahlvorschlag[14, 22], so wählt das Wahlorgan[2] von sich aus das weitere Mitglied[1, 26].

(4) Wird die in Absatz 2 vorgesehene Anzahl von Mitgliedern des Vermittlungsausschusses nicht gewählt[12], oder bleiben Mitglieder des Vermittlungsausschusses trotz rechtzeitiger Einladung ohne genügende Entschuldigung einer Sitzung fern[27], so kann der Vermittlungsausschuß tätig werden[14], wenn wenigstens zwei Mitglieder mitwirken[28].

1. § 8 regelt die **Bestellung des sog. Elften Mannes.** Das Gesetz nennt ihn „das in § 4 Abs. 1 Buchstabe c bezeichnete weitere Mitglied". Diese Ausdrucksweise ist insofern korrekter als die bereits eingebürgerte andere Bezeichnung, als es sich in den Fällen des § 9 nicht um das „elfte", sondern um das „fünfzehnte" oder „einundzwanzigste" Aufsichtsratsmitglied handelt. In jedem Falle wird ein Mitglied des Aufsichtsrats in einem besonderen von der sonstigen Bestellungsweise abweichenden, eben dem in § 8 geregelten Verfahren als letztes von allen bestellt und erst dadurch der Gesamtaufsichtsrat konstituiert. Zur Charakteristik dieses Mitglieds vgl. Anm. 3 u. 7 zu § 4.

Die Vorschrift des § 8 ist in der Fassung eines in der 3. Lesung eingebrachten Abänderungsantrages in das Gesetz eingegangen. Sie hätte in verschiedener Hinsicht noch näherer Präzisierung bedurft; vgl. dazu Kötter NJW. 51, 417 ff.

Das Gesetz erweckt in § 4 Abs. 2 den Anschein, als ob der „Elfte Mann" im Vergleich mit den beiden anderen „weiteren" Mitgliedern (vgl. § 4 Abs. 1 Buchst. a und b) keine Sondererscheinung sei. Das trifft jedoch nur in bezug auf die Negativvoraussetzungen zu, die § 4 Abs. 2 aufstellt. Über sie vgl. im einzelnen Anm. 9 bis 19 zu § 4. In Wahrheit sind sie aber beim „Elften" nur eine Mindestqualifikation; eine Person, die über sie nicht verfügt, kann nach § 8 überhaupt nicht wirksam vorgeschlagen werden, und ihre Aufnahme in einen auf Grund des § 8 Abs. 3 gemachten Wahlvorschlag muß diesen sogar insgesamt ungültig machen; vgl. Kötter a. a. O. S. 419 u. unten Anm. 14.

Der „Elfte Mann" stellt das Kernstück der Mitbestimmungsregelung dar. Wenn bei seiner Bestellung nicht allseits dem Gesetz und dessen Sinn, nach welchem der „Elfte" eine wirklich neutrale Persönlichkeit sein muß, Rechnung getragen wird, ist das Schicksal des Unternehmertums in der Grundstoffindustrie mit hoher Wahrscheinlichkeit besiegelt, da dann die Gefahr besteht, daß nicht nur ein Arbeitsdirektor die Arbeitnehmerinteressen im Vorstand der Montangesellschaften vertritt, was dem unbefangenen Leser des Gesetzes als dessen Sinn insoweit erscheinen muß, sondern daß die Vorstandsmitglieder in ihrer Mehrheit — wenn nicht überhaupt alle — Vertrauensleute der Gewerkschaften sein werden. Es kann auch nicht rechtens sein, ein solches Ergebnis etwa bei einem Teil der Montangesellschaften hinzunehmen, um dafür den übrigen Teil — ebenfalls gegen den Sinn des Gesetzes! — unter dem in entsprechender Weise überwiegenden Einfluß der Unternehmer zu halten. Das Gesetz bietet dazu keine Handhabe, mag man auch das Bemühen des Parlaments um eine Gewähr für die Neutralität des „Elften Mannes" im Ergebnis als mißlungen ansehen. M. E. trifft dies trotz aller Ungereimtheiten des § 8 — s. dazu Kötter a. a. O. S. 418/420 — nicht zu. Denn im schlimmsten Falle kann das Wahlorgan als „Elften Mann" nur eine Person wählen, die den in § 4 Abs. 2 aufgestellten Anforderungen entspricht und demgemäß immerhin beachtlichen Neutralitätscharakter besitzen muß; andernfalls ist auch die Wahl, die das Wahlorgan unter gewissen Umständen „von sich aus" vornehmen kann, nichtig, vgl. Anm. 8 zu § 4. Darüber hinaus ist der Weg, der die Hauptversammlung usw. zu dieser Wahlfreiheit allenfalls führen kann, umständlich genug. Man wird auch annehmen dürfen, daß die Persönlichkeiten, welche von Unternehmerseite in den Vermittlungsausschuß gewählt werden, nicht leichtfertig geneigt sind, ihre Mitwirkung am Zustandekommen loyaler Wahlvorschläge zu versagen, da sie nur dann dem sozialen Frieden dienen, ohne den weder Unternehmen noch Gemeinwohl gedeihen können; an beiden muß aber jeder Vernünftige interessiert sein. Endlich droht dem leichtfertig und unter Mißachtung des Gesetzessinns gewählten „Elften Manne" die alsbaldige Abberufung; vgl. unten Anm. 26. Wenn die Sozialpartner hinsichtlich der Bestellung des „Elften Mannes" Verabredungen treffen wollen, so sollten sie diese darauf beschränken, für den Fall des Tätigwerdens von Vermittlungsausschüssen die Persönlichkeiten der Ausschußmitglieder oder wenigstens zweier von ihnen entweder festzulegen oder an die Negativvoraussetzungen zu binden, die § 4 Abs. 2 aufstellt; niemand wird es ihnen hier verdenken, klüger als das Gesetz zu sein, wo sie sich auf dessen Boden bewegen und eine m. E. bedauerliche Lücke des § 8 Abs. 2 ausfüllen würden (vgl. dazu auch Kötter a. a. O. S. 418 N. 15 u. unten Anm. 12).

Der „Elfte Mann" ist nicht notwendig Vorsitzer des Aufsichtsrats. Wird bei seiner Bestellung jedoch der Sinn des Gesetzes verwirklicht, so kann er kraft seiner Persönlichkeit sicherlich in vielen Fällen als der gegebene Aufsichtsratsvorsitzer erscheinen. Namentlich dann, wenn etwa der Vorschlag der zunächst bestellten Aufsichtsratsmitglieder vom Wahlorgan bestätigt wird, ist kaum eine bessere Persönlichkeit für den Vorsitzerposten denkbar. Deshalb sollten die Satzungen bei Aufstellung von Wählbarkeitsvoraussetzungen (vgl. dazu Anm. 7 zu § 2, Abs. 4 unter b) gegebenenfalls diesen Fall berücksichtigen und bei solcher Wahl auch auf besondere Mehrheitsanforderungen verzichten.

2. Über den Begriff des „Wahlorgans" vgl. Anm. 2 zu § 5. Ebenso wie im Falle des § 6 kommen aber hier nur Haupt-, Gesellschafter- oder Gewerkenversammlung in Betracht; s. dazu Anm. 4 zu § 6. Auch die Frage der Adressatfähigkeit des Wahlorgans liegt hier ebenso wie bei § 6; vgl. hierüber Anm. 13 a. E. zu § 6 u. unten Anm. 9 a. E.

3. Das Vorschlagsrecht der nach §§ 5, 6 bestellten zehn (bzw. vierzehn oder zwanzig, vgl. § 9) Mitglieder ist dem Gedanken einer Zuwahl angenähert, das „Wahlorgan" aber an den Vorschlag nicht gebunden. Über die Erfordernisse des Vorschlagsbeschlusses s. unten Anm. 4—6.

4. Die durch das Wahlorgan oder (vgl. unten Anm. 7) ersatzweise nach § 7 zuerst bestellten Aufsichtsratsmitglieder (Gesamtzahl [n] minus eins) sind ein Vorschlagsgremium, das als solches keine Aufsichtsratstätigkeit ausübt. Für dieses Gremium gelten keinerlei den Aufsichtsrat betreffende Bestimmungen der Satzung usw.; dieser ist eine Einflußnahme auf die Vorschlagsfunktion verwehrt, insbesondere kann sie insoweit keine anderen Mehrheitserfordernisse als das Gesetz aufstellen. Der „Beschluß" der Aufsichtsratsmitglieder ist kein Aufsichtsratsbeschluß. Unter ihnen kann sich jedenfalls bei der ersten Konstituierung des paritätischen Aufsichtsrats kein Vorsitzer des Aufsichtsrats befinden; im Falle eines späteren Ausscheidens des „elften" Mitglieds ist es belanglos, ob dieses oder eines der übrigen zum Vorsitzer des Aufsichtsrats gewählt war, denn auch im letzteren Falle hat diese Funktion bei der Aufstellung des Wahlvorschlags keine Bedeutung. Für das Verfahren gelten keinerlei gesetzliche Vorschriften, ebensowenig aber die allgemeinen Bestimmungen einer Geschäftsordnung des Aufsichtsrats. Dieser könnte zwar das Zusammentreten der Vorschlagsberechtigten für den Fall des späteren Ausscheidens des Elften Mannes wohl durch geeignete Vorkehrungen sicherstellen, aber sicherlich erst nach seiner ersten Vollkonstituierung. Vorher müssen sich die Vorschlagsberechtigten in freier Übereinkunft zusammenfinden. Ein Vorschlag, zu dem nicht alle Vorschlagsberechtigten Stellung nehmen konnten, dürfte nicht als Vorschlag i. S. des § 8 Abs. 1 anzusehen sein. Andererseits kann nicht als Formerfordernis des „Beschlusses" gelten, daß die Stellungnahme in einer Sitzung abgegeben wird. Zweckmäßig wird sich das Vorschlagsgremium selbst eine Geschäftsordnung geben, die sich natürlich auf Grundzüge beschränken und für das weitere Prozedieren auch Stimmenmehrheit in allen Verfahrensfragen vorsehen kann; diese Grundzüge selbst müssen dann aber zunächst die Zustimmung aller Vorschlagsberechtigten finden. Dem Gesetz ist lediglich zu entnehmen, daß alle zu hören sind und versuchen müssen, ob nicht mehr als die Hälfte jeder Mitgliedergruppe sich für eine bestimmte Persönlichkeit entscheidet, die dann als restliches Aufsichtsratsmitglied vorzuschlagen ist. Im Gegensatz zu Aufsichtsratsbeschlüssen genügt bei dieser Beschlußfassung nicht die Mehrheit der an der Beschlußfassung mitwirkenden, sondern erst die Mehrheit aller Vorschlagsberechtigten. Ist eine solche Mehrheit erreicht und damit auch dem Erfordernis des Abs. 1 S. 3 genügt, so schadet es natürlich nicht, wenn die übrigen Vorschlagsberechtigten von der Gelegenheit zur Stellungnahme keinen Gebrauch machen. Aus § 9 Abs. 2 i. V. m. § 8 Abs. 1 S. 3 ergibt sich (vgl. dazu unten Anm. 6), daß bei Konstituierung des Einundzwanziger-Aufsichtsrats der Vorschlag mindestens zwölf Stimmen auf sich vereinigen muß, während die erforderlichen Mehrheiten sonst nur die einfache Mehrheit aller darstellen. S. auch Anm. 5 u. 7.

5. **Zustimmung** ist positive Billigung. Schweigen ist niemals Zustimmung; diese kann auch m. E. nie durch schlüssiges Verhalten erteilt werden; jedes Schweigen ist bestenfalls Stimmenthaltung, die — da die Mehrheit nach sämtlichen Stimmen zu berechnen ist — der Ablehnung gleichkommt. Zustimmung i. S. des Abs. 1 S. 3 kann auch sonst schwerlich im technischen zivilrechtlichen Sinne verstanden werden: solange die Mehrheit jeder der beiden Hauptgruppen der Wahlberechtigten nicht ausdrücklich die „Zustimmung" zu einem Vorschlage erteilt hat, ist dieser nicht zustandegekommen. „Zustimmung" ist nur die ausdrückliche Erklärung, daß eine bestimmte Person dem Wahlorgan als noch zu bestellendes Aufsichtsratsmitglied namhaft gemacht werden möge. Die Erklärung ist höchstpersönlich.

Ein von einer ausreichenden Stimmenzahl unterstützter Vorschlag kann noch solange gemacht werden, bis die beiden ersten Mitglieder des Vermittlungsausschusses befugtermaßen eingesetzt worden sind; hierzu s. unten Anm. 8 u. 11.

6. Abs. 1 S. 3 stellt nur auf den Elfer-Aufsichtsrat ab. Sein Sinn ist, wie zwar auch § 9 nicht ausdrücklich, aber aus dem Zusammenhang heraus klarstellt, daß die Mehrheit sowohl der vom Wahlorgan frei bestellten als auch der gemäß § 6 nur bestätigten Aufsichtsratsmitglieder den Vorschlag positiv unterstützen muß. Die erforderliche Mindestzahl derjenigen, die dem Vorschlag „zustimmen", beträgt somit in den nach §§ 4, 9 möglichen drei Fällen jeweils drei, vier bzw. sechs Mitglieder jeder Gruppe.

7. Vorschlagsberechtigt sind die ersten n — 1 Aufsichtsratsmitglieder, u. zw. entgegen dem Gesetzeswortlaut nicht nur die „gewählten", sondern zweifellos auch die gem. § 5 i. V. m. § 88 AktGes. entsandten und ebenso die auf Grund einer Notbestellung nach § 7 in den Aufsichtsrat gelangten Mitglieder; § 7 dient u. a. auch der reibungslosen Konstituierung des Gesamtaufsichtsrats (vgl. dazu Anm. 2 zu § 7).

8. Über das **Nichtzustandekommen eines Vorschlags** nach Abs. 1 vgl. zunächst oben Anm. 5. Es ist eine von zwei Alternativvoraussetzungen für ein weiteres Vorschlagsverfahren, das im Falle des Mißerfolges der Bemühungen der vorschlagsberechtigten Aufsichtsratsmitglieder einsetzen soll, um doch noch eine allen Beteiligten zusagende Persönlichkeit ausfindig zu machen. Da es sich beim Unterbleiben des Vorschlags der Aufsichtsratsmitglieder um eine Negativvoraussetzung handelt, deren Eintritt nicht aus sich heraus zeitlich fixier-

bar ist, hätte das Gesetz zweckmäßigerweise eine Frist vorsehen sollen, nach deren Ablauf der Vorschlag als nicht zustandegekommen anzusehen ist; das Fehlen einer derartigen Vorschrift ist nur aus ihrer Entstehungsgeschichte zu erklären: § 8 beruht auf einem erst in der 3. Lesung des Gesetzes zustandegekommenen parlamentarischen Kompromiß; vgl. dazu BTProt. über die 132. Sitzung S. 5084, 5087—5089 u. 5112—5116. Die Lösung der Schwierigkeit muß aus den objektiven Bedürfnissen der vom Gesetz gewollten Rechtsfolge hergeleitet werden. Folge des Nichtzustandekommens sollen Konstituierung und Tätigwerden eines Vermittlungsausschusses sein. Jede der beiden Aufsichtsratsgruppen, welche zusammen die nach Abs. 1 Vorschlagsberechtigten bilden, muß bei der Konstituierung dieses Ausschusses normalerweise durch eine Wahl von je zwei Mitgliedern mitwirken; s. darüber des näheren unten Anm. 11 u. 12. Daraus darf geschlossen werden, daß zwar durch ernsthafte Fühlungnahme und Beratung der vorschlagsberechtigten Aufsichtsratsmitglieder die Einigung auf eine vorzuschlagende Persönlichkeit versucht werden soll, daß aber jede Mitgliedergruppe in Ermangelung einer Vereinbarung über die Dauer der Vorschlagsberatungen schon nach dem Scheitern eines ersten Beratungsversuchs mit der Konstituierung des Vermittlungsausschusses beginnen kann. Ich möchte darüber hinaus annehmen, daß keine Mitgliedergruppe an die Vereinbarung einer Beratungsfrist gebunden wäre, die auf länger als einen Monat, gerechnet von der Bestellung des letzten vorschlagsberechtigten Aufsichtsratsmitglieds, bemessen ist. M. E. läßt sich dies daraus herleiten, daß der Vermittlungsausschuß seinen Vorschlag innerhalb eines Monats dem Wahlorgan zuzuleiten hat und den zunächst vorschlagsberechtigten Aufsichtsratsmitgliedern, zu deren Vorschlag — im Gegensatz zu dem des Vermittlungsausschusses — das Wahlorgan überhaupt nicht Stellung zu nehmen braucht (vgl. dazu die folgende Anmerkung!), unmöglich eine längere Beratungsfrist zugestanden werden kann als dem Vermittlungsausschuß. Das gesamte Bestellungsverfahren ist ohnehin schon überaus zeitraubend.

9. Die **Nichtbestätigung des Vorschlags** der Aufsichtsratsmitglieder (Unterlassung der „Wahl“ der vorgeschlagenen Person) durch das Wahlorgan stellt das Gesetz in ihrer Wirkung dem Nichtzustandekommen eines Vorschlags der Aufsichtsratsmitglieder gleich. Daraus folgt, daß das Wahlorgan von jeglicher Stellungnahme zu einem solchen Vorschlage absehen kann, ohne dadurch in seiner Rechtslage beeinträchtigt zu werden. Die Folge seiner Untätigkeit ist ebenfalls nur die Möglichkeit eines weiteren Vorschlagsverfahrens beim Vermittlungsausschuß. Hier ist die Gewinnung einer bestimmten Frist für den Fortgang des Bestellungsverfahrens und die Beurteilung seiner Zulässigkeit geradezu unerläßlich. M. E. kann nur mit einer Analogie zu § 14 Abs. 2 geholfen werden: ist ein Vorschlag der Aufsichtsratsmitglieder nicht binnen zwei Monaten bestätigt worden, so kann der Vermittlungsausschuß konstituiert werden. Die Zweimonatsfrist muß mit Wirksamwerden des Vorschlags beginnen, d. i. am Tage seines Zugehens beim Vorstand usw. der Montangesellschaft; der Vorschlag ist eine empfangsbedürftige Erklärung, und das Wahlorgan kann als solches außerhalb seiner Sitzungen keine Erklärungen entgegennehmen. Vgl. noch Kötter a. a. O. S. 418 (N. 17 u. 18 sowie Text unter II 1 b).

10. Der **Vermittlungsausschuß** ist nach Fitting R.u.W.-Praxis C V 4 ein „zeitweiliges Organ" der Montangesellschaft. Diese Auffassung läßt sich nur halten, wenn man in der Konstituierung des Vermittlungsausschusses einen körperschaftlichen Akt sehen kann, was zumindest höchst zweifelhaft erscheint, da sie nur von Mitgliedergruppen des Aufsichtsrats ausgeht. Die Frage, die in erster Linie für die vom Gesetz nicht geregelte kostenrechtliche Seite de in § 8 Abs. 3 vorgesehenen Verfahrens von Bedeutung ist (s. darüber Fitting a. a. O., ferner ders. BArbBl. 51, 206 N 25), erscheint noch einer eiteren Überprüfung bedürftig. Vgl. dazu auch unten Anm. 19. Der Vermittlungsausschuß war in seiner grundsätzlichen Funktion schon in den Ausschußberatungen erarbeitet worden, um insoweit die im RegEntw. vorgesehenen paritätischen Senate zu ersetzen, die daneben noch Zuständigkeiten wirtschafts- und sozialpolitischer Art auf überbetrieblicher Ebene erhalten sollten. (Vgl. die Zusammenstellung BTDrucks. „zu Drucksache 2042".) Diese Senate wären zweifellos keine Gesellschaftsorgane, sondern Träger öffentlich-rechtlicher Aufgaben gewesen. Der Sache nach handelt es sich aber auch beim Vermittlungsausschuß um eine Institution, in der die beiden Sozialpartner einen Interessenausgleich anstreben sollen. Er ähnelt in seiner Rechtsnatur einerseits am ehesten einem Schiedsgutachtergremium, wozu freilich seine prozessuale Funktion nach Abs. 3 wenig passen will. Der Vermittlungsausschuß ist in Wahrheit auch keine Einheit i. S. eines Kollegiums, da das Gesetz den Fall des mangelnden Zusammenwirkens seiner beiden Gruppen zugunsten der Funktionsfähigkeit schon einer Gruppe entscheidet; vgl. dazu unten Anm. 27 u. 28.

11. Die **Bildung des Vermittlungsausschusses** geschieht nicht durch die Wahl seiner Mitglieder als solche, sondern dadurch, daß die Gewählten den Wählern (d. h. analog § 28 Abs. 2 BGB.: einem von ihnen) die Annahme der Wahl erklären. S. dazu auch die folgende Anmerkung. Die vom Gesetz (vgl. insbesondere § 8 Abs. 4 u. dazu unten Anm. 28) getroffene Regelung läßt es trotzdem als nahezu ausgeschlossen erscheinen, daß ein handlungsfähiger Vermittlungsausschuß nicht gebildet werden könnte; sollte dieser Fall dennoch eintreten, so müßte er m. E. a fortiori ebenso behandelt werden, wie wenn kein Wahlvorschlag des Vermittlungsausschusses „erfolgt" (§ 8 Abs. 3 S. 7): das „ ahlorgan" muß auch dann das „elfte" Aufsichtsratsmitglied „von sich aus" wählen können. Fraglich ist dabei nur der Zeitpunkt, in dem diese Wahlfreiheit eintritt; vgl. dazu unten Anm. 26. — Durch die Wahlannahme unterziehen sich die Ausschußmitglieder einer Aufgabe eigener Art. Man kann kaum in Zweifel ziehen, daß sie eine Verpflichtung übernehmen, deren Inhalt auf ein Zusammenwirken mit den anderen Mitgliedern zwecks Aufstellung eines — und gegebenenfalls eines weiteren — Dreiervorschlags (s. u. Anm. 14 u. 22) gerichtet ist; Schuldinhalt ist damit zwar keine Werkleistung, sondern ein Bemühen nach bestem Vermögen auf die Dauer zunächst eines und gegebenenfalls späterhin (vgl. unten Anm. 22) eines weiteren Monats bis zum Zustandebringen eines Dreiervorschlags. Wem diese Leistung geschuldet wird, ist freilich höchst zweifelhaft. Nach der Fittingschen Auffassung (s. oben Anm. 10) dürfte der Anspruch der Montangesellschaft zustehen, was an sich viel für sich hat. (Im Gründungsstadium käme die Gründungsgesellschaft als Berechtigter in Frage.) Indessen scheint mir dagegen zu sprechen, daß der An-

spruch dann im Normalfalle vom Vorstand geltend gemacht werden müßte, während die Ausschußmitglieder in Wirklichkeit paarweise Exponenten der beiden Mitgliedergruppen im Aufsichtsrat sind, von denen jeweils eine kaum damit rechnen kann, daß der Vorstand ihre Interessen gehörig wahrnimmt. Deswegen muß die Mehrheit jeder Mitgliedergruppe gegen die von ihr gewählten Ausschußmitglieder vorgehen können; es wird nichts anderes übrig bleiben, als daß notfalls eine die Mehrheit der Gruppe verkörpernde Zahl von Aufsichtsratsmitgliedern im eigenen Namen gegen einen von der Gruppe Gewählten prozessiert. Die prozessierenden Aufsichtsratsmitglieder dürften als Partei kraft Amtes angesehen werden können, wobei es ihnen überlassen bleiben muß, sich hinsichtlich der Prozeßkosten bei der hinter ihnen stehenden Interessentengruppe Deckung zu verschaffen. Als prozessuale Mittel der Anspruchsverfolgung wird vor allem eine einstweilige Verfügung in Betracht kommen; s. Kötter a. a. O. S. 419 N. 30.

Einseitige Niederlegung der Mitgliedschaft im Vermittlungsausschuß muß schon wegen § 8 Abs. 4 und angesichts der verhältnismäßig kurzen Verpflichtungsdauer als unzulässig und auch als unwirksam angesehen werden. § 627 BGB. kann keinesfalls entsprechend angewandt bzw. muß als stillschweigend wegbedungen angesehen werden. Die Verpflichtung wird im Hinblick auf § 8 Abs. 4 auch nicht etwa dadurch hinfällig, daß die rechtzeitige Aufstellung eines Dreiervorschlags unmöglich erscheint.

12. Wer **Mitglied des Vermittlungsausschusses** werden kann, sagt das Gesetz nicht. Man muß daher annehmen, daß keine Wählbarkeitsschranken bestehen, was im Interesse eines sachdienlichen Tätigwerdens des Vermittlungsausschusses zu bedauern ist. M. E. hätte man für die Mitgliedschaft die Negativvoraussetzungen des § 4 Abs. 2 aufstellen sollen; eine Verständigung der Sozialpartner praeter legem erscheint insofern wünschenswert, um den Keim für ein Scheitern der Ausschußbemühungen von vornherein auszuräumen. S. dazu auch oben Anm. 1 Abs. 4 a. E. und im übrigen zur Frage der Wählbarkeit noch Kötter a. a. O. S. 418 N. 15.

13. Die in Abs. 3 S. 1 vorgesehene **Monatsfrist,** innerhalb deren der Vermittlungsausschuß seine Vorschläge aufstellen soll, beginnt, obwohl das Gesetz dies offen läßt, unzweifelhaft in dem Zeitpunkt, in welchem erstmalig ein Tätigwerden des Vermittlungsausschusses möglich wird. Das muß aus der funktionellen Bedeutung der Frist geschlossen werden. Maßgeblich ist daher unter Berücksichtigung der Vorschrift des Abs. 4 der Zeitpunkt, in welchem die ersten beiden befugtermaßen (darüber s. oben Anm. 8 u. 9) gewählten Ausschußmitglieder die Wahl annehmen. Für die Aufstellung des u. U. vorgesehenen zweiten Dreiervorschlags läuft, obwohl Abs. 2 S. 5 nicht auch auf Abs. 3 S. 1 verweist, vernünftigerweise ebenfalls eine Monatsfrist, die hier mit Wirksamwerden der die Wahlablehnung bestätigenden Entscheidung des Oberlandesgerichts beginnen muß; s. dazu unten Anm. 23.

14. Der **Dreiervorschlag des Vermittlungsausschusses** soll dem Wahlorgan eine Auswahl ermöglichen. Diese stellt ein Mittelding zwischen der bisherigen, künftig bei den Montangesellschaften grundsätzlich nur noch im Rahmen des § 5 zulässigen Aufsichtsratswahl und der in § 6 vorgesehenen Vorschlagsbestätigung dar. S. dazu auch die flg. Anm. Der Dreiervorschlag muß daher so beschaffen sein, daß jede der in ihm benannten Personen wirksam als das in § 4 Abs. 1 Buchst. c bezeichnete Aufsichtsratsmitglied bestellt werden könnte. Jede benannte Person muß also den Negativvoraussetzungen des § 4 Abs. 2 genügen und auch nach §§ 86 Abs. 2, 90 Abs. 1 AktGes. wählbar sein. Andernfalls kann der Dreiervorschlag nur dann die in § 8 Abs. 3 vorgesehenen Wirkungen äußern, wenn er mit einer persönlichen Erklärung der nicht ohne weiteres wählbaren Vorgeschlagenen verbunden ist, daß sie zur Beseitigung des die Wahlannahme hindernden Umstands willens und in der Lage sind. Nicht wirksam vorgeschlagen werden kann auch eine Person, die etwa schon nach § 8 Abs. 1 benannt war; das folgt aus der offenbaren Förderungsfunktion des Vermittlungsausschusses.

Der Dreiervorschlag kann nur als einheitliches Ganzes wirksam werden. Innerhalb der Monatsfrist können ihm anhaftende Mängel ohne weiteres, später nur noch auf Anregung des Wahlorgans (s. dazu Kötter a. a. O. S. 419, Text zu N. 35!) behoben werden. Bevor kein wirksamer Dreiervorschlag aufgestellt ist, braucht das Wahlorgan nicht Stellung zu nehmen. Für die Übermittlung des Vorschlags gilt das oben Anm. 9 a. E. Gesagte. Ist innerhalb der Monatsfrist dem Vorstand usw. kein Dreiervorschlag zugegangen, so greift Abs. 3 S. 7 ein; vgl. unten Anm. 26.

15. Ein rechtzeitig aufgestellter wirksamer Dreiervorschlag des Vermittlungsausschusses (s. dazu auch unten Anm. 28!) erzeugt grundsätzlich eine **Auswahlpflicht des Wahlorgans.** Sie entfällt nur, wenn wichtige Gründe gegen die Bestellung sämtlicher im Dreiervorschlag benannten Personen sprechen. Vgl. dazu unten Anm. 16 u. 23. Statt der Auswahl aus dem Dreiervorschlag muß das Wahlorgan auch jetzt noch die Möglichkeit haben, die von den vorschlagsberechtigten Aufsichtsratsmitgliedern nach § 8 Abs. 1 benannte Person als „elftes" Mitglied zu bestellen. Die Wahl einer in diesem Sinne nicht vorgeschlagenen Person ist hingegen m. E. nichtig; vgl. hierzu aber auch unten Anm. 28 u. Kötter a. a. O. S. 418f. (unter II 2).

16. Ein **wichtiger Grund für die Nichtbestellung** einer im Dreiervorschlag des Vermittlungsausschusses benannten Person liegt nicht nur dann vor, wenn diese nicht die „Gewähr für ein gedeihliches Wirken für da Unternehmen bietet". Das Gesetz nennt diesen Fall nur als Beispiel eines wichtigen Grundes zur Wahlablehnung. Die im Falle der Bestellung eines der Vorgeschlagenen drohende Schädigung des Unternehmens ist nur einer der Tatbestände, die eine Auswahl aus dem Dreiervorschlag als unzumutbar erscheinen lassen. Bei Beurteilung der **Unzumutbarkeit** als Kriterium des Vorhandenseins eines wichtigen Grundes ist hier wie stets auf die Lage der Interessen desjenigen abzustellen, für den der „wichtige Grund" eine Rechtfertigung zur Ablehnung oder Lösung einer — regelmäßig auf Dauer abzielenden — Bindung darstellen soll. Das Wahlorgan ist nun aber, gemessen an dem paritätisch zusammengesetzten Aufsichtsrat, dessen Eigenart und Bedeutung bei der für seinen Charakter ausschlaggebenden Bestellung des „Elften Mannes" voll ins Gewicht fallen muß, nicht nur Organ der juristischen Person als solches, sondern zugleich die Interessenvertretung der Anteilseigner und muß daher in der Lage sein, deren spezifische Interessen als Gegengewicht gegen die nach § 6 bestellten Vorschlagsberechtigten und ihre Exponenten im Vermittlungsausschuß zur Geltung zu bringen. Die Frage der Zumutbarkeit der Auswahl aus dem Dreiervorschlag ist infolgedessen nur unter Zugrunde-

legung eines doppelten Schutzobjekts zu beantworten. Sowie mangelnde Eignung eines Vorgeschlagenen das Wohl des Unternehmens gefährdet und deshalb die Unzumutbarkeit seiner Bestellung begründet, so kann auch mangelnde Neutralität trotz Wahrung der mehr äußerlichen Mindestgrenzen des § 4 Abs. 2 angesichts der sonst drohenden Hintansetzung der wohlverstandenen besonderen Interessen der Anteilseigner die Bestellung unzumutbar machen. Allerdings darf sich hinter der Berufung auf mangelnde Neutralität niemals die — unerhebliche — Befürchtung verstecken, daß eine vorgeschlagene Person — gerade wegen ihrer wirklich vorhandenen Neutralität — im Widerstreit zwischen den Interessen der Anteilseigner und den objektiven Interessen des Unternehmens den letzteren — mit Recht — den Vorrang einräumen würde. Schutzwürdig ist vielmehr nur das Anliegen einer strengen Unparteilichkeit beim Aufeinandertreffen von Interessen der Anteilseigner und solchen der Arbeitnehmer, insbesondere der zweifellos über das Unternehmensinteresse selbst hinausreichenden Gewerkschaftsinteressen. Wer nach seiner ganzen Persönlichkeit und seinen wirtschaftlichen und lebensmäßigen Bindungen nicht die Gewähr dafür bietet, daß er in solchem Widerstreit nicht das als Wohl der Gesamtheit verstandene Gemeinwohl zur einzigen Richtschnur nimmt, sondern Gewerkschaftsideen zuneigt oder sonst als Gegner des Unternehmertums erscheint, begründet, wenn dafür greifbare Anhaltspunkte bestehen, eine Unzumutbarkeit i. S. des Vorliegens eines wichtigen Grundes zur Wahlablehnung. Damit, daß hiernach einwandfrei vertrauenswürdige Personen, die gleichzeitig genügend Sachkunde besitzen, um dem Wohl des Unternehmens positiv dienen zu können, selten sind, rechnet das Gesetz ganz offensichtlich, da es andernfalls keines so komplizierten Auswahl- und Bestellungsverfahrens bedurft hätte. Tatsächlich werden der Idee des „Elften Mannes" i. S. des Gesetzes denn auch regelmäßig nur gewisse Angehörige freier Berufe und gewisse fachkundige Verwaltungsbeamte entsprechen können. Die Einrichtung des Elften Mannes kann aber bei genügender Einsicht der Sozialpartner dazu berufen sein, den wertvollen Rat bedeutender Volkswirte, Techniker oder Juristen, denen eine der wahrhaft sachlichen Entscheidung abholde Zeit zu Unrecht das Fehlen jeglicher politischen Färbung vorgeworfen hat, für die lebenswichtige Grundstoffindustrie in bisher nicht gekanntem Ausmaße nutzbar zu machen. Es gibt immerhin noch Persönlichkeiten, die kraft ihrer fachlichen Autorität über jede politische und soziale Beeinflussung so erhaben sind, daß es bedauerlich wäre, wenn sie infolge einer sich z. T. schon abzeichnenden verfehlten Handhabung bei der Besetzung der Montan-Aufsichtsräte die Lust zur Übernahme der erheblichen Verantwortung eines „Elften Mannes" verlieren würden. Eine derartige Diskreditierung des Instituts des Elften Mannes ist nur zu vermeiden, wenn man am Gedanken der Neutralität jeder einzelnen dieser Aufsichtsratsspitzen (im Sinne des paritätischen Organaufbaus) festhält und nicht dazu übergeht, Abweichungen vom Neutralitätserfordernis nach der einen oder anderen Richtung lediglich in der Gesamtheit der Montanindustrie auszugleichen. S. dagegen schon oben Anm. 1 Abs. 4.

Die Wahlablehnung (d. h. die Ablehnung der Auswahl) ist nur berechtigt, wenn die Wahl einer jeden der drei im Vorschlag des Vermittlungsausschusses benannten Personen dem Wahlorgan unzumutbar ist. Sie muß dann vom Oberlandesgericht bestätigt werden.

17. Nichtzustandekommen der Wahl auf Grund des Vorschlages des Vermittlungsausschusses liegt an sich stets vor, wenn das Wahlorgan es unterläßt, eine der im Dreiervorschlag benannten Personen zum Mitglied des Aufsichtsrats zu bestellen. Tut jedoch das Wahlorgan nicht mehr, so sieht § 8 Abs. 3 für diesen Fall keine besondere Rechtsfolge vor. Sie ergibt sich aber aus dem Zusammenhang. Bloße Untätigkeit des Wahlorgans kann ihm nicht die Wahlfreiheit verschaffen. Sie kann aber ebensowenig den Vermittlungsausschuß nötigen, seinen Vorschlag in einem Gerichtsverfahren zu verteidigen; hierzu ist eine beschlußmäßige Zurückweisung des Vorschlags durch das Wahlorgan erforderlich. Unterbleibt sie, so muß der Vorschlag gewissermaßen in Rechtskraft erwachsen, d. h. es muß so angesehen werden, wie wenn seine Ablehnung für unberechtigt erklärt worden wäre: es ist dann eine der vorgeschlagenen Personen zum Aufsichtsratsmitglied zu bestellen; vgl. darüber im einzelnen unten Anm. 25. Fraglich ist hierbei allein, wann diese Verbindlichkeit des Dreiervorschlags eintritt. Das Gesetz läßt es wiederum an einer Frist (für die Stellungnahme des Wahlorgans zum Vorschlag des Vermittlungsausschusses) fehlen; diese Lücke muß wie im Falle des Abs. 2 durch Analogie zu § 14 Abs. 2 ausgefüllt werden, so daß der Dreiervorschlag nach Ablauf von zwei Monaten nach Zugang verbindlich wird, wenn er nicht bis dahin vom Wahlorgan zurückgewiesen wurde. Ob der Vorstand usw. den Vorschlag dem Wahlorgan pflichtgemäß unterbreitet hat oder nicht, kann dabei ebensowenig Bedeutung gewinnen wie der Zeitpunkt, in welchem der Vorschlag zur Kenntnis des Wahlorgans gelangt. (Es kann kein Zweifel sein, daß der Vorstand der Aktiengesellschaft, z. B. die Hauptversammlung einberufen muß, wenn eine in ihre Kompetenz fallende Angelegenheit zu erledigen ist; überdies erfordert es das Wohl der Gesellschaft, die Vollbesetzung des Aufsichtsrats herbeizuführen. Vgl. dazu Baumbach-Hueck Anm. 2 zu § 106).

Bei der **Beschlußfassung über den Dreiervorschlag** sind grundsätzlich die Bestimmungen der Satzung usw. über Wahlen zum Aufsichtsrat zu beachten, wenngleich es zweckmäßig sein dürfte, daß die Satzung die Beschlußfassung über die Dreiervorschläge nach § 8 Abs. 3 besonders regelt. Die Satzung kann nun für Wahlen nach h. M. auch relative Mehrheiten vorsehen (vgl. Schlegelberger-Quassowski Anm. 7 zu § 87!); werden dann z. B bei einer Wahl zum Aufsichtsrat, bei der es sich um die Besetzung nur eines Aufsichtsratssitzes handelt, aus der Mitte der Versammlung mehrere Kandidaten vorgeschlagen, so bestehen keine Bedenken, daß Stimmzettel mit den Namen der Kandidaten abgegeben werden und derjenige als gewählt gilt, auf den sich die meisten Stimmen vereinigen, mag deren Zahl auch nicht die absolute Stimmenmehrheit erreichen. Ein solches Verfahren trägt indessen im Falle des § 8 Abs. 3 nicht dem Umstande Rechnung, daß das Wahlorgan den Dreiervorschlag insgesamt als unzumutbar zurückweisen kann. Einem solchen Willen könnte bei einer Wahl nur durch Stimmenthaltung Ausdruck verliehen werden; vgl. dazu auch Kötter a. a. O. S. 421 N. 56. Aber auch eine Abstimmung über die Zurückweisung des gesamten Dreiervorschlags kann möglicherweise den Willen der Mehrheit nicht richtig wiedergeben. Wenn von 1000 Stimmen z. B. die Inhaber von 600 Stimmen unter den drei vorgeschlagenen Personen eine, aber nicht ein und dieselbe für zumutbar halten, während die übrigen Anteilseigner alle drei ablehnen, so könnte sich eine Mehrheit gegen die Ablehnung des Dreiervorschlags ergeben, obwohl jeder der Vorgeschlagenen nur 200 Stimmen für sich und 800 Stimmen gegen sich hat. Infolgedessen muß über jede der vorgeschlagenen Personen gesondert abgestimmt werden; erreicht keine von ihnen eine Mehrheit der abgegebenen Stimmen (sei es die einfache, sei es eine von der Satzung geforderte qualifizierte Mehrheit), so ist eine Wahl zweifellos nicht zustande gekommen. Erreichen mehrere eine ausreichende Mehrheit — was immerhin denkbar ist —, so wird die Person mit der höchsten Stimmenzahl als gewählt gelten müssen, auch wenn die Satzung diesen Fall nicht regelt. (Es wäre m. E. verfehlt, die Abstimmung über den Dreiervorschlag etwa zu beenden, wenn die Abstimmung über die zuerst zur Erörterung gestellte Persönlichkeit eine Mehrheit zu deren Gunsten ergeben sollte; es kann nämlich sein, daß von Anteilseignern, die einem anderen Vorgeschlagenen ihre Stimme geben wollen, Stimmenthaltung geübt worden ist, wie wenig Sinn dies auch bei solcher Abstimmung haben mag.)

18. Abs. 3 S. 3 schreibt vor, daß der die **Ablehnung des Dreiervorschlags** feststellende Beschluß des Wahlorgans „mit Gründen versehen sein" muß. Dem Wortlaut des Gesetzes nach müßte ein Ablehnungsbeschluß, der diesem Erfordernis nicht genügt, keine Wirkung zeitigen und den Dreiervorschlag trotz seiner Ablehnung verbindlich werden lassen; vgl. oben Anm. 17 Abs. 1. Das kann nicht wohl der Sinn des Gesetzes sein. Es muß vielmehr allein darauf ankommen, ob im Nachprüfungsverfahren vor dem Oberlandesgericht wichtige Gründe für die Wahlablehnung dargetan werden können, mögen sie nun zum Inhalt des Ablehnungsbeschlusses des Wahlorgans gemacht worden sein oder nicht. Entgegen seinem Wortlaut kann Abs. 3 S. 3 somit nur die Bedeutung einer Soll-Vorschrift zuerkannt werden. Enthält der Beschluß Gründe, so können auch sicherlich im Nachprüfungsverfahren noch weitere Gründe geltend gemacht werden.

19. Der Vermittlungsausschuß als solcher kann in prozessualer Hinsicht kein Antragsrecht haben. Nach der von Fitting (vgl. oben Anm. 10) vertretenen Auffassung soll der Ausschuß anscheinend ein Recht der Gesellschaft usw. ausüben, wenn er gegen den Ablehnungsbeschluß des Wahlorgans das Gericht anruft. M. E. entspräche dies weder der allgemeinen Interessenlage noch der legitimationsmäßigen Herkunft des Vermittlungsausschusses. S. schon oben Anm. 10 a. E. Es liefe aber vor allem dem Umstand zuwider, daß niemand anders als die Gesellschaft usw. als Antragsgegner in Betracht kommt; s. dazu unten den folgenden Absatz! Aber auch wenn Fitting a. a. O, einen Organcharakter des Vermittlungsausschusses nur in demselben Sinne zur Erklärung der Antragsbefugnis dienen lassen wollte, wie man den Grund für die Klagebefugnis des Vorstands nach § 198 Abs. 1 Nr. 4 AktGes. in seiner Organstellung sieht (vgl. — am klarsten —: Godin-Wilhelmi Anm. II 5 Abs. 2 zu § 198), so scheint mir nicht einmal diese Gleichsetzung berechtigt. Es muß nämlich aus § 8 Abs. 4 gefolgert werden, daß schon zwei Mitglieder des Vermittlungsausschusses das **Nachprüfungsverfahren** in Gang setzen können, wenn sich die beiden anderen Mitglieder diesem Schritt versagen; Abs. 4 hat offenbar die Fälle treffen wollen, in denen die eine Gruppe der Ausschußmitglieder die gesetzlich vorgesehenen Funktionen des Ausschusses durch Untätigkeit zu sabotieren sucht. Letzteres kann aber über den

Wortlaut der Vorschrift hinaus auch dann vorliegen, wenn so oder so ein Vorschlag des Ausschusses aufgestellt worden ist und nun seine endgültige Durchsetzung in Frage steht. (Vgl. auch unten Anm. 28) Das paßt aber wenig zur Annahme eines aus einer Organstellung des Vermittlungsausschusses fließenden Antragsrechts. Als gemeinschaftlich antragsberechtigt dürften vielmehr mindestens zwei Ausschußmitglieder (als Einzelpersonen) anzusehen sein.

Gegenstand des auf Antrag der Ausschußmitglieder einsetzenden Verfahrens ist der Ablehnungsbeschluß des Wahlorgans. Dieses selbst kann jedoch nicht Antragsgegner sein. Dem Gegenstande wie der Rolle des Verfahrensgegners nach läßt sich die Rechtsähnlichkeit des Nachprüfungsverfahrens mit der Anfechtungsklage nicht übersehen, wenn es auch im übrigen anders gestaltet ist; vgl. hierüber unten Anm. 21. Antragsgegner ist daher die juristische Person, um deren Aufsichtsratsbesetzung es sich handelt. Das Verfahren ist in seinem Wesen ein Anfechtungsverfahren eigener Art. Aus diesem Grunde hätte das Gesetz auch die Kosten des Verfahrens in jedem Falle der juristischen Person aufbürden sollen, deren Wahlorgan den Ablehnungsbeschluß gefaßt hat. Eine Analogie zur Anfechtungsklage muß im Interesse der Rechtssicherheit noch hinsichtlich der Klage-(Antrags-)frist gezogen werden. Es wäre unerträglich, könnte vom Vermittlungsausschuß das Bestellungsverfahren länger als einen Monat nach Fassung des Ablehnungsbeschlusses (vgl. § 199 Abs. 1 AktGes.) in der Schwebe gehalten werden. Der Antrag von mindestens zwei Ausschußmitgliedern muß innerhalb der Monatsfrist beim zuständigen Oberlandesgericht eingegangen sein. Anwaltszwang besteht nicht; vgl. dazu auch unten Anm. 21.

Daneben kann der Ablehnungsbeschluß aber auch Gegenstand einer echten Anfechtungs- oder Aufhebungsklage sein. Diese Möglichkeit besteht bei allen drei im Mitbestimmungsgesetz in Betracht kommenden Rechtsformen der Montanunternehmen; vgl. §§ 197ff. AktGes., ferner §§ 115f. Allg.Bergges. und Boldt Anm. 4 zu § 115 sowie — für Gesellschaften mit beschränkter Haftung — RGZ. 166, 129 (Analogie zum Aktiengesetz). Ist gegenüber dem Ablehnungsbeschluß eine Anfechtungs- oder Aufhebungsklage erhoben, so hat das Oberlandesgericht, bei dem ein Nachprüfungsverfahren eingeleitet ist, zweifellos grundsätzlich die Möglichkeit, dies Verfahren bis zur rechtskräftigen Entscheidung des Anfechtungsprozesses auszusetzen; m. E. darf es hiervon jedoch keinen Gebrauch machen, da die Konstituierung des Aufsichtsrats keinen Aufschub leidet und lieber in Kauf genommen werden muß, daß mit dem Erfolg der Anfechtungsklage nicht nur der Ablehnungsbeschluß, sondern auch seine Bestätigung hinfällig wird. (Im Falle der Nichtbestätigung ist der Schaden noch geringer, da durch Nichtigerklärung des Ablehnungsbeschlusses der Dreiervorschlag ohnehin verbindlich werden würde; vgl. oben Anm. 17.) Verwickelter liegt der Fall der erfolgreichen Anfechtung einer Vorschlagswahl. Hier muß erneut über den Dreiervorschlag Beschluß gefaßt werden, da die Nichtigerklärung der Wahl noch keinem Ablehnungsbeschluß gleichkommt; u. U. läuft dann die Antragsfrist erst von der nachträglichen ablehnenden Beschlußfassung an. (Die dargelegte Auffassung muß m. E. unabhängig von einer Stellungnahme zu der allgemeinen Frage gelten, ob das Urteil im Anfechtungsprozeß jemals an die Stelle eines für nichtig erklärten Beschlusses einen anderen setzen kann;

vgl. dazu Schlegelberger-Quassowski Anm. 8 zu § 200. Daß das Urteil auf die gegen den Ablehnungsbeschluß gerichtete Anfechtungsklage — s. oben! — keine Vorschlagswahl an dessen Stelle setzen könnte, scheint mir schon im Hinblick auf das oben Anm. 16 Abs. 2 Gesagte erst recht sicher!)

Die Mitglieder des Vermittlungsausschusses können sicherlich übereinkommen, einen neuen Dreiervorschlag vorzulegen, ohne das Nachprüfungsverfahren durchzuführen; dasselbe muß grundsätzlich — s. dazu aber unten Anm. 22 — auch schon kraft Mehrheitsbeschlusses zulässig sein. Vgl. Fitting RuW.-Praxis C V 4.

20. Über die Bedeutung des Begriffs „Unternehmen" in dem vom Mitbestimmungsgesetz verwendeten Sinne s. schon Anm. 7 zu § 1. Die Zuständigkeit des Gerichts bestimmt der Sitz der juristischen Person, deren Wahlorgan die Ablehnung einer Wahl beschlossen hat.

21. Das **Verfahren vor dem Oberlandesgericht** muß, da das Gesetz offenbar an keine Anfechtungsklage im förmlichen Sinne denkt, sondern von einem „Antrage" spricht, der das Verfahren in Gang setzen soll, ein solches der freiwilligen Gerichtsbarkeit sein; vgl. Fitting BArbBl. 51, 206 N. 25. Zu entscheiden hat mithin der Zivilsenat des Oberlandesgerichts im Beschlußverfahren. Beteiligte sind die Mitglieder des Vermittlungsauschusses, welche den Antrag gestellt (oder sich ihm angeschlossen) haben und die juristische Person, deren „Wahlorgan" den Ablehnungsbeschluß gefaßt hat, vertreten durch ihren Vorstand usw. Die Beteiligten können sich durch Bevollmächtigte vertreten lassen (vgl. § 13 FGG.). Es gilt der Grundsatz der Amtsvermittlung (§ 12 FGG.). Gleichwohl liegt es im Interesse der Beteiligten, alle zugunsten des von ihnen vertretenen Rechtsstandpunktes sprechenden Tatsachen vorzutragen und Beweismittel für ihre Behauptungen zu bezeichnen; das Verfahren kennt zwar keine Beweislast, jedoch kann mangelhafte Aufklärung der erheblichen Umstände sich zu Lasten des Säumigen auswirken. Für Glaubhaftmachung ist kein Raum; soweit erhebliche Umstände des Sachverhalts weder gerichtskundig oder offenkundig sind noch von den Beteiligten übereinstimmend derart eingeräumt werden, daß richterliche Zweifel entfallen, müssen Beweise erhoben werden, wobei das Gericht an Anträge der Beteiligten nicht gebunden ist. Unerläßlich dürfte es sein, daß sowohl die vorgeschlagenen Personen als auch alle Mitglieder des Vermittlungsausschusses (nicht nur die beteiligten) und der Vorstand usw. der Antragsgegnerin mindestens von einem Richter des Senats gehört werden. Überhaupt sollte von Rechtshilfeersuchen hier tunlichst wenig Gebrauch gemacht werden, damit die erstinstanzliche Zuständigkeit des Oberlandesgerichts von vollem Nutzen sein kann. Die Entscheidung ist mit Gründen zu versehen. Sie wird mit Bekanntmachung nach § 16 FGG. rechtskräftig, da eine Beschwerdemöglichkeit nicht gegeben ist.

22. Der zweite Dreiervorschlag darf keine Person benennen, die dem Wahlorgan bereits im laufenden Bestellungsverfahren vorgeschlagen worden war.

Sämtliche Mitglieder des Vermittlungsausschusses müssen sich um die Aufstellung des zweiten Dreiervorschlags — wo möglich noch stärker als um die des ersten — bemühen, weil alles versucht werden muß, um möglichst nicht die Wahlfreiheit des Wahlorgans eintreten zu lassen. Die Unternehmerkreise würden einen schweren Fehler begehen und nur die unter umgekehrtem Vorzeichen entfalteten Bemühungen um Abweichung vom Prinzip der Neutralität und Unparteilichkeit sanktionieren, wenn sie es darauf anlegen wollten, ihre Vertrauensleute im Vermittlungsausschuß zur Vereitelung des Zustandekommens der Dreiervorschläge zu veranlassen. Leider können die Exponenten jeder Gruppe durch Nein-Stimmen die Tätigkeit des Vermittlungsausschusses lahmlegen; Fitting BArbBl. 51, 206, Text zu N. 26, vgl. Kötter a. a. O. S. 419 N. 38 u. Text dazu. Das Bedauern, das Fitting RuW.-Praxis (unter C V 4 a. E.) äußert, ist insofern durchaus gerechtfertigt. Das oben Anm. 16 Gesagte gilt hier völlig entsprechend.

23. Auch der zweite Dreiervorschlag hat unter den bereits entwickelten Voraussetzungen (s. oben Anm. 14 u. 22 Abs. 1) die Wirkung, daß das Wahlorgan zu ihm Stellung nehmen muß und eine Auswahl aus ihm nur ablehnen kann, wenn die Bestellung einer jeden der drei benannten Personen unzumutbar ist (vgl. dazu oben Anm. 16 u. 17). Ebenso wird er bei Unterlassung einer Stellungnahme nach zwei Monaten verbindlich, und seine Ablehnung kann genau so wie des ersten von schon zwei Mitgliedern des Vermittlungsausschusses zur gerichtlichen Nachprüfung gebracht werden; s. hierüber das oben Anm. 19—21 Gesagte. Entgegen dem Wortlaut des Gesetzes, das nur die Vorschriften der Sätze 2 bis 4 für entsprechend anwendbar erklärt, muß schließlich auch für die Aufstellung des zweiten Wahlvorschlages die in Abs. 3 S. 1 vorgesehene Monatsfrist gelten. Ihr Beginn ist hier wiederum auf den Zeitpunkt zu verlegen, in welchem sich der Vermittlungsausschuß mit der Aufstellung des Vorschlags erstmalig befassen kann; das ist bei Durchführung des Nachprüfungsverfahrens der Tag, an welchem der Bestätigungsbeschluß des Oberlandesgerichts wirksam wird, andernfalls — wenn der Vermittlungsausschuß beschließt, von der Durchführung eines Nachprüfungsverfahrens abzusehen, vgl. oben Anm. 19 Abs. 4 — der Tag, an dem das Wahlorgan den Ablehnungsbeschluß faßt. (Im letzteren Falle deckt sich also die Vorschlagsfrist mit der analog § 199 Abs. 1 AktGes. laufenden Antragsfrist, so daß nach Ablauf eines Monats seit Fassung des ersten Ablehnungsbeschlusses feststeht, ob der Vermittlungsausschuß sich mit diesem abfindet — ein Fall, der im Gesetz ebenfalls nicht ausdrücklich geregelt, aber analog Abs. 3 S. 7 entschieden werden muß.) Vgl. zu allem schon oben Anm. 13 u. 19.

24. Die Wahlablehnung ist vom Gericht schon dann für unberechtigt zu erklären, wenn die Zumutbarkeit der Bestellung auch nur einer einzigen im Dreiervorschlag benannten Person zu bejahen ist. Vgl. oben Anm. 16 Abs. 2. Das Gericht muß die Frage aber für jeden der drei Vorgeschlagenen gesondert prüfen. Zwar könnte das Wahlorgan, wenn der zweite Ablehnungsbeschluß nicht (d. h. nicht in vollem Umfange!) bestätigt wird, auch eine Person gültig zum Aufsichtsratsmitglied bestellen, hinsichtlich deren das Gericht die für die Wahlablehnung angeführten Gründe gebilligt hat; hingegen muß eine solche Person aus dem Kreise der für eine Notbestellung in Betracht Kommenden ausscheiden; s. dazu Kötter a. a. O. S. 421 N. 73 und Text dazu sowie die folgende Anmerkung. Der sachlichen Prüfung muß hier unbedingt eine Prüfung der Zulässigkeit des Nachprüfungsantrags vorangehen. Diese Prüfung umfaßt die Frage der Ordnungsmäßigkeit des abgelehnten Vorschlags, wozu die nach Abs. 4 zu beurteilende Vorschlagsbefugnis gehört, aber auch die Antragsbefugnis der Antragsteller. Fehlt es auch nur an einer von beiden, so kann die Ablehnung niemals für unberechtigt erklärt werden.

25. Eine uneingeschränkte Bestellungspflicht des Wahlorgans sieht das Gesetz für den Fall der **Nichtbestätigung eines Ablehnungsbeschlusses** vor. Sie unterscheidet sich von der gegenüber den Dreiervorschlägen des Vermittlungsausschusses bestehenden „Wahlpflicht" dadurch, daß nun keinerlei „wichtige Gründe" mehr die Wahlfreiheit des Wahlorgans herbeiführen können und der Kreis derjenigen, die auf den „elften" Sitz im Aufsichtsrat gelangen können, grundsätzlich festgelegt ist: es sind, falls nicht sämtliche Personen, bei denen die Wahlablehnung für unberechtigt erklärt worden ist, wegfallen, nur die auf Grund des § 8 (Abs. 1 u. 3) Vorgeschlagenen wählbar. (S. dazu auch oben Anm. 24 nebst Zitat!) Ein solcher Wegfall kann eintreten durch Tod oder unbehebbaren Verlust der die Negativvoraussetzungen des § 4 Abs. 2 oder die allgemeine Wählbarkeit begründenden Eigenschaften sowie durch Wahlablehnung. Sind die unberechtigtermaßen abgelehnten Personen weggefallen, so erlischt auch die bereits eingetretene absolute Bestellungspflicht des Wahlorgans; es würde dem Sinn des § 8 nicht entsprechen, wenn nun nochmals der Gang der Vorschlagsverfahren von vorn beginnen sollte. Vgl. dazu Kötter a. a. O. S. 420 (unter II 4 b). Man wird allerdings für den Fortgang des Bestellungsverfahrens zu unterscheiden haben, ob die Bestellungspflicht gegenüber dem ersten oder dem zweiten Dreiervorschlag eingetreten war: nur im letzteren Falle führt ihr Wegfall zur Wahlfreiheit des Wahlorgans, während sonst der Vermittlungsausschuß noch einen zweiten Dreiervorschlag aufstellen muß.

Eine der absoluten Bestellungspflicht zuwider vorgenommene Aufsichtsratswahl ist nichtig; vgl. Kötter a. a. O. S. 421 (unter II 7 a). Über den Unterschied von der Wahl einer nicht vorgeschlagenen Person bei unwirksamem Wahlvorschlag s. unten Anm. 26, über den von der Wahl einer unwirksam vorgeschlagenen Person unten Anm. 28. Andererseits besteht gegenüber dem Wahlorgan kein Zwang zur Vornahme einer Vorschlagswahl. Insoweit ist § 8 Abs. 3 S. 6 unzweifelhaft eine lex imperfecta. Man wird aber bei dieser Erkenntnis m. E. unmöglich stehen bleiben können. Vielmehr ist in den Fällen, in denen der paritätisch besetzte Aufsichtsrat nicht schon im Gründungsstadium als eine der Eintragungsvoraussetzungen vollständig vorhanden sein muß (womit ein ausreichender indirekter Zwang gewährleistet ist!), eine Ersatzbestellung des „Elften Mannes" für zulässig und geboten zu halten. Dies Ergebnis läßt sich zwar unmittelbar aus keiner gesetzlichen Vorschrift herleiten. § 7 zielt speziell auf Sicherung des Gleichgewichts der paritätischen Pfeiler des ganzen Organbaus ab. § 89 AktGes. hat nur ein im Mitbestimmungsgesetz in den Hintergrund gedrängtes Minimum der Funktionsfähigkeit im Auge. Immerhin ist beiden Bestimmungen schon der Gedanke zu entnehmen, daß der Registerrichter dort helfend eingreifen muß, wo eine vom Gesetz für unerläßlich erachtete Beschaffenheit des Aufsichtsrats mit normalen Mitteln auf die Dauer nicht hergestellt werden kann. Erkennt man nun an, daß die neutrale Spitze dem Montan-Aufsichtsrat seiner ganzen Anlage nach unentbehrlich ist, so wird man ebensowenig wir bei der schon bisher im Gesetz offen gebliebenen Frage der Noternennung eines Aufsichtsratsvorsitzers die Ausdehnung der registerrichterlichen Befugnisse über die gesetzlichen Spezialnormen hinaus ablehnen dürfen. Die gebotene Gesetzesanalogie findet aber eine weitere Stütze in § 29 BGB., dessen grundsätzliche Anwendbarkeit auf juristische Personen des Handelsrechts zu bejahen ist; vgl. Achilles-Greiff Vorbem. 5 vor §§ 21ff. (mit Nachweisungen aus der Rechtsprechung); auch auf bergrechtliche Gewerkschaften neuen Rechts ist (wenn auch entgegen einer herrschenden Meinung, so doch mit Recht) hilfsweise § 29 BGB. angewendet worden; vgl. JW. 25, 1880 (BayOLG.). Nun erwähnt zwar § 29 BGB. als ergänzungsbedürftiges Organ nur den Vorstand, was sich offensichtlich aus der allgemeinen Vereinsorganisation erklärt, die außer der Mitgliederversammlung kein weiteres Organ kennt. Und wenn auch der aktienrechtliche Aufsichtsrat, mit dem das Mitbestimmungsgesetz operiert, nach außen hin kaum Vertretungsaufgaben hat (vgl. Anm. 7 zu § 2 unter c γ), so erkennt das Gesetz seine Unentbehrlichkeit und das Anliegen seiner Funktionsfähigkeit neben der des Vorstandes schon durch § 89 AktGes. eindeutig an. Man braucht dann nur die Erkenntnis hinzunehmen, daß die Funktionstauglichkeit der vom Mitbestimmungsgesetz geschaffenen Aufsichtsräte im Gegensatz zum allgemeinen Aktienrecht die Vollbesetzung erfordert, um eine Gesetzesanalogie zu § 89 AktGes., § 29 BGB., § 7 MitbGes. oder — was m. E. der Rechtslage vielleicht noch besser gerecht wird — eine rechtsähnliche Anwendung des § 29 BGB. zu bejahen, wenn das Wahlorgan der Montangesellschaften nicht innerhalb angemessener Frist seiner Bestellungspflicht nach § 8 Abs. 3 S. 6 nachkommt. Alsdann wird das Fehlen des „Elften Mannes" zu einem „dringenden Fall" (§ 29 BGB.). Als angemessene Frist ist wiederum (vgl. oben Anm. 9) analog § 14 Abs. 2 eine Zweimonatsfrist, hier beginnend mit Bekanntmachung des die Wahlablehnung für unberechtigt erklärenden Beschlusses, anzunehmen. Vgl. zu allem auch Kötter a. a O. S. 421 (unter II 7). Wichtig ist, daß im Wege der Notbestellung aber nur eine Person bestellt werden darf, hinsichtlich deren die Wahlablehnung für unberechtigt erklärt oder — im Falle der Untätigkeit der Hauptversammlung — kein Wahlablehnungsbeschluß gefaßt worden ist.

26. Die **Wahlfreiheit des Wahlorgans** besteht in der Befreiung von den ihm nach § 8 zugeleiteten Wahlvorschlägen. Hingegen besagt sie nicht etwa, daß bei der Bestellung des „elften" Aufsichtsratsmitglieds auch die Bindung an § 4 Abs. 2 entfiele. Eine dieser Vorschrift zuwiderlaufende Wahl wäre auch hier nichtig. Darüber hinaus muß aber beachtet werden, daß schon ein geringerer Mißbrauch der Wahlfreiheit dadurch zunichte gemacht werden kann, daß die Mehrheit der Arbeitnehmergruppe im Aufsichtsrat die Abberufung des Gewählten beantragen kann (vgl. § 11 Abs. 3 u. Anm. 6 zu § 11). Ich trage keine Bedenken anzunehmen, daß dabei nicht nur eine Gefährdung des Unternehmens, sondern — spiegelbildlich zu den weiteren oben Anm. 16 entwickelten Gesichtspunkten — auch eine Abweichung vom Neutralitätsprinzip als wichtiger Grund zur Abberufung anzusehen wäre. Es besteht also kein Grund zu der Befürchtung, daß die Bäume der „Wahlfreiheit" in den Himmel wachsen könnten. Daß die Abberufung in erster Instanz beim Registergericht und nicht beim Oberlandesgericht betrieben werden muß, ist kein Nachteil, da die Entscheidung des Registerrichters beschwerdefähig ist.

Als **Voraussetzungen der Wahlfreiheit** nennt das Gesetz nur das Unterbleiben eines Vorschlags des Vermittlungsausschusses und die Bestätigung der zweiten Wahlablehnung. Die ersterwähnte Voraussetzung liegt vor, gleichviel ob der zweite Dreiervorschlag oder bereits der erste unterbleibt; vgl. Kötter a. a. O. S. 420 (unter II 4b). Über den Wortlaut des Gesetzes hinaus müssen aber auch sonstige Umstände die Wahlfreiheit begründen können. Vgl. dazu zunächst die oben Anm. 25 Abs. 1 behandelten Fälle, die auch eintreten können, bevor der — zweite — Dreiervorschlag verbindlich geworden ist, und dann gleichermaßen die Wahlfreiheit herbeiführen. Ferner gehören hierher die Fehlerhaftigkeit des Dreiervorschlags, die dann vorliegt, wenn in ihm nicht drei wählbare, im laufenden Bestellungsverfahren noch nicht für den „elften" Sitz vorgeschlagene Personen benannt sind, sowie die Unterlassung rechtzeitiger Einleitung des Nachprüfungsverfahrens gegenüber einem Ablehnungsbeschluß (und zwar im Falle des ersten Ablehnungsbeschlusses mit der Einschränkung, daß auch kein zweiter Dreiervorschlag innerhalb der abgelaufenen Antragsfrist — vgl. oben Anm. 19 — aufgestellt wird). S. dazu auch Kötter a. a. O.

27. § 8 Abs. 4 regelt die **Handlungsfähigkeit des Vermittlungsausschusses.** Im Interesse der Durchführung des schwierigen Bestellungsverfahrens genügt es, wenn die Hälfte der vorgesehenen Mitgliederzahl des Ausschusses tätig wird. Das Gesetz knüpft dies an den Eintritt einer von zwei bestimmten Voraussetzungen.

a) Nichterreichen der vorgeschriebenen Mitgliederzahl.

Das Gesetz hat sicherlich in erster Linie den Fall im Auge, daß eine der beiden Gruppen vorschlagsberechtigter Aufsichtsratsmitglieder die von ihr zu wählenden beiden Mitglieder des Vermittlungsausschusses nicht wählt. Diesem Falle ist aber — vgl. oben Anm. 11 — der andere gleichzuachten, daß die zu Ausschußmitgliedern gewählten Personen die Wahl ablehnen. Unter diesem Gesichtspunkt kann es vorkommen, daß von beiden Seiten keine Vollbesetzung des Vermittlungsausschusses erreicht wird. Es bestehen deshalb auch wohl keine Bedenken dagegen, daß beide Mitgliedergruppen — etwa im Hinblick auf die Schwierigkeit, geeignete und zur Wahlannahme bereite Vermittler zu finden — einvernehmlich nur je ein Ausschußmitglied bestellen; § 8 Abs. 4 würde jedenfalls auch die Handlungsfähigkeit eines solchen Zweierausschusses begründen. Ein Anrecht darauf, daß die andere Mitgliedergruppe einem solchen Verfahren zustimmt, kann aber zweifellos auch dann nicht anerkannt werden, wenn die Schwierigkeiten zur Bestellung von mehr als einem Ausschußmitglied für eine Gruppe unüberwindlich groß erscheinen sollten. Jede Gruppe trägt also das Risiko der Gleichgewichtseinbuße im Vermittlungsausschuß. Andererseits wären aber auch bei Vorhandensein von nur drei Ausschußmitgliedern diese sämtlich zur Beratung der Vorschlagsaufstellung heranzuziehen; die Mitgliedschaft im Vermittlungsausschuß ist zweifellos persönliche Einzelmitgliedschaft.

b) Unentschuldigtes Fernbleiben von Ausschußmitgliedern.

Auch hier ist der Gesetzeswortlaut enger gefaßt, als es den offenbaren Absichten des Gesetzes entspricht. Zunächst wird es zwar den Regelfall bilden, daß die Beratungen des Vermittlungsausschusses in Sitzungen stattfinden, die persönliches Erscheinen der Ausschußmitglieder erfordern.

Stellvertretung wird nach Lage der Sache als unzulässig angesehen werden müssen; auch für eine Analogie zu § 93 Abs. 3 AktGes. ist kein Raum, da die Satzung zur Regelung des Verfahrens vor dem Vermittlungsausschuß nicht kompetent ist. Sind aber die Ausschußmitglieder z. B. übereingekommen, daß eines (oder einzelne) von ihnen im Wege schriftlicher Befragung die Stellungnahme der übrigen zu Anregungen über die Zusammensetzung des Dreiervorschlags einholen soll, so muß m. E. jedes befragte Mitglied sich äußern, falls sein Schweigen nicht dem unentschuldigten Fernbleiben von einer Sitzung gleichgeachtet werden soll. — Einer Einladung wird jedes Mitglied unverzüglich Folge leisten müssen. Die Arbeiten des Vermittlungsausschusses werden den Vorrang vor allen persönlichen Angelegenheiten des Mitglieds haben müssen, so daß nur Verhinderung infolge Wahrnehmung von Staatsbürgerpflichten oder infolge Krankheit entschuldigt. Einzelheiten sind natürlich Ermessensfragen.

Die Frage der Stimmenthaltung bei den Ausschußberatungen ist unabhängig von § 8 Abs. 4 zu lösen. Ihre Beantwortung setzt eine Klärung der Vorfrage voraus, ob der Vermittlungsausschuß Einigkeit über jede in den Dreiervorschlag aufzunehmende Person oder wenigstens über die Gesamtzusammensetzung des Vorschlags erzielen oder ob über die Zusammensetzung des Vorschlags abgestimmt werden muß. Das Gesetz schweigt. Im Interesse der Realisierbarkeit der gesetzlichen Ziele dürfte allein die Anerkennung des Mehrheitsprinzips liegen. Und zwar wird über die Aufnahme jeder einzelnen Person in den Dreiervorschlag abgestimmt werden müssen. Daraus wird wiederum zu folgern sein, daß Stimmenthaltungen bei der Mehrheitsfeststellung nicht zu berücksichtigen sind; vielmehr muß die Mehrheit allein der abgegebenen Stimmen über die Aufnahme in den Dreiervorschlag entscheiden. Befürwortet also in einer von mindestens zwei Ausschußmitgliedern wahrgenommenen Beratung nur ein Mitglied die Aufnahme, während sich die anderen der Stimme enthalten, so ist damit die Aufnahme beschlossen.

Andererseits folgt aus dem normalen Mehrheitsprinzip, daß im Vermittlungsausschuß keine relative Mehrheit ausreichen kann. Handelt es sich z. B. um die Ermittlung der letzten in den Dreiervorschlag noch aufzunehmenden Person und sind dafür C, D und E in Erwägung gezogen, so ist C selbst dann nicht als aufgenommen anzusehen, wenn zwei Mitglieder für seine Aufnahme stimmen und D und E nur je eine Stimme erhalten. Eine Abstimmung dieser Art (nach Wahlgrundsätzen) ist hier überhaupt — wie bei der Beschlußfassung des Wahlorgans über den Vermittlungsvorschlag — als unzulässig anzusehen, vielmehr muß über jeden Platz im Dreiervorschlag und dabei wiederum auch über jeden dafür in Erwägung gezogenen Kandidaten gesondert abgestimmt werden

Die Berücksichtigung von Nein-Stimmen kann durch Abs. 4 hingegen nicht verhindert werden. Sein Sinn ist nur die Verhütung einer Obstruktion mittels Untätigkeit der einen Mitgliederhälfte. Auch sonst ist aber keine Handhabe gegeben, die negative Stellungnahme zweier Ausschußmitglieder gegenüber der von den beiden anderen Mitgliedern gewünschten Aufnahme einer Person in den Dreiervorschlag wirkungslos zu machen. Es liegt auf der Hand, daß eine derartige Stellungnahme von der Absicht getragen sein kann, die Aufstellung eines Dreiervorschlags zu verhindern, um die Wahlfreiheit des Wahlorgans eintreten zu lassen. Einer solchen Absicht müßte grundsätzlich mit dem Rechtsgedanken begegnet werden können, daß das Gegenteil der Treu und Glauben zuwiderlaufenden Absicht Geltung erlangt (vgl. §§ 162, 815 BGB.). Indessen scheitert die Verwirklichung dieses Rechtsgedankens hier daran, daß eine grundlose Ablehnung — wenigstens subjektiv gesehen — nicht vorkommen wird. Sollte allerdings ein gegen die Aufnahme einer Person in den Dreiervorschlag stimmendes Ausschußmitglied weder Gründe für seine Stellungnahme anführen noch eine andere Person zwecks Aufnahme in den Dreiervorschlag namhaft machen können, der er seine Stimme geben würde, so müßte man allerdings annehmen, daß seine derart unmotivierte Nein-Stimme bei der Abstimmung nicht mitgezählt werden dürfte — ein Regulativ, das leider nach der Interessenlage (vgl. dazu Kötter a. a. O. S. 419 N. 38) nicht schärfer ausgestaltet werden kann und in der dargelegten Beschränkung auf den Extremfall kaum praktische Bedeutung haben dürfte.

28. Ein **Tätigwerden des Vermittlungsausschusses** ist gesetzlich nur in der Form der Aufstellung eines — und gegebenenfalls eines zweiten — Dreiervorschlags sowie der Stellung eines Antrags auf Nachprüfung eines Ablehnungsbeschlusses des Wahlorgans möglich. Über die für die Aufstellung des Dreiervorschlags maßgeblichen Grundsätze vgl. die vorige Anmerkung unter b), über die Stellung des Nachprüfungsantrages oben Anm. 19.

Das Tätigwerden von zwei Ausschußmitgliedern läßt sich nur dort dem Tätigwerden des Gesamtausschusses gleichsetzen, wo entweder der Ausschuß nur aus zwei Mitgliedern besteht oder die übrigen Mitglieder sich der Durchführung der gesetzlichen Aufgaben des Ausschusses versagen. Darüber, daß letzteres auch dann angenommen werden muß, wenn zwei Ausschußmitglieder den Antrag auf gerichtliche Nachprüfung eines vom Wahlorgan gefaßten Ablehnungsbeschlusses nicht unterstützen, vgl. schon oben Anm. 19 a. E. Dieser Antrag ist in einem so hohen Maße eine Konsequenz der Aufstellung des Dreiervorschlags, daß als Gegenstand einer nach Ablehnung des Vorschlags durch das Wahlorgan denkbaren Verhandlung und Entschließung des Ausschusses sachlich nicht die Stellung des Antrags, sondern die Abstandnahme von ihr anzusehen ist. Hier kann also Stimmengleichheit nur bedeuten, daß der abgelehnte Dreiervorschlag in der gesetzlich vorgesehenen Weise weiter zu verfolgen ist. Daraus ist aber nach dem Grundsatz des Abs. 4 die Antragslegitimation von schon zwei Ausschußmitgliedern abzuleiten; s. schon oben Anm. 19.

Zweifelsfälle über die Handlungsbefugnis zweier Personen, die von einer Mitgliedergruppe des Aufsichtsrats in den Vermittlungsausschuß gewählt worden sind, können sich aus der Unsicherheit über den Zeitpunkt ergeben, in welchem frühestens die Bildung des Ausschusses zulässig ist; vgl. darüber oben Anm. 8. Ebenso kann unter den von den beiden Mitgliedergruppen Gewählten wechselseitig Meinungsverschiedenheit über die Legitimation der Gewählten oder über das Vorliegen der zweiten Alternativvoraussetzung des Abs. 4 herrschen. Aus solcher Lage kann es zu zwei jeweils den Vorrang der Alleingültigkeit beanspruchenden Dreiervorschlägen kommen. Darüber, welche Folgerungen für die Stellungnahme des Wahlorgans zu ihnen zu ziehen sind, vgl. Kötter a. a. O. S. 418f. (unter II 2). Auszugehen ist dabei von dem Grundsatz, daß dem Wahlorgan die Prüfung der Rechtslage in solchen Fällen zwar zugemutet werden muß, aber nicht abschließend überlassen werden kann. Es wird daher Sache des Oberlandesgerichts sein, hierüber zu entscheiden, da in der Teilbestätigung nur eines der beiden Vorschläge zugleich eine beschlußmäßige Ablehnung des anderen Vorschlags zu erblicken ist, die einen Nachprüfungsantrag rechtfertigt. Daneben könnte die vorgenommene Wahl mit der Anfechtungsklage bekämpft werden, aber zugleich auch mit dem Antrag einer ausreichenden Zahl von Aufsichtsratsmitgliedern auf Abberufung des Gewählten; vgl. Kötter a.a.O. S. 418/9. Das Verhältnis der verschiedenen denkbaren Verfahren zueinander bereitet keine Schwierigkeit. Das Abberufungsverfahren ist unabhängig von den beiden anderen zu verfolgen, solange nicht etwa durch deren Entscheidung die Nichtigkeit der Bestellung offenbar geworden ist. Der Antrag auf Nachprüfung des Ablehnungsbeschlusses wird weder durch eine Abberufung des Gewählten noch durch deren Ablehnung gegenstandslos. Lediglich bei der Anfechtungsklage ist zu unterscheiden: Ist die Wahlanfechtung allein auf die Fehlerhaftigkeit des der Wahl zugrundeliegenden Dreiervorschlags gestützt, so kann die Entscheidung des einen oder anderen Gerichts ausgesetzt werden; man wird dabei annehmen müssen, daß dann das Prozeßgericht auszusetzen hat, weil die Frage des vor ihm geltend gemachten Klagegrundes der speziellen Zuständigkeit des Oberlandesgerichts mit unterworfen ist (vgl. oben Anm. 21); wird nicht so verfahren, so macht weder das klagabweisende noch das die Nichtigkeit der Wahl aussprechende Urteil die Entscheidung des Oberlandesgerichts gegenstandslos; bestätigt dieses die Wahlablehnung, so divergiert davon allerdings ein Urteil, welches der Anfechtungsklage stattgegeben hat; ohne Rücksicht darauf, ob die Unklarheit bei dem ersten oder bei dem zweiten Dreiervorschlag aufgetreten war, kann dann das Wahlorgan die frühere Wahl wirksam neu vornehmen, im Falle des zweiten Dreiervorschlags sogar in den Grenzen des § 4 Abs. 2 frei wählen; erklärt hingegen das Oberlandesgericht die Ablehnung des einen Vorschlags für unberechtigt, so wird spätestens damit die auf dem anderen Vorschlag fußende Wahl nichtig und das Wahlorgan i. S. des Abs. 3 S. 6 an den von ihm abgelehnten Dreiervorschlag gebunden. — Ist hingegen die Wahlanfechtung auch auf andere Gründe als die Fehlerhaftigkeit des berücksichtigten Vorschlags gestützt, so wird der Anfechtungsprozeß nicht auszusetzen sein; die Entscheidungen kollidieren hier, wenn die des Anfechtungsprozesses vorangeht, in keinem stärkeren Maße als im ersten Falle. Praktisch wird der Unterschied jedoch, wenn — wie regelmäßig — das Oberlandesgericht entscheidet, bevor ein rechtskräftiges Urteil über die Anfechtungsklage ergeht; im ersteren Falle wird dadurch der Anfechtungsprozeß immer in der Hauptsache erledigt, im zweiten Falle nur, wenn das Oberlandesgericht die Wahlablehnung für unberechtigt erklärt.

§ 9

(1) Bei Gesellschaften[1] mit einem Nennkapital[2] von mehr als zwanzig Millionen Deutsche Mark[3] kann durch Satzung oder Gesellschaftsvertrag bestimmt werden, daß der Aufsichtsrat aus fünfzehn Mitgliedern besteht[4]. Die Vorschriften der §§ 4 bis 8 finden sinngemäß Anwendung[5] mit der

Maßgabe, daß die Zahl der gemäß § 6 Abs. 1 und 2 zu wählenden Arbeiter zwei, die Zahl der in § 6 Abs. 3 bezeichneten Vertreter der Arbeitnehmer drei beträgt[6].

(2) Bei Gesellschaften[1] mit einem Nennkapital[3] von mehr als fünfzig Millionen Deutsche Mark kann durch Satzung oder Gesellschaftsvertrag bestimmt werden, daß der Aufsichtsrat aus einundzwanzig Mitgliedern besteht[4]. Die Vorschriften der §§ 4 bis 8 finden sinngemäß Anwendung[5] mit der Maßgabe, daß die Zahl der in § 4 Abs. 1 Buchstaben a und b bezeichneten weiteren Mitglieder je zwei, die Zahl der gemäß § 6 Abs. 1 und 2 zu wählenden Arbeiter drei und die Zahl der in § 6 Abs. 3 bezeichneten Vertreter der Arbeitnehmer vier beträgt[7].

1. Die Vorschrift findet nur auf Aktiengesellschaften und Gesellschaften mit beschränkter Haftung Anwendung; vgl. dazu § 1 Abs. 2. Bergrechtliche Gewerkschaften haben, auch wenn sie juristische Personen sind, kein Nennkapital, auf das § 9 allein abstellt.

2. Nennkapital ist entweder Grundkapital (bei Aktiengesellschaften) oder Stammkapital (bei Gesellschaften mit beschränkter Haftung). — § 9 ist die einzige Vorschrift des Mitbestimmungsgesetzes, die an die Höhe des Nennkapitals anknüpft. Ursprünglich sollte das Gesetz (vgl. § 13 Abs. 1 des Regierungsentwurfs — Anh. I 3 — u. Anm. 25 a. E. zu § 1) ohne Rücksicht auf die Arbeitnehmerzahl auch bei Gesellschaften mit einem Nennkapital von über einer Million D-Mark gelten. Diese Vorschrift ist in den Ausschußberatungen gefallen; Anträge der Opposition in der zweiten Lesung, hier die Fassung des Regierungsentwurfs wiederherzustellen, wurden abgelehnt. Hingegen enthielt der Regierungsentwurf noch keine Vorschrift, die eine höhere Mitgliederzahl als elf mit der Höhe des Nennkapitals in Beziehung setzt. Auch § 9 beruht auf den Beratungen des 20. und 13. Ausschusses, und zwar auf einem im Arbeitskreis dieser beiden Ausschüsse angenommenen Antrage des Abg. Dr. Schröder-Düsseldorf (CDU.); vgl. dazu ArbKreisProt. Nr. 10 S. 6 u. 7. Die Fassung ist später lediglich redaktionell den in der zweiten Lesung beschlossenen Änderungen des § 6 angepaßt worden; vgl. BT-Prot. über die 132. Sitzung vom 10. 4. 51 S. 5081 D. Gegenüber der verschwommenen Vorschrift des Regierungsentwurfs (§ 8) hat die Schrödersche Fassung auch den Vorzug, daß sie die zulässigen Gestaltungsmöglichkeiten der Satzung klar abgrenzt. Die Anknüpfung des Gesetzes an die Höhe des Nennkapitals hat aber letztlich denselben Grund wie die Eliminierung der 1-Million-Grenze aus § 1 Abs. 2 (bzw. § 13 Abs. 1 Reg.Entw.): erst während der Ausschußberatungen konnte auf Grund des von den Fachreferaten des Bundeswirtschaftsministeriums beigebrachten statistischen Materials Klarheit über die Größenordnung der Montan-Unternehmen gewonnen werden. Bei dem natürlichen Anlagebedarf dieser Unternehmen bezeichnet ein Nennkapital von nur einer Million DM regelmäßig eine nahezu bedeutungslose Gesellschaft, während auch noch nach der Entflechtung der Großkonzerne Nennkapitalien von einer Höhe in Betracht kommen, die einerseits die relativ hohen Kapitalgrößen rechtfertigen, an die § 9 anknüpft, anderseits aber das Bedürfnis nach einer Ausweitung des Elfer-Aufsichtsrats mit Rücksicht auf den Kapitalbedarf der meisten dieser Unternehmen und die mit dessen Deckung erfahrungsgemäß verbundene Notwendigkeit, den Kapitalgebern Aufsichtsratssitze zur Verfügung zu stellen, als sehr praktisch erscheinen läßt. Keinesfalls ist § 9 dazu bestimmt, mehr Arbeitnehmervertreter, als normalerweise vorgesehen, aus irgendwelchen in der rein betrieblichen Sphäre liegenden Erwägungen (Arbeitnehmerzahl u. dgl.) in den Aufsichtsrat zu bringen; sein Anliegen ist vielmehr auf der Kapitalseite zu suchen und die Vermehrung der nach § 6 zu bestellenden Mitglieder nur eine Folgerung aus dem das Gesetz beherrschenden Paritätsgedanken.

3. In beiden Fällen, die § 9 im Auge hat, würde nach § 86 Abs. 1 S. AktGes. (vgl. dazu § 3 Abs. 2) eine Höchstzahl von fünfzehn Aufsichtsratsmitgliedern zulässig sein. Das Gesetz ist hier aber so zu verstehen, daß auch im Falle des § 9 Abs. 2 für den Aufsichtsrat der 21 Mitglieder keine Ausnahmegenehmigung nach § 86 Abs. 1 S. 2 AktGes. erforderlich ist; vgl. dazu Anm. 7 zu § 2 (Abs. 2 unter a). Grundsätzlich zulässig wäre auch, daß die Satzung usw. bei entsprechender Höhe des Grundkapitals die von § 4 Abs. 1 und § 9 eröffneten Möglichkeiten alternativ vorsieht und der Hauptversammlung oder Gesellschafterversammlung die Auswahl überläßt; solange die Hauptversammlung usw. hierüber noch nicht entschieden hat, müßten dann jeweils auch die nach § 6 Vorschlagsberechtigten alternative Vorschläge aufstellen.

4. Ist eine auf Grund des § 9 wirksame Satzungsbestimmung getroffen, so kann sie an sich nach allgemeinen Grundsätzen auch wieder rückgängig gemacht werden; bestehen allerdings Entsendungsrechte, so wird man annehmen müssen, daß — falls nach der Satzung nicht nur ein Mitglied zu entsenden ist — der Beschluß, der Aufsichtsrat solle statt aus 15 Mitgliedern künftig aus 11 oder 21 Mitgliedern bestehen, der Zustimmung der Entsendungsberechtigten bedarf, da deren Rechte im Rahmen des Mitbestimmungsgesetzes bei einem gemäß § 9 Abs. 1 gebildeten Aufsichtsrat am besten gewahrt sind; vgl. Anm. 5 zu § 5.

5. Die sinngemäße Anwendung der Vorschriften der §§ 4 bis 8 bedeutet zunächst, daß — wenn man die Gesamtmitgliederzahl gleich n setzt — je $\frac{n-1}{2}$ (also im Falle des Absatzes 1 sieben und im Falle des Absatzes 2 zehn!) Mitglieder nach § 5 und nach § 6 zu bestellen sind und für die Bestellung des restlichen Mitglieds die Vorschriften des § 8 entsprechend gelten.

6. Von fünfzehn satzungsmäßig vorgesehenen Aufsichtsratsmitgliedern werden also sechs völlig frei nach den bisherigen Vorschriften und davon (vgl. § 5 S. 2.) möglicherweise zwei gemäß § 88 Abs. 1 AktGes. (anders — unbegreiflicherweise — offenbar Kißkalt S. 11) bestellt und ein weiteres in derselben Weise, aber unter Beachtung der Negativvoraussetzungen des § 4 Abs. 2. (An und für sich kann natürlich auch das „weitere" Mitglied des § 4 Abs. 1 Buchst. a eines der „entsandten" Mitglieder sein; doch wird die Hauptversammlung usw. den Entsendungsberechtigten dies nicht ohne deren Zustimmung ansinnen dürfen.) Ferner sind auf Vorschlag der Arbeitermitglieder der Betriebsräte zwei Arbeiter des Unternehmens, dazu in

derselben Weise wie im Normalfalle ein Angestellter des Unternehmens und die restlichen drei „Vertreter der Arbeitnehmer" sowie ein „weiteres" Mitglied auf Vorschlag der Gewerkschaften zu wählen, woran sich das Verfahren des § 8 anschließt.

7. Der Einundzwanziger-Aufsichtsrat besteht aus der doppelten Zahl der in § 4 Abs. 1 Buchst. a und b bezeichneten Mitglieder und dem nach § 8 zu bestellenden „weiteren" Mitglied des § 4 Abs. 1 Buchst. c. Nur die Aufteilung der nach § 6 Abs. 1 u. 2 vorzuschlagenden „Vertreter der Arbeitnehmer" entspricht nicht dieser Proportion: es sind hier drei Arbeiter und ein Angestellter, so daß sich sagen läßt, diese Zusammensetzung entspreche am besten der regelmäßigen Schichtung der beschäftigten Arbeitnehmer — ein Gesichtspunkt, dem das Gesetz aber keine tragende Bedeutung beimißt, vgl. oben Anm. 2 a. E.

§ 10[1]

Der Aufsichtsrat[1] ist beschlußfähig[2], wenn mindestens die Hälfte seiner Mitglieder anwesend ist[3].

1. § 10 behandelt nicht die Frage der **Handlungsfähigkeit** des Aufsichtsrats. Sie setzt voraus, daß ein Aufsichtsrat zunächst einmal ordnungsmäßig konstituiert ist, also wenigstens einmal die vorgesehene Vollbesetzung erreicht hat. Vgl. dazu Anm. 7 zu § 2 (unter a) und Kötter NJW. 51, 421. Bei Gesellschaften, die nicht gleich mit dem vom Mitbestimmungsgesetz vorgeschriebenen Aufsichtsrat zur Entstehung gelangen, kann allerdings in der Übergangszeit auch die Frage der Beschlußfähigkeit während der erstmaligen Konstituierung des paritätischen Aufsichtsrats auftauchen; es wäre — das ist die einzige praktische Folgerung — denkbar, daß die Ermittlungen des Registerrichters zur Notbestellung nach § 7 noch nicht vollständig abgeschlossen sind und er dann zunächst nur die zur Erreichung der Beschlußfähigkeit erforderliche Zahl von Mitgliedern nach § 89 AktGes. stellt.

2. **Beschlußfähigkeit** setzt ein handlungsfähiges Organ voraus, s. die vor. Anm. Nach bisherigem Recht bestand kein Anlaß, diese Unterscheidung zu betonen, wenngleich es allgemein eine Ungenauigkeit darstellt, beide Begriffe gleichzusetzen; insbesondere konnte der von der wohl h. L. im Aktienrecht gezogene Schluß, daß mit dem Absinken der Mitgliederzahl eines einmal ordnungsmäßig konstituierten Aufsichtsrats unter die gesetzliche oder satzungsmäßige Mindestzahl ohne weiteres auch dessen Beschlußfähigkeit entfalle und auch eine Satzungsbestimmung, die zur Beschlußfähigkeit eine geringere Zahl als die Mindestmitgliederzahl genügen läßt, unwirksam sei, zumindest nicht als zwingend anerkannt werden. (Gegen die h. L. namentlich Godin-Wilhelmi Anm. II 1 zu § 86 — S. 373/374). Soweit es sich um die gesetzliche Mindestzahl von drei Aufsichtsratsmitgliedern handelt, ist der Streit nunmehr durch § 4 Abs. 1 des Handelsrechtl. Bereinigungsgesetzes v. 18. 4. 50 (BGBl. I S. 90) im Sinne der h. L. entschieden; wegen der satzungsmäßigen Mindestzahl dauert er an, vgl. Baumbach-Hueck Anm. 3 A zu § 92 u. die dort Zitierten. Indessen legt § 4 Abs. 1 des Handelsrechtl. Bereinigungsgesetzes nunmehr den Umkehrschluß in dem von Baumbach-Hueck a. a. O. vertretenen Sinne nahe. Darüber hinaus wird man Godin-Wilhelmi a. a. O. darin zustimmen müssen,

daß bei Satzungsbestimmungen über die Beschlußfähigkeit i. Zw. nicht diese, sondern die Mindestbesetzung gemeint sei, so daß auch bei einer höheren satzungsmäßigen Mindestzahl als drei i. Zw. nunmehr (arg. § 4 Abs. 1 a. a. O.) gleichwohl drei anwesende Mitglieder zur Beschlußfassung genügen.

Bei dem im Mitbestimmungsgesetz vorgesehenen Aufsichtsrat erschien nun weder die Lösung, daß er mit drei Mitgliedern beschlußfähig sei, noch die andere erträglich, daß zur Beschlußfähigkeit sämtliche Aufsichtsratsmitglieder anwesend sein müßten. Deshalb enthält das Gesetz hierüber eine Sonderbestimmung.

3. Die Lösung des Gesetzes, welche vom Arbeitskreis der Ausschüsse beschlossen und im Plenum ohne Widerspruch angenommen wurde, ist unter dem Gesichtspunkte der Parität zu verstehen, wenngleich die Vorschrift des § 10 gerade diesen Gesichtspunkt außer acht zu lassen scheint. Über ihre Entstehungsgeschichte vgl. ArbKreisProt. Nr. 4 (S. 7 u. 8) u. Nr. 10 (S. 7). Ihr Sinn und ihre praktische Bedeutung laufen darauf hinaus, daß weder die Mitgliedergruppe des § 4 Abs. 1 Buchst. a noch die des § 4 Abs. 1 Buchst. b den Aufsichtsrat lahmlegen, anderseits aber auch nicht für sich allein Beschlüsse fassen kann; stets ist mindestens die Mitwirkung eines anderen Mitglieds — praktisch also mindestens des nach § 8 zu bestellenden — ausreichend und erforderlich. Wenngleich das Gesetz hier vielleicht nur theoretischen Gefahren entgegenwirkt, muß die Regelung doch als geglückt bezeichnet werden.

Die Vorschrift des § 89 AktGes. behält im Hinblick auf § 10 auch für die Montangesellschaften unmittelbare Bedeutung, die freilich durch § 7 gemindert wird: es wird sehr viel seltener vorkommen als allgemein sonst, daß hier der Aufsichtsrat auf eine nicht zur Beschlußfähigkeit ausreichende Zahl absinkt oder sie noch nicht erreicht hat; vgl. dazu auch oben Anm. 1 a. E. Nur muß hier eine etwa der Notbestellung nach § 7 vorangegangene Bestellung auf Grund des § 89 jeweils überprüft werden, ob sie jener nicht zu weichen hat, d. h. aufgehoben und durch eine neue Bestellung ersetzt werden muß; vgl. dazu auch Anm. 3 zu § 7 (unter c).

Nach dem Gesagten ist die Vorschrift dahin auszulegen, daß die Beschlußfähigkeit nicht nach dem tatsächlichen — möglicherweise zeitweilig abgesunkenen — Mitgliederbestande, sondern nach der gem. §§ 4, 9 zu bestimmenden erforderlichen Mitgliederzahl zu bestimmen ist. Das folgt schon aus dem oben Anm. 2 a. E. dargestellten gesetzgeberischen Anliegen, hätte allerdings zweckmäßigerweise in § 10 eindeutiger zum Ausdruck gebracht werden sollen.

Die Vorschrift des § 10 ist, wie ebenfalls aus ihrem Sinn und Zweck wie aus ihrer Entstehungsgeschichte (vgl. insbes. ArbKreisProt. Nr. 4 S. 7 u. 8) folgt, zwingender Natur. Entgegenstehende Satzungsbestimmungen sind als nichtig anzusehen, da sie notwendigerweise eine Änderung der gesetzlichen Ausgestaltung des Paritätsgedankens bedeuten würden. Dies kann, da das Mitbestimmungsgesetz hier nicht schweigt, keineswegs zulässig sein.

4. Wenn das Gesetz „Anwesenheit" fordert, so ist dies insofern ungenau, als dabei der Fall schriftlicher Abstimmung außer Betracht gelassen ist. Das Problem tritt auch allgemein bei ähnlich formulierten Satzungsbestimmungen auf. Nach § 92 Abs. 3 AktGes. ist schriftliche Abstimmung zulässig, wenn kein Aufsichtsratsmitglied widerspricht. Trotzdem ist dann Schweigen auf

eine schriftliche Befragung der Anwesenheit nicht gleichzusetzen. Es muß vielmehr gefordert werden, daß in solchem Falle sich mindestens die in § 10 bezeichnete Mitgliederzahl auf die schriftliche Befragung äußert. Nicht erforderlich ist — bei schriftlicher wie bei mündlicher Abstimmung —, daß eine § 10 entsprechende Zahl von Stimmen abgegeben wird; Stimmenthaltungen bzw. Antworten auf schriftliche Befragung, die keine sachliche Meinungsäußerung enthalten, werden — anders als bei der Mehrheitsberechnung — bei der Frage der Beschlußfähigkeit mitgezählt. Vgl. dazu Schlegelberger-Quassowski Anm. 22 Abs. 3 a. E. Keine schriftliche Abstimmung liegt vor, wenn von einer satzungsmäßig zugelassenen Befugnis Gebrauch gemacht wird, durch Boten eine schriftliche Stellungnahme in einer Aufsichtsratssitzung vorlegen zu lassen (vgl. § 93 Abs. 3 AktGes.); wer sich in dieserWeise zulässigermaßen „vertreten" läßt, ist i. S. des § 10 „anwesend".

Für die Beschlußfähigkeit der Ausschüsse gilt § 10 nicht; hier ist die Satzung frei, die Beschlußfähigkeit zu regeln.

§ 11[1]

(1) Auf die in § 5 bezeichneten Mitglieder des Aufsichtsrats[2] finden §§ 87 Abs. 2, 88 Abs. 4 des Aktiengesetzes Anwendung[3].

(2) Auf die in § 6 bezeichneten Mitglieder des Aufsichtsrats[4] findet § 87 Abs. 2 des Aktiengesetzes mit der Maßgabe Anwendung, daß die Abberufung auf Vorschlag derjenigen Stelle erfolgt, auf deren Vorschlag das Aufsichtsratsmitglied gewählt wurde[5].

(3) Eine Abberufung des in § 8 bezeichneten Mitgliedes des Aufsichtsrats[6] kann auf Antrag von mindestens drei Aufsichtsratsmitgliedern durch das Gericht aus wichtigem Grunde erfolgen[7].

1. Das Mitbestimmungsgesetz enthält, ebensowenig wie das AktGes. Vorschriften über die **Beendigung der Mitgliedschaft im Aufsichtsrat** im allgemeinen. Es regelt nur die Frage der Abberufung, d. h. des Widerrufs der Bestellung. Abgesehen vom Widerruf der Bestellung endet das Amt eines Aufsichtsratsmitglieds durch Zeitablauf, durch Tod des Mitglieds, durch Niederlegung des Amts, Verlust der für die Mitgliedschaft erforderlichen Eigenschaften und durch Unmöglichwerden der Erfüllung der Amtspflichten in der Person des Mitglieds.

a) Mitgliedschaftsbeendigung durch Zeitablauf (Ablauf der Amtszeit) ist in § 87 Abs. 1 AktGes. als selbstverständlich vorausgesetzt, wenn dort die zulässige Höchstdauer der bei der Wahl festzusetzenden Amtszeit geregelt ist; die Vorschrift des § 87 Abs. 1 AktGes. ist ebenso wie das Institut der Amtszeit als solches vom Mitbestimmungsgesetz grundsätzlich unberührt gelassen worden. Vgl. dazu Anm. 7 zu § 2 (Abs. 4 unter a).

b) Niederlegung des Amts durch das Aufsichtsratsmitglied ist nur unter gewissen Voraussetzungen wirksam. In erster Linie kann die Satzung Möglichkeiten einseitiger Niederlegung eröffnen, die dann zwangsläufig (vgl. dazu Anm. 20 zu § 4 — letzter Absatz unter a) Inhalt des Vertrages zwischen der

Gesellschaft und ihren Aufsichtsratsmitgliedern werden. Die Satzung wird dabei regelmäßig auch Bestimmungen darüber treffen, wem gegenüber die Niederlegung zu erklären ist und in welchem Zeitpunkt sie wirksam wird. Hierüber herrscht kein Streit.

Ebenfalls unzweifelhaft kann jedes Aufsichtsratsmitglied aus wichtigem Grunde sein Amt mit sofortiger Wirkung niederlegen, worin eine fristlose Kündigung des Anstellungsvertrages zu erblicken ist; vgl. dazu statt aller Baumbach-Hueck Anm. 5 B zu § 87.

Hingegen streitet man darüber, ob bei Schweigen der Satzung auch eine Niederlegung ohne wichtigen Grund möglich sei. Der h. L., welche (vgl. z. B. Schlegelberger-Quassowski Anm. 26 zu § 87) dies auf Grund der §§ 626, 627, 671 BGB. für die Fälle bejahen will, in denen das Aufsichtsratsmitglied weder eine feste Vergütung noch eine garantierte Tantieme erhält, wird von Godin-Wilhelmi (Anm. II 9a) zu § 87) vorgeworfen, daß sie damit eine dem Wesen des hier in Frage stehenden Anstellungsverhältnisses fremde Unterscheidung in dieses hineintrage. Dem von Godin-Wilhelmi a. a. O. befürworteten gegenteiligen Ergebnis, daß eine satzungsmäßig nicht vorgesehene Kündigung bzw. einseitige Niederlegung ohne wichtigen Grund niemals wirksam sei, ist m. E. zuzustimmen. Es dürfte sich auch auf dem Boden der h. L. rechtfertigen lassen: § 627 BGB. und § 671 BGB., auf denen die h. L. fußt, sind hinsichtlich der dem Verpflichteten offenstehenden beliebigen Kündigung zweifellos dispositiv; vgl. RGZ. 69, 365 (zu § 627) u. § 671 Abs. 3 BGB. (Wirkung des Kündigungs-„Verzichts"); die Möglichkeit jederzeitiger Kündigung kann auch stillschweigend wegbedungen werden (RGZ. 110, 123), wenngleich eine solche vertragliche Ausschließung des Kündigungsrechts nach RGZ. 80, 29 noch nicht in der Vereinbarung einer bestimmten Dienstzeit liegen soll. Nun wird aber bei dem in der Annahme der Aufsichtsratswahl liegenden Vertragsabschluß nicht nur eine Vereinbarung über eine bestimmte Dauer der Dienstleistung, nämlich die der Wahlzeit, getroffen, sondern darüber hinaus eine solche über den Inhalt der Dienstleistung, der seiner Natur nach auf die Interessen der Gesellschaft und das Zusammenwirken aller Aufsichtsratsmitglieder ausgerichtet ist. Wenngleich diese Dienstleistung auch nicht im selben Maße wie der Schiedsrichtervertrag (bei dem angenommen worden ist, daß die Kündigung aus § 627 BGB. wegbedungen worden sei, DRZ. 32, 398 [RG.]) werkvertraglichen Einschlag hat, so liegt doch auch hier der Fall vor, daß eine Kündigung während der Wahlperiode gewissermaßen stets zur Unzeit ausgesprochen sein würde. Nach Treu und Glauben, also den nach §§ 133, 157 BGB. auch für die Auslegung der Wahlannahmeerklärung maßgeblichen Gesichtspunkten, muß das Aufsichtsratsmitglied daher bis zum Ablauf der Wahlzeit eine nicht auf wichtigen Grund gestützte Kündigung unterlassen. Es ist — und insofern stimme ich den von Godin-Wilhelmi a. a. O. vorgebrachten Gedankengängen zu — nicht einzusehen, daß diese Interessenlage bei der Annahme irgendeiner Aufsichtsratswahl anders zu beurteilen wäre. Erst recht gilt das Gesagte aber für die auf Grund des Mitbestimmungsgesetzes bestellten Aufsichtsräte: sie würden durch eine grundlose Niederlegung nicht nur die Gesellschaft in Schwierigkeiten, sondern auch die im öffentlichen Interesse vorgesehene Parität notwendigerweise ins Schwanken bringen. Wer eine Aufsichtsratswahl angenommen hat, ist auch genügend geschützt, wenn er die Möglichkeit hat, sein Amt bei Vorhandensein eines wichtigen Grundes niederzulegen. Diese Möglichkeit kann allerdings nicht wegbedungen werden, und m. E. geht es auch nicht an, daß die Satzung die Wirkungen einer solchen Kündigung hinausschiebt (a. A. Godin-Wilhelmi a. a. O.): ist dem Mitglied die Fortsetzung seiner Amtstätigkeit wirklich unzumutbar geworden, so muß es sich einer darauf gerichteten Verpflichtung ab sofort entziehen können. Um darüber hinaus Kündigungen hintanzuhalten, bedarf es hingegen keiner — vorsichtshalber freilich zu empfehlenden — Satzungsbestimmung.

Soweit die Satzung schweigt, wird es für die Wirksamkeit der Niederlegungserklärung also entgegen der h. M. stets darauf ankommen, ob ein wichtiger Grund zur Amtsniederlegung gegeben ist. Für die „entsandten" Mitglieder ist bisher angenommen worden, daß ein derartiger wichtiger Grund dem Verhältnis zum Entsendungsberechtigten entnommen werden könne (Weisungen, Interessenkollisionen); daran wird wohl auch festzuhalten sein. Für die gemäß §§ 6, 8 bestellten Mitglieder kann aber nicht ein gleiches hinsichtlich ihres Verhältnisses zu den Vorschlagsberechtigten und deren Intentionen angenommen werden; diese Mitglieder müssen unter persönlicher Verantwortung handeln und es notfalls auf ihre Abberufung ankommen lassen. Auch bloßes Überstimmtwerden im Aufsichtsrat kann keinen wichtigen Grund zur Amtsniederlegung abgeben.

Streitig ist noch, wem gegenüber die Amtsniederlegung zu erklären ist; über den Stand der Meinungen vgl. Gadow-W. Schmidt Anm. 24 zu § 87 und die dort Zitierten sowie Godin-Wilhelmi Anm. II 9 a. E. zu § 87. M. E. kann kein Zweifel sein, daß die Niederlegung der Gesellschaft gegenüber zu erklären ist und die Erklärung daher einem Vorstandsmitgliede zugehen muß; vgl. § 71 Abs. 2 S. 3 AktGes. (Entsprechendes gilt auch bei der Gesellschaft mit beschränkter Haftung und der bergrechtlichen Gewerkschaft; vgl. § 35 Abs. 2 S. 3 GmbHGes. u. § 123 Abs. 2 S. 2 Allg. Bergges.).

c) Sind die gesetzlichen oder in der Satzung — in zulässigem Rahmen — aufgestellten Voraussetzungen der Mitgliedschaft nach Annahme der Wahl weggefallen, so ist zu unterscheiden: bei Wegfall gesetzlicher Erfordernisse endet die Mitgliedschaft automatisch im Zeitpunkt des Wegfalls; bei satzungsmäßigen Erfordernissen wird dies nur der Fall sein, wenn die Auslegung der Satzung ergibt, daß sie nicht nur auf den Zeitpunkt der Wahl oder ihrer Annahme abstellen wollte.

d) Unmöglichwerden der Erfüllung der Mitgliederpflichten kann die Mitgliedschaft nur beenden, wenn der Zustand der Unmöglichkeit nicht von kurzfristig vorübergehender Dauer ist. Vgl. dazu Anm. 2 Abs. 1 zu § 7. Von Unmöglichkeit in dem bezeichneten Sinne sollte im übrigen nur gesprochen werden, soweit es sich nicht um eine der vorstehend unter c) erörterten rechtlichen „Unmöglichkeiten" handelt. Dort bezieht sich die „Unmöglichkeit" schlechthin auf das Mitglied-Sein, während es sich hier um die tatsächliche Wahrnehmung der Pflichten handelt. Der Unterschied wird deutlich, wenn das bekannte Problem der Pflichten dessen aufgeworfen wird, der, ohne Aufsichtsratsmitglied zu sein, sich (z. B. auf Grund einer nichtigen Wahl) gleichwohl als solches betrachtet; in diesem Falle nimmt man an, daß ihn grundsätzlich dieselben Pflichten treffen wie ein wirkliches Aufsichtsratsmitglied (vgl. darüber Schlegelberger-Quassowski Anm. 38 zu § 87). Es erhellt, daß dies im Gegensatz zu den unter c) behandelten Fällen bei echter Unmöglichkeit der Amtsausübung nicht gelten kann, wie immer der Behinderte über das Bestehen seiner Mitgliedschaft denkt. Die Beendigung der Mitgliedschaft wegen Wegfalls ihrer Erfordernisse kann daher nicht als Unterfall der Unmöglichkeit der Amtsausübung angesehen werden (anders aber Godin-Wilhelmi Anm. II 9b zu § 87); eine solche tritt in jenem Falle gerade nicht ein, und die Pflichten dauern zunächst fort.

2. § 11 Abs. 1 regelt den Widerruf der nach den bisherigen aktienrechtlichen Vorschriften vorgenommenen, lediglich durch § 4 Abs. 2 modifizierten Bestellung von — regelmäßig fünf, in den Fällen des § 9 sieben bzw. zehn — Mitgliedern der Montan-Aufsichtsräte vor Ablauf der Wahlzeit.

3. Die Regelung des Widerrufs der Bestellung von Aufsichtsratsmitgliedern folgt dem alten Recht, soweit die Bestellung nach altem Recht vor sich geht. § 87 Abs. 2 AktGes. fordert für die **Abberufung** der gewählten Mitglieder einen Mehrheitsbeschluß der Hauptversammlung usw., der i. Zw. drei Viertel der abgegebenen Stimmen umfassen muß. Daraus, daß es sich bei der „Abberufung" von Mitgliedern um den Widerruf ihrer Bestellung handelt, folgt zugleich, daß grundsätzlich von derjenigen Stelle abberufen werden muß, welche die Bestellung vorgenommen hatte, mithin die Hauptversammlung die „entsandten" Mitglieder nicht abberufen kann. § 88 Abs. 5 AktGes. bestätigt dies indirekt durch eine Sondervorschrift für den Ausnahmefall, daß die Voraussetzungen des Entsendungsrechts weggefallen sind; nur dann kann der Widerruf von der Hauptversammlung beschlossen werden, und zwar mit einfacher Stimmenmehrheit. Daß § 11 Abs. 1 nicht auch auf § 88 Abs. 5 AktGes., sondern nur auf § 88 Abs. 4 AktGes. verweist, erklärt sich daraus, daß die Vorschrift lediglich des Zusammenhanges halber eine ohnehin überflüssige Rekapitulation vornimmt und dabei allein den Normalfall des Fortbestehens des Entsendungsrechts im Auge hat, in welchem ein Widerruf der Entsendung vom Entsendungsberechtigten zu erklären ist und nur hilfsweise aus wichtigem Grunde (§ 88 Abs. 4 S. 2 AktGes.) auf Antrag eines Zehntels der Aktionäre vom Gericht ausgesprochen werden kann. Daß das Mitbestimmungsgesetz durch die Nichterwähnung des § 88 Abs. 5 AktGes. diese Vorschrift ausschalten wollte, ist daher keinesfalls anzunehmen. Über die strittige Frage, ob über § 88 Abs. 5 AktGes. hinaus satzungsmäßig eine Abberufung „entsandter" Mitglieder durch die Hauptversammlung möglich sei, vgl. Schlegelberger-Quassowski Anm. 33 zu § 88 und die dort Zitierten; die Frage ist mit Schlegelberger-Quassowski a. a. O. zu verneinen. Die Satzung ist lediglich frei in der Ausgestaltung der Erfordernisse für den Widerruf der nach § 87 Abs. 1 AktGes. 5 von ihr gewählten Mitglieder; die Möglichkeit des freien Widerrufs als solche kann sie auch hier nicht ausschließen (vgl. Schlegelberger-Quassowski Anm. 20 zu § 87), ebensowenig kann die Widerrufskompetenz der Hauptversammlung beseitigt werden.

Ist der Widerruf der Bestellung wirksam, so erlischt, obwohl der Anstellungsvertrag des Aufsichtsratsmitgliedes außerhalb des Wahlaktes liegt, auf den die Bestellung zurückgeht, auch der Anstellungsvertrag mit dem Widerruf; des Widerrufs einer nicht rechtzeitig angenommenen Bestellung bedürfte es nicht. Deshalb werden vom Gesetz auch — anders als beim Widerruf der Vorstandsbestellung, vgl. § 75 Abs. 3 S. 5 AktGes. — nicht die Vergütungsansprüche des Aufsichtsratsmitglieds über den Zeitpunkt der Abberufung hinaus aufrechterhalten. Dies gilt auch für die in Absatz 3 vorgesehene Abberufung des Elften Mannes durch das Gericht.

4. Die Regelung der Abberufung der „Vertreter der Arbeitnehmervertreter" und der beiden nach §§ 6 bzw. 8 zu bestellenden „weiteren" Mitglieder ist das eigentliche Anliegen der Vorschrift des § 11. Sie folgt auch hier dem Grundsatz, daß die Abberufung der Art der Bestellung angepaßt sein müsse, und unterscheidet daher hinsichtlich der Bestellung nach § 6 und nach § 8.

5. Bei den nach § 6 bestellten Mitgliedern ist entsprechend der „Vorschlagswahl" eine **„Vorschlagsabberufung"** vorgesehen. Es kann kein Zweifel bestehen, daß die Hauptversammlung usw. trotz einem der Gesellschaft usw. zugehenden Abberufungsvorschlag die Bestellung nicht zu widerrufen braucht; von einer allgemeinen Bezugnahme auf § 6 hat das Gesetz abgesehen, und eine Ersatzabberufung o. dgl. kommt hier umso weniger in Frage. Man wird hier aber auch nicht etwa, falls kein Abberufungsvorschlag gemacht wird, § 88 Abs. 4 AktGes. entsprechend anwenden können, soviel auch für eine solche Analogie sprechen mag; vielmehr bedarf es zur Abberufung der nach § 6 „bestätigten" Mitglieder stets des Zusammentreffens zweier Akte. Über das Zustandekommen der Abberufungsvorschläge schweigt das Gesetz, was bei den nach § 6 Abs. 1, 2 vorgeschlagenen Mitgliedern zu Zweifeln führen kann. Man wird annehmen müssen, daß jede gehörige eine Abberufung fordernde Abstimmung in den zu solchem Zwecke einberufenen „Wahlkörpern" des § 6 Abs. 1 S. 3 als gültiger Abberufungsvorschlag an die Gesellschaft anzusehen ist, sobald ihr Ergebnis von einem Beauftragten des „Wahlkörpers" dem Vorstand angezeigt wird. Einer geheimen Abstimmung wird es nicht bedürfen. Die Abstimmung kann selbstverständlich auf eine Anregung — aus dem Kreise des Aufsichtsrats, der Gewerkschaften, aber auch des Vorstandes oder der Aktionäre — zurückgehen; eine Vorberatung wie bei der Wahl ist nie erforderlich. Da der Widerruf nach § 87 Abs. 2 AktGes. keiner Gründe bedarf, ist das gleiche auch für einen Abberufungsvorschlag anzunehmen.

Ein Abberufungsvorschlag kann sicherlich mit einem § 6 entsprechenden neuen Wahlvorschlag verbunden sein. Jedoch hätte dieser lediglich bedingten Charakter: er äußert erst dann Wirkungen, wenn das „Wahlorgan" mit der nötigen Mehrheit den Widerruf beschlossen hat. Deshalb wird auch anzunehmen sein, daß hier Vorschläge nach § 6 Abs. 2 nur möglich sind, wenn keine Spitzenorganisation Einspruch eingelegt hat; für das Einspruchsverfahren fehlt bei einem Eventualantrag der gedachten Art gewissermaßen das Rechtsschutzinteresse. (Anders würde man nur entscheiden können, wenn dem Gesetz die Reihenfolge des Eintritts der beiden Abberufungsmaßnahmen gleichgültig wäre; § 11 Abs. 2 aber spricht ausdrücklich von einem „Vorschlag", und nicht von einer Zustimmung der Wahlvorschlagsberechtigten)

Eine Frage, die § 11 offen läßt, ist die nach der Abberufung eines nach § 7 ersatzweise bestellten Mitglieds. Sie wird gerade im Zusammenhang mit der Regelung des Absatzes 2 bedeutsam und ist durch § 89 Abs. 2 AktGes. i. V. m. § 7 beantwortet: die Notbestellung ist zu widerrufen, wenn ihr Anlaß weggefallen ist, also Hauptversammlung und Vorschlagsberechtigte sich geeinigt haben und die Hauptversammlung eine „Vorschlagswahl" vorgenommen hat.

6. Die Regelung der Abberufung des nach § 8 bestellten Mitglieds erforderte Berücksichtigung aller Eventualitäten seiner Bestellung. Das Gesetz hat es aber mit Recht abgelehnt, den Abberufungsmodus je nach der konkreten Art der Bestellung des Elften Mannes alternativ zu gestalten. Ein Zusammenwirken von „Wahlorgan" und Vorschlagsberechtigten ähnlich der Regelung in § 11 Abs. 2 vorzusehen, erschien hier untunlich, weil dadurch (vgl. § 8 Abs. 1) störend in das Aufsichtsratskollegium, dem das abzuberufende Mitglied nunmehr angehört, eingegriffen würde. Deshalb hat man die gemeinschaftliche Antragsbefugnis von drei Aufsichtsratsmitgliedern (also der Mehrheit einer nach § 5 oder nach § 6 bestellten Mitgliedergruppe) einem § 8 Abs. 1 nachgebildeten Beschlußverfahren vorgezogen. Das Gesetz macht hier keinen Unterschied für die erweiterten Aufsichtsräte des § 9. Gleichwohl wollte es aber ersichtlich eine ähnliche Relation aufstellen wie in § 8 Abs. 1 S. 2, wenngleich hier die Gruppenzugehörigkeit — nach Konstituierung des Gesamtorgans — ebensowenig wie in § 10 eine Rolle spielen soll. Sinngemäß hätte § 11 zu den Vorschriften gehört, deren entsprechende Anwendung in § 9 vorgeschrieben ist. Im Hinblick auf die gewollte weitgehende Unantastbarkeit der Stellung des Elften Mannes wird man sich insofern zu einer gesetzkorrigierenden Auslegung entschließen und annehmen müssen, daß im Falle des § 9 Abs. 1 vier und in dem des § 9 Abs. 2 sechs Aufsichtsratsmitglieder den Abberufungsantrag zu stellen haben. Daß die — bei § 8 noch fehlende — Zugehörigkeit des Elften Mannes zum Aufsichtsrat für die Frage der Antragskompetenz gleichgültig ist, liegt auf der Hand.

Über den Abberufungsantrag entscheidet das Gericht. Gemeint ist offenbar das Registergericht; vgl. Kötter NJW. 51, 418 N. 26. Im Gegensatz zu den Fällen der Notbestellung nach § 7 muß hier angenommen werden, daß dann, wenn das Registergericht ersatzweise schon die Bestellung des Elften Mannes vorgenommen hatte (s. hierüber Anm. 25 zu § 8), neben der „regulären" Abberufung eines so Bestellten (analog § 29 BGB., § 89 Abs. 2 AktGes.) auch seine außerordentliche Abberufung nach § 11 Abs. 3 möglich ist; nur wird hier besonders sorgfältig zu prüfen sein, ob angesichts der Fortdauer des Notbestellungsgrundes wirklich ein wichtiger Grund zur Abberufung — die dann eine anderweite gerichtliche Neubestellung zur Folge hätte — vorliegt.

Als wichtiger Grund wird namentlich anzusehen sein, wenn das nach § 8 bestellte Mitglied in unsachlicher Weise der einen oder anderen Mitgliedergruppe im Aufsichtsrat zuneigt oder sich sonst durch sein Verhalten Spannungen im Aufsichtsratskollegium ergeben, die ein gedeihliches Zusammenwirken zum Wohle des Unternehmens ausschließen (vgl. dazu auch § 8 Abs. 3 S. 2!). Darüber hinaus wird anzunehmen sein, daß die Abberufung u. U. eine von den Antragsberechtigten nicht ausübbare Wahlanfechtung oder die Geltendmachung nicht erkennbarer Wahlnichtigkeit ersetzen muß; vgl. dazu Kötter NJW. 51, 418 u. 420 (unter II 2 u. 5). In jedem Falle wird sich das Gericht aber darüber im klaren sein müssen, daß als Folge der Abberufung ein u. U. nahezu unerträgliches Verfahren der Neubestellung einsetzen muß, was nur angesichts wirklich gravierender Umstände zu verantworten ist.

Dritter Teil

Vorstand[1]

§ 12

Die Bestellung[3] der Mitglieder[2] des zur gesetzlichen Vertretung berufenen Organs[1] und der Widerruf[4] ihrer Bestellung erfolgen[5] nach Maßgabe des § 75 des Aktiengesetzes[6] durch den Aufsichtsrat[7].

1. Die Vorschriften der zu einem „Dritten Teil" des Gesetzes zusammengefaßten §§ 12 und 13 bezwecken die Einführung des Instituts eines sog. Arbeitsdirektors bei sämtlichen juristischen Personen, die einen nach den Vorschriften des Zweiten Teils zusammengesetzten Aufsichtsrat haben müssen. Um dies zu gewährleisten, mußte das Gesetz in § 12 für Gesellschaften mit beschränkter Haftung und für bergrechtliche Gewerkschaften mit eigener Rechtspersönlichkeit zunächst eine weitere Angleichung der für diese Unternehmensformen geltenden Vorschriften an aktienrechtliche Grundsätze normieren. Diese Angleichung geht methodisch nicht so weit wie in § 3, d. h. sie schreibt für die Montanunternehmen i. S. des § 1 nicht etwa den aktienrechtlichen Vorstand vor, sondern beschränkt sich darauf, für **Bestellung und Abberufung** der dem Vorstand entsprechenden Organe allgemein die nach Aktienrecht für den Vorstand geltende Regelung einzuführen (anders z. T. — ohne zureichenden Grund — Fitting, BArbBl. 51, 204 N. 9).

Mehr soll auch die Überschrift des Dritten Teils offenbar nicht besagen; sie wiederholt nur die auf Gründen sprachlicher Vereinfachung beruhende Ungenauigkeit der Gesetzesüberschrift. Auch im Bereich des Mitbestimmungsgesetzes hat nur die Aktiengesellschaft einen Vorstand, die Gesellschaft mit beschränkter Haftung hat Geschäftsführer und die bergrechtliche Gewerkschaft einen Repräsentanten (a. A. Boldt, RdA. 51, 173) oder — praktisch meist: — einen (mehrgliedrigen) Grubenvorstand. Diese Organe sind i. S. des Gesetzes jeweils das „zur gesetzlichen Vertretung berufene Organ". Charakteristischer für sie ist jedoch die Funktion der grundsätzlich ausschließlichen Geschäftsführungsbefugnis, weil ja bei den Montangesellschaften nunmehr allgemein ein Aufsichtsrat bestehen wird, dessen Kompetenzen gegenüber dem „zur gesetzlichen Vertretung berufenen Organ" durch § 3 Abs. 2 und § 12 nach aktienrechtlichem Muster abgegrenzt sind. Vgl. dazu noch Anm. 5 zu § 1. So sehr dies damit im Verhältnis zum Aufsichtsrat klargestellt ist, dem also z. B. auch bei der Gesellschaft mit beschränkter Haftung keine Aufgaben der Geschäftsführung übertragen werden können (s. dazu Anm. 7 zu § 2 unter c γ), so wenig kann dem Gesetz für die Abgrenzung der Kompetenz gegenüber dem Hauptorgan der juristischen Person entnommen werden. An und für sich sind Gesellschafterversammlung und Gewerkenversammlung weder dadurch, daß ein Aufsichtsrat bestellt werden muß, noch dadurch, daß dieser Geschäftsführer und Grubenvorstand (Repräsentanten) bestellt, kontrolliert und abberuft, ihrerseits allgemein auf die Kompetenzen der aktienrechtlichen Hauptversammlung beschränkt worden. Vielmehr wird ihnen durch § 12 nur das Bestellungs- und Abberufungsrecht (vgl. § 46 Nr. 5 GmbHGes. u. §§ 118, 128

AllgBergges.) entzogen; s. dazu unten Anm. 5. Damit ist aber noch nicht gesagt, daß ihr allgemeines Überwachungsrecht nicht neben den Kontrollbefugnissen des Aufsichtsrats fortbestehen solle. Sogar das Aktiengesetz, welches die frühere „Generalversammlung" nicht mehr kennt, gewährt der Hauptversammlung trotz deren Entmachtung zugunsten von Vorstand und Aufsichtsrat immerhin noch Befugnisse, die einem letztinstanzlichen Kontrollrecht entfließen, zumal wenn man bedenkt, daß neben ihnen die nur für Montangesellschaften eingeschränkte Befugnis zur Abberufung der Aufsichtsratsmitglieder steht (vgl. § 87 Abs. 2 AktGes. u. § 11). Solche Befugnisse liegen in der Beschlußfassung über die Entlastung des Vorstandes und über Fragen der Geschäftsführung auf Verlangen des Vorstandes (§§ 103 Abs. 2, 104 AktGes.). Dabei besteht die Einschränkung der Befugnis, über Geschäftsführungsfragen zu beschließen, offensichtlich im Interesse der Handlungsfreiheit des Vorstandes, nicht etwa im Interesse des Aufsichtsrats. Die Frage z. B., „ob die Vorschrift des § 46 Abs. 1 Nr. 6 GmbHGes. durch § 95 AktGes. verdrängt ist oder ob das Überwachungsrecht der Gesellschafterversammlung neben dem des Aufsichtsrats weiter besteht" (Fitting a. a. O.), scheint mir hiernach nicht einmal richtig gestellt zu sein. Die Hauptversammlung der Aktiengesellschaft ist positiv-rechtlich so verschieden von der Gesellschafterversammlung der Gesellschaft mit beschränkter Haftung und von der Gewerkenversammlung gestaltet, daß man schon grundsätzlich die beiden letzteren nicht als bloße Reflexwirkung der Einführung des obligatorischen Aufsichtsrats zur Quasi-Hauptversammlung werden lassen kann. Darüber hinaus ist aber, funktionell gesehen, das Korrelat zu § 46 Nr. 6 GmbHGes. nicht so sehr § 95 AktGes., sondern § 103 Abs. 2 AktGes. Denn daß Berichtspflichten des geschäftsführenden Organs nebeneinander sowohl gegenüber dem Aufsichtsrat als auch gegenüber der Gesellschafterversammlung bestehen können, steht außer Frage; im Aktiengesetz treten sie gegenüber der Hauptversammlung nicht in Erscheinung, weil diese sich mit Geschäftsführungsfragen nur entweder an Hand des jährlichen Geschäftsberichts oder auf Verlangen des Vorstandes selbst (der ihr dazu natürlich jeweils einen Lagebericht schuldet) befassen darf. An der grundsätzlich anderen Gestaltung des GmbH-Rechts und des Bergrechts hat aber das Mitbestimmungsgesetz hier nichts geändert. Dem Überwachungsrecht entspricht auch eine Überwachungspflicht; ihre Vernachlässigung kann zur Schadensersatzpflicht der Gesellschafter oder Gewerken gegenüber Dritten führen, vgl. — für die Gesellschaft mit beschränkter Haftung — Baumbach-Hueck GmbH. Anm. 8 a. E. zu § 46. Somit kann aus dem Zwang zur Aufsichtsratsbestellung bei der Montan-GmbH. und der bergrechtlichen Gewerkschaft für die Kompetenzen der Gesellschafter- oder Gewerkenversammlung über § 12 hinaus allenfalls gleiches gefolgert werden, wie es hier bei freiwilliger Bestellung eines Aufsichtsrats gelten würde. Diese wäre als eine Übertragung der Überwachung anzusehen, zu der Gesellschafter und Gewerken zwar — unter dem Gesichtspunkt ihrer Überwachungspflicht — befugt sind, durch die ihnen aber das Überwachungsrecht grundsätzlich nicht verloren geht. (Vgl. dazu Baumbach-Hueck a. a. O.) Nimmt man nun hinzu, daß die Montan-Aufsichtsräte nach § 11 von der Gesellschafter- oder Gewerkenversammlung nicht frei abberufen werden können, so kann daraus nur der Schluß gezogen werden, daß Recht und Pflicht der Gesellschafter bzw.

Gewerken zur Überwachung der Geschäftsführung mangels positiv-rechtlicher Vorschrift im Mitbestimmungsgesetz nicht auf die verkümmerten Reste der §§ 103 Abs. 2, 104 AktGes. zusammenschrumpft, sondern daß nur beim Abberufungsrecht eine Einschränkung der bisherigen Gesellschafterbefugnisse eingetreten ist, daß es jedoch grundsätzlich weiterhin im Belieben der Gesellschafter- und Gewerkenversammlung liegt, die Geschäftsführer usw. zu überwachen und zum Bericht zu veranlassen, soweit dies nicht satzungsmäßig in zulässigem Umfange eingeschränkt worden ist. S. dazu auch Anm. 6 a. E. zu § 3. Diesen Unterschied zwischen der Aktiengesellschaft und den beiden übrigen von der Mitbestimmungsregelung erfaßten Unternehmensformen hat das Gesetz ebensowenig beseitigt wie — vom Aufsichtsrat abgesehen — ihre sonstigen strukturellen Verschiedenheiten. Daß § 12 offenbar nur der Sicherung des in § 13 geregelten Instituts des Arbeitsdirektors dient, ist ein Argument mehr für diese Auslegung der allerdings in funktionellem Zusammenhang stehenden Vorschriften über die Organkompetenzen. Daß die Machtverteilung zwischen den drei in Betracht kommenden Organen aber positiv-rechtlich verschieden gestaltet sein kann, liegt auf der Hand. Dies wird auch bei einer künftigen Neuregelung des Aktienrechts zu beachten sein, bei der — vorbehaltlich einer etwa in der Zwischenzeit eintretenden Neuordnung der Eigentumsverhältnisse — zwar keine Einschränkung der Aufsichtsratskompetenzen, wohl aber eine Beseitigung der unter dem 1937 herrschenden Gesichtspunkt des Führerprinzips vorgenommenen Entmachtung der Hauptversammlung anzustreben wäre, um die Mitbestimmungsregelung gegen Angriffe zu sichern, denen sie unter dem Gesichtspunkt der Enteignung und des strukturwidrigen Eingreifens in gewachsene handelsrechtliche Organisationsformen (s. darüber Hueck, Der Betrieb 51, 166ff. u. 185ff. [187]) einstweilen ausgesetzt ist.

Da § 12 das Recht zur **Abberufung** der Geschäftsführer, eines Repräsentanten oder Mitgliedes des Grubenvorstandes dem Aufsichtsrat überträgt und insofern schon im Interesse der Rechtssicherheit keine Doppelkompetenz angenommen werden darf, fehlt der Gesellschafter- oder Gewerkenversammlung in Zukunft allerdings die Möglichkeit, selbst die weitestgehende Folgerung aus ihrer etwaigen Unzufriedenheit mit der Geschäftsführung zu ziehen. Nur insofern ist sie durch § 12 in eine ähnliche Lage gerückt wie die aktienrechtliche Hauptversammlung, vgl. dazu unten Anm. 6. Eine weitere Modifizierung der Rechte der Gesellschafter- oder Gewerkenversammlung, und zwar hinsichtlich der Weisungen an die Geschäftsführer usw., ergibt sich, wenn der Aufsichtsrat kraft Gesellschaftsvertrags oder Statuts oder auch kraft eigener Bestimmung (§ 95 Abs. 5 S. 2 AktGes. i. V. m. § 3 Abs. 2) bestimmten Arten von Geschäften zuzustimmen hat, damit sie die Geschäftsführer usw. vornehmen dürfen. Wie bei der Aktiengesellschaft kann eine solche Bindung auch hier grundsätzlich nur im Innenverhältnis wirken; vgl. § 37 GmbHGes. u. § 119 Abs. 4 AllgBergges. Wie bei der Aktiengesellschaft (vgl. dazu Anm. 7 zu § 2 unter c) muß erst recht hier die Meinung der Gesellschafter- oder Gewerkenversammlung der des Aufsichtsrats vorgehen. Im Gegensatz zur Hauptversammlung (§ 103 Abs. 2 AktGes.) brauchen Gesellschafter und Gewerken aber nicht zu warten, bis ihnen die Frage zur Entschließung vorgelegt wird. Man wird indessen wie beim satzungsmäßigen Aufsichtsrat annehmen müssen, daß die Gesellschafter oder Gewerken zwar die etwa vom Aufsichtsrat verweigerte Zustimmung ersetzen, die Zustimmung des Aufsichtsrats hingegen nur dann widerrufen können, wenn das Geschäft außerhalb des satzungsmäßigen Gegenstandes des Unternehmens liegt oder seine Vornahme wegen Schädigung der Unternehmensinteressen einen Grund liefern würde, den Geschäftsführern usw. die Entlastung zu verweigern.

Eine Gesellschaft mit beschränkter Haftung oder eine bergrechtliche Gewerkschaft, die nicht unter § 1 fällt, wird auch von §§ 12, 13 nicht betroffen, selbst wenn sie einen Aufsichtsrat hat. Unternehmen, die nur teilweise der Mitbestimmungsregelung unterliegen — sei es, daß sie nur einen paritätischen Aufsichtsrat nach §§ 4ff., sei es, daß sie nur einen Arbeitsdirektor haben müßten —, kennt das Gesetz nicht. Bestrebungen, die auf derartige Teil- oder Mischlösungen gerichtet waren, sind im Laufe der Entstehungsgeschichte des Gesetzes verschiedentlich laut geworden; vgl. dazu § 13 Abs. 2 des RegEntw. (Anh. I 3), ferner ArbKreis-Prot. Nr. 7 S. 2 u. BT-Prot. über die 132. Sitzung S. 5074/75). In das Gesetz haben sie keinen Eingang gefunden. Da es nur auf Großunternehmen Anwendung findet, hat man sowohl den elfköpfigen Aufsichtsrat als auch die Bestellung eines Arbeitsdirektors bei ihnen durchweg als zumutbar angesehen. Die für den Arbeitsdirektor gegebene Sondervorschrift des § 13 Abs. 1 wäre auch ohne den Aufsichtsrat der §§ 4ff. gegenstandslos, so daß man mit Recht nur dort den Arbeitsdirektor eingeführt hat, wo auch ein paritätischer Aufsichtsrat gebildet werden muß. Fälle, in denen der Arbeitsdirektor entbehrlich erscheinen könnte, liegen andererseits überhaupt außerhalb des Rahmens des Mitbestimmungsgesetzes, da es auf reine Verwaltungsunternehmen (Holdinggesellschaften) keine Anwendung findet; vgl. Anm. 19 zu § 1. Nicht zu leugnen wäre allerdings, daß § 12 auch dann seinen Sinn behielte, wenn das Gesetz von der Schaffung eines Arbeitsdirektors abgesehen hätte (vgl. dazu den in 2. Lesung abgelehnten Antrag der FDP-Fraktion-BT-Prot. über die 129. Sitzung S. 4905/6). Die Vorschrift hätte dann die Bedeutung gehabt klarzustellen, daß die Bestellung der Vorstandsmitglieder usw. zu den Aufgaben gehört, die dem Gesamtaufsichtsrat grundsätzlich nicht entzogen werden können; vgl. dazu unten Anm. 5 u. 7.

2. Das Gesetz geht anscheinend davon aus, daß „das zur gesetzlichen Vertretung berufene Organ" aus mehr als einer Person bestehe. Gleichwohl sind die Vorschriften des Aktiengesetzes, des GmbHGesetzes und der Berggesetze, nach denen die Aktiengesellschaft einen eingliedrigen Vorstand, die Gesellschaft mit beschränkter Haftung einen Alleingeschäftsführer und die bergrechtliche Gewerkschaft einen (einzelnen) Repräsentanten haben können (§ 70 Abs. 2 S. 1 AktGes., § 6 Abs. 1 GmbHGes. und § 117 Abs. 1 u. 2 Allg-Bergges.), nicht als Vorschriften anzusehen, die den Vorschriften des Mitbestimmungsgesetzes „widersprechen" (§ 2); s. dazu auch Anm. 1 zu § 13 u. ferner unten Anm. 5. (Abweichend — besonders für die bergrechtliche Gewerkschaft — Boldt a. a. O.)

3. § 12 spricht ausdrücklich nur von der sog. **Bestellung,** nicht auch von der Anstellung **der Vorstandsmitglieder** usw. Aus der Verweisung auf § 75 AktGes. ergibt sich aber, daß sowohl der körperschaftsrechtliche Akt der Einsetzung als Vorstandsmitglied usw., welcher nach außen hin diese Stellung begründet, als auch die Vereinbarung des Schuldverhältnisses zwischen dem

Bestellten und der juristischen Person gemeint ist, durch das die Vertretungsmacht ihre interne Rechtfertigung und pflichtmäßige Bindung erfährt. U. U. kann ein Mitglied der juristischen Person satzungsmäßig zur Übernahme eines Amtes in ihrem geschäftsführenden Organ verpflichtet sein (für die Aktiengesellschaft freilich mit Schlegelberger-Quassowski Anm. 4 Abs. 2 a. E. zu § 75 — angesichts §§ 49 Abs. 1, 50 AktGes. — zu verneinen), so häufig ein GmbH-Gesellschafter kraft des Gesellschaftsvertrages. Dann bedarf es meist außer der Bestellung keines besonderen Anstellungsvertrages. Über die sich bei dieser Lage aus der Vorschrift des § 12 ergebenden Folgerungen vgl. unten Anm. 6.

4. Der **Widerruf der Bestellung** ist inhaltlich ein Verbot an den Bestellten, weiterhin das ihm durch die Bestellung übertragene Amt auszuüben. Ob darin zugleich ein auf möglichst baldige Auflösung des Anstellungsvertrages gerichtetes Rechtsgeschäft, also namentlich eine fristlose oder zum nächstzulässigen Termin wirkende Kündigung eines zugrundeliegenden Dienstvertrages liegt, ist Auslegungsfrage. Jedenfalls ist der begründete Widerruf der Bestellung für sich allein und unabhängig davon wirksam, ob durch ihn auch der Anstellungsvertrag gelöst wird; vgl. dazu unten Anm. 6.

5. § 12 hat für die Montan-GmbH. §§ 6, 46 Nr. 5 GmbHGes. und für eine unter § 1 fallende bergrechtliche Gewerkschaft § 118 AllgBergges. beseitigt. Es kann kein Zweifel sein, daß insoweit die aktienrechtliche Regelung nunmehr auch bei diesen Unternehmensformen Platz greifen soll; s. dazu oben Anm. 1.

Die Besetzung der Vorstandsposten ist damit durchgehend Aufgabe und Vorrecht des Aufsichtsrats geworden und in Verbindung mit dessen paritätischer Zusammensetzung eine ungeschriebene Möglichkeit zur Ausdehnung des Arbeitnehmereinflusses auf das Gesamtunternehmen. Die Mitbestimmung im geschäftsführenden Organ wird zwar auf direktem Wege nur durch den Arbeitsdirektor gewährleistet. § 12 müßte indessen, wenn die Satzung usw. keine Vorsorge trifft, praktisch dazu führen, daß ein Überwiegen des Arbeitnehmereinflusses im Vorstand zutage tritt. Die Parität im Aufsichtsrat wird sich nämlich dann so auswirken, daß außer dem nach § 13 Abs. 1 notwendigerweise arbeitnehmerfreundlichen Arbeitsdirektor entweder neutrale Persönlichkeiten oder zu gleichen Teilen solche, die unternehmerfreundlich, und andere, die arbeitnehmerfreundlich sind, bestellt werden, falls nicht sogar der Arbeitsdirektor Alleinvorstand, Alleingeschäftsführer oder Repräsentant ist (s. dazu Anm. 1 zu § 13). Eine Mehrheit von Vorstandsmitgliedern usw. ist bei Unternehmen der vom Mitbestimmungsgesetz erfaßten Art und Größenordnung zur fast allgemeinen Übung geworden (woraus sich auch die oben Anm. 2 kritisch beleuchtete Ausdrucksweise des Gesetzes erklärt), und zwar haben die Unternehmen regelmäßig einen kaufmännischen und einen technischen Direktor. Ob nun — was rechtlich (vgl. Anm. 1 zu § 13) durchaus möglich wäre! — einer von ihnen zugleich als Arbeitsdirektor bestellt wird oder ein Arbeitsdirektor als drittes Vorstandsmitglied usw. hinzukommt — immer ergibt sich, daß das Gesetz auf einem Umwege dazu führen würde, den Arbeitnehmern statt der Mitbestimmung im Unternehmen dessen Leitung einzuräumen, falls es nicht zulässig wäre, entweder die Auswahl des Arbeitsdirektors auch an die Zustimmung der Mehrheit der in echter Wahl bestellten Aufsichtsratsmitglieder zu binden (vgl. dazu den in Anm. 20 zu § 4 — Abs. 1 unter a) — angeführten Entwurf einer Satzungsbestimmung) oder aber auch für die Bestellung der außer dem Arbeitsdirektor noch benötigten Direktoren qualifizierte Aufsichtsratsmehrheiten satzungsmäßig vorzusehen; über diese Möglichkeit s. Anm. 7 zu § 2 unter d β). Satzungsbestimmungen dieser letzteren Art würden etwa lauten können:

„(1) Der Vorstand besteht aus einem Arbeitsdirektor, einem kaufmännischen und einem technischen Direktor.

(2) Zur Bestellung und Abberufung der Vorstandsmitglieder genügt ein mit einfacher Stimmenmehrheit gefaßter Aufsichtsratsbeschluß; er kann jedoch, falls er den Arbeitsdirektor betrifft, nicht gegen die Mehrheit der auf Vorschlag der Betriebsräte und der Gewerkschaften bestellten Aufsichtsratsmitglieder, in den sonstigen Fällen nicht gegen die Mehrheit der ohne Rücksicht auf Vorschläge bestellten Aufsichtsratsmitglieder gefaßt werden."

Oder:

„(1) Der Vorstand besteht, falls kein Einzelvorstand bestellt ist, aus zwei oder drei Personen.

(2) Die Bestellung einer Person als Einzelvorstand kann der Aufsichtsrat nur vornehmen, wenn ihr eine Mehrheit von drei Vierteln seiner sämtlichen Mitglieder zustimmt.

(3) Wird kein Einzelvorstand bestellt, so ist ein Vorstandsmitglied als Arbeitsdirektor zu bestellen; seine Bestellung kann nicht gegen die Mehrheit der von Betriebsräten und Gewerkschaften vorzuschlagenden Aufsichtsratsmitglieder beschlossen werden. Soll außer dem Arbeitsdirektor nur noch ein weiteres Vorstandsmitglied bestellt werden, so bedürfen dieser Beschluß und die Bestellung des Arbeitsdirektors darüber hinaus einer Mehrheit von zwei Dritteln der bei der Beschlußfassung mitwirkenden Aufsichtsratsmitglieder.

(4) Die Bestellung der dem Vorstand außer dem Arbeitsdirektor angehörenden Mitglieder kann nicht gegen die Mehrheit der ohne Rücksicht auf Vorschläge bestellten Aufsichtsratsmitglieder beschlossen werden.

(5) Der Widerruf der Bestellung eines Einzelvorstands oder eines Vorstandsmitglieds unterliegt den gleichen Voraussetzungen wie die Bestellung."

Das Anliegen, das solche Bestimmungen verfolgen, ist nach dem Gesagten gerade nicht gegen die Parität zwischen Anteilseignern und Arbeitnehmern gerichtet, sondern dient im Gegenteil einer Störung dieses Grundsatzes in den handelnden Organen der juristischen Person, wobei man natürlich keine Kompensation für den mit den Eigentumsverhältnissen zusammenhängenden Umstand fordern darf, daß die Mitgliederversammlung stets nur Versammlung der Anteilseigner ist. Im übrigen kann sich die Satzung auch durch Aufstellung von Erfordernissen an die Persönlichkeit des zu Bestellenden schützen, worin sie zumindest bei Vorstandsmitgliedern, die nicht als Arbeitsdirektor in Betracht kommen, völlig frei ist (h. M.) und vom Aufsichtsrat beachtet werden muß. (Bestellung einer die Erfordernisse der Satzung nicht erfüllenden Person ist nichtig; bestr., richtig: Schlegelberger-Quassowski Anm. 4.) — S. schließlich noch unten Anm. 7.

6. § 75 AktGes. lautet:

„**Bestellung und Abberufung des Vorstands.**

(1) Vorstandsmitglieder bestellt der Aufsichtsrat auf höchstens fünf Jahre. Eine wiederholte Bestellung ist zulässig. Eine juristische Person kann nicht zum Vorstandsmitglied bestellt werden. Dies gilt sinngemäß für den Anstellungsvertrag.

(2) Werden mehrere Personen zu Vorstandsmitgliedern bestellt, so kann der Aufsichtsrat ein Mitglied zum Vorsitzer des Vorstands ernennen.

(3) Der Aufsichtsrat kann die Bestellung zum Vorstandsmitglied und die Ernennung zum Vorsitzer des Vorstands widerrufen, wenn ein wichtiger Grund vorliegt. Ein solcher Grund ist namentlich grobe Pflichtverletzung oder Unfähigkeit zur ordnungsmäßigen Geschäftsführung. Dies gilt auch für den vom ersten Aufsichtsrat bestellten Vorstand. Der Widerruf ist wirksam, solange nicht über seine Unwirksamkeit rechtskräftig entschieden ist. Für die Ansprüche aus dem Anstellungsvertrag gelten die allgemeinen Vorschriften."

Wer zum **Vorstandsmitglied, Geschäftsführer usw.** bestellt werden kann, richtet sich über § 75 Abs. 1 S. 3 AktGes. hinaus nach den allgemeinen Vorschriften. Bei allen drei Unternehmensformen kann auch ein Anteilseigner Vorstandsmitglied usw. sein. Daß eine juristische Person nicht bestellt werden kann, entspricht auch für Gesellschaften mit beschränkter Haftung und bergrechtliche Gewerkschaften ohnehin schon der herrschenden Auffassung. Ebensowenig ist Bestellung von Personenmehrheiten für zulässig zu halten. Streitig ist, ob beschränkt geschäftsfähige Personen bestellt werden können. Der früher überwiegenden bejahenden Ansicht wird man, obwohl sie z. T. unter dem Einfluß der nach 1933 auch in den handelsrechtlichen Organisationsformen vordringenden sog. Führerprinzips Anhänger verlor, schwerlich mehr beipflichten können. § 165 BGB. ist m. E. kein ausreichendes Argument für die Möglichkeit der Bestellung Minderjähriger usw. mit vormundschaftsgerichtlicher Genehmigung. Der gesetzliche Pflichtenkreis eines Vorstandsmitglieds usw. paßt nur auf voll geschäftsfähige Personen. Über den Streitstand vgl. Baumbach-Hueck Anm. 2 zu § 70, dies. GmbH Anm. 2c zu § 6 sowie Boldt Anm. 2 zu § 117.

Wer zum Geschäftsführer, Repräsentanten oder Mitglied des Grubenvorstandes nach bisherigem Recht wirksam bestellt worden ist, bedarf zweifellos keiner Neubestellung. Auch kommt es dann nicht etwa darauf an, wielange er schon bestellt ist; zweifelnd — zu Unrecht — Fitting, BArbBl. 51, 203ff. N. 20. Lediglich für den Widerruf seiner Bestellung gilt künftig grundsätzlich § 12 (arg. § 75 Abs. 3 S. 3). Es kann sein, daß einem Gesellschafter oder Gewerken das Amt eines Geschäftsführers usw. als mitgliedschaftliches Sonderrecht eingeräumt worden ist. M. E. sollte hieran § 12 nichts ändern; wäre es anders, so läge in diesem Falle wirklich eine Enteignung vor. Der Aufsichtsrat muß aber, falls nicht analog § 13 Abs. 1 der vorhandene Geschäftsführer usw. als Arbeitsdirektor bestätigt wird, einen solchen bestellen. Ähnlich liegt der bergrechtliche Fall des sog. natürlichen Repräsentanten (z. B. des Inhabers sämtlicher Kuxe einer Gewerkschaft, für die kein Repräsentant oder Grubenvorstand bestellt ist; vgl. auch ZfB. 77, 175); er dürfte nach denselben Grundsätzen zu behandeln sein.

Über die Streitfrage, ob nur eine stillschweigende wiederholte Bestellung i. S. des § 75 Abs. 1 S. 2 AktGes. oder auch eine vertragsmäßige Vereinbarung über Fortdauer der Bestellung über die Dauer von fünf Jahren hinaus für den Fall unterlassener Kündigung des Anstellungsvertrages zulässig ist, vgl. einerseits Schlegelberger-Quassowski Anm. 5 zu § 75, andererseits Godin-Wilhelmi Anm. II 4 zu § 75 u. die dort Zit. Man wird gegen letztere mit der h. M. die vertragsmäßige Festsetzung der Fortdauer des Anstellungsvertrages über die Dauer von fünf Jahren hinaus nur unter der Bedingung einer erneuten Bestellung als wirksam ansehen dürfen; darin, daß diese erneute Bestelluug dann nicht gut „stillschweigend" geschehen kann, d. h. daß für sie eine echte Beschlußfassung im Aufsichtsrat zu fordern sei, stimme ich Godin-Wilhelmi a. a. O. zu.

§ 75 Abs. 2 AktGes. kann satzungsmäßig nicht ausgeschlossen werden (str.); möglich und empfehlenswert ist jedoch, daß die Satzung usw. vorsieht, daß der zum Vorsitzer des Vorstands Ernannte keine Entscheidungsbefugnis habe. Vgl. § 70 Abs. 2 S. 2 AktGes. § 70 Abs. 2 AktGes. gehört immerhin zum Komplex der „Bestellung" i. S. des § 12, so daß es m. E. verfehlt wäre, die Verweisung in § 12 auf ihn nicht erstrecken zu wollen. Stimmt man dem zu, dann kann der Begriff „Vorsitzer" (des Vorstands usw.) auch allgemein nur aktienrechtlich aufgefaßt werden, so daß eine Weiterverweisung auf § 70 Abs. 2 S. 2 AktGes. angenommen werden muß.

Eines Widerrufs der Bestellung zum Vorstandsmitglied usw. bedarf es nicht, wenn die — vgl. § 75 Abs. 1 S. 1 AktGes. u. den vorvor. Abs. d. Anm. — befristete Bestellung durch Zeitablauf endet. § 75 Abs. 3 AktGes. bezieht sich also nur auf den Widerruf vor Ablauf der Amtszeit. Er ist nur aus wichtigem Grunde möglich. Regelmäßig wird daher ein hiernach endgültig wirksamer Widerruf auch die fristlose Kündigung des Anstellungsvertrages rechtfertigen und sie i. Zw. mit umfassen. Der Widerruf ist aber nach § 75 Abs. 3 S. 4 AktGes. zunächst stets wirksam. Der Bestellte braucht die Feststellung der Unwirksamkeit eines Widerrufs nicht zu betreiben und kann dann gleichwohl Ansprüche aus dem Anstellungsvertrage verfolgen, mit denen er durchdringt, falls der Widerruf nicht als fristlose Kündigung wirkte. Damit ist aber nicht etwa über die Unwirksamkeit des Widerrufs rechtskräftig entschieden; letzteres setzt vielmehr einen Feststellungsprozeß voraus.

Ob das Vorstandsmitglied usw. sein Amt niederlegen kann, regelt das Gesetz nicht; es kann zweifellos niederlegen, wenn es zur fristlosen Kündigung berechtigt ist. Wann letzteres zutrifft, ist Gegenstand einer ähnlichen Kontroverse wie beim Aufsichtsratsmitglied, vgl. darüber Anm. 1 zu § 11 (unter b). Man wird auch dem Vorstand usw. nur aus wichtigem Grunde die Niederlegung seines Amtes zugestehen können. „Wichtiger Grund" ist beiderseits jeder Tatbestand, der für den die Bestellung Lösenden eine Unzumutbarkeit ihrer Fortdauer begründet. Für das Unternehmen genügt nach bisheriger Auffassung ein Mißtrauensvotum der Hauptversammlung (Gesellschafter-, Gewerkenversammlung); ob der Aufsichtsrat den Grund geltend machen will, steht in seinem pflichtmäßigen Ermessen (u. U. Ersatzpflicht nach § 99 AktGes.).

7. § 12 enthält zwingendes Recht in dem Sinne, daß mindestens die Bestellung des Arbeitsdirektors keinem Ausschuß übertragen werden kann, es sei denn, daß dieser vom Aufsichtsrat mit den Stimmen der Mehrheit der nach § 6 zu bestellenden Mitglieder hierfür eingesetzt würde.

§ 13

(1) Als gleichberechtigtes Mitglied[1] des zur gesetzlichen Vertretung berufenen Organs[2] wird ein Arbeitsdirektor[3] bestellt[4]. Der Arbeitsdirektor[3] kann nicht[5] gegen die Stimmen der Mehrheit der nach § 6 gewählten Aufsichtsratsmitglieder[6] bestellt werden[5]. Das gleiche gilt für den Widerruf der Bestellung[7].

(2) Der Arbeitsdirektor[3] hat wie die übrigen Mitglieder[1] des zur gesetzlichen Vertretung berufenen Organs[2] seine Aufgaben[8] im engsten Einvernehmen mit dem Gesamtorgan[9] auszuüben[10]. Das Nähere[11] bestimmt die Geschäftsordnung[12].

1. **Zusammensetzung des Vorstands usw.** Trotz dem Wortlaut des Gesetzes kann das zur gesetzlichen Vertretung berufene Organ der Montanunternehmen entsprechend den allgemeinen Vorschriften auch ein Einzelvorstand (§ 70 Abs. 2 S. 1 AktGes.), ein Alleingeschäftsführer (§ 6 Abs. 1 GmbHGes.) oder ein (einzelner) Repräsentant (§ 117 AllgBergges.) sein. S. darüber schon Anm. 1 zu § 12. Daran ändert auch § 13 Abs. 1 nichts (a. M. Boldt, RdA. 51, 169ff. (173) und anscheinend auch Fitting BArbBl. 51, 203ff. N. 30); das Gesetz geht hier nur — rechtstatsächlich gesehen: zutreffend — von dem weitaus überwiegenden Regelfall eines mehrgliedrigen Organs aus, ohne jedoch die theoretische Möglichkeit auszuschließen, daß das Organ auch aus einer einzigen Person bestehen kann. Diese muß dann allerdings zugleich als Arbeitsdirektor mit den besonderen Modalitäten des § 13 bestellt sein oder — in den Anm. 6 Abs. 3 zu § 12 erörterten Fällen — unter Beachtung dieser Modalitäten (analog) in der Eigenschaft eines Arbeitsdirektors bestätigt werden; hierüber vgl. unten Anm. 4. Geschieht das nicht, so verlieren Bestimmungen der Satzung usw., welche die Zahl der Mitglieder des Organs derart beschränken, daß sie einer § 13 Abs. 1 entsprechenden Bestellung eines Arbeitsdirektors entgegenstehen, ihre Gültigkeit; insoweit enthält § 13 zwingendes Recht.

Die Mitglieder der zur gesetzlichen Vertretung berufenen Organe sind schon nach den bisherigen Vorschriften „gleichberechtigt". Das Gesetz hat mit der Betonung der **Gleichberechtigung des Arbeitsdirektors** nur der Auffassung vorbeugen wollen, als ändere sich künftig unter Hintansetzung des Arbeitsdirektors etwas an diesem Grundsatz. Mit ihm ist hingegen ohne weiteres vereinbar, daß z. B. beim Vorstand der Aktiengesellschaft ein Mitglied zum Vorsitzer des Vorstands bestellt wird oder daß die Zeichnungsbefugnis der mehreren Vorstandsmitglieder usw. im Rahmen der allgemeinen Vorschriften verschieden geregelt wird; s. dazu unten Anm. 8 (unter b). Wesentlich bleibt nur, daß der Arbeitsdirektor nicht schlechter gestellt wird, als auch ein anderes Vorstandsmitglied usw. nach der Satzung stehen kann. (Ähnlich Fitting BArbBl. 51, 203ff. N. 29.) Soweit der Aufsichtsrat hierüber eine Bestimmung treffen kann (vgl. z. B. § 71 Abs. 3 S. 2 AktGes. — eine Vorschrift, die nicht erst nach § 3 Abs. 2 auch für Gesellschaften mit beschränkter Haftung und bergrechtliche Gewerkschaften gilt; §§ 6 Abs. 2 S. 2, 45 Abs. 2, 52 GmbHGes., dazu auch RGZ. 137, 308 — u. § 94 Abs. 2 u. 3 i. V. m. §§ 117ff., 113 AllgBergges.), wird man nicht annehmen können, daß sie der erschwerten Beschlußfassung gem. § 13 Abs. 1 S. 2 unterliegt, mag die Bestimmung auch die Stellung des Arbeitsdirektors berühren. Ermächtigt die Satzung usw. den Aufsichtsrat nicht, die näheren Bestimmungen über die Besetzung des Vorstands usw. zu treffen, so muß sie selbst hinsichtlich der Zusammensetzung mehr enthalten als die durch § 13 Abs. 1 S. 1 modifizierte gesetzliche Alternative, daß er — vgl. Anm. 2 zu § 12 — „aus einer oder mehreren Personen bestehen" könne. Sagt sie nichts darüber, ob in dem geschäftsführenden Organ das Kollegialprinzip herrschen solle, so wird man angesichts des § 12 (i. V. m. § 75 Abs. 2 AktGes.) nunmehr annehmen müssen, daß bei den Montanunternehmen ein vom Aufsichtsrat zum Vorsitzer ernanntes Vorstandsmitglied Entscheidungsbefugnis erlangt; vgl. dazu Anm. 7 Abs. 5 zu § 12.

Daß mit der „Gleichberechtigung" des Arbeitsdirektors auch die Pflichten, die rechtsnotwendig jedes Mitglied des geschäftsführenden Organs treffen, verbunden sind, brauchte das Mitbestimmungsgesetz nicht zu betonen; es setzt dies auch wohl in § 13 Abs. 2 lediglich voraus; vgl. dazu unten Anm. 9.

Bei Aktiengesellschaften oder Gesellschaften mit beschränkter Haftung kann der Arbeitsdirektor auch als sog. „stellvertretendes Vorstandsmitglied" bzw. Geschäftsführerstellvertreter bestellt werden. Nach § 85 AktGes., § 44 GmbHGes. beeinträchtigt eine solche Bestellung die Vorstandsrechte und -pflichten jedenfalls nach außen hin nicht. Im Innenverhältnis darf dem Arbeitsdirektor allerdings das „Sozialreferat" (vgl. unten Anm. 8) nicht etwa nur vertretungsweise übertragen werden. Deshalb ist es im Sinne einer Taktfrage wohl nicht ganz korrekt, ihn nur als „Stellvertreter" zu bestellen, wenngleich dem materiellen Inhalt des Gesetzes damit Genüge geschieht; er ist auch dann „Mitglied" des Vorstandes (vgl. statt aller Baumbach-Hueck Anm. 1 B zu § 85 u. dies. GmbH. Anm. zu § 44).

2. Vgl. Anm. 1 zu § 12.

3. **„Arbeitsdirektor"** ist eine Bezeichnung, die sich z. T. schon in der Montanindustrie praeter legem (bei den konzernentflochtenen Betrieben) für ein mit der Bearbeitung der Sozialfragen des Unternehmens betrautes Vorstandsmitglied eingebürgert hatte; der Gesetzessprache ist das Wort jedoch bisher fremd gewesen. Die Bezeichnung ist zweifellos sprachlich ungeschickt und könnte zu Mißdeutungen Anlaß geben, die allerdings wegen der schon teilweise eingeführten Übung ernstlich nicht zu befürchten sind. Es ist zu hoffen, daß die offenbar als Umschreibung des Aufgabengebiets dieses Vorstandsmitglieds gedachte Bezeichnung von den Gefahren der Titelsucht wenigstens in demselben Umfange verschont bleibt wie die ihr insofern entsprechenden (nur sprachlich korrekteren) Bezeichnungen „kaufmännischer Direktor" und „technischer Direktor". Daß die Geschäftsführungsaufgaben nicht überall

nach solchen Sachgebieten aufgeteilt zu sein brauchen, versteht sich von selbst; die Entwicklung drängt allerdings zu der damit angedeuteten Dreiteilung. Wo bisher nur ein kaufmännischer und ein technischer Direktor vorhanden waren, werden beide Geschäftsbereiche sehr sorgfältig darauf zu überprüfen sein, welche Aufgaben künftig ein daneben bestellter „Arbeitsdirektor" wahrzunehmen hat; vgl. dazu unten Anm. 8.

Einem Vorstandsmitgliede die vom Gesetz gewählte Bezeichnung „Arbeitsdirektor" beizulegen, ist weder ausreichend noch erforderlich, um der Vorschrift des § 13 Abs. 1 Genüge zu tun. Es sei hierzu lediglich auf den in Großunternehmen vielfach herrschenden Brauch hingewiesen, leitende Angestellte als „Direktoren" zu bezeichnen, die nur Prokuristen sind. Selbst wo sog. unechte Gesamtvertretung besteht (Vertretung durch zwei Vorstandsmitglieder oder durch ein Vorstandsmitglied in Gemeinschaft mit einem Prokuristen), wäre ein derart zeichnungsberechtigter, mit der Bearbeitung der Sozialaufgaben betrauter Prokurist nicht „Arbeitsdirektor" i. S. des Gesetzes. Andererseits ist auch dort, wo mehrere Vorstandsmitglieder usw. vorhanden sind, niemals erforderlich, daß ein nach § 13 Abs. 1 Bestellter nur die unter Anm. 8 zu erörternden Aufgaben wahrnimmt; ebenso Fitting a. a. O. N. 30 a. E.

4. Das Gesetz schreibt die Bestellung eines Vorstandsmitgliedes usw. mit einem im erörterten Sinne (vgl. die vorige Anmerkung) spezifischen Aufgabenbereich zwingend vor. Die Vorschrift kann sich naturgemäß nur an das zur Bestellung von Vorstandsmitgliedern zuständige Organ wenden. Da das Gesetz indessen für die Bestellung ein negatives Beschlußerfordernis aufstellt (s. darüber die folgende Anmerkung), drängt sich die dabei zu stellende Frage, was im **Fall der Nichtbestellung eines Arbeitsdirektors** zu gelten hat, besonders auf. Dabei ist zu beachten, daß insbesondere bei der Aktiengesellschaft für die Bestellung des ersten Vorstandes dieselben Grundsätze gelten wie für die Vorstandsbestellung bei der bereits entstandenen Gesellschaft; vgl. dazu Schlegelberger-Quassowski Anm. 5 zu § 24 (insoweit allgM.). Für die Gesellschaft mit beschränkter Haftung gilt das gleiche, und die bergrechtliche Gewerkschaft kennt mangels Eintragungspflicht überhaupt kein Gründungsstadium in diesem Sinne. Es ist nun kein Zweifel, daß die übliche Satzungsbestimmung, die Gesellschaft habe ein oder mehrere Vorstandsmitglieder (einen oder mehrere Geschäftsführer), durchaus mit § 13 vereinbar ist, andererseits aber nicht dazu führt, daß der Registerrichter, wenn nur ein Vorstandsmitglied bestellt ist, gegen die Eintragung der Gesellschaft Bedenken erheben oder der bereits eingetragenen Gesellschaft weitere Vorstandsmitglieder oder Geschäftsführer bestellen kann (vgl. dazu §§ 31, 76 AktGes., § 29 BGB. — letztere Vorschrift analog anzuwenden für eine geschäftsführerlose GmbH. —, Baumbach-Hueck GmbH. Anm. 3 B zu § 6). Eine Ablehnung der Gesellschaftseintragung durch den Registerrichter wegen Fehlens des Arbeitsdirektors als solchen oder dessen gerichtliche Notbestellung ist mithin niemals möglich. Es kann auch nicht anerkannt werden, daß das Gesetz insofern eine Lücke aufweise; § 12 läßt erkennen, daß die Gewähr für die Bestellung des Arbeitsdirektors in der paritätischen Aufsichtsratsbesetzung erblickt worden ist. Hier bleibt daher den Beteiligten keine andere Wahl, als eine Persönlichkeit ausfindig zu machen, die eine genügende Mehrheit im Aufsichtsrat erhält. Übt etwa die Unternehmergruppe im Aufsichtsrat unter unsachlicher Ausnutzung einer — vgl. dazu Anm. 20 zu § 4 (unter a) — an sich zulässigen Satzungsbestimmung Obstruktion, so wird nur die Möglichkeit bestehen, nach § 288 AktGes., § 62 GmbHGes., § 43 BGB. die Auflösung des Unternehmens wegen groblichen Verstoßes gegen eine im Allgemeininteresse erlassene Gesetzesvorschrift anzuregen. Der Fall liegt nicht wesentlich anders, als wenn der Versuch gemacht wird, überhaupt die Anwendung des Mitbestimmungsgesetzes zu sabotieren (vgl. darüber Anm. 1 a. E. zu § 1); nur wird im Falle des Verstoßes gegen § 13 Abs. 1 stets mit besonderer Sorgfalt zu prüfen sein, ob auch wirklich alle Möglichkeiten zur Erzielung eines verständigen vom Wohle des Unternehmens geleiteten Einvernehmens erschöpft sind. So wie man eine Treubindung des Aktionärs usw. bei der Ausübung seiner — im Wesentlichen auch nur eine „Mitbestimmung" ermöglichenden — Rechte aus dem Gesichtspunkt des dem Gemeinwohl verbundenen Unternehmens hergeleitet hat (vgl. namentlich Fechner S. 62 ff.), muß ein gleiches künftig für die Aufsichtsratsmitglieder neuer Art gelten. Wie früher allein die Aktionäre, so sind nunmehr aus einer anderen Legitimationsquelle neben den gewählten Vertrauensleuten der Aktionäre auch diese Mitglieder des paritätischen Aufsichtsrats auf einer höheren Ebene als die Hauptversammlung zu einer Mitbestimmung über das Unternehmen berufen und in der Lage. Um mit Fechner S. 77 zu sprechen (der dies für das bisherige Recht von den Aktionären sagt), haben sie eine Rechtsstellung, die ihnen „eine Rechtsmacht über eine personenrechtliche Ordnung" gibt und die darin gebundenen Personen (und das gilt heute in verstärktem Maße!) ihrer Einwirkung aussetzt. „Ein solches Verhältnis erzeugt aus sich heraus eine Treupflicht im strengen Sinne des Worts" (Fechner a. a. O.). Das bedeutet, daß die gesetzliche Beschlußvoraussetzung des § 13 Abs. 1 wie auch eine satzungsmäßige Abstimmungsqualifizierung nur unter dem Gesichtspunkt des wohlverstandenen Unternehmensinteresses gehandhabt werden darf. Das Prinzip solcher Interessenwahrung ist demgemäß mit Recht im Mitbestimmungsgesetz selbst ausdrücklich anerkannt worden: Nach § 8 Abs. 3 S. 2 liegt ein wichtiger Grund zur Ablehnung einer Vorschlagswahl des „Elften Mannes" u. a. dann vor, wenn die Vorschlagswahl die Interessen des Unternehmens (mangels „Gewähr für ein gedeihliches Wirken für das Unternehmen") gefährden würde. Eine ähnliche Klausel hatte der Regierungsentwurf in seiner dem jetzigen § 4 Abs. 3 entsprechenden Vorschrift (§ 3 Abs. 2 RegEntw. — Anh. I 3) vorgesehen; sie ist in den Ausschußberatungen gestrichen worden, weil man sie inhaltlich für selbstverständlich und daher überflüssig erachtete, nicht etwa wegen Ablehnung des dargelegten Prinzips; vgl. dazu ArbKreisProt. Nr. 4 S. 3 u. AusschProt. Nr. 56/70 S. 8.

Das Gesetz spricht nur von der **Bestellung** eines Arbeitsdirektors. Das kann aber nicht bedeuten, daß es stets einer Neubestellung bedürfte, damit ein Unternehmen einen „Arbeitsdirektor" erhalte. Ist bereits eine Persönlichkeit, der billigerweise die Sozialaufgaben im Unternehmen übertragen werden können, Vorstandsmitglied, Einzelvorstand usw., so kann er durch einen Beschluß, welcher der Vorschrift des § 13 Abs. 1 S. 2 und etwaigen mit ihr vereinbaren Satzungserfordernissen entsprechen müßte, als Arbeitsdirektor bestätigt werden.

5. Das Beschlußerfordernis des § 13 Abs. 1 S. 2 ist negativer Art. Man hat gesetzlich keine qualifizierte Mehrheit für die Bestellung des Arbeitsdirektors vorgeschrieben, sondern sich damit begnügt, ein **Vetorecht** dreier von fünf bestimmten Mitgliedern des Elferaufsichtsrats (in den Fällen des § 9 sind es vier von sieben oder sechs von zehn!) vorzusehen. Das Veto steht nur den nach § 6 zu bestellenden Aufsichtsratsmitgliedern zu (s. dazu die folgende Anmerkung); dabei genügen zu seiner wirksamen Ausübung schon die Stimmen der auf Vorschlag der gewerkschaftlichen Spitzenorganisationen vorzuschlagenden Mitglieder (vgl. dazu § 6 Abs. 3 u. 4 i. V. m. § 9). Der Sinn dieser Vorschrift ist, zu verhüten, daß den Arbeitnehmern ein Arbeitsdirektor aufgezwungen wird. Bei Beschlußfassung des in Vollbesetzung tagenden Aufsichtsrats kommt das aufgestellte Erfordernis in der Wirkung einer qualifizierten Mehrheit von drei Vierteln aller vorhandenen Stimmen gleich. Stimmenthaltungen können allerdings ebensowenig als Widerspruch gewertet werden, wie sie — vgl. Anm. 4 zu § 10 — auf die Beschlußfähigkeit von Einfluß sind. Die Vorschrift schließt auch, wenn bei Stimmengleichheit die Mehrheit der nach § 6 bestellten Mitglieder für eine bestimmte Persönlichkeit gestimmt hatte, die Anwendung einer satzungsmäßigen Stichentscheidklausel selbstverständlich nicht aus; nur kann im anderen Falle die gesetzliche Wirkung des Minderheitenvetos (etwa der Gewerkschaftsgruppe) auf keine Weise beseitigt werden. Wird von dem Vetorecht ein unsachlicher Gebrauch gemacht, so verbietet sich naturgemäß die Anwendung der oben Anm. 4 erörterten Sanktion gegen das Unternehmen; die das Vetorecht mißbrauchenden Mitglieder können aber ohne Zustimmung der vorschlagsberechtigten Stellen auch nicht abberufen werden; vgl. § 11 Abs. 2. Aufsichtsratsmehrheit, Vorstand usw. sowie das „Wahlorgan“ sind machtlos. Dies gilt gleichermaßen für die Bestellung des Arbeitsdirektors wie für ihren Widerruf (s. dazu unten Anm. 7). Das Unternehmen ist auf die Geltendmachung von Schadensersatzansprüchen gegen die pflichtwidrig handelnden Aufsichtsratsmitglieder nach § 99 AktGes. (gegebenenfalls i. V. m. § 3 Abs. 2) angewiesen. Es scheint, daß hier eine gewisse Lücke im Gesetz besteht, deren praktische Auswirkung freilich aller Voraussicht nach unbedeutend sein dürfte. Aus dem bereits erörterten Gesichtspunkt der Treupflicht gegen das Unternehmen kann jedoch insofern nur ein Einwand im Auflösungsverfahren wegen Nichtbestellung eines von der Mehrheit der vetoberechtigten Mitglieder unterstützten Kandidaten (vgl. dazu oben Anm. 4), niemals hingegen die Unbeachtlichkeit des Vetos hergeleitet werden; ein unter Verletzung dieses Grundsatzes „bestellter“ und zum Handelsregister angemeldeter Arbeitsdirektor wäre nicht einzutragen; er könnte nicht als gesetzlicher Vertreter des Unternehmens angesehen werden.

6. Den Kreis der Vetoberechtigten bilden die „Vertreter der Arbeitnehmer“ und das von Gewerkschaftsseite vorzuschlagende „weitere“ Mitglied. Für das Bestehen des Vetorechts dieser Mitglieder und seine Ausübung muß es aber gleichgültig sein, ob sie im Wege der Vorschlagswahl oder im Wege einer Notbestellung Aufsichtsratsmitglieder geworden sind; vgl. zu letzterer Frage insbesondere Anm. 2 zu § 7.

7. § 13 Abs. 1 S. 3 modifiziert hinsichtlich des Arbeitsdirektors § 12 i. V. m. § 75 Abs. 3 S. 1 AktGes. Das führt insofern zwar zu keiner grundsätzlichen

Anomalie, als der Aufsichtsrat stets trotz Vorliegen eines wichtigen Grundes zur **Abberufung** von dieser absehen kann. Mitglieder des Aufsichtsrats, die pflichtwidrig unterlassen, auf Abberufung hinzuwirken, oder diese pflichtwidrig hindern, machen sich schadensersatzpflichtig. Für die nicht vetoberechtigten Aufsichtsratsmitglieder kann es daher trotz zu erwartendem Veto ratsam sein, eine Beschlußfassung über die Abberufung etwa im Hinblick auf ein Mißtrauensvotum der Hauptversammlung usw. herbeizuführen. (Je nach dem Abstimmungsergebnis kann dann die Ersatzpflicht der Widersprechenden geklärt werden, z. B. namentlich dann, wenn auch die betriebsangehörigen Arbeitnehmervertreter mit den Antragstellern stimmen. Andererseits wird nur ein solcher ernsthafter Versuch, die Abberufung durchzusetzen, die nicht vetoberechtigten Mitglieder von ihrer Ersatzpflicht freistellen können, zumal die Ausübung des Vetos Stimmabgabe — mindestens in der etwa satzungsmäßig zulässigen Form des § 95 Abs. 3 AktGes. — voraussetzt. Man wird danach aber noch weitergehend sagen können, daß schon eine Ersatzpflicht jedes Aufsichtsratsmitglieds begründet sein kann, das es nach einem gegen den Arbeitsdirektor gerichteten Mißtrauensvotum der Hauptversammlung usw. auch nur unterläßt, die in der Abstimmung über eine Abberufung liegende Klärung der Verantwortlichkeit herbeizuführen.) — § 13 Abs. 1 S. 2 kann nicht etwa dadurch umgangen werden, daß ein gegen die darin bezeichnete Minderheit gefaßter Beschluß statt eines Widerrufs der Bestellung des Arbeitsdirektors nur dessen vorläufige Dienstenthebung — eine an sich zulässige Maßnahme (vgl. dazu Baumbach-Hueck Anm. 5 B a. E. zu § 75) — vorsieht. Dasselbe gilt sinngemäß von einer das Sozialreferat berührenden neuen Aufgabenverteilung unter den Vorstandsmitgliedern.

8. Die **Aufgaben des Arbeitsdirektors** können — vgl. dazu oben Anm. 3 — im Einzelfall über den Bereich hinausgehen, welcher den sachlichen Anlaß für die obligatorische Einführung des Arbeitsdirektors und die besondere Behandlung seiner Bestellung und Abberufung bildet. § 13 Abs. 2 hat hingegen nur den spezifischen Aufgabenbereich des Arbeitsdirektors im Auge; für die sonstigen dem Arbeitsdirektor etwa zusätzlich übertragenen Aufgaben verstehen sich die Grundsätze der Vorschrift von selbst. Offenbar soll diese — ebenso wie Abs. 1 S. 1 — nur der Gefahr vorbeugen, dem Arbeitsdirektor etwa allgemein eine Sonderstellung innerhalb des geschäftsführenden Organs beizumessen oder ihn im Einzelfall in eine solche zu drängen. Vgl. dazu unten Anm. 9.

Die Aufgaben jedes Vorstandsmitglieds usw. ergeben sich grundsätzlich aus dem zwischen ihm und der Gesellschaft usw. bestehenden Anstellungsvertrage, dessen Abschließung — vgl. § 12 i. V. m. § 75 Abs. 1 S. 4 AktGes., § 97 AktGes. (gegebenenfalls i. V. m. § 3 Abs. 2) — dem Aufsichtsrat obliegt. Ob bei der Beschlußfassung über den Inhalt des Anstellungsvertrages ebenfalls das in Abs. 1 S. 2 vorgesehene Vetorecht gilt, erscheint außerordentlich zweifelhaft. Grundsätzlich dient das Vetorecht der Interessenwahrung der Arbeitnehmer und der Gewerkschaften hinsichtlich der Auswahl der Person des Arbeitsdirektors: es soll ohne Duldung der von ihnen vorzuschlagenden Aufsichtsratsmitglieder keine Persönlichkeit mit dieser Stellung betraut, kein damit Betrauter seiner Funktionen entkleidet werden. Infolgedessen umfaßt im Sinne der Vorschrift die „Bestellung" als Arbeitsdirektor auch den

Anstellungsvertrag, soweit in diesem die Übertragung der spezifischen Aufgaben des Sozialreferats geregelt ist. Über die Festsetzung des sonstigen Vertragsinhalts hingegen hat, abgesehen von der — nicht juristisch, aber wirtschaftlich untrennbar — mit der eigentlichen Bestellung zusammenhängenden Dauer des Anstellungsvertrages, der Aufsichtsrat mit einfacher oder mit der von der Satzung geforderten Mehrheit ohne Rücksicht auf § 13 Abs. 1 S. 2 zu befinden.

Enthält der Anstellungsvertrag mit dem Arbeitsdirektor keine näheren Einzelheiten über die von diesem zu bearbeitenden Sachgebiete, so müssen zum **Aufgabenkreis** etwa gerechnet werden: Lohn- und Gehaltspolitik, Anstellungs-, Urlaubs- und Kündigungswesen, Sozial- und Altersfürsorge einschl. Pensionswesen, Betriebshygiene und sonstige gesundheitliche Betreuung der Arbeitnehmer, Werkkantine, Werkwohnungen, Werkkindergärten, ferner — im Zusammenhang mit der Lohnpolitik — auch die auf dem Gebiet der Leistungssteigerung liegenden Rationalisierungsfragen sowie — als Grenzgebiet des Gesundheitswesens — die Unfallverhütung, soweit es sich nicht um rein technische Vorkehrungen handelt, schließlich auch Werkpropagandawesen und Freizeitgestaltung (Werkzeitung, Betriebsausflüge). Dieser Aufgabenkreis muß zugleich als unabdingbar in dem Sinne angesehen werden, als nur einem nach § 13 Abs. 1 S. 2 bestellten (oder bestätigten) Vorstandsmitgliede usw. ein dazu gehörendes Sachgebiet zur Bearbeitung übertragen werden kann; entgegenstehende Vereinbarungen oder Bestimmungen würden keine bindende Wirkung haben. § 10 Abs. 3 RegEntw. (Anh. I 3), der in den Ausschußberatungen zwar wegen mangelnder Bestimmtheit in der Fassung und z. T. auch als entbehrliche Selbstverständlichkeit gestrichen wurde, hatte folgenden Wortlaut:

> „Der Arbeitsdirektor soll sich für die Wahrung der Menschenwürde aller im Betriebe beschäftigten Personen einsetzen und im Einvernehmen mit allen Beteiligten die Zusammenarbeit und das Interesse am Betrieb wecken und fördern."

Es ist zwar in den Ausschußberatungen mit Recht die Auffassung vertreten worden, daß dies zu den Pflichten jedes Vorstandsmitglieds gehöre. Trotzdem gehören alle Einrichtungen und Planungen, die der Verwirklichung dieser Ziele vorzugsweise oder ausschließlich dienen, zum Dienstbereich des Arbeitsdirektors. Vgl. dazu aber auch unten Anm. 10 u. 12.

Der Aufgabenbereich kennzeichnet die Grenzen der internen Geschäftsführungsbefugnis. Nach außen hin kommt es indessen auf die Regelung der **„Zeichnungsbefugnis"** an, die bei Eintragung in das Handelsregister praktisch gegen jeden Dritten wirkt. (Vgl. § 15 HGB. und die Erläuterungswerke dazu). Während sich der Aufgabenbereich aus dem Anstellungsverhältnis ergeben muß, ist die Zeichnungsbefugnis (Vertretungsbefugnis) durch die Satzung usw. zu regeln und richtet sich, falls die Satzung usw. schweigt, nach dem Gesetz (vgl. § 71 Abs. 1 S. 1 AktGes.; § 35 Abs. 2 GmbHGes.; §§ 119 117 Abs. 2 AllgBergges.). Bestimmt Satzung, Gesellschaftsvertrag oder Statut nichts darüber, in welcher Weise mit Wirkung für und gegen die Gesellschaft gehandelt werden kann, so müssen nach den angeführten gesetzlichen Vorschriften sämtliche Mitglieder des geschäftsführenden Organs zusammenwirken. Im einzelnen:

a) Bei einer Mehrheit von Vorstandsmitgliedern usw. kann die Satzung usw. in verschiedener Weise von dem Grundsatz der gemeinschaftlichen Vertretung Ausnahmen vorsehen.

α) Zunächst kann bestimmt werden, daß jeder der „Direktoren" Alleinvertretungsmacht hat. Das widerspricht so sehr den Vorteilen, welche eine mehrgliedrige Geschäftsleitung zu bieten vermag (wechselseitige Unterrichtung, Beratung und Kontrolle), daß diese Gestaltung praktisch nicht vorkommen dürfte.

β) Nicht selten räumen die Satzungen nur dem ältesten oder einem sonst tonangebenden Vorstandsmitgliede Alleinvertretungsmacht ein. In diesem Falle wird regelmäßig für die anderen Direktoren Gesamtvertretung (s. dazu unten unter b!) vorgesehen. Das ist zulässig; JW. 33, 1031.

γ) Die häufigste Gestaltung ist die der Gesamtvertretung. Darunter wird — im Gegensatz zur gemeinschaftlichen Vertretung durch alle — zunächst die Vertretung durch zwei Organmitglieder verstanden, die dabei ohne Rücksicht auf die Gesamtzahl der dem Organ angehörenden Mitglieder entweder in beliebigem Zusammenwirken (jeder mit jedem) oder in bestimmter paarweiser Zusammenordnung (etwa B mit C, D mit E sowie A mit einem der anderen vier) handeln können.

Das Bedürfnis nach elastischer Gestaltung der Zeichnungsmöglichkeiten drängt dabei über den Kreis der Vorstandsmitglieder usw. hinaus. Das Institut der stellv. Vorstandsmitglieder oder Geschäftsführerstellvertreter (s. dazu oben Anm. 1 a. E.) hat dies in der Praxis nicht verhindern können. Die Rechtsprechung hat die Übung der „unechten" Gesamtvertretung (auch „gemischte" Gesamtvertretung genannt) in bestimmtem Sinne sanktioniert. „Die Gesellschaft wird entweder durch zwei Vorstandsmitglieder oder durch ein Vorstandsmitglied in Gemeinschaft mit einem Prokuristen vertreten" ist eine heute bei Aktiengesellschaften geläufige Satzungsbestimmung. Die Bedeutung dieses Instituts liegt darin, daß sich nach fester Rechtsprechung der Umfang der Vertretungsmacht nicht auf den der Prokura (§§ 48ff. HGB.) beschränkt, sondern dem der gesetzlichen Vertretung der Gesellschaft schlechthin gleichkommt; vgl. dazu RGZ. 134, 303; JW. 38, 3121 (KG.). Hierbei sind aus dem selbstverständlichen Organisationsprinzip, daß die Vertretungsmacht des Vorstandsmitglieds usw. stärker sein muß als die eines Prokuristen, verschiedene Einschränkungen zu machen. Zunächst kann der Alleinvorstand usw. (wie jeder Gesamtvorstand) nicht an die Mitwirkung eines Prokuristen gebunden werden, ebensowenig aber auch ein ohne Mitwirkung eines anderen Vorstandsmitglieds zeichnungsberechtigtes Vorstandsmitglied usw. Darüber hinaus kann die Mitzeichnung eines bestimmten Vorstandsmitgliedes usw., an welche ein anderes gebunden ist, nicht durch Mitzeichnung eines Prokuristen ersetzt werden (Grund: ein Prokurist wäre hier sonst stärker als die anderen Vorstandsmitglieder, deren Mitzeichnung nicht ausreichen würde; vgl. Baumbach-Hueck Anm. 4 c zu § 71), so daß insoweit eine unechte Gesamtvertretung nicht vorgesehen werden kann. (In anderen Fällen ist es umgekehrt möglich, die Zeichnung eines Prokuristen nur zusammen mit der eines bestimmten Vorstandsmitgliedes genügen zu lassen; vgl. Gadow-W. Schmidt Anm. 8 zu § 71).

b) Aus dem Grundsatz, daß der Arbeitsdirektor als „gleichberechtigtes" Mitglied des zur gesetzlichen Vertretung berufenen Organs bestellt werden muß, ergeben sich gegenüber den zu a) erörterten Möglichkeiten keine Besonderheiten. Die „Gleichberechtigung" kann nicht bedeuten, daß der Arbeitsdirektor Alleinzeichnungsrecht haben müsse, selbst wenn andere Mitglieder des Vertretungsorgans je allein vertretungsberechtigt sind. Ist demgemäß bei einem dreigliedrigen Organ ein Mitglied zur Alleinzeichnung befugt, das nicht Arbeitsdirektor ist, so kann für letzteren Zeichnung in Gemeinschaft mit dem dritten Mitglied vorgesehen werden. Dieser Fall ist aber auch der unechten Gesamtvertretung zugänglich. Der oben unter a) a. E. erwähnte Gesichtspunkt greift nicht durch, weil hier kein Vorstandsmitglied geringere Rechtsmacht hätte als der mitzeichnende Prokurist; die beiden gesamtvertretungsberechtigten Vorstandsmitglieder sind hier nur faktisch wechselseitig aneinander gebunden. (Daß jeder von ihnen auch zusammen mit dem dritten — alleinvertretungsberechtigten — Mitglied „zeichnen" könnte, ist eine Selbstverständlichkeit, die aber in manchen Satzungen überflüssigerweise noch hervorgehoben wird.) Zweifelhaft ist lediglich, ob die Vertretungsmacht des Arbeitsdirektors auch in der Weise geregelt werden kann, daß er allein an die Mitzeichnung eines bestimmten anderen Mitglieds gebunden werden kann, während die anderen beliebig paarweise miteinander zeichnen, ob er endlich nur zusammen mit einem anderen Vorstandsmitgliede für zeichnungsberechtigt erklärt werden kann, während bei den übrigen auch die Mitzeichnung eines Prokuristen genügt.

Nach allgemeinem Aktienrecht sieht es die herrschende Ansicht für zulässig an, bei einem zweigliedrigen Vorstande das eine Mitglied allein, das andere hingegen nur in Gemeinschaft mit jenem zeichnen zu lassen, während es mit Recht für unzulässig gehalten wird, von zwei Vorstandsmitgliedern nur eines für zeichnungsberechtigt zu erklären; vgl. Baumbach-Hueck Anm. 4 B zu § 71. Die Unterscheidung beider Fälle findet ihre Rechtfertigung darin, daß nur die zuletzt erwähnte Gestaltung dem zweiten Mitgliede die Stellung eines verantwortlichen Vorstandsmitglieds nimmt; vgl. Baumbach-Hueck a. a. O. Um diese Grenze zugunsten des Arbeitsdirektors zu wahren, hätte es daher nicht der Betonung seiner Gleichberechtigung bedurft. Trotzdem kann ihrer Betonung kein allzu großes Gewicht für die Auslegung der Gesetzesvorschrift beigemessen werden; vgl. dazu oben Anm. 1 Abs. 2. In den Beratungen des Arbeitskreises der Bundestagsausschüsse hatte z. B. der Abgeordnete Richter (SPD) eindeutig erklärt, daß die Hervorhebung eines anderen Vorstandsmitglieds bei der Zeichnungsberechtigung „allein nicht als eine Minderbewertung des Arbeitsdirektors angesehen werden" könne (ArbKrsProt. Nr. 5 S. 4). Trotzdem wird man nicht schlechthin jede nach bisherigem Recht wirksame Regelung der Vertretungsmacht künftig für zulässig halten können, wenn sie den Arbeitsdirektor betrifft. Andererseits bietet die von Fitting (BArbBl. 51, 203ff. N. 29) aufgestellte Formel, der Arbeitsdirektor könne nicht schlechter gestellt werden „als seine übrigen Kollegen im Vorstand" m. E. noch keine taugliche Handhabe für die erforderliche Abgrenzung. Wenn Fitting damit, worauf seine Ausführungen i/RuW.-Praxis unter D III hindeuten, jede Regelung für unzulässig erklären will, bei der „kein anderes Vorstandsmitglied in gleicher Weise wie der Arbeitsdirektor behandelt würde", so bedarf dies zumindest einer Differenzierung: stellt die Regelung den Arbeitsdirektor schlechter, weil er Arbeitsdirektor ist, bezieht sie sich also auf den Arbeitsdirektor als solchen, so stimme ich mit Fitting darin überein, daß sie unzulässig ist; sie kann aber auch eine Schlechterstellung des Arbeitsdirektors ergeben, ohne daß dies mit seiner Eigenschaft als Arbeitsdirektor etwas zu tun hat, so daß die Beschneidung insbesondere der Vertretungsmacht also auch ein anderes Vorstandsmitglied usw. ebensogut treffen könnte — dann scheint mir die Regelung zulässig, obwohl im konkreten Einzelfall nur der Arbeitsdirektor durch sie hinter den anderen Organmitgliedern zurückgesetzt bleibt. Das Gesetz verbietet m. E. nur die spezielle Schlechterbehandlung des Arbeitsdirektors, nicht hingegen eine sich nur in concreto gegen den Arbeitsdirektor auswirkende, ihrer Natur nach jedoch generelle Abstufung der Vorstandsbefugnisse. Nach diesem Grundsatz dürften sich die aufgeworfenen Fragen befriedigend klären lassen:

α) Die Satzung könnte nicht wirksam vorsehen, daß die Gesellschaft usw. von jedem Vorstandsmitgliede usw. mit Ausnahme des Arbeitsdirektors allein, vom Arbeitsdirektor hingegen nur in Gemeinschaft mit einem anderen Vorstandsmitgliede usw. vertreten werde. Hingegen halte ich für zulässig und wirksam, wenn die Satzung den Aufsichtsrat zur Zubilligung der Alleinzeichnungsbefugnis ermächtigt und dies etwa dahin einschränkt, daß hiervon nur zugunsten solcher Organmitglieder Gebrauch gemacht werden kann, die ihre Stellung mindestens drei Jahre lang innehaben. Ebenso könnte die Satzung einer Montangesellschaft m. E. wirksam vorsehen, daß jedes Vorstandsmitglied nach einer bestimmten Amtsdauer Alleinzeichnungsbefugnis erhält. Dies kann nicht deshalb unzulässig sein, weil die Satzungsbestimmung im konkreten Falle dazu führt, daß nur der Arbeitsdirektor auf die Mitzeichnung eines zweiten Vorstandsmitglieds angewiesen bleibt. Ähnlich würde ich es dem Aufsichtsrat nicht verwehren, auch bei Vorhandensein von nur zwei Vorstandsmitgliedern einen Vorsitzer des Vorstands zu ernennen (anders Fitting a. a. O.); im übrigen ist zu hoffen, daß die Satzung dem Vorsitzer ohnehin die Entscheidungsbefugnis nimmt, wofür schon deshalb Neigung bestehen dürfte, weil auch der Arbeitsdirektor vom Aufsichtsrat zum Vorsitzer des Organs ernannt werden kann. Sollte aber wirklich die Ernennung eines Vorsitzers beim dreigliedrigen Vorstand durch Wegfall eines Vorstandsmitglieds ohne weiteres ihre Wirkung verlieren? — eine Folgerung, die man bei Einnahme des Fittingschen Standpunkts ziehen müßte.

β) Unzulässig scheint es mir weiter zu sein, wenn die Satzung den Arbeitsdirektor als solchen an die Mitzeichnung des kaufmännischen Direktors binden würde, während ich die Bindung für wirksam halte, wenn sie in der Satzung für die nichtkaufmännischen Organmitglieder vorgesehen ist und von solchen im Einzelfall kein anderer als der Arbeitsdirektor vorhanden wäre. Danach wäre also folgende Satzungsbestimmung in jedem Falle gültig: „Sind mehrere Vorstandsmitglieder vorhanden, so ist eines von ihnen als kaufmännischer Direktor zu bestellen. Der kaufmännische Direktor vertritt die Gesellschaft (allein oder) in Gemeinschaft mit einem anderen Vorstandsmitglied." Eine solche Bindung behielte sogar für den Fall des Ausscheidens des kaufmännischen Direktors Gültigkeit (vgl. HRR. 34, 338), macht aber die Neubestellung eines solchen erforderlich.

γ) Bestimmt die Satzung, daß der Arbeitsdirektor nur mit einem anderen Vorstandsmitglied usw. (also nicht schon mit einem Prokuristen) die Gesellschaft usw. vertreten könne, so liegt m. E. überhaupt keine Beeinträchtigung seiner Stellung innerhalb des vertretungsbefugten Organs vor, denn hier handelt es sich weniger um die Bindung der Organmitglieder als um eine solche der zeichnungsberechtigten Prokuristen; vom Standpunkt des Vorstandes aus handelt es sich eher um eine Kontrollaufgabe als um eine Erweiterung seiner Berechtigung. Selbst wenn man dieser Auffassung aber nicht folgen will, müßten auch für die Regelung der unechten Gesamtvertretung die oben unter b β) entwickelten Gesichtspunkte gelten, so daß die dort angeführte Satzungsbestimmung unbedenklich wirksam bliebe, wenn ihr noch die Worte „oder mit einem Prokuristen" hinzugefügt wären; auch insofern kann es auf die Gültigkeit der Bestimmung keinen Einfluß haben, ob der Vorstand noch aus anderen Personen als dem Arbeitsdirektor und dem kaufmännischen Direktor besteht oder nicht.

c) Eine Bindung hinsichtlich der Ausübung der Vertretungsmacht ist nach allgemeinem Gesellschaftsrecht nur im Innenverhältnis möglich; vgl. §§ 74 AktGes., 37 GmbHGes. Eine Ausnahme hiervon macht lediglich das Bergrecht, indem es die Möglichkeit vorsieht, daß Beschränkungen der Vertretungsmacht gegen Dritte wirken, wenn sie in die dem Repräsentanten oder den Mitgliedern des Grubenvorstands zu erteilende Legitimation aufgenommen worden ist (vgl. § 119 Abs. 4 Allg.Bergges.). Die Vorstandsmitglieder usw. im Innenverhältnis zu „binden", muß selbstverständlich auch künftig möglich sein, und zwar über das Maß der sich aus der Regelung der Vertretungsmacht ergebenden Schranken hinaus. S. darüber unten Anm. 11 u. 12. Die weitergehende Frage, ob auch die bergrechtliche Möglichkeit der Legitimationsbeschränkung fortbesteht, wenngleich dadurch die Kompetenz des Grubenvorstands eingeschränkt, die der Gewerkenversammlung notwendig erweitert wird, hängt mit dem Anm. 1 Abs. 1 u. 2 zu § 12 erörterten Problemkreis zusammen. Handeln Repräsentant oder Grubenvorstand auf den in ihrer Legitimation ausgenommenen Gebieten namens der Gewerkschaft, so sind sie Vertreter ohne Vertretungsmacht, und die Genehmigung eines derart von ihnen vorgenommenen Rechtsgeschäfts (vgl. §§ 177 Abs. 1, 180 S. 2 BGB.) kann denkbarerweise nur von der Gewerkenversammlung beschlossen werden. (Darüber, daß §§ 177ff. BGB. auch auf vermeintliche gesetzliche Vertreter und auch bei bloßer Überschreitung der Vertretungsmacht Anwendung finden — allg.M. — vgl. RGZ. 104, 193 u. (Palandt-)[9]Danckelmann Vorb. zu §§ 177—180) Auch diese Gestaltung und die aus ihr indirekt folgende Schwächung des paritätisch besetzten Aufsichtsrats muß angesichts der vom Mitbestimmungsgesetz insoweit nicht angetasteten Struktur der Gewerkschaft neuen Rechts als allgemein fortbestehend für Montangewerkschaften ebenfalls hingenommen werden; es ist nicht ersichtlich, welche Vorschrift des Mitbestimmungsgesetzes ihr widerstreiten sollte. Zur „Bestellung" des Grubenvorstands (vgl. § 12) gehört die Regelung der Vertretungsmacht — im Rahmen der allgemeinen Vorschriften — unzweifelhaft nicht. Diese ist vielmehr allgemein grundsätzlich Sache der Satzung usw.; vgl. dazu auch §§ 71 Abs. 2 u. 3 AktGes., 6 Abs. 3 GmbHGes. Die Satzung usw. braucht zwar keine unmittelbare Bestimmung über die Vertretungsmacht zu treffen, sondern kann dies einem anderen Organ überlassen. Im Aktienrecht muß angenommen werden, daß nur der Aufsichtsrat ermächtigt werden kann, Abweichungen von der gesetzlichen Regelung der Vertretungsmacht des Vorstands zu bestimmen. Man wird das aus der vom Aktiengesetz vorgenommenen Kompetenzverteilung schließen müssen (vgl. Baumbach-Hueck Anm. 4 A a. E. zu § 71), die auch die Satzung bindet. Allerdings handelt es sich dabei um die Bestellungskompetenz, aber die gesetzliche Ermächtigung der Satzung hinsichtlich der Vertretungsregelung bedeutet nur, daß die Satzung festlegen kann, welche Wirkung insoweit dem Bestellungsakt innewohnt; will sie weder von dieser Möglichkeit Gebrauch machen noch die gesetzliche Regelung der Vertretungsmacht schlechthin gelten lassen, so wäre es widersinnig, wenn sie die dann vorzubehaltende Präzisierung der inhaltlichen Bedeutung des Bestellungsaktes einem anderen als dem für diesen Akt zuständigen Organ überlassen könnte. Da nun das Mitbestimmungsgesetz die Bestellungskompetenz des Aufsichtsrats für alle drei von ihm behandelten Unternehmensformen einheitlich regelt (§ 12), muß auch bei der Gesellschaft mit beschränkter Haftung und der neueren Gewerkschaft im Bereich des Mitbestimmungsgesetzes wie bei der Aktiengesellschaft angenommen werden, daß Gesellschaftsvertrag bzw. Statut nur entweder selbst Ausnahmen von der gesetzlichen Regelung der Vertretungsmacht der Geschäftsführer usw. oder aber eine Ermächtigung des Aufsichtsrats hierzu enthalten kann. Der Aufsichtsrat ist im letzteren Falle in der Gestaltung der Vertretungsregelung an keine größeren Beschränkungen gebunden als die Satzung selbst, es sei denn, daß die Ermächtigung ihrerseits Einschränkungen enthält, was unbedenklich zulässig wäre. Ob der Aufsichtsrat die ihm durch die Satzung erteilte Ermächtigung auf einen Ausschuß weiter übertragen kann, ist im Aktienrecht streitig; vgl. einerseits (bejahend) Schlegelberger-Quassowski Anm. 15 zu § 71; Gadow-W. Schmidt Anm. 4 zu § 71 und Baumbach-Hueck Anm. 4 A zu § 71, andererseits Godin-Wilhelmi Anm. II 7 zu § 71 und Ritter Anm. 4 c zu § 71. Da die Rechtsstellung des Arbeitsdirektors von der Regelung der Vertretungsmacht berührt wird (s. oben unter b)), wird hier dasselbe gelten müssen wie zur Frage der Übertragung der Bestellungskompetenz; s. darüber Anm. 7 zu § 12.

9. Daß jedes Mitglied eines mehrgliedrigen Vorstands usw. nicht selbständiges Organ der juristischen Person ist, sondern nur im Rahmen der **Vorstandsorganisation** wirken kann, ist eine Selbstverständlichkeit, die das Gesetz nicht hätte zu betonen brauchen. Wenn § 13 Abs. 2 trotzdem der Auffassung vorbeugen will, als sei der Arbeitsdirektor etwas außerhalb des Vorstands usw., so hat dies politische Gründe. Während aber die Vorschrift des Abs. 1 nur einer Hintansetzung des Arbeitsdirektors entgegentreten will (vgl. darüber oben Anm. 1 Abs. 2), hat Abs. 2 offenbar die Verhinderung einer Isolierung des Arbeitsdirektors in doppeltem Sinne im Auge: der Arbeitsdirektor soll nicht von der allgemeinen Vorstandsarbeit ausgeschlossen werden, sich aber auch seinerseits nicht von ihr absondern. Beide Fragen betreffen nur die Seite der Geschäftsführung, da sich das Wirken des Vorstands nach außen hin ohne weiteres nach der Regelung der Vertretungsbefugnis richtet (über diese s. oben Anm. 8) Mit Recht verweist das Gesetz (Abs. 2 S. 2) deshalb in diesem Zusammenhange auf die Geschäftsordnung; vgl. hierzu die folgende Anmerkung.

10. Soweit Abs. 2 S. 1 im Rechtssinne eine Bedeutung beizumessen ist, erlegt er in erster Linie sämtlichen Vorstandsmitgliedern usw. eine wechselseitige Verpflichtung zur Zusammenarbeit auf, deren Innehaltung oder Verletzung für die Frage des Widerrufs ihrer Bestellung, der einen wichtigen Grund voraussetzt, erheblich sein kann. Doch bedeutet dies allenfalls eine Klarstellung, da es schon nach allgemeinen Grundsätzen keinem Zweifel unterliegen könnte, daß unberechtigte Weigerung der Zusammenarbeit mit einem anderen Vorstandsmitgliede einen wichtigen Grund zur Abberufung des Weigernden darstellen würde, und es andererseits ebenso sicher ist, daß auch eine kraft gesetzlicher Vorschrift gebotene Bestellung eines Vorstandsmitgliedes mit besonderer, gesetzlich festgelegter Kompetenz keinerlei Recht der übrigen Vorstandsmitglieder zur Weigerung der Zusammenarbeit mit jenem Mitglied begründen könnte. Man würde höchstens annehmen können, daß bisher schon bestellte Vorstandsmitglieder der Montangesellschaften aus der neuen Zusammensetzung des Vorstands ihrerseits einen wichtigen Grund zur Kündigung ihres Anstellungsvertrages und zur Amtsniederlegung herleiten könnten; eine solche Möglichkeit dürfte auch grundsätzlich zu bejahen sein und wird durch § 13 Abs. 2 S. 1 nicht ausgeschlossen. Zum andern wäre daran zu denken, ob die Vorschrift das Kollegialprinzip für die Vorstände der Montangesellschaften vorschreiben wollte. M. E. ist das indessen ebenso zu verneinen wie bei der Vorschrift über die Gleichberechtigung des Arbeitsdirektors; vgl. dazu oben Anm. 1. Hingegen möchte ich annehmen, daß § 13 Abs. 2 S. 1 eine Anweisung an die für die Geschäftsordnung verantwortlichen Organe enthält, den Möglichkeiten einer Isolierung des Arbeitsdirektors entgegenzuwirken; darüber, inwieweit dies in Einzelheiten Bedeutung gewinnen kann, s. unten Anm. 11. Dabei kann zumindest insoweit, als die Satzung die Geschäftsordnung regelt, eine Sanktion in den Schranken gesehen werden, deren Überschreitung nach allgemeinen Vorschriften zur Nichtigkeit von Satzungsbestimmungen führen würde. Im übrigen könnte der Vorstand durch eine prinzipwidrige Regelung seiner Geschäftsordnung einen wichtigen Grund für seine Abberufung liefern. Soweit der Aufsichtsrat in dem von der Satzung zugelassenen Rahmen die Geschäftsordnung regelt, wird man hingegen seinem Beschluß auch dann die Wirksamkeit nicht absprechen können, wenn im Einzelfall — sei es auch noch so offensichtlich — eine engere Zusammenarbeit der Vorstandsmitglieder usw. hätte sichergestellt werden können. Es ist daher zu empfehlen, daß die Satzung selbst zumindest die entscheidenden Grundzüge der Geschäftsordnung enthält.

11. Einzelheiten der Zusammenarbeit innerhalb des Vorstands usw. sind, abgesehen von der eigentlichen Geschäftsverteilung (über sie vgl. oben Anm. 8 Abs. 1—3) und den Folgerungen aus der Regelung der Zeichnungsbefugnisse, Gegenstand der Geschäftsordnung. Was die Geschäftsordnung regeln kann, muß notwendig innerhalb des Rahmens der unabdingbaren Vorschriften, die das Wesen der Aktiengesellschaft ausmachen, sowie der zulässigen Satzungsbestimmungen über die innere Ordnung des Vorstands bleiben. Über diese inhaltliche Begrenzung der Geschäftsordnung vgl. auch unten Anm. 12. In Betracht kommen in erster Linie Grundsätze und Verfahrensvorschriften, welche die wechselseitige Unterrichtung der Vorstandsmitglieder über den Geschäftsgang, die Herstellung einer einheitlichen Willensbildung innerhalb des Vorstands und die Durchführung der beschlossenen Maßnahmen betreffen. Auszugehen ist von dem Grundsatz, daß jedes Vorstandsmitglied für die Gesamtgeschäftsführung verantwortlich ist, so daß es sich über diese jederzeit genügend unterrichtet halten muß, um gegen Maßnahmen einschreiten zu können, die Mißstände beim Betriebe des Unternehmens im Gefolge haben. Vgl. dazu RGZ. 98, 98. In diesen Grenzen kann keine **Geschäftsverteilung** ein Vorstandsmitglied usw. von seiner Verantwortlichkeit für die Geschäftsführung im ganzen freistellen, und man wird hieraus folgern dürfen, daß die Möglichkeit zu derart allgemeiner Überwachung der anderen Organmitglieder (vgl. Baumbach-Hueck Anm. 4 zu § 70) von keiner Bestimmung der Geschäftsordnung wirksam ausgeschlossen werden kann. Andererseits muß aber die Möglichkeit bestehen, ein den Geschäftsbetrieb hinderndes „Schnüffeln" einzelner Vorstandsmitglieder usw. im Geschäftsbereich der übrigen auszuschließen und z. B. regelmäßige Vorstandssitzungen mit Berichtspflicht jedes Mitglieds vorzusehen. Die Einberufung außerordentlicher Vorstandssitzungen ist ein weiterer Punkt, der geschäftsordnungsmäßiger Regelung zugänglich ist, ferner allgemein die Frage der Leitung und der etwaigen Protokollierung der Vorstandssitzungen. Fehlen Bestimmungen hierüber, so wird ein bei der Gesellschaft eingeführter Brauch maßgebend, in Ermangelung eines solchen aber allseitige Übereinstimmung erforderlich sein. Fehlen Bestimmungen über die Art der Willensbildung im Vorstande, so ist für alle sachlichen Entscheidungen, d. h. also mindestens für alle außerordentlichen Geschäfte und Maßnahmen und im übrigen für jede Abweichung von einer bestehenden Übung, Einvernehmen aller Vorstandsmitglieder usw. nötig (str.); vgl. über den Stand der Meinungen die Übersicht bei Baumbach-Hueck Anm. 4 zu § 70. Ob man dies daraus herleiten kann, daß die in §§ 71 Abs. 2 S. 1 AktGes., 35 Abs. 2 S. 2 GmbHGes., § 117 Abs. 2 Allg.Bergges. angeordnete Gesamtvertretung einer entsprechenden Anwendung des § 28 Abs. 1 i. V. m. § 32 BGB. entgegenstehe (so Baumbach-Hueck a. a. O.), ist freilich zweifelhaft, da auch nach Vereinsrecht i. Zw. Gesamtvertretung gilt (vgl. dazu (Palandt-)[9]Danckelmann Anm. 2 zu § 26). Es paßt jedoch nicht, auf den Vorstand usw. der hier in Betracht kommenden Korporationen die Grundsätze einer Mitgliederversammlung (§ 32 BGB.) anzuwenden, die bei eben diesen Korporationen in dem vom Personalprinzip gelösten Hauptorgan (vgl. §§ 114 Abs. 1 AktGes., 47 Abs. 2 GmbHGes., § 111 Abs. 2 Allg.Bergges.) selbst überhaupt nicht in Geltung sind. Aus diesem Grunde wird der h. M. beizupflichten sein. Sie gibt Anlaß, für die Entschließungen des Vorstands usw. mindestens in bezug auf die im Rahmen der normalen satzungsmäßigen Zweckverfolgung liegenden Angelegenheiten das Mehrheitsprinzip festzulegen. Und zwar wird dies zweckmäßig in der Satzung selbst geschehen; vgl. dazu unten Anm. 12. Die Art der Abstimmung im Vorstand zu regeln, ist zumindest überflüssig; nur die mündliche Stimmabgabe ist hier der Beschlußfassung angemessen. M. E. könnte aber verlangt werden, daß kein Vorstandsmitglied sich zu einer Geschäftsführungsfrage der Stimme enthalten darf. Eine solche Bestimmung könnte auch nicht eigentlich umgangen werden, da unentschuldigtes Fernbleiben von Vorstandssitzungen stets pflichtwidrig sein und gegebenenfalls die Ersatzpflicht begründen würde. (Der Erfüllungsanspruch ist freilich nicht vollstreckbar — vgl. § 888 Abs. 2 ZPO.! — und kann deshalb auch nicht die Grundlage für eine einstweilige Verfügung abgeben; a. A. für die insoweit gleichliegende Frage der Abstimmung im Aufsichtsrat Möhring S. 516.) Die sich weiter erhebende Frage, ob die Satzung, wenn sie das Mehrheitsprinzip anordnet, dem etwa ernannten Vorsitzer (andernfalls einem bestimmten Mitgliede) den Stichentscheid bei Stimmengleichheit anvertrauen kann, ist m. E. zu bejahen; eine solche Regelung liegt im Rahmen des § 70 Abs. 2 S. 2 AktGes. und läßt auch das Recht des Aufsichtsrats aus § 75 Abs. 2 AktGes. unberührt. — Fehlen hinsichtlich der **Durchführung der Vorstandsbeschlüsse** nähere Bestimmungen, so muß angenommen werden, daß sie demjenigen Direktor obliegt, in dessen Geschäftsbereich sie sich inhaltlich auswirken müssen. Jedes Vorstandsmitglied usw. ist verpflichtet, an der Durchführung mitzuwirken, und kann insbesondere seine etwa erforderliche Mitzeichnung auch dann nicht verweigern, wenn es überstimmt worden ist. Das Gesagte gilt gleichermaßen für sämtliche bei den Montanunternehmen in Betracht kommende Organformen. Dies muß schon daraus gefolgert werden, daß sie nach § 12 i. V. m. § 75 AktGes. der Vorsitzerinstitution zugänglich sind; vgl. dazu Anm. 6 Abs. 4 zu § 12. Denn demgegenüber stellt die Einführung des Mehrheitsprinzips ein Minus dar; für den Widerspruch eines Vorstandsmitglieds nach vollzogener Abstimmung wird dabei nur insoweit Raum sein, als sich der Widerspruch auf neue Tatsachen stützt; alsdann muß sich der Vorstand usw. insgesamt erneut mit der Angelegenheit befassen. Daß die Überstimmten den Aufsichtsrat anrufen, wird man ihnen vielleicht zugestehen können; solche Anrufung bietet dem Aufsichtsrat aber, abgesehen von Fällen, für die seine Zustimmung im voraus wirksam vorbehalten worden ist (vgl. § 95 Abs. 5 S. 2 AktGes.), keine Handhabe, in die Geschäftsführung einzugreifen. Erst recht kann ein überstimmtes Vorstandsmitglied nicht die Hauptversammlung anrufen; § 103 Abs. 2 AktGes. setzt in dem gedachten Falle einen Mehrheitsbeschluß des Vorstands voraus. (In beiderlei Hinsicht für den insoweit gleichliegenden Fall des § 70 Abs. 2 S. 2 AktGes. — zumindest irreführend: Baumbach-Hueck Anm. 3 B zu § 70,) Bei Gesellschaften mit beschränkter Haftung und bergrechtlichen Gewerkschaften kann die Angelegenheit hingegen möglicherweise von der Gesellschafter- oder Gewerkenversammlung aufgegriffen und diese natürlich hierzu auch von dem überstimmten Geschäftsführer oder Mitglied des Grubenvorstands angeregt werden; vgl. dazu Anm. 1 Abs. 2 zu § 12.

12. Eine **Geschäftsordnung** kann sich der Vorstand usw. selbst insoweit geben, als ihm der Aufsichtsrat oder die Satzung nicht vorgreifen. Das Gesetz kennt — abgesehen von § 13 Abs. 2 S. 2 Mitb.Ges. — den Begriff der Geschäftsordnung des Vorstands usw. nicht. Die Satzung usw. braucht auch keine Bestimmungen solcher Art (vgl. oben Anm. 11) zu enthalten. Schweigt sie, so kann der Aufsichtsrat für die Tätigkeit des Vorstands Bestimmungen technischer Art, aber selbstverständlich keine solchen treffen, die inhaltlich Geschäftsführungsmaßnahmen darstellen. Hat die Satzung das Mehrheitsprinzip nicht aufgestellt, so muß m. E. der Grundsatz des Gesamteinvernehmens gelten, ohne daß der Aufsichtsrat daran von sich aus noch etwas ändern könnte. Man wird allerdings regelmäßig annehmen dürfen, daß eine Satzungsbestimmung, die eine Abweichung von dem Grundsatz der gemeinschaftlichen Vertretung zugunsten der Gesamtvertretung durch zwei von drei

Vorstandsmitgliedern usw. enthält, i. Zw. damit auch das Mehrheitsprinzip für Geschäftsführungsfragen einführen wollte; doch ist hierbei eine gewisse Vorsicht geboten. Die Frage unterliegt m. E. ausschließlich der Entscheidung der Satzung und nicht der des Aufsichtsrats (a. A. anscheinend Baumbach-Hueck Anm. 4 zu § 70), weil es sich um eine Modalität der Ausschließung des Führergrundsatzes handelt, die § 70 Abs. 2 S. 2 AktGes. der Satzung ausdrücklich freistellt. Die weitere Frage, ob der Vorstand seinerseits einstimmig für die Zukunft festlegen kann, daß bei seinen Beschlußfassungen Stimmenmehrheit entscheiden solle, muß hingegen m. E. bejaht werden: es dürfte kein Grund dafür bestehen, der von sämtlichen Organmitgliedern selbst ausgehenden Unterwerfung unter das Mehrheitsprinzip die rechtliche Wirkung zu versagen; von der allgemeinen Überwachungspflicht kann in solchem Falle allerdings auch dann kein Vorstandsmitglied usw. entbunden sein; es muß notfalls aus dem Vorstand usw. ausscheiden, wenn es glaubt, die Verantwortung für die Durchführung der Vorstandsbeschlüsse nicht übernehmen zu können.

Keine Frage der Geschäftsordnung des Vorstandes, sondern eine Maßnahme der Geschäftsführung ist die **Prokuristenbestellung,** und zwar auch dann, wenn die Satzung usw. unechte Gesamtvertretung vorsieht (hierüber s. oben Anm. 8). Wohl aber kann unter der Voraussetzung der — nur dem Vorstand usw. obliegenden — Bestellung der Prokuristen die Zusammenarbeit mit diesen im Rahmen der Geschäftsordnung, also insbesondere vom Aufsichtsrat, geregelt werden; die Regelung darf jedoch nie dazu führen, daß Recht und Pflicht sämtlicher Vorstandsmitglieder, sich wechselseitig zu unterrichten und die Gesamtgeschäftsführung zu überwachen, beeinträchtigt werden. Bei der Führung der Vorstandsgeschäfte kann die Zustimmung eines Prokuristen nicht die erforderliche Zustimmung eines Vorstandsmitglieds oder den für maßgeblich erklärten Mehrheitsbeschluß ersetzen. Im Sinne unechter Gesamtvertretung zeichnungsberechtigte Prokuristen können daher auch nur mit beratender Stimme zu Vorstandssitzungen zugelassen werden; ihre Zulassung ist wiederum eine echte Geschäftsordnungsfrage.

Vierter Teil

Schlußvorschriften

§ 14

(1) Die Vorschriften dieses Gesetzes treten in Kraft[1]

a) für Unternehmen[2], die dem Gesetz Nr. 27 der Alliierten Hohen Kommission[3] nicht unterliegen[4], am 31. Dezember 1951,

b) für Unternehmen[2], die aus der Kontrolle nach dem Gesetz Nr. 27 der Alliierten Hohen Kommission[3] entlassen werden[5], im Zeitpunkt ihrer Entlassung, spätestens am 31. Dezember 1951[5],

c) für Unternehmen[3], die auf Grund des Gesetzes Nr. 27 der Alliierten Hohen Kommission[5] in eine „Einheitsgesellschaft" überführt werden[6], mit deren Errichtung[6], spätestens am 31. Dezember 1951[6],

d) für die übrigen[7] Unternehmen[3] zu dem Zeitpunkt, in dem feststeht, daß sie auf Grund des Gesetzes Nr. 27 der Alliierten Hohen Kommission[5] nicht in eine Einheitsgesellschaft überführt werden[7], spätestens am 31. Dezember 1951[7].

(2) Die Wahl von Aufsichtsratsmitgliedern nach §§ 5 und 6[8] findet erstmalig[9] innerhalb von zwei Monaten nach Inkrafttreten dieses Gesetzes[1,10] statt[11].

1. § 14 spricht vom Inkrafttreten des Gesetzes (Abs. 2) und seiner Vorschriften (Abs. 1). Bei richtiger Auslegung ergibt sich (vgl. unten Anm. 10), daß Abs. 2 auf den nach Abs. 1 zu ermittelnden Zeitpunkt abstellen will. Dies ist auch in concreto — soviel steht jedenfalls inzwischen fest — kein für alle unter das Gesetz fallenden juristischen Personen einheitlicher Zeitpunkt.

Es dürfte indessen nicht richtig sein, anzunehmen, daß die Vorschrift des Abs. 1 das **Inkrafttreten des Gesetzes** im technischen Sinne regele. Allenfalls läßt sich das in bezug auf die Vorschriften der §§ 1 bis 13 sagen, was die Formulierung des Absatzes 1 („Vorschriften dieses Gesetzes") offenbar auch zum Ausdruck bringen soll. Gerade die Vorschriften des Vierten Teils (§§ 14, 15) wollen hingegen ohne die Befristungen nach Abs. 1 gelten. Namentlich für § 15 liegt dies auf der Hand. Oder hätte etwa die Bundesregierung, bevor „die Vorschriften" des Gesetzes für irgendein Unternehmen „in Kraft" traten, an der Erlassung der in § 15 vorbehaltenen Durchführungsvorschriften gehindert sein sollen? Müßten diese etwa, wenn sie erlassen werden, bevor „die Vorschriften" des Gesetzes für alle von ihm ins Auge gefaßten Unternehmen „in Kraft" getreten sind, jeweils zu den verschiedenen sich aus Abs. 1 ergebenden Zeitpunkten erneut verkündet werden? Das kann schwerlich gewollt sein. Selbstverständlich würde sich eine auf Grund des § 15 erlassene Rechtsverordnung ohne weiteres auf alle Montangesellschaften, auf die das Gesetz jetzt und künftig Anwendung findet, beziehen. Vgl. dazu auch Anm. 1 Abs. 3 zu § 15. Demgemäß ist der Vorschrift des § 14 lediglich der Zeitpunkt zu entnehmen, von dem ab frühestens eine den §§ 1 bis 13 zuwiderlaufende Organisation der Montangesellschaften einen Gesetzesverstoß darstellt, der Zeitpunkt also, bis zu dem — mit anderen Worten — die Vorschriften des Gesetzes bei ihnen verwirklicht sein müssen. Vgl. dazu auch unten Anm. 10 u. 11. Unabhängig von diesem **Termin für den Beginn der Anwendung des Gesetzes** ist dessen Inkrafttreten als solches zu bestimmen: da das Gesetz nach dem Gesagten in Wirklichkeit keine Sondervorschrift über sein Inkrafttreten in diesem Sinne enthält, ist es (vgl. Art. 82 Abs. 2 S. 2 GG.) zwei Wochen nach Erscheinen der Nr. 24 des Bundesgesetzblatts, ausgegeben am 24. Mai 1951, also am 7. Juni 1951 in Kraft getreten.

2. **Unternehmen** i. S. des § 14 ist rechtlich jede einzelne juristische Person, in deren Organisation die im Mitbestimmungsgesetz vorgeschriebene Zusammensetzung von Aufsichtsrat und geschäftsführendem Organ zu verwirklichen ist. Vgl. dazu Anm. 7 zu § 1.

3. Über Gesetz Nr. 27 (Anh. II 1) und seine funktionelle Bedeutung für den Geltungsbereich des Mitbestimmungsgesetzes s. Anm. 13—16 u. 25 zu § 1.

4. § 14 geht von dem Gedanken aus, daß spätestens mit Beginn des Jahres 1952 bei den unter das Gesetz fallenden juristischen Personen zur Verwirklichung der Mitbestimmung geschritten werden soll. Darüber, inwieweit das Gesetz diesen Gedanken verwirklichen konnte, vgl. aber unten Anm. 5 Abs. 2. Demgemäß setzt die Vorschrift für **die außerhalb der Neuregelung nach Gesetz Nr. 27 stehenden Montangesellschaften,** bei denen auf keinerlei Umgestaltung Rücksicht zu nehmen ist, als festen Stichtag für die Anwendung der Vorschriften der §§ 1 bis 13 den 31. Dezember 1951 fest. (Nach § 1 kann es sich dabei nur um Bergbauunternehmen und ihre Tochterunternehmen handeln; vgl. § 1 Abs. 2) Es dürfte den Beteiligten indessen unbenommen sein, lediglich vorbereitende Maßnahmen schon vor diesem Stichtage einzuleiten; um die in § 14 Abs. 2 vorgesehene Frist für den Beginn der Aufsichtsratsbestellung (Bestellungsverfahren nach §§ 5 u. 6) zu wahren, kann dies u. U. sogar zweckmäßig sein.

Maßgebend dafür, ob ein „Unternehmen" dem Gesetz Nr. 27 unterliegt, ist die Rechtslage bei Inkrafttreten des Mitbestimmungsgesetzes; s. dazu oben Anm. 1 a. E. Das ergibt sich aus einem Vergleich mit Abs. 1 Buchst. b: eine etwa bereits bei Inkrafttreten des Mitbestimmungsgesetzes verfügte Entlassung aus der Kontrolle (Überwachung) nach dem Gesetz Nr. 27 hätte (arg. § 14 Abs. 1 Buchst. b: „entlassen werden") die Anwendbarkeit von Abs. 1 Buchst. a begründet. Die Vorschrift ist daher mit Recht so gefaßt, daß es — im Rahmen des § 1 — nicht darauf ankommt, ob ein „Unternehmen" jemals der Kontrolle nach Gesetz Nr. 27 unterlegen hat; selbstverständlich gilt sie auch für den Fall, daß bei einer juristischen Person erst zwischen dem Inkrafttreten des Gesetzes und dem 31. Dezember 1951 die Voraussetzungen des § 1 eintreten. Ein solcher Fall kann ebenso wie die Möglichkeit, daß niemals eine Einbeziehung in Gesetz Nr. 27 vorlag, lediglich bei Unternehmen des Kohle- oder Eisenerzbergbaus eintreten; vgl. § 1 Abs. 1. (Eine — wohl unpraktische — Ausnahme würde bestehen, wenn vor dem 31. Dezember 1951 eine Montangesellschaft aus der Kontrolle nach dem Gesetz Nr. 27 entlassen oder für sie feststehen würde, daß sie in anderer Form als der einer Einheitsgesellschaft aus der Neuordnung auf Grund des Gesetzes Nr. 27 hervorgehen und die Zahl von in der Regel 1000 Arbeitnehmern noch nicht in dem nach Abs. 1 Buchst. b bzw. d maßgeblichen Zeitpunkt, wohl aber spätestens am 31. Dezember 1951 überschritten sein würde. Daß dies gerade bei einem Eisen- und Stahl-Unternehmen eintreten könnte, ist zumindest höchst unwahrscheinlich.) — Über den Fall, daß die Voraussetzungen der Gesetzesanwendung erst nach dem 31. Dezember 1951 eintreten, s. unten Anm. 9 Abs. 2.

5. Bei Inkrafttreten des Mitbestimmungsgesetzes (vgl. oben Anm. 1 a. E.) war noch keine **Entlassung aus der Kontrolle** (Überwachung) **nach Gesetz**

Nr. 27 verfügt. Inzwischen ist dieser Fall bei einigen Unternehmen, in der Hauptsache reinen Bergbauunternehmen, eingetreten. Vgl. zu der Problematik dieser Fälle auch unten Anm. 10. Bekanntlich sind Bestrebungen im Gange, diese Unternehmen im Interesse einer einheitlichen Regelung des deutschen Kohlebergbaus auf freiwilliger Grundlage an Einheitsgesellschaften anzuschließen, wodurch die praktische Bedeutung von Abs. 1 Buchst. b weiter vermindert werden dürfte.

Ist ein Unternehmen, das unter Gesetz Nr. 27 fällt, am 31. Dezember 1951 noch nicht aus der damit verbundenen Überwachung entlassen und greifen auch nicht Buchst. c oder d ein, so zeigt sich, daß § 14 im Bereich des Gesetzes Nr. 27 trotz dem gegenteiligen Anschein der Vorschrift in Wahrheit keinen festen Endtermin für die Anwendung der Mitbestimmungsvorschriften liefert: das Unternehmen „unterliegt" dann dem Gesetz Nr. 27 (so daß Buchst. a ausscheidet!), und es läßt sich auch nicht sagen, ob es aus der Überwachung entlassen oder in eine Einheitsgesellschaft überführt wird oder nicht. Bei einer solchen Lage annehmen zu wollen, daß ab 31. Dezember 1951 bei den Unternehmen die Mitbestimmung einzuführen sei, verbietet sich schon deshalb, weil dann (vgl. Art. 3 Abs. 1 u. 4 Abs. 4 Ges. Nr. 27 — Anh. II 1) nur eine Treuhandverwaltung besteht, die in Ansehung der Anteilsrechte nur nach alliierter Weisung verfahren kann. Es ist also für die Geltung einer damit kollidierenden deutschen Gesetzesvorschrift kein Raum; dies verkennt § 14 Abs. 1 Buchst. b bis d, soweit darin der 31. Dezember 1951 als äußerster Stichtag für die Anwendung der Mitbestimmungsvorschriften genannt wird. Bei den Beratungen in den parlamentarischen Ausschüssen ist man sich auch darüber klar gewesen, daß § 14 insoweit auf dem Papier steht und in Wahrheit nur die Durchführung der Neuordnung der vom Gesetz Nr. 27 erfaßten Unternehmensgruppen (im Sinne des Eintritts der in § 14 Abs. 1 Buchst. b bis c vorausgesetzten Unterscheidungsmöglichkeit!) die Anwendung der Mitbestimmungsvorschriften ermöglicht; der kalendermäßige Termin hat nur „optische" Bedeutung in dem Sinne, daß darin eine an die Adresse der Alliierten Hohen Kommission gerichtete Erwartung zu sehen ist. Wird die Neuordnung bis zum 31. Dezember 1951 nicht hinreichend gefördert, so ist die Bestellung der Aufsichtsräte und Vorstände nach den Vorschriften des Mitbestimmungsgesetzes insoweit noch nicht möglich. Es wäre auch verfehlt, wollte man für diesen Fall eine alliierte Anordnung an die Treuhänder erstreben: solange nicht geklärt ist, in welcher Rechtsform und wirtschaftlichen Zusammenfassung die beschlagnahmten Vermögensgegenstände künftig erscheinen werden, ist kein taugliches Objekt für die im Mitbestimmungsgesetz vorgeschriebenen Maßnahmen zu ermitteln; rechtlich sind die Betriebsstätten, um die es sich handeln kann (insbesondere nach Entlassung der sog. C-Gesellschaften) praktisch sämtlich noch Teil des Vermögens der nach Gesetz Nr. 27 zu liquidierenden Unternehmen, für die — vgl. § 1 Abs. 1 Buchst. b — das Mitbestimmungsgesetz gerade nicht gelten will. Es ist daher zu hoffen, daß die Neuordnung mit größter Beschleunigung durchgeführt werden wird.

6. Über **„Einheitsgesellschaften"** vgl. zunächst Anm. 25 zu § 1. — Darüber, daß entgegen dem Gesetzeswortlaut auch bei allen Unternehmen, die in dieser Form aus der Neuordnung hervorgehen, kein kalendermäßig bestimmter

Endtermin für die Anwendung des Mitbestimmungsgesetzes in Frage kommt, s. Abs. 2 der vorigen Anmerkung! — Als Stichtag für die Fristberechnung nach Abs. 2 nennt das Gesetz bei den Einheitsgesellschaften im übrigen den Zeitpunkt ihrer Errichtung. „Errichtung" umfaßt hier sowohl den handelsrechtlich-technischen Begriff der Errichtung (Feststellung der Satzung bzw. des Gesellschaftsvertrages und Übernahme der Anteilsrechte bzw. Beschluß der errichtenden Hauptversammlung nach § 30 Abs. 9 AktGes.) als auch diejenigen Rechtsakte, die — falls keine Neugründung in Frage kommt — nach alliierter Anordnung ausreichen, um einer schon bestehenden juristischen Person die Eigenschaft einer Einheitsgesellschaft zu verschaffen. (Dazu gehört aber nicht mehr die Verfügung über ihre Aktien, von der Art. 8 Nr. 1 d. Ges. Nr. 27 die Befreiung von der Überwachung abhängig macht — eine Einschränkung, die indessen wohl nur als Verfügungsvorbehalt in bezug auf das treuhänderisch gehaltene Anteilsrecht in seiner Gesamtheit aufzufassen sein dürfte). Der hiernach nicht einheitlich zu bestimmende Begriff der „Errichtung" i. S. des § 14 Abs. 1 Buchst. c ist deshalb aufgenommen worden, um für den Fall eines zur Schaffung einer Einheitsgesellschaft u. U. erforderlichen echten Gründungsverfahren schon bei Bestellung des ersten Aufsichtsrats und des ersten Vorstands die Mitbestimmung der Arbeitnehmer außer Zweifel zu stellen; vgl. darüber schon Anm. 25 Abs. 2 zu § 1. Das hat wegen des bei den Stahl-Betriebsgesellschaften bereits eingeführten Mitbestimmungsrechts wesentliche Bedeutung im Sinne seiner vom Gesetz beabsichtigten kontinuierlichen Fortdauer.

7. **Die übrigen Unternehmen** können (vgl. dazu oben Anm. 4 Abs. 2!) nur solche sein, die nicht förmlich aus der Überwachung nach dem Gesetz Nr. 27 entlassen werden (andernfalls würde Abs. 1 Buchst. b Anwendung finden), aber auch in keine Einheitsgesellschaft übergehen. Ob der Vorschrift praktische Bedeutung beizumessen ist, darf bezweifelt werden. Gedacht wurde an Unternehmen, bei denen die Alliierte Hohe Kommission der Fortführung der unter Überwachung gestellten juristische Personen zustimmen könnte, weil sie ihrem wirtschaftlichen Typ nach der Vorstellung einer sog. Kerngesellschaft entsprechen und freiwillig gewisse den Neuordnungsgrundsätzen angepaßte Satzungsänderungen vornehmen. Ob es in diesem Falle nicht auch zu einer förmlichen Entlassung aus der Alliierten Überwachung kommen muß, kann dahingestellt bleiben. Die Bedeutung der Vorschrift des § 14 Abs. 1 Buchst. d läge selbst dann möglicherweise darin, daß für die Fristberechnung nach Abs. 2 ein früherer Stichtag in Frage kommt als der Tag der Entlassung aus der Überwachung nach Gesetz Nr. 27. Es könnte sein, daß der Verzicht auf die Ausgestaltung des „Unternehmens" zu einer Einheitsgesellschaft — gegebenenfalls unter Auflagen — früher erklärt wird als die förmliche Entlassung aus der Überwachung; dann soll bereits jener frühere Termin für die Fristberechnung nach Abs. 2 maßgebend sein. S. dazu aber auch oben Anm. 5 Abs. 2.

8. Das Gesetz scheint davon auszugehen, daß mit „Inkrafttreten" seiner Vorschriften bei den in § 1 bezeichneten juristischen Personen ohne weiteres die Möglichkeit zur Vornahme von Aufsichtsratswahlen besteht. Völlig klar ist dies jedoch nur bei den Gesellschaften im Gründungsstadium und bei

Gesellschaften mit beschränkter Haftung und bergrechtlichen Gewerkschaften, bei denen kein Aufsichtsrat besteht. Daß § 14 Abs. 2 darüber hinaus die **Amtszeit eines** an dem aus Abs. 1 sich ergebenden Stichtage **im Amt befindlichen Aufsichtsrat** abkürze, kann hingegen nicht angenommen werden. Hierzu hätte es einer ausdrücklichen gesetzlichen Vorschrift bedurft. Eine solche ist weder im Mitbestimmungsgesetz selbst enthalten, noch könnte sie auf Grund der Ermächtigung des § 15 Buchst. a durch Rechtsverordnung erlassen werden, da es sich hierbei nicht um eine Frage der Satzungsanpassung handelt. M. E. verbleiben daher bereits vorhandene Aufsichtsräte der Montangesellschaften im Amt. Hierbei kann es keinen Unterschied machen, ob es sich um einen aktienrechtlichen Aufsichtsrat oder um satzungsmäßig anders gestaltete Aufsichtsräte einer Gesellschaft mit beschränkter Haftung oder einer bergrechtlichen Gewerkschaft handelt. Diese Folgerung wird auch durch den Umstand nahegelegt, daß es kein Feststellungsverfahren in bezug auf die Anwendbarkeit des Mitbestimmungsgesetzes gibt (vgl. Anm. 1 Abs. 4 zu § 1) und die damit verbundene Rechtsunsicherheit über die Frage der Amtsdauer des Aufsichtsrats, wie sie bei gegenteiliger Lösung des angedeuteten Problems eintreten müßte, für die in Betracht kommenden Gesellschaften wie für den Handelsverkehr insgesamt unerträglich wäre. Man kann dieser Erwägung auch nicht mit einem Hinweis auf die Anwendbarkeit der Vorschrift des § 91 AktGes. i. V. m. § 14 HGB. begegnen. Abgesehen von der weiteren Frage, ob bei gesetzlicher Beendigung der Amtsdauer des Aufsichtsrats schon dies allein bekanntgemacht werden müßte, würde die Rechtsunsicherheit damit nicht behoben, da die Bekanntmachung keine konstitiuerende Wirkung hat, gleichwohl aber vom Vorstand kaum verantwortet werden könnte, wenn die Rechtslage zweifelhaft ist. Überdies würde der Registerrichter nicht nur beim Ordnungsstrafverfahren nach § 14 HGB., sondern auch — wenn nämlich keine Neubestellung innerhalb dreier Monate durchgeführt wird — nach § 303 Abs. 1 i. V. m. § 89 AktGes. in eine schwierige Lage kommen; gleiches würde aber auch gelten, wenn der Vorstand auf Grund des § 89 AktGes., weil er die — zweifelhafte — Anwendbarkeit des Mitbestimmungsgesetzes bejaht, eine Notbestellung beantragt. (Hier würden die Dreimonatsfristen nach § 89 AktGes. und nach § 7 verschieden laufen; aus § 14 Abs. 2 ist zu folgern, daß letztere erst zwei Monate nach dem Zeitpunkt des Inkrafttretens beginnt.) Infolgedessen wird man sich dafür entscheiden müssen, daß die alten Aufsichtsräte zunächst im Amt verbleiben. Endet die Wahlzeit nicht vor der in § 14 Abs. 2 angeordneten Neuwahl, so muß der alte Aufsichtsrat regelmäßig zu diesem Zeitpunkt abberufen werden. Für einen solchen Widerruf seiner Bestellung ist eine Handhabe stets geboten. Bei Gesellschaften mit beschränkter Haftung oder bergrechtlichen Gewerkschaften kann diese Frage allerdings im Gesellschaftsvertrag oder Statut abweichend von § 87 Abs. 2 AktGes. geregelt sein. Man wird aber dann wie in anderen Fällen einer Kollision von Bestimmungen der Satzung usw. mit Vorschriften des Mitbestimmungsgesetzes (vgl. dazu Anm. 2 zu § 15) annehmen müssen, daß solche Bestimmungen — arg. a fortiori § 2 — außer Kraft getreten sind und die Gesellschafter- oder Gewerkenversammlung nicht mehr binden, so daß sie § 3 Abs. 2 zufolge den alten Aufsichtsrat in derselben Weise abberufen kann wie eine Hauptversammlung nach § 87 Abs. 2 AktGes. Offensichtlich gesetzwidrige

Unterlassung eines Widerrufs, der zur Konstituierung des im Mitbestimmungsgesetz vorgeschriebenen Aufsichtsrats erforderlich ist, wäre nicht anders zu beurteilen als die unmittelbare Nichtachtung der in §§ 4ff. vorgeschriebenen Modalitäten; vgl. dazu Anm. 1 a. E. zu § 1. Auch die Abberufung entsandter Mitglieder macht in dem zur Neukonstituierung des Aufsichtsrats erforderlichen Umfang keine Schwierigkeiten; insoweit ist der Fall des § 88 Abs. 5 AktGes. gegeben. Dies findet nur dort seine Grenze, wo die Zahl der entsandten Mitglieder die nach §§ 4ff., insbesondere § 5 S. 2 zulässige Höchstzahl nicht überschreitet und mithin die Entsendung auch in den neuen Aufsichtsrat möglich ist. Darin liegt jedoch m. E. keine Besonderheit, weil nach § 14 Abs. 2 trotz dem anscheinend entgegenstehenden Wortlaut nur insoweit ein Widerruf der früheren Bestellung erforderlich ist, als künftig — nach §§ 6, 8 — lediglich (oder in erster Linie) Vorschlagswahlen vorgesehen sind. Es ist nicht einzusehen, daß es vom Standpunkt des Mitbestimmungsgesetzes nicht genügen sollte, nur die dafür erforderliche Zahl von Aufsichtsratssitzen freizumachen. Besteht also z. B. bei einer Montan-AG. ein fünfgliedriger Aufsichtsrat, so braucht, wenn wenigstens eines seiner Mitglieder die Negativvoraussetzungen des § 4 Abs. 2 erfüllt, seine Bestellung nicht widerrufen zu werden. Ein solches Verfahren kann zweckmäßig sein, wenn noch kein sehr erheblicher Teil der Wahlzeit des im Amt befindlichen Aufsichtsrats abgelaufen ist. Allerdings wird man annehmen müssen, daß gerade dann, wenn die Hauptversammlung so vorgeht, in dem aus § 14 ersichtlichen Zeitpunkt die Konstituierungspflicht nach dem Mitbestimmungsgesetz besteht und nun die auf Grund § 7 und § 89 AktGes. i. V. m. § 10 laufenden Dreimonatsfristen beginnen; der bisher vollbesetzte Aufsichtsrat verliert dann diese Eigenschaft, und die Zahl seiner Mitglieder muß (erforderlichenfalls im Wege der Notbestellung) auf die sich aus §§ 4, 9 ergebende Festzahl gebracht werden — genau wie wenn im Falle sofortiger Abberufung aller bisherigen Aufsichtsratsmitglieder zunächst lediglich die sich aus §§ 5, 9 ergebende Zahl neuer Mitglieder bestellt worden wäre. Es ist dann auch bei den nicht mehr im Gründungsstadium befindlichen Aktiengesellschaften und den bereits mit einem Aufsichtsrat ausgestattet gewesenen Gesellschaften mit beschränkter Haftung und bergrechtlichen Gewerkschaften der Fall gegeben, daß sie keinen Aufsichtsrat haben, der schon einmal voll konstituiert gewesen wäre. Vgl. dazu auch Anm. 1 zu § 10.

Über die von § 14 Abs. 2 geforderte Teilkonstituierung des neuen Aufsichtsrats s. im übrigen §§ 5, 6 und die Anmerkungen dazu.

9. Nur für den ersten paritätisch zusammengesetzten Aufsichtsrat schreibt das Gesetz eine **Frist zum Beginn der Konstituierung** vor. Die Bestellung späterer Aufsichtsräte richtet sich nach den allgemeinen Vorschriften, welche der Satzung wie auch der Festsetzung einer Wahldauer durch das Wahlorgan weiten Spielraum lassen; vgl. darüber Anm. 7 zu § 2 (Abs. 4 unter a) und Anm. 1 zu § 11 (unter a). —

Vom Gesetz nicht geregelt ist der Fall, daß nach dem sich aus § 14 Abs. 1 ergebenden Zeitpunkt das Mitbestimmungsgesetz auf eine Montangesellschaft durch **Ansteigen der normalen Arbeitnehmerzahl über 1000** anwendbar wird. Man wird hier im Hinblick auf die allein gangbare Sanktion für die Gesetzesanwendung und die dieser Sanktion innewohnende erhebliche Tragweite (vgl. Anm. 1 a. E. zu § 1) eine rechtsähnliche Anwendung der Vorschriften des § 14 bejahen müssen. Eine gewisse Schwierigkeit besteht dabei für die Ermittlung des Zeitpunkts für den Beginn der in Abs. 2 vorgesehenen Zweimonatsfrist. Entsprechend § 1 Abs. 2 („in der Regel") kann nicht jedes Überschreiten der 1000-Arbeitnehmer-Grenze die Zweimonatsfrist in Lauf setzen; es müssen vielmehr Umstände hinzutreten, die eine Dauerhaftigkeit der erhöhten Arbeitnehmerzahl gewährleisten; vgl. dazu Anm. 24 Abs. 2 zu § 1.

10. Nach dem Wortlaut des Gesetzes beginnt die **Zweimonatsfrist** des § 14 Abs. 2 in dem aus Abs. 1 abzulesenden Zeitpunkt ohne Rücksicht auf die Verkündung einer nach § 15 Buchst. b vorbehaltenen Rechtsverordnung. Daran wird auch jedenfalls in dem Sinne festzuhalten sein, daß eine Vorschlagswahl gemäß § 6 nicht um deswillen unterlassen werden darf, weil vor Ablauf der Zweimonatsfrist (was z. B. bei einigen aus der Überwachung nach Gesetz Nr. 27 entlassenen Unternehmen bereits praktisch werden konnte) die vorbehaltene DurchfV. zu § 6 noch nicht erlassen ist. Machen Betriebsräte oder Spitzenorganisationen vor Verkündung dieser DurchfV. dem Vorstand usw. Vorschläge für die Wahl der in § 4 Abs. 1 Buchst. b bezeichneten Aufsichtsratsmitglieder, die sich im Rahmen der §§ 4, 6 halten, so kann die Hauptversammlung usw. diese Vorschläge wirksam bestätigen, zumal es sich in § 15 nur um eine Ermächtigung handelt, für die nicht feststeht, ob überhaupt von ihr Gebrauch gemacht wird. Im Falle der Ablehnung einer Vorschlagswahl ist die Frage von untergeordneter Bedeutung, da hier stets nur § 7 eingreifen kann. Man wird aber ggf. den Betriebsräten und den Spitzenorganisationen die Möglichkeit einräumen müssen, neue Vorschläge unter Beachtung etwaiger besonderer Ordnungsvorschriften der DurchfV. aufzustellen; zumindest kommen sie damit einer Zwischenverfügung des Registerrichters im Verfahren nach § 7, der m. E. eine Auflage gleichen Inhalts machen dürfte, zuvor; ich möchte aber darüber hinaus annehmen, daß dann auch das Wahlorgan, welches die früheren Vorschläge ganz oder teilweise nicht bestätigt hatte, noch zu den neuen Vorschlägen Stellung nehmen müßte, was wohl der auf Grund des § 7 angegangene Registerrichter ebenfalls zur Auflage machen könnte. (Zu letzterem vgl. auch die bei Schlegelberger-Quassowski Anm. 3 zu § 89 skizzierten Grundsätze, die für § 7 entsprechend gelten müssen).

11. Die Vorschrift wendet sich sowohl an das Wahlorgan als an die nach § 6 Vorschlagsberechtigten. Ein Zwang für die Innehaltung der Frist ist nicht gegeben. Das Verhalten der Beteiligten kann aber für ein auf Auflösung der Gesellschaft oder Gewerkschaft gerichtetes Amtsverfahren (s. dazu Anm. 1 a. E. zu § 1) von Bedeutung sein.

§ 15

Die Bundesregierung wird ermächtigt, durch Rechtsverordnung Vorschriften zu erlassen[1] über

a) die Anpassung von Satzungen und Gesellschaftsverträgen an die Vorschriften dieses Gesetzes[2],

b) das Verfahren für die Aufstellung der in § 6 bezeichneten Wahlvorschläge[3].

1. § 15 sieht die Erlassung von Durchführungsverordnungen nicht zwingend vor, sondern enthält lediglich eine Ermächtigung der Bundesregierung, die auf zwei bestimmte Gegenstände beschränkt ist. Die Bundesregierung bedarf, wenn sie von der Ermächtigung Gebrauch machen will, dazu der Zustimmung des Bundesrats nicht, da — vgl. Art. 80 Abs. 2 GG. — das Mitbestimmungsgesetz keiner verwaltungsmäßigen Ausführung durch die Länder zugänglich ist. Von der Ermächtigung ist bisher kein Gebrauch gemacht worden.

Das Mitbestimmungsgesetz läßt indessen verschiedene Fragen offen, die Anlaß für eine weitergehende Ermächtigung zur Erlassung von Durchführungsvorschriften hätten geben sollen, falls das Gesetz selbst diese Punkte nicht klarstellen wollte (z. B. Verfahren u. Verfahrenskosten im Falle des § 8, gerichtliche Zuständigkeit im Falle des § 11 Abs. 3). Ein ernsthafter Hinderungsgrund für die Verwirklichung der vorgeschriebenen Mitbestimmung der Arbeitnehmer kann aus dieser Unterlassung freilich nicht erwachsen; vgl. dazu Anm. 19 zu § 8 u. Anm. 6 zu § 11.

Die auf Grund des § 15 erlassenen Rechtsverordnungen würden zur gegebenen Zeit ohne weiteres für alle unter das Mitbestimmungsgesetz fallenden juristischen Personen gelten, auch wenn die Vorschriften des Gesetzes auf sie nach § 14 dann noch nicht Anwendung finden. Die Vorstellung, daß auch die Ermächtigung des § 15 nur stufenweise „in Kraft" träte, wäre abwegig. S. dazu Anm. 1 zu § 14.

2. Die **Bestimmungen der Satzungen, Gesellschaftsverträge und Statuten** der unter das Mitbestimmungsgesetz fallenden juristischen Personen werden in dem aus § 14 Abs. 1 ersichtlichen Zeitpunkt oder bei späterer Verwirklichung der in § 1 bezeichneten Merkmale in demselben Ausmaß unwirksam, in welchem § 2 dies für die bisherigen gesetzlichen Vorschriften anordnet, nämlich insoweit sie den Vorschriften des Mitbestimmungsgesetzes zuwiderlaufen. Über die dafür maßgebliche Grenzziehung vgl. insbesondere Anm. 7 zu § 2.

Anpassung der Satzungen usw. bedeutet nur die Ersetzung bisheriger Bestimmungen, welche hiernach mit zwingenden Gesetzesvorschriften nicht mehr in Einklang stehen, nicht hingegen die Aufnahme neuer, im Hinblick auf die neue Regelung der Aufsichtsräte und vertretungsberechtigten Organe zweckmäßiger Bestimmungen. Beides ist nach allgemeinen Vorschriften jederzeit möglich. Solange eine Rechtsverordnung gem. Buchst. a nichts anderes vorsieht, entstehen aber auch durch bloße Satzungsanpassung die allgemein vorgesehenen Gebühren, und es müssen alle Formerfordernisse erfüllt sein, die das Gesetz für Satzungsänderungen vorschreibt (vgl. dazu §§ 145ff., 111 AktGes., §§ 53f. GmbHGes. u. § 94 Allg.Bergges.).

3. Die **Aufstellung der Wahlvorschläge der Betriebsräte und gewerkschaftlichen Spitzenorganisation** ist im Mitbestimmungsgesetz verfahrensmäßig im einzelnen nicht geregelt. Die Vorschriften, die das Gesetz selbst hinsichtlich dieser Vorschläge enthält, lassen z. T. verschiedene Methoden ihrer Aufstellung als möglich erscheinen. Eine einheitliche Handhabung wäre unter dem Gesichtspunkt der Zweckmäßigkeit wünschenswert. Wer materiell auf das Zustandekommen der Vorschläge Einfluß zu nehmen hat, regelt das Gesetz selbst abschließend. Die auf Grund des § 15 Buchst. b etwa zu erlassende Rechtsverordnung kann daher nur technische Fragen zum Gegenstand haben. Vgl. dazu auch die Anmerkungen zu § 6.

ANHANG

I. Materialien

1.

Richtlinien über die Mitbestimmung in der Kohle und Eisen schaffenden Industrie vom 27. Januar 1951

(aufgestellt von Sachverständigen und Vertretern des DGB)

A

1. Die Regelung erstreckt sich
   a) in der Eisen und Stahl erzeugenden Industrie auf alle Unternehmen, deren Neuordnung durch Bildung einer Kerngesellschaft nach Gesetz 27 oder durch eine an deren Stelle tretende andere Lösung erfolgt,
   b) bei der Kohle auf alle Unternehmen des Steinkohlen- und Braunkohlenbergbaues,
   c) auf den Eisenerzbergbau.

   Die Regelung greift nicht über auf den übrigen Bereich der Wirtschaft. Die Regelung gilt auch nicht für die unter Buchstaben a bis c fallenden Unternehmen, die im Hinblick auf ihre Unternehmensgröße oder aus sonstigen wichtigen Gründen im Einvernehmen beider Sozialpartner für eine solche Regelung ungeeignet sind. Entsteht hierüber eine Meinungsverschiedenheit, soll der unter D genannte Senat auf Antrag eine Empfehlung aussprechen.
2. Die Regelung soll Grundlage für ein Bundesgesetz sein, das die Mitbestimmung in den unter 1. bezeichneten Unternehmen regelt.
3. Die Regelung soll ferner Grundlage sein für Vorschläge, die von deutscher Seite im Rahmen der Neuordnung den zuständigen alliierten Stellen gemacht werden.
4. Für den Fall, daß die Neuordnung nicht innerhalb des Jahres 1951 zum Abschluß gebracht wird, soll diese Regelung spätestens ab 1. 1. 1952 durchgeführt werden.

Protokollvermerke zu A

Mit den hier niedergelegten Richtlinien und Feststellungen in den Protokollvermerken ist die Frage des Mitbestimmungsrechts bei den unter A 1 genannten Unternehmen endgültig geregelt.

1. Zu Ziff. 1 besteht Übereinstimmung darüber, daß Beteiligungen der durch die Regelung erfaßten Unternehmen an solchen juristisch selbständigen

Unternehmen, die nicht Kohle oder Erz fördern oder nicht zur Eisen oder Stahl erzeugenden Industrie gehören, von der Regelung nicht betroffen werden.

2. Es besteht ferner Übereinstimmung darüber, daß die endgültigen Hauptversammlungen der von der Regelung betroffenen Unternehmen durch die Entscheidungen in der Übergangszeit nicht präjudiziert werden.

B

1. Soweit Unternehmen gemäß A kraft ihrer Rechtsform keinen Aufsichtsrat haben, müssen sie einen solchen bilden, auf den die Bestimmungen des Aktiengesetzes sinngemäß Anwendung finden.
2. Der Aufsichtsrat setzt sich aus 11 Mitgliedern zusammen, die wie folgt von der Hauptversammlung gewählt werden:
   a) Eigentümerseite:
      4 Vertreter der Aktionäre,
      1 unabhängige Persönlichkeit.
      Die Hauptversammlung wählt diese 5 Mitglieder nach freiem Ermessen.
   b) Arbeitnehmerseite:
      4 Vertreter der Arbeitnehmer,
      1 unabhängige Persönlichkeit.
      Die Vertreter der Arbeitnehmerseite werden vom Deutschen Gewerkschaftsbund der Hauptversammlung vorgeschlagen. Davon sollen 2 Mitglieder (1 Arbeiter, 1 Angestellter) Betriebsangehörige sein, die der Betriebsrat vorschlägt. Die Hauptversammlung ist an die Vorschläge der Arbeitnehmerseite gebunden.
   c) 11. Mitglied:
      Die nach a) und b) gewählten 10 Aufsichtsratsmitglieder erstatten der Hauptversammlung einen Vorschlag für die Wahl des 11. Mitgliedes. Der Vorschlag kommt zustande, wenn die Zustimmung von mindestens 3 Mitgliedern jeder der beiden Gruppen vorliegt.
      Kommt ein solcher Vorschlag nicht zustande oder lehnt ihn die Hauptversammlung ab, so wird der gemäß D einzusetzende Senat angerufen. Dieser Senat macht der Hauptversammlung gleichzeitig 3 Vorschläge für die Wahl des 11. Mitgliedes. Die Hauptversammlung soll die Wahl aus diesen 3 Personen treffen.
3. Die Aufsichtsratsmitglieder sind an Weisungen nicht gebunden. Sie unterliegen den allgemeinen aktienrechtlichen Vorschriften.
4. Hat ein Aufsichtsrat eine größere Zahl als 11 Mitglieder, muß die Zahl ungerade sein. Im übrigen soll sich an der verhältnismäßigen Zusammensetzung des Aufsichtsrates nichts ändern.

Protokollvermerke zu B

1. Zu Ziff. 1 des Buchstabens B wird von der Unternehmerseite darauf hingewiesen, daß eine Regelung bezüglich der Personalgesellschaften Probleme aufwirft, die mit der persönlichen Haftung des Inhabers zusammenhängen. Die Beteiligten sind sich darüber einig, daß diese Fälle zur Zeit theoretischer Natur sind, daß also erst im gegebenen Falle eine Anpassung unter Beachtung der Grundsätze dieser Vereinbarung anzustreben ist.

2. Zu Ziff. 2b) wird folgendes formuliert:
   a) Einverständnis besteht darüber, daß Vorschläge des Betriebsrates vom Deutschen Gewerkschaftsbund nur abgelehnt werden können, wenn der begründete Verdacht besteht, daß der Betreffende nicht die Gewähr bietet, zum Wohle des Betriebes und der gesamten Volkswirtschaft verantwortlich im Aufsichtsrat mitzuarbeiten.
   b) Die Sachverständigen der Eigentümerseite erklären, daß sie sich nicht als kompetent ansehen, darüber mitzusprechen, wer von der Arbeitnehmerseite vertretungsberechtigt ist.
   Die Vertreter des DGB erklären, daß der Deutsche Gewerkschaftsbund sich im gegebenen Falle mit anderen gewerkschaftlichen Organisationen wegen Vertretung der Arbeitnehmerseite in Verbindung setzen wird, wenn diese Organisationen im Unternehmen entsprechend vertreten sind.

C

1. Die Bestellung und Abberufung der Vorstandsmitglieder erfolgt mit $^2/_3$-Mehrheit durch den Aufsichtsrat.
   Soweit die Bewährung noch zu klären ist, wird das betreffende Vorstandsmitglied zunächst nur für ein Jahr, und zwar mit der Maßgabe bestellt, daß bei Bewährung die endgültige Bestellung erfolgt*).
2. Im Vorstand wird die Stelle eines Arbeitsdirektors geschaffen. Für den Posten des Arbeitsdirektors ist eine Persönlichkeit zu bestellen, die
   sich für die Wahrung der Menschenwürde bei allen Beschäftigten einzusetzen hat,
   im Einvernehmen mit allen Beteiligten die Zusammenarbeit und das Interesse am Betrieb lebendig gestalten soll,
   den Ablauf des Betriebes und dessen Zusammenhänge zu übersehen vermag.
   Der Arbeitsdirektor hat — ebenso wie die übrigen Vorstandsmitglieder — seine Aufgaben im engsten Einvernehmen mit dem gesamten Vorstand auszuüben.

Protokollvermerke zu C

1. Zu Ziff. 1 erklären sich im Hinblick auf die von der Unternehmerseite vorgetragenen Gesichtspunkte zu der Frage der $^2/_3$-Mehrheit die Vertreter des DGB bereit, diese Frage noch einmal mit den zuständigen Stellen des DGB zu behandeln. Hierfür wird von der Unternehmerseite folgende Formulierung vorgeschlagen:

---

*) C Ziff. 1 ist später wie folgt geändert worden:
„Die Bestellung und Abberufung der Vorstandsmitglieder erfolgt durch den Aufsichtsrat. Der Arbeitsdirektor kann nicht gegen die Mehrheit der Stimmen der Arbeitnehmerseite im Aufsichtsrat zum Vorstand berufen und abberufen werden.
Soweit die Bewährung noch zu klären ist, wird das betreffende Vorstandsmitglied zunächst für 1 Jahr, und zwar mit der Maßgabe bestellt, daß bei Bewährung die endgültige Bestellung erfolgt."

„Der Arbeitsdirektor kann nicht gegen die Mehrheit der Stimmen der Arbeitnehmerseite im Aufsichtsrat zum Vorstand berufen werden."

Das Erfordernis der $^2/_3$-Mehrheit für die Berufung der Vorstandsmitglieder käme dann in Wegfall.

Bleibt es bei dem Erfordernis der $^2/_3$-Mehrheit für die Berufung von Vorstandsmitgliedern, so wird darauf hingewiesen, daß noch zu überlegen ist, ob das Erfordernis der $^2/_3$-Mehrheit auch für die Abberufung dem Grundsatz gerecht wird, daß für die Bestellung eines Vorstandsmitgliedes eine $^2/_3$-Mehrheit erforderlich sein soll.

2. Zu Ziff. 2 besteht Einverständnis darüber, daß die soziale Betreuung nach den für den gesamten Vorstand festgelegten Richtlinien durchzuführen ist, und daß das Betriebsleben im Einverständnis mit dem technischen Vorstandsmitglied aktiviert werden soll.

   Es besteht ferner Einverständnis darüber, daß die Zusammenarbeit der Vorstandsmitglieder durch eine Geschäftsordnung geregelt wird, durch die wichtige Angelegenheiten des Unternehmens der kollegialen Entscheidung des Vorstandes übertragen werden. Dazu gehören z. B. Entscheidungen über Personalien außertariflicher Angestellter.

D

1. Zur Beilegung von Streitfragen, zur Erstellung von Gutachten und zur Beratung der zuständigen Stellen in Angelegenheiten der Produktionsförderung, der Rationalisierung, der Menschenführung und in Fragen der allgemeinen wirtschaftlichen Entwicklung auf dem Gebiete von Eisen, Stahl und Kohle wird je ein aus sechs Mitgliedern bestehender, paritätisch zusammengesetzter Senat für den zu A bestimmten Bereich der Eisen schaffenden Industrie und des Kohlenbergbaus eingerichtet. Die Mitglieder des Senats sollen mindestens 50 Jahre alt sein und eine überdurchschnittliche Erfahrung in wirtschaftlichen Angelegenheiten und sozialen Fragen besitzen.
2. Die Vertreter der Eigentümerseite und die Vertreter der Arbeitnehmer machen der Bundesregierung einen je sechs Namen umfassenden Vorschlag für jeden der beiden Senate, aus denen die Bundesregierung unter Wahrung des Grundsatzes der Parität die Mitglieder der Senate beruft.

2.

Entwurf eines Gesetzes über die Mitbestimmung der Arbeitnehmer in den Aufsichtsräten und in den Vorständen in Unternehmen des Bergbaus sowie der Eisen und Stahl erzeugenden Industrie vom 28. 1. 1951 (sog. Referentenentwurf)

Erster Teil

Allgemeines

§ 1

(1) Die Arbeitnehmer haben ein Mitbestimmungsrecht in den Aufsichtsräten und in den Vorständen nach Maßgabe dieses Gesetzes in

a) den Unternehmen des Steinkohlen-, Braunkohlen- und Eisenerzbergbaus, sofern der überwiegende Betriebszweck des Unternehmens in der Förderung von Steinkohle, Braunkohle oder Eisenerz liegt, sowie
b) den Unternehmen der Eisen und Stahl erzeugenden Industrie, die sich auf Grund des Gesetzes Nr. 27 der Alliierten Hohen Kommission vom 16. Mai 1950 (Amtsblatt der Alliierten Hohen Kommission für Deutschland, s. S. 299) gebildet haben oder bilden werden („Einheitsgesellschaften").

(2) Die gesetzlichen Vorschriften über die Betriebsverfassung werden durch dieses Gesetz nicht berührt, soweit sie diesem Gesetz nicht entgegenstehen.

Zweiter Teil

Aufsichtsräte

§ 2

(1) Soweit eine Gesellschaft mit beschränkter Haftung oder eine bergrechtliche Gewerkschaft mit eigener Rechtspersönlichkeit ein Unternehmen im Sinne des § 1 betreibt, ist ein Aufsichtsrat zu bilden.

(2) Die aktienrechtlichen Vorschriften über den Aufsichtsrat finden sinngemäß Anwendung. Jedoch können die gesetzlichen Rechte des Aufsichtsrats durch Gesellschaftsvertrag oder Satzung nicht beschränkt werden.

§ 3

(1) In der Regel besteht der Aufsichtsrat aus elf Mitgliedern; dies gilt auch für Unternehmen mit einem Stammkapital von weniger als drei Millionen Deutsche Mark. Er setzt sich zusammen aus

a) fünf Mitgliedern, die von den Gesellschaftern (Gewerken) nach Maßgabe der Satzung oder des Gesellschaftsvertrages gewählt sind (§ 4);
b) fünf Mitgliedern, die auf Vorschlag derjenigen Spitzenorganisation gewählt werden, welcher die Gewerkschaft angehört, die überwiegend in den Betrieben des Unternehmens vertreten ist (§ 5);
c) einem weiteren Mitglied (§ 7).

(2) Die Mitglieder des Aufsichtsrats treffen ihre Entscheidungen unparteiisch und nach bestem Gewissen und Wissen unter Berücksichtigung des Gemeinwohls zum Besten des Unternehmens und der Arbeitnehmer der zum Unternehmen gehörigen Betriebe; sie sind an Aufträge und Weisungen nicht gebunden.

§ 4

(1) Unter den nach § 3 Abs. 1 Buchst. a zu wählenden Mitgliedern des Aufsichtsrats ist eine Person zu wählen, die weder Gesellschafter (Gewerke) eines Unternehmens des Wirtschaftszweigs, noch in diesem Wirtschaftszweig als Arbeitgeber oder Arbeitnehmer, noch in einer für das Unternehmen zuständigen Gewerkschaft oder Vereinigung der Arbeitgeber oder in einer Spitzenorganisation tätig ist. Auf diesen Sitz kann ferner nicht gewählt werden, wer unmittelbar an dem Unternehmen interessiert ist.

(2) Im übrigen werden die in § 3 Abs. 1 Buchst. a bezeichneten Mitglieder durch das nach Gesetz oder Satzung zur Wahl von Aufsichtsratsmitgliedern berufene Organ (Hauptversammlung) nach dessen freiem Ermessen gewählt.

§ 5

(1) Unter den nach § 3 Abs. 1 Buchst. b bezeichneten Mitgliedern muß eines die Voraussetzungen des § 4 Abs. 1 erfüllen.

(2) Unter den nach § 3 Abs. 1 Buchst. b bezeichneten Mitgliedern muß sich ferner je ein Arbeiter und Angestellter befinden, der in einem zum Unternehmen gehörenden Betrieb beschäftigt ist. Diese Mitglieder werden durch die zuständige Spitzenorganisation (§ 3 Abs. 1 Buchst. b) auf Antrag des Gesamtbetriebsrats und, soweit ein solcher nicht besteht, der Betriebsräte der zum Unternehmen gehörenden Betriebe zur Wahl vorgeschlagen. Die zuständige Spitzenorganisation kann Anträge des Gesamtbetriebsrats oder der Betriebsräte ablehnen, wenn der begründete Verdacht besteht, daß der Vorgeschlagene nicht die Gewähr bietet, zum Wohle des Unternehmens und der gesamten Volkswirtschaft verantwortlich im Aufsichtsrat mitzuarbeiten.

(3) Die Hauptversammlung kann nur Personen wählen, die von der Spitzenorganisation vorgeschlagen sind. Die Spitzenorganisation soll bei ihren Vorschlägen die innerhalb der Belegschaft bestehenden Minderheiten in billiger Weise berücksichtigen.

§ 6

(1) Gehören dem Aufsichtsrat länger als drei Monate weniger der im § 3 Abs. 1 Buchst. b bezeichneten Mitglieder an, als nach § 3 vorgeschrieben ist, so hat die Kammer des Arbeitsgerichts auf Antrag des Vorstands, eines Aufsichtsratsmitglieds oder der zuständigen Spitzenorganisation die erforderliche Zahl von Mitgliedern zu bestellen; § 5 gilt sinngemäß. Der Vorstand ist verpflichtet, den Antrag zu stellen.

(2) Über die Bestellung (Absatz 1) wird im Verfahren der freiwilligen Gerichtsbarkeit entschieden. Gegen die Entscheidung des Arbeitsgerichts findet die sofortige Beschwerde an das Landesarbeitsgericht statt. Die Entscheidung des Landesarbeitsgerichts ist endgültig.

(3) Das Gericht hat die von ihm bestellten Mitglieder abzuberufen, wenn die Voraussetzungen weggefallen sind.

§ 7

(1) Das in § 3 Abs. 1 Buchst. c bezeichnete Mitglied muß die Voraussetzungen des § 4 Abs. 1 und des § 5 Abs. 1 erfüllen; es soll das Vertrauen aller Beteiligten besitzen, sich im wirtschaftlichen Leben bewährt haben, möglichst auch besondere Erfahrungen in dem Wirtschaftszweig aufweisen und seiner Persönlichkeit nach geeignet sein, bei Meinungsverschiedenheiten auszugleichen.

(2) Dieses Mitglied wird durch die Hauptversammlung auf Vorschlag der übrigen Aufsichtsratsmitglieder gewählt. Der Vorschlag wird durch diese Aufsichtsratsmitglieder mit Mehrheit aller Stimmen beschlossen. Er bedarf jedoch der Zustimmung von mindestens drei Mitgliedern, die von den Gesellschaftern (Gewerken) nach Maßgabe der Satzung oder des Gesellschafts-

vertrags gewählt sind (§ 3 Abs. 1 Buchst. a), und von mindestens drei Mitgliedern, die auf Vorschlag der zuständigen Spitzenorganisation gewählt sind (§ 3 Abs. 1 Buchst. b).

(3) Kommt ein Vorschlag nach Absatz 2 nicht zustande oder wird eine vorgeschlagene Person nicht gewählt, so kann der zuständige Senat (§ 11) durch den Vorstand, jedes Aufsichtsratsmitglied oder die zuständige Spitzenorganisation (§ 3 Abs. 1 Buchst. b) angerufen werden. Der Vorstand ist zur Anrufung verpflichtet. Der Senat schlägt der Hauptversammlung drei Personen zur Wahl vor, von denen die Hauptversammlung eine wählen soll.

§ 8

(1) Soll der Aufsichtsrat aus mehr als elf Mitgliedern bestehen, so muß er sich aus einer ungeraden Zahl von Personen zusammensetzen. Für die Zusammensetzung gelten § 3 Abs. 1, §§ 4 bis 7 sinngemäß mit der Maßgabe, daß der Aufsichtsrat eine angemessene Zahl von Personen enthalten soll, die die Voraussetzungen des § 4 Abs. 1 und des § 5 Abs. 1 erfüllen.

(2) Das Nähere regelt die Satzung. Sie bedarf insoweit der Zustimmung der zuständigen Spitzenorganisation (§ 3 Abs. 1 Buchst. b). Bei Meinungsverschiedenheiten kann der Senat zur Vermittlung angerufen werden.

Dritter Teil

Vorstand

§ 9

(1) Die Bestellung und Abberufung des Vorstands erfolgt durch den Aufsichtsrat mit einer Mehrheit von zwei Dritteln der abgegebenen Stimmen. Im übrigen gelten die Vorschriften des Aktiengesetzes entsprechend.

(2) Ein Vorstandsmitglied ist zunächst auf ein Jahr zu bestellen, wenn dies nach der Persönlichkeit des in Aussicht genommenen Bewerbers angemessen erscheint. Hat sich das Vorstandsmitglied während des ersten Jahres bewährt, so ist es endgültig zu bestellen.

§ 10

Als gleichberechtigtes Mitglied des Vorstandes wird ein Arbeitsdirektor bestellt.

Vierter Teil

Senate

§ 11

(1) Für die Wirtschaftszweige des Bergbaus sowie der Eisen und Stahl erzeugenden Industrie wird je ein Senat gebildet.

(2) Der Senat hat innerhalb seines Wirtschaftszweigs auf die Beilegung von Meinungsverschiedenheiten hinzuwirken sowie die zuständigen Stellen in Angelegenheiten der Produktionsförderung, der Rationalisierung, der Menschenführung und der allgemeinen wirtschaftlichen Entwicklung zu beraten. Er kann mit der Erstattung von Gutachten beauftragt werden.

§ 12

(1) Der Senat besteht aus je drei Mitgliedern aus Kreisen der Gesellschafter (Gewerken) und der Arbeitnehmer.

(2) Die Mitglieder des Senats sollen mindestens fünfzig Jahre alt sein und überdurchschnittliche Erfahrungen in wirtschaftlichen und sozialen Angelegenheiten, insbesondere des betreffenden Wirtschaftszweiges, besitzen. Sie müssen zum Bundestag wählbar sein.

(3) Die Mitglieder der Senate werden durch die Bundesregierung aus Vorschlägen, welche die in § 4 Abs. 2 bezeichneten Aufsichtsratsmitglieder und die zuständige Spitzenorganisation (§ 3 Abs. 1 Buchst. b) machen, auf die Dauer von drei Jahren berufen. Es sind mindestens je sechs Personen vorzuschlagen.

(4) Der Senat gibt sich eine Geschäftsordnung.

(5) Die Kosten des Senats werden je zur Hälfte von den Unternehmen und von der zuständigen Spitzenorganisation getragen.

Fünfter Teil

Schluß- und Übergangsvorschriften

§ 13

(1) Die Vorschriften des Zweiten und des Dritten Teils dieses Gesetzes gelten nicht für Unternehmen, die nicht mehr als dreihundert Arbeitnehmer beschäftigen oder ein Nennkapital einschließlich der Rücklagen von weniger als einer Million Deutsche Mark haben.

(2) Mit Einwilligung der zuständigen Spitzenorganisation (§ 3 Abs. 1 Buchst. b) kann die Hauptversammlung beschließen, daß Vorschriften des Zweiten und Dritten Teils dieses Gesetzes keine Anwendung finden.

§ 14

Auf die in § 1 bezeichneten Unternehmen finden die Vorschriften des Aktiengesetzes, des Gesetzes über die Gesellschaften mit beschränkter Haftung und der Berggesetze insoweit keine Anwendung, als sie diesem Gesetz widersprechen.

§ 15

(1) Die Vorschriften des Zweiten und Dritten Teils dieses Gesetzes treten für diejenigen Unternehmen, die nicht den Bestimmungen des Gesetzes Nr. 27 der Alliierten Hohen Kommission unterliegen, am 1. Juni 1951 in Kraft, für die zu bildenden „Einheitsgesellschaften" mit deren Errichtung.

(2) Der Vierte Teil dieses Gesetzes tritt am Tage nach der Verkündigung in Kraft. Die erste Berufung der Senate erfolgt auf die Dauer eines Jahres mit der Maßgabe, daß die Mitglieder aus den Kreisen der Gesellschafter (Gewerken) nach Anhörung sachkundiger Personen aus den Kreisen der Gesellschafter (Gewerken) der zur Zeit bestehenden Unternehmen sowie der Deutschen Kohlenbergbauleitung und der Stahltreuhändervereinigung bestellt werden.

(3) Die ersten nach dem Zweiten Teil dieses Gesetzes vorzunehmenden Wahlen finden in der ersten nach Inkrafttreten dieses Gesetzes abzuhaltenden Hauptversammlung, spätestens jedoch bis zum 1. Oktober 1951, statt.

3.

Entwurf eines Gesetzes über die Mitbestimmung der Arbeitnehmer in Unternehmen des Bergbaus sowie der Eisen und Stahl erzeugenden Industrie vom 30. 1. 1951 (Regierungsentwurf)

Erster Teil

Allgemeines

§ 1

(1) Die Arbeitnehmer haben ein Mitbestimmungsrecht in den Aufsichtsräten und in den Vorständen nach Maßgabe dieses Gesetzes in

a) den Unternehmen des Steinkohlen-, Braunkohlen- und Eisenerzbergbaus, sofern der überwiegende Betriebszweck des Unternehmens in der Förderung von Steinkohle, Braunkohle oder Eisenerz liegt, sowie

b) den Unternehmen der Eisen und Stahl erzeugenden Industrie, deren Neuordnung durch Bildung einer „Einheitsgesellschaft" auf Grund des Gesetzes Nr. 27 der Alliierten Hohen Kommission vom 16. Mai 1950 (Amtsblatt der Alliierten Hohen Kommission für Deutschland, S. 299) oder durch eine an deren Stelle tretende andere Lösung erfolgt oder erfolgt ist.

(2) Die gesetzlichen Vorschriften über die Betriebsverfassung werden durch dieses Gesetz nicht berührt, soweit sie diesem Gesetz nicht entgegenstehen.

Zweiter Teil

Aufsichtsrat

§ 2

(1) Soweit eine Gesellschaft mit beschränkter Haftung oder eine bergrechtliche Gewerkschaft mit eigener Rechtspersönlichkeit ein Unternehmen im Sinne des § 1 betreibt, ist nach Maßgabe dieses Gesetzes ein Aufsichtsrat zu bilden.

(2) Die aktienrechtlichen Vorschriften über den Aufsichtsrat finden sinngemäß Anwendung.

(3) Die Rechte der Aufsichtsräte der in § 1 bezeichneten Unternehmen können durch Gesellschaftsvertrag oder Satzung nicht beschränkt werden.

§ 3

(1) In der Regel besteht der Aufsichtsrat aus elf Mitgliedern; dies gilt auch für Gesellschaften mit einem Nennkapital von weniger als drei Millionen Deutsche Mark. Er setzt sich zusammen aus

a) vier Mitgliedern und einem unabhängigen Mitglied, die gemäß § 4 gewählt werden;
b) vier Mitgliedern und einem unabhängigen Mitglied, die gemäß § 5 auf Vorschlag derjenigen Spitzenorganisation gewählt werden, welcher die Gewerkschaft angehört, die überwiegend in den Betrieben des Unternehmens vertreten ist (zuständige Spitzenorganisation);
c) einem weiteren Mitglied (§ 7).

(2) Die Mitglieder des Aufsichtsrats treffen ihre Entscheidungen unparteiisch und nach bestem Wissen und Gewissen unter Berücksichtigung des Gemeinwohls zum Besten des Unternehmens und der Arbeitnehmer der zum Unternehmen gehörigen Betriebe; sie sind an Aufträge und Weisungen nicht gebunden.

(3) Werden Ausschüsse des Aufsichtsrats gebildet, so sollen sie eine gleiche Zahl von Mitgliedern nach Absatz 1 Buchst. a und von Mitgliedern nach Absatz 1 Buchst. b aufweisen.

(4) Die Mitglieder des Aufsichtsrats haben das Recht, an der Gesellschafterversammlung (Gewerkenversammlung) und, sofern diese nicht den Aufsichtsrat bestellt, an den Sitzungen des Wahlorgans (§ 4 Abs. 1) teilzunehmen.

§ 4

(1) Die in § 3 Abs. 1 Buchst. a bezeichneten Mitglieder des Aufsichtsrats werden durch das nach Gesetz oder Satzung zur Wahl von Aufsichtsratsmitgliedern berufene Organ (das Wahlorgan) nach dessen freiem Ermessen nach Maßgabe der Satzung oder des Gesellschaftsvertrags gewählt.

(2) Eines der nach Absatz 1 zu wählenden Mitglieder muß eine unabhängige Person sein. Sie darf nicht
a) Funktionär oder Angestellter einer Gewerkschaft oder einer Vereinigung der Arbeitgeber oder einer Spitzenorganisation dieser Verbände sein;
b) im Unternehmen als Arbeitnehmer oder Arbeitgeber tätig sein;
c) an dem Unternehmen persönlich wesentlich wirtschaftlich interessiert sein.

§ 5

(1) Unter den in § 3 Abs. 1 Buchst. b bezeichneten Mitgliedern müssen sich ein Arbeiter und ein Angestellter befinden, die in einem zum Unternehmen gehörenden Betrieb beschäftigt sind. Diese Mitglieder werden dem Wahlorgan durch die zuständige Spitzenorganisation auf Antrag der Betriebsräte der zum Unternehmen gehörenden Betriebe zur Wahl vorgeschlagen. Die zuständige Spitzenorganisation kann Anträge der Betriebsräte nur ablehnen, wenn der begründete Verdacht besteht, daß der Vorgeschlagene nicht die Gewähr bietet, zum Wohle des Unternehmens und der gesamten Volkswirtschaft verantwortlich im Aufsichtsrat mitzuarbeiten; in diesem Falle stellen die Betriebsräte einen neuen Antrag. Die zuständige Spitzenorganisation soll bei ihren Vorschlägen die innerhalb der Belegschaft bestehenden Minderheiten in billiger Weise berücksichtigen.

(2) Für ein weiteres der im § 3 Abs. 1 Buchst. b bezeichneten Mitglieder gilt § 4 Abs. 2 entsprechend.

(3) Das Wahlorgan ist an die Vorschläge der zuständigen Spitzenorganisation gebunden; es kann nur Personen wählen, die von dieser vorgeschlagen sind.

§ 6

(1) Gehören dem Aufsichtsrat länger als drei Monate weniger als 5 Mitglieder nach § 3 Abs. 1 Buchst. b an, so hat die Kammer des Arbeitsgerichts auf Antrag des zur gesetzlichen Vertretung berufenen Organs, eines Aufsichtsratsmitgliedes oder der zuständigen Spitzenorganisation die erforderliche Zahl von Mitgliedern zu bestellen; § 5 gilt sinngemäß. Das zur gesetzlichen Vertretung berufene Organ ist verpflichtet, den Antrag zu stellen.

(2) Über die Bestellung (Absatz 1) wird im Verfahren der freiwilligen Gerichtsbarkeit entschieden. Gegen die Entscheidung des Arbeitsgerichts findet die sofortige Beschwerde an das Landesarbeitsgericht statt. Die Entscheidung des Landesarbeitsgerichts ist endgültig.

(3) Das Gericht hat die von ihm bestellten Mitglieder abzuberufen, wenn die Voraussetzungen weggefallen sind.

(4) Gehören dem Aufsichtsrat länger als drei Monate weniger als 5 Mitglieder nach § 3 Abs. 1 Buchst. a an, so gilt § 89 des Aktiengesetzes entsprechend.

§ 7

(1) Das in § 3 Abs. 1 Buchst. c bezeichnete Mitglied muß die Voraussetzungen des § 4 Abs. 2 und des § 5 Abs. 2 erfüllen; es soll allgemeines Vertrauen besitzen, sich im wirtschaftlichen Leben bewährt haben, möglichst auch besondere Erfahrungen in dem Wirtschaftszweig aufweisen und seiner Persönlichkeit nach geeignet sein, bei Meinungsverschiedenheiten auszugleichen.

(2) Dieses Mitglied wird durch das Wahlorgan auf Vorschlag der übrigen Aufsichtsratsmitglieder gewählt. Der Vorschlag wird durch diese Aufsichtsratsmitglieder mit Mehrheit aller Stimmen beschlossen. Er bedarf jedoch der Zustimmung von mindestens drei Mitgliedern nach § 3 Abs. 1 Buchst. a und von mindestens drei Mitgliedern nach § 3 Abs. 1 Buchst. b.

(3) Kommt ein Vorschlag nach Absatz 2 nicht zustande oder wird eine vorgeschlagene Person nicht gewählt, so kann der zuständige Senat (§ 11) durch das zur gesetzlichen Vertretung berufene Organ, jedes Aufsichtsratsmitglied oder die zuständige Spitzenorganisation angerufen werden. Das zur gesetzlichen Vertretung berufene Organ ist zur Anrufung verpflichtet. Der Senat schlägt dem Wahlorgan drei Personen zur Wahl vor, aus denen das Wahlorgan das Aufsichtsratsmitglied wählen soll. Kommt eine Wahl auch auf Grund des Vorschlages des Senats nicht zustande, so kann das Wahlorgan weitere Vorschläge des Senats erbitten.

§ 8

(1) Soll der Aufsichtsrat aus mehr als elf Mitgliedern bestehen, so muß er sich aus einer ungeraden Zahl von Personen zusammensetzen. Für die Zusammensetzung gelten § 3 Abs. 1, §§ 4 bis 7 sinngemäß mit der Maßgabe, daß der Aufsichtsrat eine angemessene Zahl von Personen enthalten soll, die die Voraussetzungen des § 4 Abs. 2 und des § 5 Abs. 2 erfüllen.

(2) Bei Meinungsverschiedenheiten kann der Senat zur Vermittlung angerufen werden.

Dritter Teil

Vorstand

§ 9

Die Bestellung und Abberufung der Mitglieder des zur gesetzlichen Vertretung berufenen Organs erfolgt durch den Aufsichtsrat. In den Fällen, in denen nach dem Gesellschaftsvertrag (der Satzung) der Aufsichtsrat nicht durch die Gesellschafterversammlung (Gewerken-Versammlung) gewählt wird, bedarf die Bestellung und Abberufung der Mitglieder des zur gesetzlichen Vertretung berufenen Organs der Zustimmung der Gesellschafterversammlung (Gewerken-Versammlung). Wenn ein Bewerber noch keine praktische Bewährung in dem für ihn vorgesehenen Aufgabenbereich aufzuweisen hat, kann er zunächst für ein Jahr bestellt werden; hat er sich während des ersten Jahres bewährt, so ist er unbeschadet der Vorschrift des § 75 Abs. 1 Satz 1 des Aktiengesetzes endgültig zu bestellen.

§ 10

(1) Als gleichberechtigtes Mitglied des Vorstandes wird ein Arbeitsdirektor bestellt. Der Arbeitsdirektor kann nicht gegen die Stimmen der Mehrheit der in § 3 Abs. 1 Buchst. b bezeichneten Aufsichtsratsmitglieder bestellt oder abberufen werden.

(2) Der Arbeitsdirektor hat, wie die übrigen Mitglieder des zur gesetzlichen Vertretung berufenen Organs, seine Aufgaben im engsten Einvernehmen mit dem Gesamtorgan auszuüben. Das Nähere bestimmt die Geschäftsordnung.

(3) Der Arbeitsdirektor soll sich für die Wahrung der Menschenwürde aller im Betrieb beschäftigten Personen einsetzen und im Einvernehmen mit allen Beteiligten die Zusammenarbeit und das Interesse am Betrieb wecken und fördern.

Vierter Teil

Senate

§ 11

(1) Für die Wirtschaftszweige des Bergbaus sowie der Eisen und Stahl erzeugenden Industrie wird je ein Senat gebildet.

(2) Der Senat hat innerhalb seines Wirtschaftszweiges auf die Beilegung von Meinungsverschiedenheiten hinzuwirken sowie die zuständigen Stellen in Angelegenheiten der Produktionsförderung, der Rationalisierung, der Menschenführung und der Entwicklung des Wirtschaftszweigs zu beraten. Er kann mit der Erstattung von Gutachten beauftragt werden.

§ 12

(1) Der Senat besteht aus sechs Mitgliedern.

(2) Die Mitglieder des Senats sollen mindestens fünfzig Jahre alt sein und überdurchschnittliche Erfahrung in wirtschaftlichen und sozialen Angelegenheiten, insbesondere des betreffenden Wirtschaftszweigs, besitzen. Sie müssen zum Bundestag wählbar sein.

(3) Die Mitglieder des Senats werden durch die Bundesregierung je zur Hälfte aus Vorschlägen, welche die in § 4 Abs. 1 bezeichneten Aufsichtsratsmitglieder und die zuständige Spitzenorganisation machen, auf die Dauer von drei Jahren berufen. Es sind mindestens je sechs Personen vorzuschlagen.

(4) Der Senat gibt sich eine Geschäftsordnung.

Fünfter Teil

Schluß- und Übergangsvorschriften

§ 13

(1) Dieses Gesetz gilt nur für Unternehmen, die mehr als eintausend Arbeitnehmer beschäftigen oder ein Nennkapital von mehr als einer Million Deutsche Mark haben.

(2) Mit Einwilligung der zuständigen Spitzenorganisation kann das für die Aufstellung der Satzung zuständige Organ beschließen, daß Vorschriften des Zweiten und des Dritten Teils dieses Gesetzes keine Anwendung finden. Bei Meinungsverschiedenheiten kann der Senat zur Vermittlung angerufen werden.

§ 14

Auf die in § 1 bezeichneten Unternehmen finden die Vorschriften des Aktiengesetzes, des Gesetzes über die Gesellschaften mit beschränkter Haftung und der Berggesetze insoweit keine Anwendung, als sie diesem Gesetz widersprechen.

§ 15

(1) Die Vorschriften des Zweiten und Dritten Teils dieses Gesetzes treten in Kraft:

a) für Unternehmen, die nicht dem Gesetz Nr. 27 der Alliierten Hohen Kommission unterliegen, am 1. Juni 1951;
b) für Unternehmen des Bergbaus (§ 1 Abs. 1 Buchst. a), die bis zu diesem Zeitpunkt aus der Kontrolle nach dem Gesetz Nr. 27 der Alliierten Hohen Kommission entlassen sind, am 1. Juni 1951 oder zu dem Zeitpunkt ihrer Entlassung;
c) für Unternehmen, die in „Einheitsgesellschaften“ zu überführen sind oder für die eine andere Lösung im Sinne des § 1 in Frage kommt, mit der Errichtung der „Einheitsgesellschaft“ oder der Feststellung der anderen Lösung, spätestens aber am 31. Dezember 1951.

(2) Der Vierte Teil dieses Gesetzes tritt am Tage nach der Verkündung in Kraft. Die erste Berufung der Senate erfolgt auf die Dauer eines Jahres mit der Maßgabe, daß die Mitglieder, welche nach § 12 Abs. 3 durch die in § 4 Abs. 1 bezeichneten Aufsichtsratsmitglieder vorgeschlagen werden, auf Vorschlag sachkundiger Personen aus den Kreisen der Gesellschafter (Gewerken) der zur Zeit bestehenden Unternehmen bestellt werden.

(3) Die ersten nach dem Zweiten Teil dieses Gesetzes vorzunehmenden Wahlen finden in der ersten nach Inkrafttreten dieses Gesetzes abzuhaltenden Sitzung des Wahlorgans, spätestens jedoch bis zum 1. Januar 1952 statt.

4.

Gemeinsame Eingabe der Sachverständigen für Kohle und Eisen und des Deutschen Gewerkschaftsbundes vom 7. 2. 1951 an den Bundeskanzler zum Regierungsentwurf

Herrn
Bundeskanzler
Bonn

Duisburg, den 7. 2. 1951

Betr.: Mitbestimmung in Kohle und Eisen

Das unterzeichnete Redaktionskomitee der Sachverständigen für Kohle und Eisen und des Deutschen Gewerkschaftsbundes überreicht in der Anlage eine gemeinsam abgefaßte Stellungnahme zum Regierungsentwurf, welche sich mit den in den bisherigen Eingaben aufgeführten Streitpunkten befaßt.

Die Zusammenstellung beruht auf einer Vernehmung der Sachverständigen, welche gestern im Koordinierungsausschuß des Bundesrats erfolgt ist.

Diese gemeinsame Stellungnahme ersetzt die von beiden Seiten vorgebrachten getrennten Anregungen zum Regierungsentwurf. Das Redaktionskomitee ist sich darüber einig, daß die hiermit überreichte Stellungnahme im Sinne der Richtlinien vom 27. 1. 1951 liegt.

Eine Abschrift hat der Herr Präsident des Bundesrats erhalten.

Die bestellten Sachverständigen für Kohle und Eisen:
i. A. gez. Kost gez. Henle

Der Deutsche Gewerkschaftsbund:
gez. vom Hoff gez. Deist

Anlage:

1. Fassung des § 1

(1) Die Arbeitnehmer haben ein Mitbestimmungsrecht in den Aufsichtsräten und in den Vorständen nach Maßgabe dieses Gesetzes in

a) den Unternehmen des Steinkohlen-, Braunkohlen- und Eisenerzbergbaus, sofern der überwiegende Betriebszweck des Unternehmens in der Förderung von Steinkohle, Braunkohle oder Eisenerz sowie in der Verkokung und Brikettierung dieser Produkte liegt, ferner

b) den Unternehmen der Eisen und Stahl erzeugenden Industrie, deren Neuordnung durch Bildung einer „Einheitsgesellschaft" auf Grund des Gesetzes Nr. 27 der Alliierten Hohen Kommission vom 16. Mai 1950 (Amtsblatt der Alliierten Hohen Kommission für Deutschland, S. 299) oder durch eine an deren Stelle tretende andere Lösung erfolgt oder erfolgt ist.

(2) Tochtergesellschaften der Unternehmen fallen nur dann unter die Regelung nach Absatz 1, wenn sie die Voraussetzungen nach Absatz 1 erfüllen.

(3) Die gesetzlichen Vorschriften über die Betriebsverfassung werden durch dieses Gesetz nicht berührt, soweit sie diesem Gesetz nicht entgegenstehen.

2. Fassung des § 2

entsprechend dem Bundesregierungsentwurf.

3. Fassung des § 3

(1) In der Regel besteht der Aufsichtsrat aus elf Mitgliedern; dies gilt auch für Gesellschaften mit einem Nennkapital von weniger als drei Millionen Deutsche Mark. Er setzt sich zusammen aus

a) vier Mitgliedern und einem weiteren Mitglied, die gemäß § 4 gewählt werden,
b) vier Mitgliedern und einem weiteren Mitglied, die gemäß § 5 gewählt werden;
c) einem weiteren Mitglied, das gemäß § 7 gewählt wird.

(2) Die Mitglieder des Aufsichtsrats treffen ihre Entscheidungen unparteiisch und nach bestem Wissen und Gewissen unter Berücksichtigung des Gemeinwohls zum Besten des Unternehmens und der zum Unternehmen gehörigen Betriebe; sie sind an Aufträge und Weisungen nicht gebunden.

Bisheriger Absatz 3 entfällt.

(3) Die Mitglieder des Aufsichtsrats haben das Recht, an der Gesellschafter-Versammlung (Gewerken-Versammlung) und, sofern diese nicht den Aufsichtsrat bestellt, an den Sitzungen des Wahlorgans (§ 4 Abs. 1) teilzunehmen.

4. Fassung des § 4

(1) Die in § 3 Abs. 1 Buchst. a bezeichneten Mitglieder des Aufsichtsrates werden durch das nach Gesetz oder Satzung zur Wahl von Aufsichtsratsmitgliedern berufene Organ (das Wahlorgan) nach dessen freiem Ermessen nach Maßgabe der Satzung oder des Gesellschaftsvertrages gewählt. Eine Entsendung nach § 88 des Akt.Ges. findet nur hinsichtlich dieser Mitglieder statt.

(2) Eines der nach Abs. 1 zu wählenden Mitglieder muß eine unabhängige Person sein. Sie darf insbesondere nicht

a) Angestellter oder Repräsentant einer Gewerkschaft oder einer Vereinigung der Arbeitgeber oder einer Spitzenorganisation dieser Verbände sein oder in den letzten 3 Jahren gewesen sein;
b) im Unternehmen als Arbeitnehmer oder Arbeitgeber tätig sein;
c) an dem Unternehmen persönlich wesentlich wirtschaftlich interessiert sein.

5. Fassung des § 5

§ 5 erhält folgenden neuen ersten Absatz:

> (1) Die in § 3 Abs. 1 Buchst. b bezeichneten Mitglieder des Aufsichtsrats werden auf Vorschlag derjenigen Spitzenorganisation gewählt, welcher die Gewerkschaft angehört, die überwiegend in den Betrieben des Unternehmens vertreten ist (zuständige Spitzenorganisation).

Hieran schließt sich die Fassung des Bundesregierungs-Entwurfs, deren Absätze entsprechend nachrücken.

6. Fassung des § 6

Die bisherigen Absätze 1 bis 3 entfallen.
Bisheriger Abs. 4 erhält — als einziger Absatz des § 6 — folgende Fassung: „Gehören dem Aufsichtsrat länger als drei Monate weniger als fünf Mitglieder nach § 3 Abs. 1 Buchst. a oder weniger als fünf Mitglieder nach § 3 Abs. 1 Buchst. b an, so gilt § 89 Akt.Ges. entsprechend."

7. Fassung des § 9 Satz 2

Nach Auffassung der unternehmerseitigen Sachverständigen könnte in eine von dem Deutschen Gewerkschaftsbund verlangte Streichung des Satzes:

> „In den Fällen, in denen nach dem Gesellschaftsvertrag (der Satzung) der Aufsichtsrat nicht durch die Gesellschafterversammlung (Gewerken-Versammlung) gewählt wird, bedarf die Bestellung und Abberufung der Mitglieder des zur gesetzlichen Vertretung berufenen Organs der Zustimmung der Gesellschafterversammlung (Gewerken-Versammlung)",

eingewilligt werden, wenn feststeht, daß die Eigentümer ausschließlich die Frage bestimmen, ob der Aufsichtsrat durch ein anderes Organ als durch die Gesellschafterversammlung (Gewerken-Versammlung) gewählt wird.

8. Fassung des § 10

(1) Als gleichberechtigtes Mitglied des Vorstandes wird ein Arbeitsdirektor bestellt. Der Arbeitsdirektor kann nicht gegen die Stimmen der Mehrheit der in § 3 Abs. 1 Buchst. b bezeichneten Aufsichtsratsmitglieder bestellt oder abberufen werden.
(2) Der Arbeitsdirektor hat, wie die übrigen Mitglieder des zur gesetzlichen Vertretung berufenen Organs, seine Aufgaben im engsten Einvernehmen mit dem Gesamtorgan auszuüben. Das Nähere bestimmt die Geschäftsordnung.
(3) Als Arbeitsdirektor ist eine Persönlichkeit zu bestellen, die befähigt ist,

> sich für die Wahrung der Menschenwürde bei allen Betriebsangehörigen einzusetzen,
> im Einvernehmen mit allen Beteiligten die Zusammenarbeit und das Interesse am Betriebe lebendig zu gestalten,
> den Ablauf des Betriebes und dessen Zusammenhänge zu übersehen.

9. Zu § 11

besteht die Auffassung, daß grundsätzlich nur zwei Senate gebildet werden sollten, und zwar ein Senat für die Kohlewirtschaft (Stein- und Braunkohlenbergbau umfassend) und ein Senat für die Eisen- und Stahlwirtschaft (die Eisen und Stahl erzeugende Industrie und den Eisenerzbergbau umfassend).

10. Fassung des § 12 Abs. 3

(3) Die Mitglieder des Senats werden durch die Bundesregierung je zur Hälfte aus Vorschlägen, welche die in § 3 Abs. 1 Buchst. a bezeichneten

vier Aufsichtsratsmitglieder und die zuständige Spitzenorganisation machen, auf die Dauer von drei Jahren berufen. Es sind mindestens je sechs Personen vorzuschlagen.

11. Zu § 13 Abs. 1
sind sich die Beteiligten darüber einig, daß die Richtlinien keine bestimmte Betriebsgröße angesprochen haben. Der Deutsche Gewerkschaftsbund legt daher entscheidenden Wert darauf, daß die Zahl von „1000 Arbeitnehmern" im Gesetz nicht genannt wird. Beide Teile stimmen darin überein, daß „nennenswerte Betriebsgrößen" angesprochen werden sollten.
Zu Abs. 2 wird bemerkt, daß die hier bezeichneten Stellen die Möglichkeit haben müssen, je nach den Verhältnissen des Unternehmens dieses entweder ganz oder aus den verschiedenen Teilen oder aus den einzelnen Bestimmungen der verschiedenen Teile des zu erwartenden Gesetzes herauszunehmen.

12. Fassung des § 15
(1) Die Vorschriften des Zweiten und Dritten Teils dieses Gesetzes treten in Kraft:
a) für Unternehmen, die nicht dem Gesetz Nr. 27 der Alliierten Hohen Kommission unterliegen, am 1. Juni 1951;
b) für Unternehmen des Bergbaus (§ 1 Abs. 1 Buchst. a), die bis zu diesem Zeitpunkt aus der Kontrolle nach dem Gesetz Nr. 27 der Alliierten Hohen Kommission entlassen sind, am 1. Juni 1951 oder zu dem Zeitpunkt ihrer Entlassung, spätestens am 31. 12. 1951;
c) für Unternehmen, die in „Einheitsgesellschaften" zu überführen sind oder für die eine andere Lösung im Sinne des § 1 in Frage kommt, mit der Errichtung der „Einheitsgesellschaft" oder der Feststellung der anderen Lösung, spätestens aber am 31. Dezember 1951.

(2) Der Vierte Teil dieses Gesetzes tritt am Tage nach der Verkündung in Kraft. Die erste Berufung der Senate erfolgt auf die Dauer eines Jahres mit der Maßgabe, daß die Mitglieder, welche nach § 12 Abs. 3 durch die in § 3 Abs. 1 Buchst. a bezeichneten vier Aufsichtsratsmitglieder vorgeschlagen werden, auf Vorschlag sachkundiger Personen aus den Kreisen der Gesellschafter (Gewerken) der zur Zeit bestehenden Unternehmen bestellt werden.

(3) Die ersten nach dem Zweiten Teil dieses Gesetzes vorzunehmenden Wahlen finden in der ersten nach Inkrafttreten dieses Gesetzes abzuhaltenden Sitzung des Wahlorgans, spätestens jedoch bis zum 1. Dezember 1951 statt.

13. Der Deutsche Gewerkschaftsbund schlug einen neuen § 16 folgenden Inhalts vor:

> „Die notwendigen Durchführungsverordnungen erläßt die Bundesregierung nach Anhörung der zuständigen Senate mit Zustimmung des Bundesrates."

Die unternehmerseitigen Sachverständigen legten mit dem Deutschen Gewerkschaftsbund Gewicht darauf, daß die Anhörung der zuständigen Senate zwingend vorgeschrieben wird.

14. Beide Teile regen an, zusätzlich in das zu erwartende Gesetz folgende Bestimmung aufzunehmen:

„Die Satzung kann bestimmen, daß bei Vorliegen triftiger Gründe innerhalb des Aufsichtsrats Stimmrechte übertragen werden können." Das Nähere regelt die „Geschäftsordnung für den Aufsichtsrat".

5.

Empfehlungen des Bundesrats

DER PRÄSIDENT DES DEUTSCHEN BUNDESRATES

Bonn, den 9. Februar 1951

An den Herrn
Bundeskanzler

Ich beehre mich mitzuteilen, daß der Deutsche Bundesrat in seiner 49. Sitzung am 9. Februar 1951 beschlossen hat, die in der Anlage festgehaltenen Erklärungen seiner Stellungnahme vom 2. Februar 1951 *) zu dem

Entwurf eines Gesetzes über die Mitbestimmung der Arbeitnehmer in Unternehmen des Bergbaus sowie der Eisen und Stahl erzeugenden Industrie

als Material nachzureichen.

Die Erklärungen zu den Punkten 1 bis 9, 11, 12, 14 bis 16 entsprechen der übereinstimmenden Auffassung von Sachverständigen, die der vom Bundesrat eingesetzte Koordinierungsausschuß angehört hat.

In Vertretung
gez. Arnold

Anlage

Betr.: Entwurf eines Gesetzes über die Mitbestimmung der Arbeitnehmer in Unternehmen des Bergbaus sowie der Eisen und Stahl erzeugenden Industrie

1. § 1 Absatz 1 Buchstabe a erhält folgende Fassung:

„a) den Unternehmen des Steinkohlen-, Braunkohlen- und Erzbergbaus, sofern der überwiegende Betriebszweck des Unternehmens in der Förderung, Verkokung oder Brikettierung von Stein- oder Braunkohle, oder in der Förderung oder Brikettierung von Eisenerz liegt, sowie"

Begründung:

Die Ausdehnung der Fassung des Regierungsentwurfs auf solche Betriebe, die Stein- oder Braunkohle verkoken oder brikettieren

---

*) Der Bundesrat hatte erklärt, keine grundsätzlichen Einwendungen gegen die Regierungsvorlage erheben zu wollen.

oder Eisenerz brikettieren, erscheint erforderlich, weil Betriebe dieser Art nicht notwendig auch die genannten Rohstoffe fördern. Gegenüber Aufbereitungsbetrieben dieser Art sind Veredelungsbetriebe bewußt nicht einbezogen worden.

2. § 1 erhält folgenden Absatz 2:

„(2) Tochtergesellschaften der Unternehmen fallen nur dann unter die Regelung nach Absatz 1, wenn sie dessen Voraussetzungen erfüllen."

Absatz 2 wird Absatz 3.

Begründung:

Die Einfügung dient einer klaren Abgrenzung.

3. In § 3 Absatz 1 erhalten die Buchstaben a bis c folgende Fassung:

„a) vier Mitgliedern und einem weiteren Mitglied, die gemäß § 4,

b) vier Mitgliedern und einem weiteren Mitglied, die gemäß § 5 gewählt werden;

c) einem weiteren Mitglied, das gemäß § 7 gewählt wird."

Begründung:

Im Hinblick auf die Bestimmung des Absatzes 2 erscheint es zweckmäßig, das jeweils eine Mitglied nicht als unabhängiges Mitglied zu bezeichnen.

Die unter Buchstabe b bisher aufgeführten näheren Bestimmungen sollen nach § 5 übernommen werden.

4. In § 3 Absatz 2 werden die Worte „der Arbeitnehmer" gestrichen.

Begründung:

Wenn das Gesetz von dem zu erstrebenden „Besten des Unternehmens" spricht, so sind damit die Arbeitnehmer des Unternehmens eingeschlossen, so daß ihre besondere Aufführung überflüssig erscheint.

5. In § 3 wird Absatz 3 gestrichen; der bisherige Absatz 4 wird Absatz 3.

Begründung:

Die Streichung der Bestimmung erscheint notwendig, da sich die Grundsätze über die paritätische Bildung des Aufsichtsrates nicht auf die Bildung von Arbeitsausschüssen übertragen lassen; in sie sollen Mitglieder des Aufsichtsrates unter fachlichen Gesichtspunkten entsandt werden.

6. § 4 Absatz 1 wird durch folgenden Satz 2 ergänzt:

„Eine Entsendung von Aufsichtsratsmitgliedern gemäß § 88 des Aktiengesetzes kann nur hinsichtlich dieser Mitglieder erfolgen."

Begründung:

Diese Bestimmung dient der Klarstellung des Verhältnisses der aktienrechtlichen Bestimmungen zu diesem Gesetz (vgl. § 2 Absatz 2).

7. § 4 Absatz 2 Satz 2 beginnt mit den Worten:
„Sie darf insbesondere nicht ....“
Außerdem werden in Absatz 2 Buchstabe a die Worte „Funktionär oder“ gestrichen. Ferner wird unter diesem Buchstaben folgender Halbsatz hinzugefügt:
„oder in den letzten drei Jahren gewesen sein.“

Begründung:

Der Begriff „Funktionär“ ist so unbestimmt, daß seine Verwendung in einem Gesetz notwendig zu unüberwindbaren Auslegungsschwierigkeiten führen müßte. Andererseits würde eine ersatzlose Streichung des Begriffes die Bestimmung zu stark einengen. Aus diesem Grunde soll die Aufzählung unter den Buchstaben a bis c nicht ausschließlich sein. Im übrigen erscheint es zweckmäßig, die Ausschlußklausel für Angestellte über ihre Anstellungszeit hinaus auf drei Jahre zu erstrecken.

8. § 5 erhält folgenden neuen Absatz 1:
„(1) Die in § 3 Absatz 1 Buchstabe b bezeichneten Mitglieder des Aufsichtsrates werden auf Vorschlag derjenigen Spitzenorganisation gewählt, welcher die Gewerkschaft angehört, die überwiegend in den Betrieben des Unternehmens vertreten ist (zuständige Spitzenorganisation).“
Die bisherigen Absätze 1 bis 3 werden Absätze 2 bis 4.

Begründung:

Die eingefügte Bestimmung entspricht der Bestimmung des § 3 Absatz 1 Buchstabe b des Regierungsentwurfes, die gemäß dem Vorschlag zu 3. gestrichen werden soll.

9. § 6 erhält folgende Fassung:

„§ 6

Gehören dem Aufsichtsrat länger als drei Monate weniger als fünf Mitglieder nach § 3 Absatz 1 Buchstabe a oder weniger als fünf Mitglieder nach § 3 Absatz 1 Buchstabe b an, so gilt § 89 des Aktiengesetzes entsprechend.“

Begründung:

Ersatzbestellung von Mitgliedern des Aufsichtsrates soll sich einheitlich nach § 89 des Aktiengesetzes richten.

10. In § 9 wird Satz 2 gestrichen.

Begründung:

Es erscheint zweckmäßig, dem Grundsatz des § 9 Satz 1 über die Bestellung und Abberufung der Vorstandsmitglieder durch den paritätisch besetzten Aufsichtsrat ausnahmslos Geltung zu verschaffen und auf eine Sonderbestimmung für die Fälle zu verzichten, in denen der Aufsichtsrat selbst nicht durch die Gesellschafterversammlung gewählt wird. Die Rechte der Kapitaleigner werden durch diese Streichung deswegen nicht wesentlich beeinträchtigt, da diese es, abgesehen von gewissen anderen Voraussetzungen, in der Hand haben, die Bestellung und Abberufung der Aufsichtsratsmitglieder durch Änderung des Gesellschaftsvertrages oder der Satzung an sich zu ziehen. Außerdem kommt die Ausnahmebestimmung für die Eisen und Stahl erzeugende Industrie überhaupt nicht und für Bergbauunternehmen nur in den wenigen Fällen in Betracht, in denen die Unternehmen in der Form einer G. m. b. H. errichtet sind; für bergrechtliche Gewerkschaften ist die Bestimmung gegenstandslos, da nicht bekannt ist, daß diese Gewerkschaften nach 1945 wieder Aufsichtsräte gebildet haben.

11. § 10 Absatz 3 erhält folgende Fassung:

„(3) Als Arbeitsdirektor ist eine Persönlichkeit zu bestellen, die befähigt ist, sich für die Wahrung der Menschenwürde bei allen Beschäftigten einzusetzen, im Einvernehmen mit allen Beteiligten die Zusammenarbeit und das Interesse am Betrieb lebendig zu gestalten, sowie den Ablauf des Betriebes und dessen Zusammenhänge zu übersehen."

Begründung:

Die Persönlichkeitsmerkmale für den Arbeitsdirektor sollen durch diese Änderung etwas näher bestimmt werden, als es in der Regierungsvorlage geschieht.

12. § 12 Absatz 3 werden die Worte „welche die in § 4 Absatz 1 bezeichneten Aufsichtsratsmitglieder" ersetzt durch die Worte:

„welche die im § 3 Absatz 1 Buchstabe a bezeichneten vier Aufsichtsratsmitglieder".

Begründung:

Das Vorschlagsrecht für den Senat soll hinsichtlich der Unternehmerseite beschränkt werden auf die Mitglieder des Aufsichtsrates, die als Unternehmervertreter zu gelten haben und nicht „unabhängige Personen" im Sinne des § 4 Absatz 2 sind.

13. § 13 Absatz 1 erhält folgende Fassung:

„(1) Dieses Gesetz gilt nicht für Unternehmen, die in der Regel weniger als 300 Arbeitnehmer beschäftigen oder die ein Nennkapital einschließlich Rücklagen von weniger als einer Million DM haben."

Begründung:

Im Hinblick auf die Möglichkeit, die Anwendung einzelner Vorschriften des Gesetzes gemäß § 13 Absatz 2 auszuschließen, erscheint es zweckmäßig, die Grenze, die durch die Bestimmung der Arbeitnehmerzahl gezogen wird, auf 300 Arbeitnehmer festzusetzen. Bei der Fassung der Regierungsvorlage würde praktisch für eine Anwendung der Ausnahmevorschrift kaum noch Raum bestehen.

14. § 15 Absatz 1 Buchstabe b wird durch folgenden Halbsatz ergänzt:
„spätestens aber am 31. Dezember 1951;"

Begründung:

Es soll erreicht werden, daß die Vorschriften des Zweiten und Dritten Teils des Gesetzes auch für Unternehmen des Bergbaus spätestens zu diesem Zeitpunkt in Kraft treten.

15. In § 15 Absatz 2 werden die Worte „durch die in § 4 Absatz 1 bezeichneten Aufsichtsratsmitglieder" ersetzt durch die Worte:
„durch die in § 3 Absatz 1 Buchstabe a bezeichneten vier Aufsichtsratsmitglieder".

Begründung:

Vergleiche die Begründung zu 12.

16. In § 15 Absatz 3 wird das Datum „1. Januar 1952" ersetzt durch das Datum: „1. Dezember 1951".

Begründung:

Die Endfrist für die Abhaltung der Wahlen soll aus Zweckmäßigkeitsgründen einen Monat vor der Endfrist für das Inkrafttreten der Vorschriften des Zweiten und Dritten Teils des Gesetzes liegen.

17. Als neuer § 16 wird folgende Bestimmung angefügt:

„§ 16

Die Bundesregierung erläßt mit Zustimmung des Bundesrates und nach Anhörung der Senate Rechtsverordnungen zur Durchführung dieses Gesetzes über

a) die Umstellung der Satzungen (Gesellschaftsverträge) der diesem Gesetz unterliegenden juristischen Personen;
b) die Bildung von Senaten und ihr Verfahren."

Begründung:

Die rechtlichen Schwierigkeiten, die sich aus den unter a genannten Umstellungen ergeben, und die Neuartigkeit der Bestimmungen über die Senate lassen es geboten erscheinen, die Möglichkeit zum Erlaß von Durchführungsverordnungen zu eröffnen.

6.

Beschlüsse des Ausschusses für Arbeit (20. Ausschuß)

Entwurf eines Gesetzes über die Mitbestimmung der Arbeitnehmer in den Aufsichtsräten und Vorständen der Unternehmen des Bergbaus und der Eisen und Stahl erzeugenden Industrie

Erster Teil
Allgemeines

§ 1

(1) Die Arbeitnehmer haben ein Mitbestimmungsrecht in den Aufsichtsräten und in den zur gesetzlichen Vertretung berufenen Organen nach Maßgabe dieses Gesetzes in

a) den Unternehmen, deren überwiegender Betriebszweck in der Förderung von Steinkohle, Braunkohle oder Eisenerz oder in der Aufbereitung, Verkokung, Verschwelung oder Brikettierung dieser Grundstoffe liegt und deren Betrieb unter der Aufsicht der Bergbehörden steht,

b) den Unternehmen der Eisen und Stahl erzeugenden Industrie in dem Umfang, wie er in Gesetz Nr. 27 der Alliierten Hohen Kommission vom 16. Mai 1950 (Amtsblatt der Alliierten Hohen Kommission für Deutschland S. 299) bezeichnet ist, soweit diese Unternehmen in „Einheitsgesellschaften" im Sinne des Gesetzes Nr. 27 überführt oder in anderer Form weiterbetrieben und nicht liquidiert werden,

c) den Unternehmen, die von einem vorstehend bezeichneten oder nach Gesetz Nr. 27 der Alliierten Hohen Kommission zu liquidierenden Unternehmen abhängig sind, wenn sie die Voraussetzungen nach Buchstabe a erfüllen oder überwiegend Eisen und Stahl erzeugen.

(2) Dieses Gesetz findet nur auf diejenigen in Absatz 1 bezeichneten Unternehmen Anwendung, welche in Form einer Aktiengesellschaft, einer Gesellschaft mit beschränkter Haftung oder einer bergrechtlichen Gewerkschaft mit eigener Rechtspersönlichkeit betrieben werden und in der Regel mehr als eintausend Arbeitnehmer beschäftigen oder „Einheitsgesellschaften" sind.

§ 2

Auf die in § 1 bezeichneten Unternehmen finden die Vorschriften des Aktiengesetzes, des Gesetzes betreffend die Gesellschaften mit beschränkter Haftung, der Berggesetze und des Betriebsverfassungsrechts insoweit keine Anwendung, als sie den Vorschriften dieses Gesetzes widersprechen.

Zweiter Teil
Aufsichtsrat

§ 3

(1) Betreibt eine Gesellschaft mit beschränkter Haftung oder eine bergrechtliche Gewerkschaft mit eigener Rechtspersönlichkeit ein Unternehmen im Sinne des § 1, so ist nach Maßgabe dieses Gesetzes ein Aufsichtsrat zu bilden.

(2) Auf den Aufsichtsrat, seine Rechte und Pflichten finden die Vorschriften des Aktienrechts sinngemäß Anwendung.

§ 4

(1) Der Aufsichtsrat besteht aus elf Mitgliedern. Er setzt sich zusammen aus
a) vier Vertretern der Anteilseigner und einem weiteren Mitglied,
b) vier Vertretern der Arbeitnehmer und einem weiteren Mitglied,
c) einem weiteren Mitglied.

(2) Die in Absatz 1 bezeichneten weiteren Mitglieder dürfen nicht
a) Repräsentant einer Gewerkschaft oder einer Vereinigung der Arbeitgeber oder einer Spitzenorganisation dieser Verbände sein oder zu diesen in einem ständigen Dienst- oder Geschäftsbesorgungsverhältnis stehen,
b) im Laufe des letzten Jahres vor der Wahl eine unter Buchstabe a bezeichnete Stellung innegehabt haben,
c) in den Unternehmen als Arbeitnehmer oder Arbeitgeber tätig sein,
d) an dem Unternehmen wirtschaftlich wesentlich interessiert sein.

(3) Alle Aufsichtsratsmitglieder haben die gleichen Rechte und Pflichten. Sie sind an Aufträge und Weisungen nicht gebunden.

§ 5

Die in § 4 Absatz 1 Buchstabe a bezeichneten Mitglieder des Aufsichtsrats werden durch das nach Gesetz, Satzung oder Gesellschaftsvertrag zur Wahl von Aufsichtsratsmitgliedern berufene Organ (Wahlorgan) nach Maßgabe der Satzung oder des Gesellschaftsvertrags gewählt. Im Falle der Entsendung von Aufsichtsratsmitgliedern nach § 88 des Aktiengesetzes darf deren Gesamtzahl ein Drittel der Vertreter der Anteilseigner nicht übersteigen.

§ 6

(1) Die in § 4 Absatz 1 Buchstabe b bezeichneten Mitglieder des Aufsichtsrats werden in gleicher und geheimer Wahl von den durch Zuwahl von Wahlmännern auf das Dreifache ihrer Mitgliederzahl erweiterten Betriebsräten der zu den Unternehmen gehörenden Betriebe gewählt. Die Wahlmänner sind in entsprechender Anwendung der Vorschriften über die Wahl der Betriebsräte zu wählen.

(2) Zwei Vertreter der Arbeitnehmer werden aus Wahlvorschlägen gewählt, welche die im Unternehmen vertretenen Gewerkschaften nach Beratung mit den Betriebsräten der zum Unternehmen gehörenden Betriebe aufstellen. Jeder Wahlvorschlag muß mindestens vier Namen enthalten.

(3) Die beiden anderen Vertreter der Arbeitnehmer müssen ein Arbeiter und ein Angestellter der zum Unternehmen gehörenden Betriebe sein. Für ihre Wahl und für die Wahl des weiteren Mitgliedes können die Betriebsräte der zum Unternehmen gehörenden Betriebe nach Beratung mit den im Unternehmen vertretenen Gewerkschaften und die Arbeitnehmer Wahlvorschläge aufstellen. Die Wahlvorschläge der Arbeitnehmer müssen von mindestens einem Zehntel der Arbeitnehmer des Unternehmens oder von mindestens einhundert Arbeitnehmern unterzeichnet sein. Jeder Wahlvorschlag muß mindestens sechs Namen enthalten.

(4) Das Nähere bestimmt die Wahlordnung, die von der Bundesregierung erlassen wird.

§ 7

Gehören dem Aufsichtsrat länger als drei Monate weniger als fünf nach § 5 oder weniger als fünf nach § 6 zu wählende Mitglieder an, so gilt § 89 des Aktiengesetzes entsprechend.

§ 8

(1) Das in § 4 Absatz 1 Buchstabe c bezeichnete weitere Mitglied des Aufsichtsrats wird durch die übrigen Aufsichtsratsmitglieder gewählt. Gewählt ist, wer die Mehrheit der Stimmen sämtlicher Aufsichtsratsmitglieder erhält.

(2) Kommt innerhalb eines Monats keine Wahl zustande, so wird ein Vermittlungsausschuß gebildet, der aus vier Mitgliedern und einem Vorsitzenden besteht. Je zwei Mitglieder werden von den nach § 5 und den nach § 6 gewählten Aufsichtsratsmitgliedern gewählt. Den Vorsitzenden bestellt die Bundesregierung auf Antrag eines Mitglieds des Vermittlungsausschusses.

(3) Der Vermittlungsausschuß schlägt innerhalb eines Monats dem Wahlorgan (§ 5) drei Personen zur Wahl vor. Kommt eine Wahl innerhalb von zwei weiteren Monaten nicht zustande, so bestimmt der Vermittlungsausschuß das fehlende Aufsichtsratsmitglied.

(4) Wird die in Absatz 2 vorgesehene Anzahl von Mitgliedern des Vermittlungsausschusses bis zur Bestellung des Vorsitzenden nicht gewählt oder bleiben die Mitglieder des Vermittlungsausschusses trotz rechtzeitiger Einladung ohne genügende Entschuldigung einer Sitzung fern, so kann der Vermittlungsausschuß tätig werden, wenn mindestens zwei Mitglieder und der Vorsitzende mitwirken.

(5) Der Vermittlungsausschuß beschließt mit einfacher Mehrheit.

§ 9

(1) Bei Gesellschaften mit einem Nennkapital von mehr als zwanzig Millionen Deutsche Mark kann durch Satzung oder Gesellschaftsvertrag bestimmt werden, daß der Aufsichtsrat aus fünfzehn Mitgliedern besteht. Die Vorschriften der §§ 4 bis 8 finden sinngemäß Anwendung mit der Maßgabe, daß die Zahl der in § 6 Absatz 2 bezeichneten Vertreter der Arbeitnehmer drei und die Zahl der gemäß § 6 Absatz 3 zu wählenden Arbeiter zwei beträgt.

(2) Bei Gesellschaften mit einem Nennkapital von mehr als fünfzig Millionen Deutsche Mark kann durch Satzung oder Gesellschaftsvertrag bestimmt werden, daß der Aufsichtsrat aus einundzwanzig Mitgliedern besteht. Die Vorschriften der §§ 4 bis 8 finden sinngemäß Anwendung mit der Maßgabe, daß die Zahl der in § 4 Absatz 1 Buchstaben a und b bezeichneten weiteren Mitglieder je zwei, die Zahl der in § 6 Absatz 2 bezeichneten Vertreter der Arbeitnehmer vier und die Zahl der gemäß § 6 Absatz 3 zu wählenden Arbeiter drei beträgt.

§ 10

Der Aufsichtsrat ist beschlußfähig, wenn mindestens die Hälfte seiner Mitglieder anwesend ist.

§ 11

(1) Auf die in § 4 Absatz 1 Buchstabe a bezeichneten Mitglieder des Aufsichtsrats findet § 87 Absatz 2 des Aktiengesetzes Anwendung.

(2) Auf die Abberufung der in § 4 Absatz 1 Buchstabe b bezeichneten Mitglieder des Aufsichtsrats findet § 87 Absatz 2 Satz 1 und 2 des Aktiengesetzes sinngemäß Anwendung mit der Maßgabe, daß der in § 6 Absatz 1 bezeichnete Wahlkörper über den Widerruf der Bestellung beschließt; § 6 gilt sinngemäß.

(3) Eine Abberufung des in § 4 Absatz 1 Buchstabe c bezeichneten Mitglieds des Aufsichtsrats kann auf Antrag von mindestens drei Aufsichtsratsmitgliedern durch das Gericht aus wichtigem Grund erfolgen.

Dritter Teil

Vorstand

§ 12

Die Bestellung der Mitglieder des zur gesetzlichen Vertretung berufenen Organs und der Widerruf ihrer Bestellung erfolgen nach Maßgabe des § 75 des Aktiengesetzes durch den Aufsichtsrat.

§ 13

(1) Als gleichberechtigtes Mitglied des zur gesetzlichen Vertretung berufenen Organs wird ein Arbeitsdirektor bestellt. Der Arbeitsdirektor kann nicht gegen die Stimmen der Mehrheit der nach § 6 gewählten Aufsichtsratsmitglieder bestellt werden. Das gleiche gilt für den Widerruf der Bestellung.

(2) Der Arbeitsdirektor hat wie die übrigen Mitglieder des zur gesetzlichen Vertretung berufenen Organs seine Aufgaben im engsten Einvernehmen mit dem Gesamtorgan auszuüben. Das Nähere bestimmt die Geschäftsordnung.

Vierter Teil

Schlußvorschriften

§ 14

(1) Die Vorschriften dieses Gesetzes treten in Kraft

a) für Unternehmen, die dem Gesetz Nr. 27 der Alliierten Hohen Kommission nicht unterliegen, am 31. Dezember 1951,
b) für Unternehmen, die aus der Kontrolle nach dem Gesetz Nr. 27 der Alliierten Hohen Kommission entlassen werden, im Zeitpunkt ihrer Entlassung, spätestens am 31. Dezember 1951,
c) für Unternehmen, die auf Grund des Gesetzes Nr. 27 der Alliierten Hohen Kommission in eine „Einheitsgesellschaft" überführt werden, mit deren Errichtung, spätestens am 31. Dezember 1951,
d) für die übrigen Unternehmen in dem Zeitpunkt, in dem feststeht, daß sie auf Grund des Gesetzes Nr. 27 der Alliierten Hohen Kommission nicht in eine „Einheitsgesellschaft" überführt werden, spätestens am 31. Dezember 1951.

(2) Die Wahl von Aufsichtsratsmitgliedern nach §§ 5 und 6 findet erstmalig innerhalb von zwei Monaten nach Inkrafttreten dieses Gesetzes statt.

§ 15

Die Bundesregierung wird ermächtigt, durch Rechtsverordnung Vorschriften über die Anpassung von Satzungen und Gesellschaftsverträgen an die Vorschriften dieses Gesetzes zu erlassen.

II. Vorschriften aus anderen Gesetzen

1.

Gesetz Nr. 27 der Alliierten Hohen Kommission

Umgestaltung des deutschen Kohlenbergbaues und der deutschen Stahl- und Eisenindustrie

Die Alliierte Hohe Kommission hat sich die Dezentralisation der deutschen Wirtschaft zum Ziele gesetzt, um übermäßige Konzentration wirtschaftlicher Macht zu beseitigen und die Entwicklung eines Kriegspotentials zu verhindern.

Die Alliierte Hohe Kommission hat beschlossen, die endgültige Entscheidung über die Eigentumsverhältnisse im Kohlenbergbau und in der Eisen- und Stahlindustrie einer aus freien Wahlen hervorgegangenen, den politischen Willen der Bevölkerung zum Ausdruck bringenden deutschen Regierung zu überlassen.

Die Alliierte Hohe Kommission hat beschlossen, in den genannten Industrien die Wiederherstellung von Eigentumsverhältnissen, die eine übermäßige Konzentration wirtschaftlicher Macht darstellen würden, nicht zuzulassen und nicht zu gestatten, daß jemand, von dem bekannt ist oder bekannt wird, daß er die aggressiven Bestrebungen der nationalsozialistischen Partei gefördert hat, in eine Stellung zurückkehrt, in der ihm Vermögens- und Kontrollrechte zustehen würden.

Eine sofortige Umgestaltung der genannten Industrien mit dem Ziele, die Gesundung der deutschen Wirtschaft zu fördern, erscheint angezeigt.

Der Rat der Alliierten Hohen Kommission erläßt daher folgendes Gesetz:

Artikel 1

Überwachung und Beschlagnahme

1. Vermögensgegenstände, die unmittelbar oder mittelbar den in den Anhängen A, B, C und E zu diesem Gesetz aufgeführten oder bezeichneten Unternehmen gehören oder unter ihrer Kontrolle stehen, unterliegen der Beschlagnahme durch die Alliierte Hohe Kommission. Bis zur Beschlagnahme sind diese Vermögensgegenstände und Unternehmen der Überwachung durch die Alliierte Hohe Kommission zu unterstellen.

2. Beschlagnahmerechte und Überwachungsbefugnisse, die in bezug auf diese Vermögensgegenstände und Unternehmen bereits auf Grund von Vorschriften des Besatzungsrechts in Anspruch genommen worden sind, bleiben bestehen und werden von der Alliierten Hohen Kommission ausgeübt.

Artikel 2

Unternehmen, die der Liquidierung und Umgestaltung unterliegen

1. Anhängige Verfahren zwecks Liquidierung der im Anhang B zu diesem Gesetz bezeichneten Unternehmen sind zu Ende zu führen. Die im Anhang A

bezeichneten Unternehmen sind zu liquidieren und umzugestalten mit dem Ziel der Beseitigung übermäßiger Konzentrationen wirtschaftlicher Macht, die eine Bedrohung für den Völkerfrieden oder die Aufrechterhaltung einer demokratischen Regierungsform in Deutschland darstellen oder den Handel ungebührlich beschränken.

2. Die Alliierte Hohe Kommission wird die im Anhang C aufgeführten Unternehmen und einzelne oder sämtliche Vermögensgegenstände dieser Unternehmen in die Umgestaltungspläne auf Grund dieses Gesetzes nur dann einbeziehen, wenn

a) es sich um Anlagen handelt, die gegenwärtig von einer im Anhang D bezeichneten Betriebsgesellschaft betrieben werden, oder

b) diese Vermögensgegenstände bereits auf Grund anderer Rechtsvorschriften als nationalsozialistisches Vermögen eingezogen worden sind oder

c) die Berechtigten sich mit der Einbeziehung des Unternehmens oder der Vermögensgegenstände in einen auf Grund dieses Gesetzes aufgestellten Umgestaltungsplan einverstanden erklären, oder

d) die Alliierte Hohe Kommission die Feststellung trifft, daß die Einbeziehung des Unternehmens oder der Vermögensgegenstände in einen auf Grund dieses Gesetzes aufgestellten Umgestaltungsplan sich zur Erreichung der Zwecke dieses Gesetzes als notwendig erwiesen hat.

3. Jedes einzelne der im Anhang E aufgeführten Unternehmen ist von der Alliierten Hohen Kommission zu überprüfen, um festzustellen, ob es eine übermäßige Konzentration wirtschaftlicher Macht darstellt. Stellt die Alliierte Hohe Kommission fest, daß ein solches Unternehmen eine übermäßige Konzentration wirtschaftlicher Macht darstellt, so ist das Unternehmen für alle Zwecke so zu behandeln, als ob es von Anfang an im Anhang A aufgeführt worden wäre. Stellt die Alliierte Hohe Kommission fest, daß das Unternehmen keine übermäßige Konzentration wirtschaftlicher Macht darstellt, so ist das Unternehmen für alle Zwecke so zu behandeln, als ob es von Anfang an im Anhang C aufgeführt worden wäre.

4. Die Alliierte Hohe Kommission bestellt nach Anhörung der ihr geeignet erscheinenden deutschen Behörden und Organisationen, sofern sie deren Anhörung für sachdienlich hält, Liquidatoren für die im Anhang A zu diesem Gesetz bezeichneten Unternehmen, es sei denn, daß sie entscheidet, daß eine solche Bestellung für die Zwecke der Liquidierung nicht notwendig ist. Liquidatoren, die für die in den Anhängen zu diesem Gesetz bezeichneten Unternehmen bestellt werden, sind der Alliierten Hohen Kommission verantwortlich; sie üben ihre Befugnisse nach Maßgabe der Ausführungsbestimmungen oder Anordnungen aus, die etwa erlassen werden.

Artikel 3

Umgestaltung des Kohlenbergbaues

1. Die von der Alliierten Hohen Kommission oder in ihrem Auftrag bezeichneten Vermögensgegenstände des Kohlenbergbaues, die im Gebiet der Bundesrepublik liegen und unmittelbar oder mittelbar den unter die Vorschriften des Artikels 1 fallenden Unternehmen gehören oder unter ihrer Kon-

trolle stehen, sind den zu diesem Zwecke nach deutschem Recht gegründeten oder zu gründenden Gesellschaften (im folgenden „Einheitsgesellschaften" genannt) zu übertragen. Die Alliierte Hohe Kommission bestimmt oder bestätigt die Gründer und Anteilseigner dieser Einheitsgesellschaften nach Anhörung der ihr geeignet erscheinenden deutschen Behörden und Organisationen, sofern sie deren Anhörung für sachdienlich hält. Die so bestimmten Personen führen die Bezeichnung Treuhänder; sie verwalten bis zu anderweitiger Bestimmung durch die Alliierte Hohe Kommission die ihnen zugeteilten Anteilsrechte an diesen Gesellschaften nach Maßgabe der von der Alliierten Hohen Kommission zu erlassenden Ausführungsbestimmungen und Anordnungen.

2. Organisation und Aufgaben der Deutschen Kohlenbergbau-Leitung und des Deutschen Kohlenverkaufs und seiner Rechtsnachfolger werden durch Ausführungsbestimmungen oder Anordnungen, die etwa von der Alliierten Hohen Kommission erlassen werden, bestimmt. Vorbehaltlich dieser Ausführungsbestimmungen oder Anordnungen üben diese Organisationen ihre Tätigkeit im gesamten Gebiet der Bundesrepublik aus.

Artikel 4

Umgestaltung der Eisen- und Stahlindustrie

1. Der Stahltreuhandverband, der auf Grund des Gesetzes Nr. 75 der amerikanischen Militärregierung und des Gesetzes Nr. 75 der britischen Militärregierung sowie auf Grund der hierzu ergangenen zweiten Durchführungsverordnung gegründet worden ist, bleibt bestehen und erfüllt die Aufgaben, die ihm durch dieses Gesetz und die hierzu ergehenden Ausführungsbestimmungen übertragen werden. Die Alliierte Hohe Kommission behält sich vor, Mitglieder des Stahltreuhandverbandes abzuberufen und neue Mitglieder zu bestellen.

2. Die im Anhang D bezeichneten Anlagen können dem Stahltreuhandverband, als eine vorbereitende Maßnahme für ihre Übertragung auf die in Absatz 3 dieses Artikels bezeichneten Gesellschaften, oder unmittelbar diesen Gesellschaften übertragen werden. Die Alliierte Hohe Kommission behält sich vor, dem Anhang D weitere Betriebsanlagen der in den Anhängen A, B und C bezeichneten Unternehmen durch Bekanntmachung hinzuzufügen. Die Anteilsrechte an diesen Gesellschaften, die zum Zwecke des Betriebes der im Anhang D bezeichneten Anlagen gebildet worden sind oder werden, verbleiben bis zu ihrer gemäß Absatz 3 erfolgenden Übertragung in der treuhänderischen Verwaltung des Stahltreuhandverbandes, solange die Alliierte Hohe Kommission nichts anderes bestimmt.

3. Der Stahltreuhandverband hat der Alliierten Hohen Kommission sobald als möglich Pläne für die Umgestaltung der in Absatz 2 dieses Artikels aufgeführten und aller sonstigen unter Artikel 1 fallenden Vermögensgegenstände der Eisen- und Stahlindustrie zur Genehmigung vorzulegen. Jeder dieser Pläne muß die Bildung einer neuen Gesellschaft oder mehrerer neuen Gesellschaften (im folgenden „Einheitsgesellschaften" genannt) vorsehen und die Vermögensgegenstände bezeichnen, die den einzelnen Gesellschaften zu übertragen sind. Die Pläne können die Zusammenlegung oder Verschmelzung dieser Anlagen und die Einbeziehung von Anlagen, die nicht in das Gebiet der Eisen- und

Stahlindustrie, jedoch unter Artikel 1 fallen, vorsehen. Jeder Plan ist unmittelbar nach seiner Fertigstellung vorzulegen, ohne daß die Fertigstellung anderer Pläne abgewartet wird.

4. Sobald der Umgestaltungsplan zur Bildung einer Einheitsgesellschaft, gegebenenfalls mit den Änderungen, welche die Alliierte Hohe Kommission anordnen kann, genehmigt worden ist, sind die betroffenen Anlagen dieser „Einheitsgesellschaft" zu übertragen, deren Anteilseigner von der Alliierten Hohen Kommission nach Anhörung der ihr geeignet erscheinenden deutschen Behörden oder Organisationen, sofern sie deren Anhörung für sachdienlich hält, bestimmt oder bestätigt werden. Die so bestimmten oder bestätigten Personen führen die Bezeichnung Treuhänder; sie verwalten, bis zu anderweitiger Bestimmung durch die Alliierte Hohe Kommission, die ihnen zugeteilten Anteilsrechte an den in Betracht kommenden Gesellschaften nach Maßgabe der von der Alliierten Hohen Kommission zu erlassenden Ausführungsbestimmungen und Anordnungen.

Artikel 5

Behandlung von Ansprüchen und Interessen

Werden Vermögensgegenstände gemäß Artikel 3 oder 4 dieses Gesetzes auf Einheitsgesellschaften übertragen, so wird die Alliierte Hohe Kommission zur Zeit der Übertragung oder zu einem späteren Zeitpunkt Ausführungsbestimmungen oder Anordnungen folgenden Inhalts erlassen:

a) Die Alliierte Hohe Kommission kann bestimmen, daß den Einheitsgesellschaften einzelne oder sämtliche ihnen zugeteilten Vermögensgegenstände frei von einigen oder sämtlichen Grundstückslasten, Pfandrechten und sonstigen Belastungen zustehen sollen.

b) Die Alliierte Hohe Kommission bestimmt den Barbetrag, den Betrag von Anleihen (bonds), von anderen gesicherten oder ungesicherten Schuldverschreibungen, von Gesellschaftsanteilen oder von jedem sonstigen Entgelt, den jede einzelne Einheitsgesellschaft für die Übertragung zu zahlen, gewähren oder auszugeben hat, mit dem Ziel, den durch die Übertragung betroffenen Berechtigten im weitesten mit den Zwecken dieses Gesetzes verträglichen Masse eine angemessene und geeignete Entschädigung zu sichern.

c) Die Alliierte Hohe Kommission regelt die Verteilung dieser Barbeträge, Anleihen und sonstigen gesicherten und ungesicherten Schuldverschreibungen, Gesellschaftsanteile oder anderer Entgelte (oder des Erlöses aus deren Verkauf) unter den von der Übertragung dieser Vermögensgegenstände betroffenen Berechtigten in der Art, daß die Zwecke dieses Gesetzes erreicht werden und eine angemessene und billige Behandlung solcher Berechtigten entsprechend ihren Ansprüchen oder Interessen gesichert wird. Über den Bestand, Rang und Umfang dieser Ansprüche und Interessen ist unter Berücksichtigung der ursprünglichen vertraglichen oder sonstigen Rechte der Berechtigten zu entscheiden.

d) Die Alliierte Hohe Kommission kann den Schutz der gegenwärtig und früher beschäftigten Arbeiter und Angestellten von Unternehmen, deren Vermögensgegenstände übertragen werden, in bezug auf Versorgungsbezüge und sonstige Vorteile, die mit ihrem Arbeitsverhältnis in Zusammenhang stehen oder aus ihm herrühren, insoweit regeln, als es ihr erforderlich oder angemessen erscheint, um unbillige Folgen solcher Übertragungen für diese Arbeiter und Angestellten zu vermeiden.

e) Die Alliierte Hohe Kommission kann, soweit sie es für angemessen erachtet, bestimmen, daß
   (i) Verbindlichkeiten, die nach dem 8. Mai 1945 von Unternehmen eingegangen sind, denen übertragene Anlagen gehört haben oder die solche Anlagen betrieben haben, von den genannten Einheitsgesellschaften übernommen werden und
   (ii) diejenigen der in Ziffer (i) genannten Verbindlichkeiten, die nach Auffassung der Alliierten Hohen Kommission eingegangen worden sind, um den Unternehmen die Fortsetzung ihrer Tätigkeit zu ermöglichen, den Vorrang vor anderen Verbindlichkeiten haben sollen.

Im Sinne dieses Artikels umfaßt der Ausdruck „Berechtigte" alle Gläubiger gesicherter oder ungesicherter Forderungen, Inhaber von Anteilsrechten und alle sonstigen Personen, die Ansprüche oder Interessen in bezug auf die übertragenen Anlagen oder die Unternehmen haben, aus deren Vermögen diese Anlagen übertragen sind.

Artikel 6

Interessen des früheren Reiches und des früheren preußischen Staates

Die Anwendung dieses Gesetzes auf ein Unternehmen wird nicht dadurch berührt, daß ein Recht oder ein Interesse an dem Unternehmen dem früheren Reich oder dem früheren preußischen Staat zugestanden hat.

Artikel 7

Öffentliche Abgaben

1. Steuern und sonstige öffentliche Abgaben werden nicht erhoben bei oder aus Anlaß von:

a) Übertragungen von Vermögensgegenständen nach Artikel 3 oder Artikel 4 dieses Gesetzes;

b) Gründungen von Gesellschaften auf Grund der Vorschriften dieses Gesetzes;

c) sonstigen Maßnahmen, die bei Umgestaltungen oder Liquidierungen auf Grund dieses Gesetzes getroffen werden, in dem Umfange, in dem Ausführungsbestimmungen zu diesem Gesetz dies vorsehen.

2. Die Festsetzung von Steuern jeder Art, die von den in Spalte 1 des Anhanges D aufgeführten Betriebsgesellschaften und von den in Spalte 3 dieses Anhanges aufgeführten Eigentümergesellschaften zu entrichten sind, darf nicht zu einem Gesamtbetrag führen, der die Summe der Steuern übersteigt, die zu entrichten wären, wenn alle Anteilsrechte an jeder Betriebsgesellschaft den Eigentümergesellschaften gehören würden, deren Anlagen sie als Tochtergesellschaft betreibt.

3. Jede neue Einheitsgesellschaft unterliegt vom Zeitpunkt ihrer gemäß den Vorschriften des Artikels 3 und des Artikels 4 erfolgten Bildung ab den öffentlichen Abgaben aller Art als ein unabhängiges Unternehmen.

4. Der Stahltreuhandverband ist von Steuern, öffentlichen Umlagen, öffentlichen Abgaben oder Kosten befreit.

Artikel 8

Aufhebung der Überwachung

Soweit nicht durch Ausführungsbestimmungen oder Anordnungen der Alliierten Hohen Kommission etwas anderes bestimmt wird, gelten folgende Vorschriften:

1. Die Vermögensgegenstände, die auf Grund des Artikels 3 oder des Artikels 4 dieses Gesetzes auf Einheitsgesellschaften des Kohlenbergbaues und der Stahlindustrie übertragen sind, werden von der Überwachung auf Grund dieses Gesetzes befreit, sobald die Verfügung über die Aktien dieser Gesellschaften durchgeführt ist.

2. Werden Vermögensgegenstände von Unternehmen, die gemäß Artikel 2 dieses Gesetzes sich in Liquidation befinden, nicht auf Einheitsgesellschaften des Kohlenbergbaues oder Einheitsgesellschaften der Stahlindustrie gemäß Artikel 3 oder Artikel 4 dieses Gesetzes übertragen, so werden diese Vermögensgegenstände von der Überwachung auf Grund dieses Gesetzes befreit, sobald über sie nach Maßgabe der durch die Alliierte Hohe Kommission genehmigten Pläne verfügt worden ist.

3. Die Vermögensgegenstände eines der im Anhang C aufgeführten Unternehmen oder die Vermögensgegenstände, die diesem Unternehmen nach den auf Grund dieses Gesetzes erfolgenden Übertragungen auf Einheitsgesellschaften verbleiben, werden von der Überwachung auf Grund dieses Gesetzes befreit, sobald die Alliierte Hohe Kommission feststellt, daß alle erforderlichen Übertragungen von Vermögensgegenständen dieses Unternehmens auf Einheitsgesellschaften durchgeführt sind, oder daß im Falle dieses Unternehmens keine solchen Übertragungen erforderlich sind.

4. Sonstige Vermögensgegenstände, die auf Grund dieses Gesetzes der Beschlagnahme und der Überwachung unterliegen, können von der Überwachung in dem von der Alliierten Hohen Kommission bestimmten Zeitpunkt und nach Maßgabe ihrer Weisungen befreit werden.

Artikel 9

Eintragung von Übertragungen

Die zuständigen deutschen Behörden haben Rechtsübertragungen, die auf Grund dieses Gesetzes erfolgen, einzutragen, ohne daß es der Vorlegung beurkundeter Erklärungen bedarf, wenn ihnen von oder im Auftrage der Alliierten Hohen Kommission eine beglaubigte Aufstellung der zu übertragenden Vermögensgegenstände vorgelegt wird.

Artikel 10

Strafen

Wer gegen die Vorschriften dieses Gesetzes oder einer auf Grund dieses Gesetzes erlassenen Ausführungsverordnung oder Anordnung verstößt oder sie umgeht, oder wer eine solche strafbare Handlung versucht oder dazu anstiftet, wird mit Geldstrafe bis zu zweihunderttausend Deutsche Mark oder mit Gefängnis bis zu fünf Jahren oder mit beiden Strafen bestraft.

Artikel 11

Ausführungsbestimmungen

Die Alliierte Hohe Kommission behält sich vor, zur Ausführung der Vorschriften dieses Gesetzes, zu ihrer Erweiterung oder Ergänzung, Verordnungen und Anordnungen zu erlassen, soweit ihr dies erforderlich oder angemessen erscheint, um die Zwecke dieses Gesetzes in vollem Umfange zu verwirklichen.

Artikel 12

Verwaltungsstellen

1. Der Ausdruck „Alliierte Hohe Kommission" bedeutet in jeder Vorschrift dieses Gesetzes, in der er gebraucht wird, die Dienststelle oder Dienststellen, die der Rat der Alliierten Hohen Kommission durch Ausführungsbestimmung oder Anordnung zur Durchführung dieser Vorschrift bestimmt. Jede solche Dienststelle übt ihre Tätigkeit nach Maßgabe der Ausführungsbestimmungen oder Anordnungen aus, die der Rat der Alliierten Hohen Kommission erläßt.

2. Soweit die Ausführungsbestimmungen oder Anordnungen des Rats nichts Abweichendes vorsehen, sind folgende Stellen zur Ausführung der Vorschriften dieses Gesetzes berufen:

a) die Combined Coal Control Group, soweit diese Vorschriften sich auf den deutschen Kohlenbergbau beziehen oder ihn berühren;

b) die Combined Steel Group, soweit diese Vorschriften sich auf die deutsche Eisen- und Stahlindustrie beziehen oder sie berühren.

Artikel 13

Prüfungsausschuß

1. Es wird hiermit ein Prüfungsausschuß gebildet. Die Zahl der Mitglieder dieses Ausschusses, die mindestens drei betragen muß, wird vom Rat der Alliierten Hohen Kommission festgesetzt. Jeder der Hohen Kommissare ernennt ein Drittel der Mitglieder des Ausschusses. Die Mitglieder des Ausschusses müssen vollausgebildete Juristen oder Sachverständige sein, die nicht anderweitig mit der Durchführung dieses Gesetzes befaßt sind. Bei dem Ausschuß können Kammern von je drei Mitgliedern gebildet werden, von denen jeder der Hohen Kommissare je eines ernennt. Die Verteilung der Mitglieder auf die einzelnen Kammern erfolgt durch den Ausschuß. Die Entscheidungen des Ausschusses werden mit Stimmenmehrheit der in der Sache tätigen Mitglieder des Ausschusses getroffen. Der Ausschuß beschließt seine Verfahrens- und Geschäftsordnung, die der Nachprüfung und Abänderung durch den Rat der Alliierten Hohen Kommission unterliegt.

2. Soweit der Rat der Alliierten Hohen Kommission keine abweichenden Ausführungsbestimmungen erläßt, ist der Ausschuß zuständig:

a) auf Antrag eines Beteiligten eine auf Grund des Artikels 5 (c) dieses Gesetzes erlassene Anordnung daraufhin nachzuprüfen, ob die dem Antragsteller bewilligte Zuteilung hinsichtlich seiner Ansprüche oder Interessen eine angemessene und billige Behandlung gemäß jener Vorschrift darstellt,

b) über alle sonstigen auf Grund dieses Gesetzes sich ergebenden Fragen, die ihm von der Alliierten Hohen Kommission vorgelegt werden, zu verhandeln und zu entscheiden.

3. Bei den gemäß Unterabsatz 2 (a) vorgelegten Anträgen hat der Ausschuß nur zu entscheiden, ob die angefochtene Anordnung auf gewichtige Beweisunterlagen gestützt und frei von Rechtsirrtum ist. Die Einreichung und Anhängigkeit eines gemäß Unterabsatz 2 (a) gestellten Antrages auf Nachprüfung hat keine aufschiebende Wirkung in bezug auf die angefochtene Anordnung, soweit nicht der Ausschuß auf Antrag die Ausführung der Anordnung aussetzt. Während der Prüfung eines solchen Aussetzungsantrages kann eine einstweilige Aussetzung von einem einzelnen Mitglied des Ausschusses angeordnet werden. Für die in Unterabsatz 2 (b) bezeichneten Fälle werden die Befugnisse und Aufgaben des Ausschusses in den Richtlinien bestimmt, die dem Ausschuß bei Vorlage eines solchen Falles übermittelt werden.

Artikel 14

Begriffsbestimmungen

Für die Zwecke dieses Gesetzes und der dazu ergehenden Ausführungsbestimmungen und Anordnungen gelten die folgenden Begriffsbestimmungen:

1. Der Ausdruck „Vermögensgegenstände des Kohlenbergbaues" bedeutet alle Vermögensgegenstände, die innerhalb des Bereiches eines Kohlenbergwerks liegen oder mit diesem körperlich verbunden oder für seinen Betrieb wirtschaftlich erforderlich sind, und umfaßt die folgenden zum Kohlenbergbau gehörigen Vermögensgegenstände und Interessen:

a) Kohlenbergwerke sowie unverritzte und nicht abgebaute Kohlenfelder. Der Ausdruck „Kohle" umfaßt Steinkohle, Pechkohle und Braunkohle sowie alle sonstigen Bodenschätze, die im Zusammenhang damit in der Regel von Betrieben des Kohlenbergbaues gewonnen werden.
Der Ausdruck „Bergwerk" umfaßt Steinbruch, Tagebau, Stollenbau und anderen Untertagebau sowie die damit verbundenen Bohrungen.

b) Unbewegliche und bewegliche Gegenstände, die im Kohlenbergbau und in den folgenden Nebenbetrieben Verwendung finden. Verkokung, Verfahren zur Destillation von Kohleerzeugnissen in Verbindung mit dem Kohlenbergbau und Verfahren in Verbindung mit Brikettierungsanlagen, Herstellung von Treibstoffen, Hydrierungsanlagen, Anlagen zur Herstellung von synthetischen Erzeugnissen, von Stickstoff und von Ammoniak, Anlagen zur Versorgung von Gasverteilungsstellen, Ziegeleien, Dachziegeleien und ähnlichen Werken und Anlagen zur Wasserversorgung durch oder an ein Kohlenbergwerk.

c) Anlagen zur Erzeugung und Leitung von elektrischem Strom zum ausschließlichen oder überwiegenden Verbrauch im Kohlenbergwerk oder einem seiner Nebenbetriebe.

d) Eisenbahnen, Seilschwebebahnen, Kanäle und sonstige unbewegliche und bewegliche Gegenstände, die ausschließlich oder überwiegend Zwecken der Beförderung zu Lande oder zu Wasser oder Zwecken des Verladens, Ausladens, der Handhabung oder der Lagerung von Erzeugnissen des Kohlenbergbaues und seiner Nebenbetriebe dienen, und Gegenstände zum Gebrauch im Kohlenbergbau, in Elektrizitätsbetrieben und in Nebenbetrieben, falls sie ausschließlich Zwecken der Beförderung innerhalb eines Kohlenbergbaubetriebes dienen.

e) Unbewegliche und bewegliche Gegenstände des Kohlenbergbaubetriebes, die ausschließlich oder überwiegend dem Verkauf oder der Lieferung von Erzeugnissen des Kohlenbergbaues und seiner Nebenbetriebe durch Kohlenbergbauunternehmungen dienen.

f) Unbewegliche und bewegliche Gegenstände des Kohlenbergbaubetriebes, die Wohlfahrtszwecken dienen, z. B. Krankenhäuser, Bäder, Kantinen oder sonst der Gewährung von Vorteilen für das im Bergbau und in seinen Nebenbetrieben beschäftigte Personal dienen.

g) Patente für Erfindungen, die sich auf Verfahren und Produktion im Kohlenbergbau und in seinen Nebenbetrieben beziehen, sowie Warenzeichen, die für solche Produktion verwendet werden oder Verwendung finden sollen.

h) Vorräte an Erzeugnissen des Kohlenbergbaues und seiner Nebenbetriebe.

i) Vorräte an Betriebsstoffen und Ersatzteilen für die Zwecke des Kohlenbergbaues und seiner Nebenbetriebe.

j) Rechte von Betrieben des Kohlenbergbaues an Wohnhäusern und Grundstücken, die den im Kohlenbergbau und in seinen Nebenbetrieben beschäftigten Arbeitern und Angestellten dienen.

k) Rechte von Betrieben des Kohlenbergbaues an Forsten, landwirtschaftlichen Betrieben nebst Zubehör und anderen landwirtschaftlichen Vermögensgegenständen sowie an allen Grundstücken der Kohlenbergbaubetriebe einschließlich der Grundstücke, die für die Erweiterung von Anlagen über Tage und für ähnliche Vorhaben bestimmt sind.

l) Interessen von Betrieben des Kohlenbergbaues in bezug auf Organisationen technischer Art, Institute für Forschungszwecke auf dem Gebiete des Kohlenbergbaues und seiner Nebenbetriebe, Prüfungsanstalten für Sicherheitseinrichtungen in Bergwerken und verwandten Betrieben, in bezug auf Schulen und Lehranstalten für die Ausbildung im Bergbau und in seinen Nebenbetrieben.

m) Umlaufsvermögen, einschließlich der Außenstände und des Kassenbestandes, die zum Betriebe der in Absatz 1 bezeichneten Vermögensgegenstände gehören.

n) Lieferungsverträge und sonstige geschäftliche Vereinbarungen.

2. Der Ausdruck „Verkokung und Verfahren zur Destillation von Kohleerzeugnissen“ umfaßt jedes Verfahren zur Destillation von Kohle sowie die Bearbeitung, Verarbeitung und Destillation verkaufsfähiger Erzeugnisse, die aus der Destillation von Kohle gewonnen werden.

3. Der Ausdruck „Elektrizitätsanlagen“ umfaßt Kraftwerke, Transformatoren, Kraftleitungen und andere unbewegliche und bewegliche Gegenstände, die bei der Erzeugung und Leitung elektrischer Energie Verwendung finden.

4. Der Ausdruck „unbewegliche Gegenstände“ umfaßt Gebäude, Werksanlagen, eingebaute Einrichtungsgegenstände und eingebaute Maschinen und Werksvorrichtungen sowie den dazu gehörigen Grund und Boden.

5. Der Ausdruck „bewegliche Gegenstände“ umfaßt nichteingebaute Maschinen und Werksvorrichtungen, Güterwagen und andere Fahrzeuge, Motoren, Traktoren, Wasserfahrzeuge, Tiere und bewegliche Ausrüstungen jeder Art.

6. Der Ausdruck „Betriebe“ umfaßt Unternehmen jeder Art.

Artikel 15

Aufhebung von Rechtsvorschriften

1. Das Gesetz Nr. 75 der amerikanischen Militärregierung (Umgestaltung des deutschen Kohlenbergbaues und der deutschen Eisen- und Stahlindustrie) und das Gesetz Nr. 75 der britischen Militärregierung (Umgestaltung des deutschen Kohlenbergbaues und der deutschen Eisen- und Stahlindustrie) werden hiermit aufgehoben. Jedoch behalten auf Grund dieser Gesetze durchgeführte oder eingeleitete Verfahren und getroffene Maßnahmen sowie auf Grund dieser Gesetze übertragene Befugnisse, die mit den Vorschriften des gegenwärtigen Gesetzes vereinbar sind, ihre Wirksamkeit, sofern und solange die Alliierte Hohe Kommission nichts anderes bestimmt.

2. Die Durchführungsverordnung (Ausführungsverordnung) Nr. 1 und die Durchführungsverordnung Nr. 2 zu den Gesetzen Nr. 75 der amerikanischen Militärregierung und der britischen Militärregierung finden im gesamten Gebiet der Bundesrepublik Anwendung, solange die Alliierte Hohe Kommission nichts anderes bestimmt.

3. Steht eine Rechtsvorschrift mit einer Vorschrift des gegenwärtigen Gesetzes oder einer Vorschrift einer auf Grund dieses Gesetzes erlassenen Ausführungsbestimmung oder Anordnung im Widerspruch, so gehen die Vorschriften dieses Gesetzes oder der auf Grund dieses Gesetzes erlassenen Ausführungsbestimmungen oder Anordnungen vor, soweit nicht die Alliierte Hohe Kommission ausdrücklich etwas anderes bestimmt.

Ausgefertigt in
Bonn, Petersberg, am 16. Mai 1950.

Im Auftrage der Alliierten Hohen Kommission

John J. McCloy

Hoher Kommissar der Vereinigten Staaten für Deutschland

Vorsitzender des Rates

Anhang A

1. Vereinigte Stahlwerke Aktiengesellschaft
2. Friedrich Krupp
3. Mannesmannröhren-Werke
4. Klöckner-Werke Aktiengesellschaft — Klöckner & Co.
5. Hoesch Aktiengesellschaft
6. Otto Wolff
7. Gutehoffnungshütte Aktienverein für Bergbau und Hüttenbetrieb Gutehoffnungshütte Oberhausen A.G.
8. Reichswerke Komplex
9. Flick Komplex

10. Kohlenhandelsgesellschaft „Glückauf", Abt. Beck & Co.
11. Deutsche Kohlenhandelsgesellschaft Lüders, Meentzen & Co.
12. Kohlenkontor Weyhenmeyer & Co.
13. Kohlenwertstoff Aktiengesellschaft

Anhang B

1. Rheinisch-Westfälisches Kohlensyndikat, i. L.
2. Niedersächsisches Kohlensyndikat G.m.b.H., i. L.
3. Rheinisches Braunkohlen-Syndikat G.m.b.H., i. L.
4. Westfälische Kohlenhandels-Gesellschaft, Gastrock & Co., i. L.
5. Kohlenhandelsgesellschaft „Hansa", Kallmeier & Co., i. L.
6. Kohlenhandelsgesellschaft „Mark", Siepmann, Schrader & Co., i. L.
7. Westfälisches Kohlenkontor Naht, Emschermann & Co., i. L.
8. Kohlenhandelsgesellschaft „Niederrhein", Weyer, Franke & Co., i. L.
9. Kohlenhandelsgesellschaft „Westfalia", Wiesebrock, Schulte & Co., i. L.
10. Westfälische Kohlenverkaufsgesellschaft Vollrath, Weck & Co., i. L.

Anhang C

1. Vereinigte Elektrizitäts- und Bergwerks A.G.
2. Rheinisch-Westfälisches Elektrizitätswerk A.G.
3. Vereinigte Elektrizitätswerke Westfalen A.G.
4. Vereinigte Industrie-Unternehmungen A.G.
5. Gewerkschaft des Steinkohlenbergwerks Alter Hellweg
6. Gewerkschaft Aurora Steinkohlenbergwerk
7. Gewerkschaft Cleverbank Steinkohlenbergwerk
8. Concordia Bergbau Aktiengesellschaft
9. Deutsche Erdöl-Aktiengesellschaft, Zechen Graf Bismarck u. Königsgrube
10. Gewerkschaft Elisabethenglück
11. Vereinigte Gideon Bergwerks G.m.b.H.
12. Gewerkschaft Hammerbank unter der Stollensohle
13. Gewerkschaft Hausbach
14. Gewerkschaft Zeche Heinrich
15. I.G.-Farben-Industrie Aktiengesellschaft in Auflösung
16. Gewerkschaft Jupiter Steinkohlenbergwerk
17. Gewerkschaft Vereinigte Klosterbusch
18. Gewerkschaft des Steinkohlenbergwerks Langenbrahm
19. Bergbau Aktiengesellschaft Lothringen
20. Mansfeld A.G. für Bergbau und Hüttenbetrieb, Zeche Mansfeld
21. Gewerkschaft Neumühl
22. Gewerkschaft des Braunkohlenbergwerks Neurath
23. Gewerkschaft Neuruhrort
24. Niederrheinische Bergwerks-Aktiengesellschaft
25. Gewerkschaft Petrus Segen
26. Gewerkschaft Plätzgesbank
27. Gewerkschaft des Braunkohlenbergwerks Prinzessin Viktoria
28. Rheinische Stahlwerke
29. Gewerkschaft Rheinland
30. Gewerkschaft Steinkohlenbergwerk Rheinpreußen

31. Gewerkschaft Roderburg, Zeche Neuwülfingsburg
32. Victor Rolff Kommanditgesellschaft
33. Gebr. Stumm G.m.b.H., Zeche Minister Achenbach
34. Vereinigungsgesellschaft Rheinischer Braunkohlenbergwerke m.b.H.
35. Wilhelm Werhahn, Abteilung Horremer Brikettfabrik
36. Gewerkschaft Westfalen
37. Gewerkschaft Wohlverwahrt
38. Röchling-Buderus A.G.
39. Buderus'sche Eisenwerke
40. Braunkohlen- und Brikett-Industrie A.G. (BUBIAG)
41. Bergwerksausbeutungsrechte „Rees", „An den Borkenbergen" und „Münsterland"
42. Preußen A.G., Mülheim

Anhang D

(1) Anlagen, die auf Grund von Werkbenutzungsverträgen von den nachstehenden Gesellschaften betrieben werden	(2) Datum des Werkbenutzungsvertrages	(3) Name der Gesellschaft, der oder deren Tochtergesellschaften die Anlagen gehören
1. Hüttenwerk Oberhausen A.G., Oberhausen	4. Mai 1948	Gutehoffnungshütte Oberhausen A.G.
2. Hüttenwerk Hörde A.G., Dortmund-Hörde	5. Mai 1948	Vereinigte Stahlwerke A.G.
3. Stahlwerke Bochum A.G., Bochum	12. März 1948	Otto Wolff
4. Hüttenwerk Haspe A.G., Hagen/Westfalen	12. März 1948	Klöckner-Werke A.G.
5. Gußstahlwerk Witten A.G., Witten	5. Mai 1948	Vereinigte Stahlwerke A.G.
6. Gußstahlwerk Gelsenkirchen A.G., Gelsenkirchen	12. März 1948	Vereinigte Stahlwerke A.G.
7. Gußstahlwerk Oberkassel A.G., Düsseldorf	12. März 1948	Vereinigte Stahlwerke A.G.
8. Georgsmarienhütte A.G., Georgsmarienhütte	12. März 1948	Klöckner-Werke A.G.
9. Hüttenwerke Ruhrort-Meiderich A.G., Duisburg-Ruhrort	12. März 1948 6. Juli 1948	Vereinigte Stahlwerke A.G.
10. Hüttenwerk Geisweid A.G., Geisweid	2. April 1948	Vereinigte Stahlwerke A.G. u. Klöckner-Werke A.G.
11. Stahlwerk Hagen A.G., Hagen/Westf.	1. April 1948	Hoesch A.G.
12. Stahl- und Röhrenwerk Reisholz A.G., Düsseldorf-Reisholz	12. März 1948	Preß- und Walzwerk A.G. und Aktiengesellschaft Oberbilker Stahlwerk (Thyssen-Bornemisza)

(1) Anlagen, die auf Grund von Werkbenutzungsverträgen von den nachstehenden Gesellschaften betrieben werden	(2) Datum des Werkbenutzungsvertrages	(3) Name der Gesellschaft, der oder deren Tochtergesellschaften die Anlagen gehören
13. Hüttenwerk Ilsede-Peine A.G., Peine	15. Juni 1948	Ilseder Hütte Peine
14. Eisenerzbergbau Ilsede A.G., Großbülten	15. Juni 1948	Ilseder Hütte
15. Hüttenwerk Huckingen A.G., Huckingen	11. Mai 1948	Mannesmannröhren-Werke
16. Westfalenhütte Dortmund A.G., Dortmund	17. April 1948	Hoesch A.G.
17. Hüttenwerk Rheinhausen A.G., Rheinhausen	17. April 1948	Friedr. Krupp
18. Stahl- und Walzwerke Großenbaum A.G., Duisburg-Großenbaum	1. April 1948	Mannesmannröhren-Werke
19. Stahlwerk Osnabrück A.G., Osnabrück	12. März 1948	Klöckner-Werke A.G.
20. Eisenwerke Gelsenkirchen A.G., Gelsenkirchen	12. März 1948	Vereinigte Stahlwerke A.G.
21. Eisenwerke Mülheim-Meiderich A.G., Mülheim-Ruhr	17. April 1948	Vereinigte Stahlwerke A.G.
22. Rheinische Röhrenwerke A.G., Mülheim-Ruhr	4. Mai 1948	Vereinigte Stahlwerke A.G.
23. Westdeutsche Mannesmannröhren A.G., Düsseldorf	4. Mai 1948	Mannesmannröhren-Werke
24. Hüttenwerk Niederrhein A.G., Duisburg	19. Mai 1948	Vereinigte Stahlwerke A.G.

Anhang E

1. Ilseder Hütte
2. Thyssen-Bornemisza-Komplex
3. Stinnes-Komplex

2

Allgemeine Vorschriften über die Verfassung der juristischen Personen, die der Mitbestimmung unterliegen können:

a) Aktiengesetz vom 30. 1. 1937

Erstes Buch, vierter Teil:

Verfassung der Aktiengesellschaft

Erster Abschnitt:

Vorstand

§ 70

Leitung der Aktiengesellschaft

(1) Der Vorstand hat unter eigener Verantwortung die Gesellschaft so zu leiten, wie das Wohl des Betriebs und seiner Gefolgschaft und der gemeine Nutzen von Volk und Reich es fordern.

(2) Der Vorstand kann aus einer oder mehreren Personen bestehen. Ist ein Vorstandsmitglied zum Vorsitzer des Vorstands ernannt, so entscheidet dieser, wenn die Satzung nichts anderes bestimmt, bei Meinungsverschiedenheiten im Vorstand.

§ 71

Vertretung der Aktiengesellschaft

(1) Die Aktiengesellschaft wird durch den Vorstand gerichtlich und außergerichtlich vertreten.

(2) Besteht der Vorstand aus mehreren Personen, so sind, wenn die Satzung nichts anderes bestimmt, sämtliche Vorstandsmitglieder nur gemeinschaftlich zur Abgabe von Willenserklärungen und zur Zeichnung für die Gesellschaft befugt. Der Vorstand kann einzelne Vorstandsmitglieder zur Vornahme bestimmter Geschäfte oder bestimmter Arten von Geschäften ermächtigen. Ist eine Willenserklärung der Gesellschaft gegenüber abzugeben, so genügt die Abgabe gegenüber einem Vorstandsmitglied.

(3) Die Satzung kann auch bestimmen, daß einzelne Vorstandsmitglieder allein oder in Gemeinschaft mit einem Prokuristen zur Vertretung der Gesellschaft befugt sein sollen. Gleiches kann der Aufsichtsrat bestimmen, wenn die Satzung ihn hierzu ermächtigt hat. Abs. 2 Satz 2 und 3 gilt in diesen Fällen sinngemäß.

§ 72

Zeichnung des Vorstandes

Der Vorstand hat in der Weise zu zeichnen, daß die Zeichnenden zu der Firma der Gesellschaft oder zu der Benennung des Vorstands ihre Namensunterschrift hinzufügen.

§ 73

Änderung des Vorstands und der Vertretungsbefugnis seiner Mitglieder

(1) Jede Änderung des Vorstands oder der Vertretungsbefugnis eines Vorstandsmitglieds sowie eine Anordnung des Aufsichtsrats nach § 71 Abs. 3 Satz 2 hat der Vorstand zur Eintragung in das Handelsregister anzumelden.

(2) Der Anmeldung sind die Urkunden über die Änderung oder Anordnung in Urschrift oder öffentlich beglaubigter Abschrift für das Gericht des Sitzes der Gesellschaft beizufügen.

(3) Die neuen Vorstandsmitglieder haben ihre Unterschrift zur Aufbewahrung beim Gericht zu zeichnen.

§ 74

Beschränkung der Vertretungsbefugnis

(1) Der Vorstand ist der Gesellschaft gegenüber verpflichtet, die Beschränkungen einzuhalten, die die Satzung oder der Aufsichtsrat für den Umfang seiner Vertretungsbefugnis festgesetzt hat oder die sich aus einem Beschluß der Hauptversammlung nach § 103 ergeben.

(2) Dritten gegenüber ist eine Beschränkung der Vertretungsbefugnis des Vorstands unwirksam.

§ 75

Bestellung und Abberufung des Vorstands

(1) Vorstandsmitglieder bestellt der Aufsichtsrat auf höchstens fünf Jahre. Eine wiederholte Bestellung ist zulässig. Eine juristische Person kann nicht zum Vorstandsmitglied bestellt werden. Dies gilt sinngemäß für den Anstellungsvertrag.

(2) Werden mehrere Personen zu Vorstandsmitgliedern bestellt, so kann der Aufsichtsrat ein Mitglied zum Vorsitzer des Vorstands ernennen.

(3) Der Aufsichtsrat kann die Bestellung zum Vorstandsmitglied und die Ernennung zum Vorsitzer des Vorstands widerrufen, wenn ein wichtiger Grund vorliegt. Ein solcher Grund ist namentlich grobe Pflichtverletzung oder Unfähigkeit zur ordnungsmäßigen Geschäftsführung. Dies gilt auch für den vom ersten Aufsichtsrat bestellten Vorstand. Der Widerruf ist wirksam, solange nicht über seine Unwirksamkeit rechtskräftig entschieden ist. Für die Ansprüche aus dem Anstellungsvertrag gelten die allgemeinen Vorschriften.

§ 76

Bestellung durch das Gericht

Soweit die zur Vertretung der Gesellschaft erforderlichen Vorstandsmitglieder fehlen, kann sie in dringenden Fällen das Gericht auf Antrag eines Beteiligten für die Zeit bis zur Hebung des Mangels bestellen.

§ 77

Gewinnbeteiligung der Vorstandsmitglieder

(1) Den Vorstandsmitgliedern kann für ihre Tätigkeit eine Beteiligung am Gewinn gewährt werden, die in der Regel in einem Anteil am Jahresgewinn bestehen soll.

(2) Wird den Vorstandsmitgliedern ein Anteil am Jahresgewinn gewährt, so berechnet sich der Anteil nach dem Reingewinn, der sich nach Vornahme von Abschreibungen und Wertberichtigungen sowie nach Bildung von Rücklagen und Rückstellungen ergibt; abzusetzen ist ferner der Teil des Gewinns, der durch die Auflösung von Rücklagen entstanden ist. Entgegenstehende

Festsetzungen sind nichtig. Der Aufsichtsrat kann, wenn es die Billigkeit verlangt, für das einzelne Geschäftsjahr zulassen, daß der Teil des Gewinns, der zur Bildung freier Rücklagen verwandt werden soll, nicht abgesetzt wird.

(3) Gewinnbeteiligungen sollen in einem angemessenen Verhältnis stehen zu den Aufwendungen zugunsten der Gefolgschaft oder von Einrichtungen, die dem gemeinen Wohle dienen. Hierfür zu sorgen, ist Aufgabe des Aufsichtsrats. Die Einhaltung dieses Gebots kann die Staatsanwaltschaft im Klagewege erzwingen; das Nähere bestimmt der Reichsminister der Justiz, er bestimmt namentlich die für die Entscheidung zuständige Stelle und regelt das Verfahren.

§ 78

Grundsätze für die Bezüge der Vorstandsmitglieder

(1) Der Aufsichtsrat hat dafür zu sorgen, daß die Gesamtbezüge der Vorstandsmitglieder (Gehälter, Gewinnbeteiligungen, Aufwandsentschädigungen, Versicherungsentgelte, Provisionen und Nebenleistungen jeder Art) in einem angemessenen Verhältnis zu den Aufgaben des einzelnen Vorstandsmitglieds und zur Lage der Gesellschaft stehen. Dies gilt sinngemäß für Ruhegehälter, Hinterbliebenenbezüge und Leistungen verwandter Art.

(2) Tritt nach der Festsetzung der Gesamtbezüge der Vorstandsmitglieder eine so wesentliche Verschlechterung in den Verhältnissen der Gesellschaft ein, daß die Weitergewährung der Bezüge eine schwere Unbilligkeit für die Gesellschaft sein würde, so ist der Aufsichtsrat zu einer angemessenen Herabsetzung berechtigt. Durch eine derartige Maßnahme wird der Anstellungsvertrag im übrigen nicht berührt; jedes Vorstandsmitglied kann jedoch seinen Anstellungsvertrag für den Schluß des nächsten Kalendervierteljahrs mit einer Kündigungsfrist von sechs Wochen kündigen.

(3) Wird über das Vermögen der Gesellschaft das Konkursverfahren eröffnet und kündigt der Konkursverwalter den Anstellungsvertrag eines Vorstandsmitglieds, so kann dieses Ersatz für den ihm durch die Aufhebung des Dienstverhältnisses entstehenden Schaden nur für zwei Jahre seit dem Ablauf des Dienstverhältnisses verlangen.

§ 79

Wettbewerbsverbot

(1) Die Vorstandsmitglieder dürfen ohne Einwilligung des Aufsichtsrats weder ein Handelsgewerbe betreiben noch im Geschäftszweig der Gesellschaft für eigene oder fremde Rechnung Geschäfte machen. Sie dürfen sich auch nicht an einer anderen Handelsgesellschaft als persönlich haftende Gesellschafter beteiligen.

(2) Verstößt ein Vorstandsmitglied gegen dieses Verbot, so kann die Gesellschaft Schadenersatz fordern; sie kann statt dessen von dem Mitglied verlangen, daß es die für eigene Rechnung gemachten Geschäfte als für Rechnung der Gesellschaft eingegangen gelten lasse und die aus Geschäften für fremde Rechnung bezogene Vergütung herausgebe oder seinen Anspruch auf die Vergütung abtrete.

(3) Die Ansprüche der Gesellschaft verjähren in drei Monaten seit dem Zeitpunkt, in dem die übrigen Mitglieder des Vorstands und des Aufsichtsrats

von der zum Schadenersatz verpflichtenden Handlung Kenntnis erlangen; sie verjähren ohne Rücksicht auf diese Kenntnis in fünf Jahren seit ihrer Entstehung.

§ 80

Kreditgewährung an Vorstandsmitglieder

(1) Vorstandsmitgliedern und leitenden Angestellten der Gesellschaft darf Kredit nur mit ausdrücklicher Zustimmung des Aufsichtsrats gewährt werden. Leitende Angestellte sind die Geschäftsführer und Betriebsleiter, die zur selbständigen Einstellung oder Entlassung der übrigen im Betriebe oder in der Betriebsabteilung Beschäftigten berechtigt sind oder denen Prokura oder Generalvollmacht erteilt ist. Ebenso dürfen Kredite an gesetzliche Vertreter oder leitende Angestellte eines abhängigen oder herrschenden Unternehmens nur mit ausdrücklicher Zustimmung des Aufsichtsrats des herrschenden Unternehmens gewährt werden. Die Zustimmung kann für gewisse Kreditgeschäfte oder Arten von Kreditgeschäften im voraus, jedoch nicht für länger als drei Monate erteilt werden. Der Zustimmungsbeschluß hat auch die Verzinsung und Rückzahlung des Kredits zu regeln. Der Gewährung eines Kredits steht die Gestattung einer Entnahme gleich, die über die dem Entnehmer zustehende Vergütung hinausgeht, namentlich auch die Gestattung der Entnahme von Vorschüssen auf Vergütungen.

(2) Kredite, die ein Monatsgehalt nicht übersteigen, fallen nicht unter Abs. 1.

(3) Diese Vorschriften gelten auch für Kredite an den Ehegatten oder an ein minderjähriges Kind eines Vorstandsmitglieds oder anderen gesetzlichen Vertreters oder eines leitenden Angestellten; sie gelten ferner für Kredite an einen Dritten, der für Rechnung einer Person handelt, an die nur mit Zustimmung des Aufsichtsrats Kredit gewährt werden darf.

(4) Wird entgegen Abs. 1 bis 3 Kredit gewährt, so ist der Kredit ohne Rücksicht auf entgegenstehende Vereinbarungen sofort zurückzuzahlen, wenn nicht der Aufsichtsrat nachträglich zustimmt.

§ 81

Bericht an den Aufsichtsrat

Der Vorstand hat dem Aufsichtsrat regelmäßig, längstens vierteljährlich, über den Gang der Geschäfte und die Lage des Unternehmens sowie dem Vorsitzer des Aufsichtsrats oder seinem Stellvertreter bei wichtigem Anlaß mündlich oder schriftlich zu berichten. Der Bericht hat den Grundsätzen einer gewissenhaften und getreuen Rechenschaft zu entsprechen.

§ 82

Buchführung

Der Vorstand hat dafür zu sorgen, daß die erforderlichen Handelsbücher geführt werden.

§ 83

Vorstandspflichten bei Verlust, Überschuldung oder Zahlungsunfähigkeit der Gesellschaft

(1) Ergibt sich bei Aufstellung der Jahresbilanz oder einer Zwischenbilanz oder ist bei pflichtmäßigem Ermessen anzunehmen, daß ein Verlust in Höhe

der Hälfte des Grundkapitals besteht, so hat der Vorstand unverzüglich die Hauptversammlung zu berufen und dieser davon Anzeige zu machen.

(2) Wird die Gesellschaft zahlungsunfähig, so hat der Vorstand ohne schuldhaftes Zögern, spätestens aber drei Wochen nach Eintritt der Zahlungsunfähigkeit, die Eröffnung des Konkursverfahrens oder des gerichtlichen Vergleichsverfahrens zu beantragen. Dies gilt sinngemäß, wenn das Vermögen der Gesellschaft nicht mehr die Schulden deckt. Schuldhaft verzögert ist der Antrag nicht, wenn der Vorstand die Eröffnung des gerichtlichen Vergleichsverfahrens mit der Sorgfalt eines ordentlichen und gewissenhaften Geschäftsleiters betreibt.

§ 84

Sorgfaltspflicht und Verantwortlichkeit der Vorstandsmitglieder

(1) Die Vorstandsmitglieder haben bei ihrer Geschäftsführung die Sorgfalt eines ordentlichen und gewissenhaften Geschäftsleiters anzuwenden. Über vertrauliche Angaben haben sie Stillschweigen zu bewahren.

(2) Vorstandsmitglieder, die ihre Obliegenheiten verletzen, sind der Gesellschaft zum Ersatz des daraus entstehenden Schadens als Gesamtschuldner verpflichtet. Sie haben nachzuweisen, daß sie die Sorgfalt eines ordentlichen und gewissenhaften Geschäftsleiters angewandt haben.

(3) Die Vorstandsmitglieder sind namentlich zum Ersatz verpflichtet, wenn entgegen diesem Gesetz

1. Einlagen an die Aktionäre zurückgewährt,
2. den Aktionären Zinsen oder Gewinnanteile gezahlt,
3. eigene Aktien der Gesellschaft oder einer anderen Gesellschaft gezeichnet, erworben, als Pfand genommen oder eingezogen werden,
4. Aktien vor der vollen Leistung des Nennbetrags oder des höheren Ausgabebetrags ausgegeben werden,
5. Gesellschaftsvermögen verteilt wird,
6. Zahlungen geleistet werden, nachdem die Zahlungsunfähigkeit der Gesellschaft eingetreten ist oder sich ihre Überschuldung ergeben hat; dies gilt nicht von Zahlungen, die auch nach diesem Zeitpunkt mit der Sorgfalt eines ordentlichen und gewissenhaften Geschäftsleiters vereinbar sind,
7. Kredit gewährt wird,
8. bei der bedingten Kapitalerhöhung außerhalb des festgesetzten Zwecks oder vor der vollen Leistung des Gegenwerts Bezugsaktien ausgegeben werden.

(4) Der Gesellschaft gegenüber tritt die Ersatzpflicht nicht ein, wenn die Handlung auf einem gesetzmäßigen Beschluß der Hauptversammlung beruht. Dadurch, daß der Aufsichtsrat die Handlung gebilligt hat, wird die Ersatzpflicht nicht ausgeschlossen. Die Gesellschaft kann erst nach fünf Jahren seit der Entstehung des Anspruchs und nur dann auf Ersatzansprüche verzichten oder sich darüber vergleichen, wenn die Hauptversammlung zustimmt und nicht eine Minderheit, deren Anteile den fünften Teil des Grundkapitals erreichen, widerspricht. Die zeitliche Beschränkung gilt nicht, wenn der Ersatzpflichtige zahlungsunfähig ist und sich zur Abwendung oder Beseitigung des Konkursverfahrens mit seinen Gläubigern vergleicht.

(5) Der Ersatzanspruch der Gesellschaft kann auch von den Gläubigern der Gesellschaft geltend gemacht werden, soweit sie von dieser keine Befriedigung erlangen können. Dies gilt jedoch in anderen Fällen als denen des Abs. 3 nur dann, wenn die Vorstandsmitglieder die Sorgfalt eines ordentlichen und gewissenhaften Geschäftsleiters gröblich verletzt haben; Abs. 2 Satz 2 gilt sinngemäß. Den Gläubigern gegenüber wird die Ersatzpflicht weder durch einen Verzicht oder Vergleich der Gesellschaft noch dadurch aufgehoben, daß die Handlung auf einem Beschluß der Hauptversammlung beruht oder der Aufsichtsrat die Handlung gebilligt hat. Ist über das Vermögen der Gesellschaft das Konkursverfahren eröffnet, so übt während dessen Dauer der Konkursverwalter das Recht der Gläubiger gegen die Vorstandsmitglieder aus.

(6) Die Ansprüche aus diesen Vorschriften verjähren in fünf Jahren.

§ 85

Stellvertreter von Vorstandsmitgliedern

Die Vorschriften für die Vorstandsmitglieder gelten auch für ihre Stellvertreter.

Zweiter Abschnitt: Aufsichtsrat

§ 86*)

Zusammensetzung des Aufsichtsrats

(1) Der Aufsichtsrat besteht aus drei Mitgliedern. Die Satzung kann eine höhere Zahl festsetzen. Die Höchstzahl der Aufsichtsratsmitglieder beträgt bei Gesellschaften mit einem Grundkapital

bis zu	3000000 DM	sieben,
von mehr als	3000000 DM	zwölf,
von mehr als	20000000 DM	fünfzehn,

wobei in den Aufsichtsrat entsandte Mitglieder des Betriebsrats nicht mitgerechnet werden. Der *Reichswirtschaftsminister* kann im Einvernehmen mit dem *Reichsminister der Justiz* und den sonst beteiligten *Reichsministern* Ausnahmen zulassen, wenn das Wohl der Gesellschaft oder gesamtwirtschaftliche Belange es fordern.

(2) Eine juristische Person kann nicht Aufsichtsratsmitglied sein. Mitglied kann ferner nicht sein, wer bereits in zehn Aktiengesellschaften oder Kommanditgesellschaften auf Aktien Aufsichtsratsmitglied ist; soweit es zur ausreichenden Wahrnehmung wirtschaftlicher Belange des *Reichs*, von Ländern, Gemeindeverbänden oder Gemeinden oder von Wirtschaftsunternehmen nötig erscheint, kann der *Reichsminister der Justiz* im Einvernehmen mit den beteiligten *Reichsministern* abweichende Vorschriften und Anordnungen treffen.

§ 87

Wahl und Abberufung

(1) Die Aufsichtsratsmitglieder werden von der Hauptversammlung gewählt. Kein Aufsichtsratsmitglied kann für längere Zeit als bis zur Beendigung der

---

*) In der Fassung des § 60 Abs. 4 DMBG.

Hauptversammlung gewählt werden, die über die Entlastung für das vierte Geschäftsjahr nach der Wahl beschließt, hierbei wird das Geschäftsjahr in dem gewählt wird, nicht mitgerechnet.

(2) Die Bestellung zum Aufsichtsratsmitglied kann vor Ablauf der Wahlzeit von der Hauptversammlung widerrufen werden. Der Beschluß bedarf einer Mehrheit, die mindestens drei Viertel der abgegebenen Stimmen umfaßt. Die Satzung kann diese Mehrheit durch eine andere ersetzen und noch andere Erfordernisse aufstellen.

(3) Die Bestellung des ersten Aufsichtsrats gilt bis zur Beendigung der ersten Hauptversammlung, die nach Ablauf eines Jahres seit der Eintragung der Gesellschaft in das Handelsregister zur Beschlußfassung über die Entlastung stattfindet. Sie kann vorher von der Hauptversammlung mit einfacher Stimmenmehrheit widerrufen werden.

§ 88

Entsendung von Mitgliedern in den Aufsichtsrat

(1) Die Satzung kann bestimmten Aktionären oder den jeweiligen Inhabern bestimmter Aktien das Recht einräumen, Mitglieder in den Aufsichtsrat zu entsenden. Die Gesamtzahl der entsandten Mitglieder darf den dritten Teil aller Aufsichtsratsmitglieder nicht übersteigen.

(2) Das Entsendungsrecht kann nur den Inhabern solcher Aktien eingeräumt werden, die auf Namen lauten und deren Übertragung an die Zustimmung der Gesellschaft gebunden ist.

(3) Die Aktien, deren Inhabern das Entsendungsrecht zusteht, gelten nicht als eine besondere Gattung.

(4) Die entsandten Aufsichtsratsmitglieder können von den Entsendungsberechtigten jederzeit abberufen und durch andere ersetzt werden. Liegt in der Person eines entsandten Mitglieds ein wichtiger Grund vor, so kann das Gericht auf Antrag einer Minderheit, deren Anteile zusammen den zehnten Teil des Grundkapitals erreichen, das Mitglied abberufen.

(5) Sind die in der Satzung bestimmten Voraussetzungen des Entsendungsrechts weggefallen, so kann die Hauptversammlung das entsandte Mitglied mit einfacher Stimmenmehrheit abberufen.

§ 89

Bestellung durch das Gericht

(1) Gehören dem Aufsichtsrat länger als drei Monate weniger als die zur Beschlußfähigkeit nötige Zahl von Mitgliedern an, so hat ihn das Gericht auf Antrag des Vorstands, eines Aufsichtsratsmitglieds oder eines Aktionärs auf diese Zahl zu ergänzen. Der Vorstand ist verpflichtet, den Antrag zu stellen.

(2) Das Gericht hat die von ihm bestellten Mitglieder abzuberufen, wenn die Voraussetzungen weggefallen sind.

§ 90

Unvereinbarkeit der Zugehörigkeit zum Vorstand und zum Aufsichtsrat

(1) Die Aufsichtsratsmitglieder können nicht zugleich Vorstandsmitglieder oder dauernd Vertreter von Vorstandsmitgliedern sein. Sie können auch nicht als Angestellte die Geschäfte der Gesellschaft führen.

(2) Nur für einen im voraus begrenzten Zeitraum kann der Aufsichtsrat einzelne seiner Mitglieder zu Vertretern von behinderten Vorstandsmitgliedern bestellen. In dieser Zeit dürfen sie keine Tätigkeit als Aufsichtsratsmitglied ausüben. Das Wettbewerbsverbot des § 79 gilt für sie nicht.

§ 91

Bekanntmachung der Änderungen im Aufsichtsrat

Der Vorstand hat jeden Wechsel der Aufsichtsratsmitglieder unverzüglich in den Gesellschaftsblättern bekanntzumachen und die Bekanntmachung zum Handelsregister einzureichen.

§ 92

Innere Ordnung des Aufsichtsrats

(1) Der Aufsichtsrat hat nach näherer Bestimmung der Satzung aus seiner Mitte einen Vorsitzer und mindestens einen Stellvertreter zu wählen. Der Vorstand hat zum Handelsregister anzumelden, wer gewählt ist.

(2) Über die Verhandlungen und Beschlüsse des Aufsichtsrats soll eine Niederschrift angefertigt werden, die der Vorsitzer oder sein Stellvertreter zu unterzeichnen hat.

(3) Beschlußfassungen durch schriftliche Stimmabgabe sind nur zulässig, wenn kein Mitglied diesem Verfahren widerspricht.

(4) Der Aufsichtsrat kann aus seiner Mitte einen oder mehrere Ausschüsse bestellen, namentlich zu dem Zweck, seine Verhandlungen und Beschlüsse vorzubereiten oder die Ausführung seiner Beschlüsse zu überwachen.

§ 93

Teilnahme an Sitzungen des Aufsichtsrats und seiner Ausschüsse

(1) An den Sitzungen des Aufsichtsrats und seiner Ausschüsse sollen Personen, die weder dem Aufsichtsrat noch dem Vorstand angehören, nicht teilnehmen. Sachverständige und Auskunftspersonen können zur Beratung über einzelne Gegenstände zugezogen werden.

(2) Aufsichtsratsmitglieder, die dem Ausschuß nicht angehören, können an den Ausschußsitzungen teilnehmen, wenn die Satzung oder der Vorsitzer des Aufsichtsrats nichts anderes bestimmt.

(3) Die Satzung kann zulassen, daß an den Sitzungen des Aufsichtsrats und seiner Ausschüsse Personen, die dem Aufsichtsrat nicht angehören, an Stelle von Aufsichtsratsmitgliedern teilnehmen können, wenn sie von diesen hierzu schriftlich ermächtigt sind. Sie können auch schriftliche Stimmabgaben der Aufsichtsratsmitglieder überreichen. Diese Vorschriften gelten nicht für den Vorsitzer des Aufsichtsrats und seine Stellvertreter.

(4) Abweichende gesetzliche Vorschriften bleiben unberührt.

§ 94

Einberufung des Aufsichtsrats

(1) Jedes Aufsichtsratsmitglied oder der Vorstand kann unter Angabe des Zwecks und der Gründe verlangen, daß der Vorsitzer des Aufsichtsrats unverzüglich den Aufsichtsrat beruft. Die Sitzung muß binnen zwei Wochen nach der Einberufung stattfinden.

(2) Wird einem von mindestens zwei Aufsichtsratsmitgliedern oder dem Vorstand geäußerten Verlangen nicht entsprochen, so können die Antragsteller unter Mitteilung des Sachverhalts selbst den Aufsichtsrat berufen.

§ 95

Aufgaben und Rechte des Aufsichtsrats

(1) Der Aufsichtsrat hat die Geschäftsführung zu überwachen.

(2) Der Aufsichtsrat kann vom Vorstand jederzeit einen Bericht über die Angelegenheiten der Gesellschaft einschließlich ihrer Beziehungen zu einem Konzernunternehmen verlangen. Auch ein einzelnes Mitglied kann einen Bericht, jedoch nur an den Aufsichtsrat als solchen, verlangen; lehnt der Vorstand die Berichterstattung ab, so kann der Bericht nur dann verlangt werden, wenn der Vorsitzer des Aufsichtsrats das Verlangen unterstützt.

(3) Der Aufsichtsrat kann die Bücher und Schriften der Gesellschaft sowie die Vermögensgegenstände, namentlich die Gesellschaftskasse und die Bestände an Wertpapieren und Waren, einsehen und prüfen; er kann damit auch einzelne Mitglieder oder für bestimmte Aufgaben besondere Sachverständige beauftragen.

(4) Der Aufsichtsrat hat eine Hauptversammlung zu berufen, wenn das Wohl der Gesellschaft es fordert.

(5) Maßnahmen der Geschäftsführung können dem Aufsichtsrat nicht übertragen werden. Die Satzung oder der Aufsichtsrat kann jedoch bestimmen, daß bestimmte Arten von Geschäften nur mit seiner Zustimmung vorgenommen werden sollen.

(6) Die Aufsichtsratsmitglieder können ihre Obliegenheiten nicht durch andere ausüben lassen.

§ 96

Bericht an die Hauptversammlung

(1) Der Aufsichtsrat hat den Jahresabschluß, den Vorschlag für die Gewinnverteilung und den Geschäftsbericht zu prüfen und der Hauptversammlung darüber zu berichten.

(2) In dem Bericht hat der Aufsichtsrat mitzuteilen, in welcher Art und in welchem Umfang er die Geschäftsführung der Gesellschaft während des Geschäftsjahrs geprüft hat, welche Stelle den Jahresabschluß und den Geschäftsbericht geprüft hat und ob diese Prüfungen nach ihrem abschließenden Ergebnis zu wesentlichen Beanstandungen Anlaß gegeben haben.

§ 97

Vertretung der Gesellschaft

(1) Der Aufsichtsrat ist befugt, die Gesellschaft bei der Vornahme von Rechtsgeschäften mit den Vorstandsmitgliedern zu vertreten und gegen diese die von der Hauptversammlung beschlossenen Rechtsstreitigkeiten zu führen.

(2) Der Aufsichtsrat kann, wenn die Verantwortlichkeit eines seiner Mitglieder in Frage kommt, ohne und selbst gegen den Beschluß der Hauptversammlung gegen die Vorstandsmitglieder klagen.

§ 98

Vergütung der Aufsichtsratsmitglieder

(1) Den Aufsichtsratsmitgliedern kann für ihre Tätigkeit eine mit ihren Aufgaben und mit der Lage der Gesellschaft in Einklang stehende Vergütung gewährt werden. Ist die Vergütung in der Satzung festgesetzt, so kann eine Satzungsänderung, durch die die Vergütung herabgesetzt wird, von der Hauptversammlung mit einfacher Stimmenmehrheit beschlossen werden.

(2) Den Mitgliedern des ersten Aufsichtsrats kann nur die Hauptversammlung eine Vergütung für ihre Tätigkeit bewilligen. Der Beschluß kann erst in der Hauptversammlung gefaßt werden, die über die Entlastung des ersten Aufsichtsrats beschließt.

(3) Wird den Aufsichtsratsmitgliedern ein Anteil am Jahresgewinn gewährt, so berechnet sich der Anteil nach dem Reingewinn, der sich nach Vornahme von Abschreibungen und Wertberichtigungen sowie nach Bildung von Rücklagen und Rückstellungen ergibt; abzusetzen ist ferner der Teil des Gewinns, der durch die Auflösung von Rücklagen entstanden ist, sowie ein für die Aktionäre bestimmter Betrag von mindestens vier vom Hundert der geleisteten Einlagen. Entgegenstehende Festsetzungen sind nichtig.

(4) Gewinnbeteiligungen sollen in einem angemessenen Verhältnis stehen zu den Aufwendungen zugunsten der Gefolgschaft oder von Einrichtungen, die dem gemeinen Wohle dienen. Die Einhaltung dieses Gebots kann die Staatsanwaltschaft im Klagewege erzwingen; das Nähere bestimmt der ***Reichsminister der Justiz***, er bestimmt namentlich die für die Entscheidung zuständige Stelle und regelt das Verfahren.

§ 99

Sorgfaltspflicht und Verantwortlichkeit der Aufsichtsratsmitglieder

Für die Sorgfaltspflicht und Verantwortlichkeit der Aufsichtsratsmitglieder gilt § 84 über die Sorgfaltspflicht und Verantwortlichkeit der Vorstandsmitglieder sinngemäß.

Dritter Abschnitt:

Gemeinsame Vorschriften für die Mitglieder des Vorstandes und des Aufsichtsrats

§ 100

Namensangabe

Auf allen Geschäftsbriefen müssen die sämtlichen Vorstandsmitglieder und der Vorsitzer des Aufsichtsrats mit dem Familiennamen und mindestens einem ausgeschriebenen Vornamen angegeben werden. Der Vorsitzer des Vorstands ist besonders zu bezeichnen.

§ 101

Handeln zum Schaden der Gesellschaft zwecks Erlangung gesellschaftsfremder Vorteile

(1) Wer zu dem Zwecke, für sich oder einen andern gesellschaftsfremde Sondervorteile zu erlangen, vorsätzlich unter Ausnutzung seines Einflusses

auf die Gesellschaft ein Mitglied des Vorstands oder des Aufsichtsrats dazu bestimmt, zum Schaden der Gesellschaft oder ihrer Aktionäre zu handeln, ist zum Ersatz des daraus entstehenden Schadens verpflichtet.

(2) Neben ihm haften als Gesamtschuldner die Mitglieder des Vorstands und des Aufsichtsrats, wenn sie unter Verletzung ihrer Pflichten (§§ 84, 99) gehandelt haben. Sollte der gesellschaftsfremde Sondervorteil für einen anderen erreicht werden, so haftet auch dieser als Gesamtschuldner, wenn er die Beeinflussung vorsätzlich veranlaßt hat.

(3) Die Ersatzpflicht tritt nicht ein, wenn der Einfluß benutzt wird, um einen Vorteil zu erlangen, der schutzwürdigen Belangen dient.

(4) Für die Aufhebung der Ersatzpflicht gegenüber der Gesellschaft gilt sinngemäß § 84 Abs. 4 Satz 3 und 4.

(5) Die Ersatzpflicht besteht auch gegenüber den Gläubigern der Gesellschaft, soweit sie von dieser keine Befriedigung erlangen können. Den Gläubigern gegenüber wird die Ersatzpflicht durch einen Verzicht oder Vergleich der Gesellschaft nicht aufgehoben. Ist über das Vermögen der Gesellschaft das Konkursverfahren eröffnet, so übt während dessen Dauer der Konkursverwalter das Recht der Gläubiger aus.

(6) Die Ansprüche aus diesen Vorschriften verjähren in fünf Jahren.

(7) Diese Vorschriften gelten nicht, wenn gesellschaftsfremde Sondervorteile durch Stimmrechtsausübung verfolgt werden.

Vierter Abschnitt

Hauptversammlung

§ 102

Allgemeines

(1) Die Aktionäre üben ihre Rechte in den Angelegenheiten der Gesellschaft in der Hauptversammlung aus, soweit das Gesetz nichts anderes bestimmt.

(2) Die Mitglieder des Vorstands und des Aufsichtsrats haben, auch wenn sie nicht Aktionäre sind, das Recht, an der Hauptversammlung teilzunehmen.

Erster Unterabschnitt:

Rechte der Hauptversammlung

§ 103

Allgemeines

(1) Die Hauptversammlung beschließt in den im Gesetz und in der Satzung ausdrücklich bestimmten Fällen.

(2) Über Fragen der Geschäftsführung kann die Hauptversammlung nur entscheiden, wenn der Vorstand es verlangt.

§ 104

Entlastung

(1) Die Hauptversammlung beschließt alljährlich in den ersten fünf Monaten des Geschäftsjahrs über die Entlastung des Vorstands und des Aufsichtsrats.

Die Satzung kann eine andere Frist von nicht mehr als sieben Monaten bestimmen.

(2) Die Verhandlung über die Entlastung soll mit der Verhandlung über die Gewinnverteilung (§ 126) verbunden werden. Der Vorstand hat den Jahresabschluß mit dem Bericht des Aufsichtsrats (§ 96) der Hauptversammlung vorzulegen. § 125 Abs. 6 über die Auslegung des Jahresabschlusses gilt sinngemäß.

Zweiter Unterabschnitt:

Einberufung der Hauptversammlung

§ 105

Allgemeines

(1) Die Hauptversammlung wird durch den Vorstand einberufen. Personen, die in das Handelsregister als Vorstand eingetragen sind, gelten als befugt. Das auf Gesetz oder Satzung beruhende Recht anderer Personen, die Hauptversammlung einzuberufen, bleibt unberührt.

(2) Die Einberufung muß die Firma der Gesellschaft sowie Zeit und Ort der Hauptversammlung angeben. Sie muß in allen Gesellschaftsblättern veröffentlicht werden.

(3) Wenn die Satzung nichts anderes bestimmt, soll die Hauptversammlung am Sitz der Gesellschaft stattfinden. Sind die Aktien der Gesellschaft an einer deutschen Börse zum Börsenhandel zugelassen, so kann, wenn die Satzung nichts anderes bestimmt, die Hauptversammlung auch am Sitz dieser Börse stattfinden.

§ 106

Einberufungsgründe

(1) Die Hauptversammlung ist in den Fällen einzuberufen, die Gesetz und Satzung ausdrücklich bestimmen.

(2) Die Hauptversammlung ist ferner einzuberufen, wenn Aktionäre, deren Anteile zusammen den zwanzigsten Teil des Grundkapitals erreichen, die Einberufung schriftlich unter Angabe des Zwecks und der Gründe verlangen. Die Satzung kann das Recht, die Einberufung der Hauptversammlung zu verlangen, an den Besitz eines geringeren Anteils am Grundkapital knüpfen.

(3) In gleicher Weise haben die Aktionäre das Recht, zu verlangen, daß Gegenstände zur Beschlußfassung einer Hauptversammlung angekündigt werden.

(4) Entspricht weder der Vorstand noch der Aufsichtsrat dem Verlangen, so kann das Gericht die Aktionäre, die das Verlangen gestellt haben, zur Einberufung der Hauptversammlung oder zur Ankündigung des Gegenstandes ermächtigen. Zugleich kann das Gericht den Vorsitzer der Versammlung bestimmen. Auf die Ermächtigung muß bei der Einberufung oder Ankündigung hingewiesen werden.

(5) In den Fällen der Abs. 2 bis 4 beschließt die Versammlung darüber, ob die Kosten von der Gesellschaft getragen werden sollen.

§ 107

Einberufungsfrist

(1) Die Hauptversammlung ist mindestens zwei Wochen vor dem Tage der Versammlung einzuberufen. Der Tag der Einberufung und der Tag der Versammlung sind hierbei nicht mitzurechnen.

(2) Macht die Satzung die Ausübung des Stimmrechts davon abhängig, daß die Aktien bis zu einem bestimmten Zeitpunkt vor der Versammlung hinterlegt werden, so ist die Frist so zu bemessen, daß für die Hinterlegung mindestens zwei Wochen frei bleiben. In diesem Fall genügt die Hinterlegung bei einem Notar oder bei einer vom Reichsminister der Justiz im Einvernehmen mit dem Reichswirtschaftsminister für geeignet erklärten Wertpapiersammelbank.

(3) Trifft die Satzung keine solche Bestimmung, so müssen die Aktionäre zur Ausübung des Stimmrechts zugelassen werden, wenn sie sich nicht später als am dritten Tage vor der Versammlung anmelden.

§ 108

Ankündigung der Tagesordnung

(1) Der Zweck der Hauptversammlung soll bei der Einberufung bekanntgemacht werden. Jedem Aktionär ist auf Verlangen eine Abschrift der Anträge zu erteilen.

(2) Über Gegenstände, deren Verhandlung nicht ordnungsmäßig mindestens eine Woche vor dem Tage der Versammlung angekündigt ist, können keine Beschlüsse gefaßt werden; ist für die Beschlußfassung nach Gesetz oder Satzung die einfache Stimmenmehrheit nicht ausreichend, so muß die Ankündigung mindestens zwei Wochen vor dem Tage der Versammlung ergehen. An die Stelle des Tages der Versammlung tritt, wenn die Teilnahme an der Versammlung von der Hinterlegung der Aktien abhängig ist, der Tag, bis zu dessen Ablauf die Aktien zu hinterlegen sind.

(3) Zur Beschlußfassung über den in der Versammlung gestellten Antrag auf Einberufung einer außerordentlichen Hauptversammlung sowie zu Anträgen und zu Verhandlungen ohne Beschlußfassung bedarf es keiner Ankündigung.

§ 109

Sondermitteilung

(1) Jeder Aktionär, der eine Aktie bei der Gesellschaft hinterlegt, kann verlangen, daß ihm die Einberufung der Hauptversammlung und die Gegenstände der Behandlung, sobald sie öffentlich bekanntgemacht werden, durch eingeschriebenen Brief mitgeteilt werden. Die gleiche Mitteilung kann er über die in der Versammlung gefaßten Beschlüsse verlangen.

(2) Diese Rechte haben die Aufsichtsratsmitglieder, auch wenn sie nicht Aktionäre sind.

Dritter Unterabschnitt:

Verhandlungsniederschrift — Auskunftsrecht

§ 110

Verzeichnis der Teilnehmer

In der Hauptversammlung ist ein Verzeichnis der erschienenen oder vertretenen Aktionäre und der Vertreter von Aktionären mit Angabe ihres Namens und Wohnorts sowie des Betrags der von jedem vertretenen Aktien unter Angabe ihrer Gattung aufzustellen. Wenn jemand in eigenem Namen das Stimmrecht für Aktien ausüben will, die ihm nicht gehören, so hat er den Betrag und die Gattung dieser Aktien zur Aufnahme in das Verzeichnis gesondert anzugeben. Das Verzeichnis ist vor der ersten Abstimmung zur Einsicht auszulegen; es ist vom Vorsitzer zu unterzeichnen.

§ 111

Niederschrift

(1) Jeder Beschluß der Hauptversammlung bedarf zu seiner Gültigkeit der Beurkundung durch eine über die Verhandlung gerichtlich oder notarisch aufgenommene Niederschrift.

(2) In der Niederschrift sind der Ort und der Tag der Verhandlung, der Name des Richters oder Notars sowie die Art und das Ergebnis der Abstimmung und die Feststellung des Vorsitzers über die Beschlußfassung anzugeben.

(3) Das Verzeichnis der Teilnehmer an der Versammlung sowie die Belege über die ordnungsmäßige Einberufung müssen der Niederschrift beigefügt werden. Die Belege über die Einberufung der Hauptversammlung brauchen nicht beigefügt zu werden, wenn sie unter Angabe ihres Inhalts in der Niederschrift aufgeführt werden.

(4) Die Niederschrift muß von dem Richter oder Notar unterschrieben werden. Die Zuziehung von Zeugen ist nicht nötig.

(5) Unverzüglich nach der Versammlung hat der Vorstand eine öffentlich beglaubigte Abschrift der Niederschrift zum Handelsregister einzureichen.

§ 112

Auskunftsrecht des Aktionärs

(1) Jedem Aktionär ist auf Verlangen in der Hauptversammlung Auskunft über Angelegenheiten der Gesellschaft zu geben, die mit dem Gegenstand der Verhandlung in Zusammenhang stehen. Die Auskunftspflicht erstreckt sich auch auf die Beziehungen zu einem Konzernunternehmen.

(2) Die Auskunft hat den Grundsätzen einer gewissenhaften und getreuen Rechenschaft zu entsprechen.

(3) Sie darf nur so weit verweigert werden, wie überwiegende Belange der Gesellschaft oder eines beteiligten Unternehmens oder der gemeine Nutzen von Volk und Reich es fordern. Ob diese Voraussetzung vorliegt, entscheidet der Vorstand nach pflichtmäßigem Ermessen.

Vierter Unterabschnitt:

Stimmrecht

§ 113

Grundsatz der einfachen Stimmenmehrheit

(1) Die Beschlüsse der Hauptversammlung bedürfen der Mehrheit der abgegebenen Stimmen (einfache Stimmenmehrheit), soweit nicht Gesetz oder Satzung eine größere Mehrheit oder noch andere Erfordernisse vorschreiben.

(2) Für Wahlen kann die Satzung andere Bestimmungen treffen.

§ 114

Ausübung des Stimmrechts

(1) Jede Aktie gewährt das Stimmrecht. Das Stimmrecht wird nach den Aktiennennbeträgen ausgeübt. Für den Fall, daß ein Aktionär mehrere Aktien besitzt, kann die Satzung das Stimmrecht durch Festsetzung eines Höchstbetrages oder von Abstufungen beschränken.

(2) Das Stimmrecht beginnt mit der vollständigen Leistung der Einlage. Die Satzung kann bestimmen, daß das Stimmrecht beginnt, wenn auf die Aktie die gesetzliche oder höhere satzungsmäßige Mindesteinlage geleistet ist. In diesem Fall gewährt die Leistung der Mindesteinlage eine Stimme; bei höheren Einlagen richtet sich das Stimmenverhältnis nach der Höhe der geleisteten Einlagen. Bestimmt die Satzung nicht, daß das Stimmrecht vor der vollständigen Leistung der Einlage beginnt, und ist noch auf keine Aktie die volle Einlage geleistet, so richtet sich das Stimmverhältnis nach der Höhe der geleisteten Einlagen; dabei gewährt, wenn die Satzung nichts anderes bestimmt, die Leistung der gesetzlichen Mindesteinlage eine Stimme. Bruchteile von Stimmen werden in diesen Fällen nur berücksichtigt, soweit ihre Zusammenzählung für den stimmberechtigten Aktionär volle Stimmen ergibt. Die Satzung kann Bestimmungen nach diesem Absatz nicht für einzelne Aktiengattungen treffen.

(3) Das Stimmrecht kann durch einen Bevollmächtigten ausgeübt werden. Für die Vollmacht ist die schriftliche Form erforderlich und genügend; die Vollmacht bleibt in der Verwahrung der Gesellschaft.

(4) Banken dürfen das Stimmrecht für Aktien, die ihnen nicht gehören, nur ausüben, wenn sie zur Ausübung des Stimmrechts schriftlich ermächtigt sind. Die Ermächtigung muß einer bestimmten Bank erteilt werden. Sie muß bei der Erteilung vollständig ausgefüllt sein und darf nicht mit anderen Erklärungen verbunden werden. Sie kann nur für einen Zeitraum von längstens fünfzehn Monaten erteilt werden und ist jederzeit widerruflich.

(5) Ein Aktionär, der durch die Beschlußfassung entlastet oder von einer Verpflichtung befreit werden soll, kann weder für sich noch für einen anderen das Stimmrecht ausüben. Gleiches gilt, wenn darüber Beschluß gefaßt wird, ob die Gesellschaft gegen den Aktionär einen Anspruch geltend machen soll.

(6) Das Stimmrecht kann nicht ausgeübt werden für Aktien, die der Gesellschaft oder einem abhängigen Unternehmen oder einem andern für Rechnung der Gesellschaft oder eines abhängigen Unternehmens gehören.

(7) Im übrigen richten sich die Bedingungen und die Form der Ausübung des Stimmrechts nach der Satzung.

Fünfter Unterabschnitt: Vorzugsaktien ohne Stimmrecht

§ 115 Wesen

(1) Für Aktien, die mit einem nachzuzahlenden Vorzug bei der Verteilung des Gewinns ausgestattet sind, kann das Stimmrecht ausgeschlossen werden (Vorzugsaktien ohne Stimmrecht).

(2) Vorzugsaktien ohne Stimmrecht dürfen nur bis zu einem Gesamtnennbetrag in Höhe der Hälfte des Gesamtnennbetrags der anderen Aktien ausgegeben werden.

§ 116 Rechte der Vorzugsaktionäre

(1) Die Vorzugsaktien ohne Stimmrecht gewähren mit Ausnahme des Stimmrechts die jedem Aktionär aus der Aktie zustehenden Rechte.

(2) Wird der Vorzugsbetrag bei der Verteilung des Gewinns in einem Jahr nicht oder nicht vollständig gezahlt und der Rückstand im darauffolgenden Jahr nicht neben dem vollen Vorzug dieses Jahres nachgezahlt, so haben die Vorzugsaktionäre das Stimmrecht so lange, bis die Rückstände nachgezahlt sind.

§ 117 Aufhebung oder Beschränkung des Vorzugs

(1) Ein Beschluß, durch den der Vorzug aufgehoben oder beschränkt wird, bedarf zu seiner Wirksamkeit der Zustimmung der Vorzugsaktionäre.

(2) Ein Beschluß über die Ausgabe neuer Aktien mit vorhergehenden oder gleichstehenden Rechten bedarf gleichfalls der Zustimmung der Vorzugsaktionäre. Der Zustimmung bedarf es nicht, wenn die Ausgabe bei Einräumung des Vorzugs oder, falls das Stimmrecht später ausgeschlossen ist, bei der Ausschließung ausdrücklich vorbehalten worden ist. Das Recht der Vorzugsaktionäre auf den Bezug solcher Aktien ist unentziehbar.

(3) Über die Zustimmung haben die Vorzugsaktionäre in einer gesonderten Versammlung Beschluß zu fassen. Für die Einberufung der Versammlung, die Teilnahme an ihr, die Niederschrift, das Auskunftsrecht und das Stimmrecht der Aktionäre sowie die Nichtigkeit der Beschlüsse gelten die Vorschriften über die Hauptversammlung (§ 102 Abs. 2, §§ 105 bis 112, § 114) und die Nichtigkeit von Hauptversammlungsbeschlüssen (§§ 195 bis 201) sinngemäß. Die Veröffentlichung über die Einberufung der Versammlung darf nicht mit einer Veröffentlichung über die Einberufung einer Hauptversammlung verbunden werden. Der Beschluß der Vorzugsaktionäre bedarf einer Mehrheit, die mindestens drei Viertel der abgegebenen Stimmen umfaßt.

(4) Ist der Vorzug aufgehoben, so gewähren die Aktien das Stimmrecht.

Sechster Unterabschnitt: Sonderprüfung

§ 118 Bestellung der Prüfer

(1) Zur Prüfung von Vorgängen bei der Gründung oder der Geschäftsführung namentlich auch bei Maßnahmen der Kapitalbeschaffung und Kapital-

herabsetzung, kann die Hauptversammlung mit einfacher Stimmenmehrheit Prüfer bestellen. Bei der Beschlußfassung können Aktionäre, die zugleich Mitglieder des Vorstands oder des Aufsichtsrats sind, weder für sich noch für einen anderen mitbestimmen, wenn die Prüfung sich auf Vorgänge erstrecken soll, die mit der Entlastung des Vorstands oder des Aufsichtsrats oder der Einleitung eines Rechtsstreits zwischen der Gesellschaft und den Mitgliedern des Vorstands oder des Aufsichtsrats zusammenhängen.

(2) Lehnt die Hauptversammlung einen Antrag auf Bestellung von Prüfern zur Prüfung eines Vorgangs bei der Gründung oder eines nicht über zwei Jahre zurückliegenden Vorgangs bei der Geschäftsführung ab, so kann das Gericht auf Antrag einer Minderheit, deren Anteile zusammen den zehnten Teil des Grundkapitals erreichen, Prüfer bestellen. Dem Antrag ist nur stattzugeben, wenn Verdachtsgründe beigebracht werden, daß bei dem Vorgang Unredlichkeiten oder grobe Verletzungen des Gesetzes oder der Satzung vorgekommen sind. Die Antragsteller haben die Aktien bis zur Entscheidung über den Antrag zu hinterlegen und glaubhaft zu machen, daß sie seit mindestens drei Monaten vor dem Tage der Hauptversammlung Inhaber der Aktien sind; zur Glaubhaftmachung genügt eine eidesstattliche Versicherung vor einem Gericht oder Notar.

(3) Hat die Hauptversammlung Prüfer bestellt, so kann eine Minderheit, deren Anteile zusammen den zehnten Teil des Grundkapitals erreichen, beim Gericht beantragen, daß andere Personen zu Prüfern bestellt werden; der Antrag ist binnen zwei Wochen seit dem Tage der Hauptversammlung zu stellen.

(4) Vor der Bestellung sind der Vorstand und der Aufsichtsrat zu hören. Die Bestellung kann im Fall des Abs. 2 auf Verlangen von einer nach freiem Ermessen zu bestimmenden Sicherheitsleistung abhängig gemacht werden, wenn glaubhaft gemacht wird, daß der Gesellschaft auf Grund des § 121 Abs. 4 Satz 2 oder von Vorschriften des bürgerlichen Rechts gegen die Kläger oder einzelne von ihnen ein Ersatzanspruch zusteht oder erwachsen kann.

§ 119

Auswahl der Prüfer

(1) Das Gericht hat in der Regel als Prüfer nur zu bestellen:

1. Personen, die in der Buchführung ausreichend vorgebildet und erfahren sind;
2. Prüfungsgesellschaften, von deren Inhabern, Vorstandsmitgliedern oder Geschäftsführern mindestens einer in der Buchführung ausreichend vorgebildet und erfahren ist.

(2) Mitglieder des Vorstands und des Aufsichtsrats sowie Angestellte der Gesellschaft dürfen als Prüfer weder gewählt noch bestellt werden; gleiches gilt für Mitglieder des Vorstands oder des Aufsichtsrats sowie Angestellte einer anderen Gesellschaft, die von der zu prüfenden Gesellschaft abhängig ist oder sie beherrscht, sowie für Personen, auf deren Geschäftsführung eine dieser Gesellschaften maßgebenden Einfluß hat.

§ 120

Verantwortlichkeit der Prüfer

§ 141 über die Verantwortlichkeit der Abschlußprüfer gilt sinngemäß.

§ 121

Rechte der Prüfer — Prüfungsbericht

(1) Der Vorstand hat den Prüfern zu gestatten, die Bücher und Schriften der Gesellschaft sowie die Vermögensgegenstände, namentlich die Gesellschaftskasse und die Bestände an Wertpapieren und Waren zu prüfen.

(2) Die Prüfer können vom Vorstand alle Aufklärungen und Nachweise verlangen, welche die sorgfältige Erfüllung ihrer Prüfungspflicht fordert.

(3) Die Prüfer haben über das Ergebnis der Prüfung schriftlich zu berichten. Was der Vorstand den Prüfern unter Hinweis auf eine ihm im Interesse des gemeinen Nutzens von Volk und Reich auferlegte Geheimhaltungspflicht mitteilt, darf in den Bericht nicht aufgenommen werden; gleiches gilt von Tatsachen, deren Aufnahme in den Bericht nach pflichtmäßigem Ermessen der Prüfer überwiegende Belange der Gesellschaft oder eines beteiligten Unternehmens oder der gemeine Nutzen von Volk und Reich entgegenstehen. Der Bericht ist unverzüglich dem Vorstand und zum Handelsregister des Sitzes der Gesellschaft einzureichen. Der Vorstand hat den Bericht bei der Einberufung der nächsten Hauptversammlung als Gegenstand der Beschlußfassung anzukündigen.

(4) Im Fall des § 118 Abs. 2 beschließt die Hauptversammlung, ob die Kosten von der Gesellschaft zu tragen sind. Weist das Gericht den Antrag auf Bestellung von Prüfern zurück oder ist der Antrag nach dem Ergebnis der Prüfung unbegründet, so sind die Aktionäre, denen Vorsatz oder grobe Fahrlässigkeit zur Last fällt, für den der Gesellschaft durch den Antrag entstehenden Schaden als Gesamtschuldner verantwortlich.

Siebenter Unterabschnitt:

Geltendmachung von Ersatzansprüchen

§ 122

Verpflichtung zur Geltendmachung

(1) Die Ansprüche der Gesellschaft aus der Gründung gegen die nach §§ 39 bis 41, § 46 verpflichteten Personen oder aus der Geschäftsführung gegen die Mitglieder des Vorstands und des Aufsichtsrats müssen geltend gemacht werden, wenn es die Hauptversammlung mit einfacher Stimmenmehrheit beschließt oder es eine Minderheit verlangt, deren Anteile zusammen den zehnten Teil des Grundkapitals erreichen. Sind im Prüfungsbericht (§ 26 Abs. 2, § 45 Abs. 2, § 121 Abs. 3, § 139) Tatsachen festgestellt worden, aus denen sich Ersatzansprüche gegen die nach den §§ 39, 40 Abs. 1 Nr. 1 und 2, § 46 verpflichteten Personen oder gegen Mitglieder des Vorstands oder des Aufsichtsrats ergeben, so genügt eine Minderheit, deren Anteile zusammen den zwanzigsten Teil des Grundkapitals erreichen.

(2) Zur Führung des Rechtsstreits kann die Hauptversammlung besondere Vertreter bestellen. Verlangt die Minderheit die Geltendmachung des Anspruchs, so kann das Gericht die von ihr bezeichneten Personen als Vertreter der Gesellschaft zur Führung des Rechtsstreits bestellen. Im übrigen richtet sich die Vertretung der Gesellschaft nach § 97, und zwar auch dann, wenn die Minderheit die Geltendmachung des Anspruchs verlangt hat.

§ 123

Geltendmachung

(1) Der Anspruch soll binnen sechs Monaten seit dem Tage der Hauptversammlung geltend gemacht werden. Der Klage ist die in der Hauptversammlung aufgenommene Niederschrift, soweit sie die Geltendmachung des Anspruchs betrifft, in öffentlich beglaubigter Abschrift beizufügen.

(2) Die Minderheit hat eine den zehnten Teil und im Fall des § 122 Abs. 1 Satz 2 eine den zwanzigsten Teil des Grundkapitals der Gesellschaft erreichende Anzahl von Aktien für die Dauer des Rechtsstreits zu hinterlegen; es ist glaubhaft zu machen, daß die die Minderheit bildenden Aktionäre seit mindestens drei Monaten vor dem Tage der Hauptversammlung Inhaber der Aktien sind; zur Glaubhaftmachung genügt eine eidesstattliche Versicherung vor einem Gericht oder einem Notar. Das Prozeßgericht kann die vorzeitige Rücknahme der hinterlegten Aktien gestatten.

(3) Macht der Beklagte glaubhaft, daß ihm auf Grund des Abs. 5 oder von Vorschriften des bürgerlichen Rechts gegen die die Minderheit bildenden Aktionäre oder einzelne von ihnen ein Ersatzanspruch zusteht oder erwachsen kann, so kann das Prozeßgericht anordnen, daß die Minderheit ihm Sicherheit leiste. Art und Höhe der Sicherheitsleistung bestimmt es nach freiem Ermessen. Die Vorschriften der Zivilprozeßordnung über die Festsetzung einer Frist zur Sicherheitsleistung und über die Folgen der Versäumung der Frist sind anzuwenden.

(4) Die Minderheit ist der Gesellschaft gegenüber verpflichtet, die Kosten des Rechtsstreits zu tragen, die der Gesellschaft zur Last fallen.

(5) Für den Schaden, der dem Beklagten durch eine unbegründete Klage entsteht, sind ihm die Aktionäre, denen Vorsatz oder grobe Fahrlässigkeit zur Last fällt, als Gesamtschuldner verantwortlich.

§ 124

Verzicht und Vergleich

Die Gesellschaft kann auf einen Anspruch, dessen Geltendmachung die Minderheit nach § 122 Abs. 1 verlangt hat, nur verzichten oder sich darüber vergleichen, wenn von den die Minderheit bildenden Aktionären so viele zustimmen, daß die Aktien der übrigen nicht mehr den zehnten Teil und im Fall des § 122 Abs. 1 Satz 2 den zwanzigsten Teil des Grundkapitals erreichen.

Erstes Buch, fünfter Teil:

Rechnungslegung

Erster Abschnitt:

Jahresabschluß. Gewinnverteilung. Geschäftsbericht

(Auszug: §§ 125 bis 127)

§ 125

Feststellung des Jahresabschlusses

(1) Der Vorstand hat in den ersten drei Monaten des Geschäftsjahrs für das vergangene Geschäftsjahr die Jahresbilanz und die Gewinn- und Verlustrechnung (Jahresabschluß) aufzustellen und dem Aufsichtsrat vorzulegen. Die Satzung kann eine andere Frist von nicht mehr als fünf Monaten bestimmen.

(2) Der Aufsichtsrat hat sich innerhalb eines Monats nach Vorlegung gegenüber dem Vorstand über den Jahresabschluß zu erklären.

(3) Billigt der Aufsichtsrat den Jahresabschluß, so ist dieser festgestellt, wenn sich nicht Vorstand und Aufsichtsrat für eine Feststellung durch die Hauptversammlung entscheiden.

(4) Entscheiden sie sich für die Feststellung durch die Hauptversammlung oder billigt der Aufsichtsrat den Jahresabschluß nicht, so hat der Vorstand unverzüglich die Hauptversammlung zur Feststellung des Jahresabschlusses einzuberufen.

(5) Die Hauptversammlung zur Feststellung des Jahresabschlusses hat in den ersten fünf Monaten des Geschäftsjahrs stattzufinden. Die Satzung kann eine andere Frist von nicht mehr als sieben Monaten bestimmen. Der Vorstand hat den Jahresabschluß mit dem Bericht des Aufsichtsrats (§ 96) der Hauptversammlung vorzulegen.

(6) Der Jahresabschluß nebst dem Bericht des Aufsichtsrats ist mindestens während der letzten zwei Wochen vor dem Tage der Hauptversammlung in den Geschäftsraum der Gesellschaft zur Einsicht der Aktionäre auszulegen. Auf Verlangen ist jedem Aktionär spätestens zwei Wochen vor dem Tage der Versammlung eine Abschrift der Vorlagen zu erteilen. An die Stelle des Tages der Versammlung tritt, wenn die Teilnahme an der Versammlung von der Hinterlegung der Aktien abhängig ist, der Tag, bis zu dessen Ablauf die Aktien zu hinterlegen sind.

(7) Die Verhandlung über den Jahresabschluß soll mit den Verhandlungen über die Gewinnverteilung (§ 126) und die Entlastung (§ 104) verbunden werden. Die Verhandlung ist zu vertagen, wenn es die Hauptversammlung mit einfacher Stimmenmehrheit beschließt oder eine Minderheit es verlangt, deren Anteile zusammen den zehnten Teil des Grundkapitals erreichen. Das Verlangen der Minderheit ist nur zu berücksichtigen, wenn sie bestimmte Posten des Jahresabschlusses bemängelt. Ist die Verhandlung vertagt, so kann keine neue Vertagung verlangt werden.

§ 126

Gewinnverteilung

(1) Die Hauptversammlung beschließt alljährlich in den ersten fünf Monaten des Geschäftsjahrs über die Verteilung des Reingewinns (Gewinnverteilung).

Die Satzung kann eine andere Frist von nicht mehr als sieben Monate bestimmen.

(2) Der Vorstand hat einen Vorschlag für die Gewinnverteilung dem Aufsichtsrat und mit dessen Bericht der Hauptversammlung vorzulegen. § 125 Abs. 6 über die Auslegung des Jahresabschlusses gilt sinngemäß.

(3) An den vom Vorstand mit Billigung des Aufsichtsrats festgestellten Jahresabschluß ist die Hauptversammlung gebunden. Sie kann jedoch den Reingewinn ganz oder teilweise von der Verteilung ausschließen; die Änderungen des Jahresabschlusses, die hierdurch nötig werden, hat der Vorstand vorzunehmen.

§ 127

Aufstellung des Geschäftsberichts

(1) Der Vorstand hat in den ersten drei Monaten des Geschäftsjahrs für das vergangene Geschäftsjahr einen Geschäftsbericht aufzustellen und diesen mit dem Jahresabschluß (§ 125) und dem Vorschlag für die Gewinnverteilung (§ 126) dem Aufsichtsrat vorzulegen. Die Satzung kann eine andere Frist von nicht mehr als fünf Monaten bestimmen.

(2) Der Vorstand hat den Geschäftsbericht mit dem Bericht des Aufsichtsrats (§ 96) der Hauptversammlung zur Verhandlung über die Entlastung, die Gewinnverteilung und die Feststellung des Jahresabschlusses (§ 125 Abs. 4) vorzulegen. § 125 Abs. 6 über die Auslegung des Jahresabschlusses gilt sinngemäß.

b) Gesetz betr. die Gesellschaften mit beschränkter Haftung

vom 20. 4. 1892 in der Fassung der Bekanntmachung vom 20. 5. 1898

Dritter Abschnitt

Vertretung und Geschäftsführung

§ 35

Die Gesellschaft wird durch die Geschäftsführer gerichtlich und außergerichtlich vertreten.

Dieselben haben in der durch den Gesellschaftsvertrag bestimmten Form ihre Willenserklärungen kundzugeben und für die Gesellschaft zu zeichnen. Ist nichts darüber bestimmt, so muß die Erklärung und Zeichnung durch sämtliche Geschäftsführer erfolgen. Ist der Gesellschaft gegenüber eine Willenserklärung abzugeben, so genügt es, wenn dieselbe an einen der Geschäftsführer erfolgt.

Die Zeichnung geschieht in der Weise, daß die Zeichnenden zu der Firma der Gesellschaft ihre Namensunterschrift beifügen.

§ 36

Die Gesellschaft wird durch die in ihrem Namen von den Geschäftsführern vorgenommenen Rechtsgeschäfte berechtigt und verpflichtet; es ist gleichgültig, ob das Geschäft ausdrücklich im Namen der Gesellschaft vorgenommen worden ist, oder ob die Umstände ergeben, daß es nach dem Willen der Beteiligten für die Gesellschaft vorgenommen werden sollte.

§ 37

Die Geschäftsführer sind der Gesellschaft gegenüber verpflichtet, die Beschränkungen einzuhalten, welche für den Umfang ihrer Befugnis, die Gesellschaft zu vertreten, durch den Gesellschaftsvertrag oder, soweit dieser nicht ein anderes bestimmt, durch die Beschlüsse der Gesellschafter festgesetzt sind.

Gegen dritte Personen hat eine Beschränkung der Befugnis der Geschäftsführer, die Gesellschaft zu vertreten, keine rechtliche Wirkung. Dies gilt insbesondere für den Fall, daß die Vertretung sich nur auf gewisse Geschäfte oder Arten von Geschäften erstrecken oder nur unter gewissen Umständen oder für eine gewisse Zeit oder an einzelnen Orten stattfinden soll, oder daß die Zustimmung der Gesellschafter oder eines Organs der Gesellschaft für einzelne Geschäfte erfordert ist.

§ 38

Die Bestellung der Geschäftsführer ist zu jeder Zeit widerruflich, unbeschadet der Entschädigungsansprüche aus bestehenden Verträgen.

Im Gesellschaftsvertrage kann die Zulässigkeit des Widerrufs auf den Fall beschränkt werden, daß wichtige Gründe denselben notwendig machen. Als solche Gründe sind insbesondere grobe Pflichtverletzung oder Unfähigkeit zur ordnungsmäßigen Geschäftsführung anzusehen.

§ 39

Jede Änderung in den Personen der Geschäftsführer sowie die Beendigung der Vertretungsbefugnis eines Geschäftsführers ist zur Eintragung in das Handelsregister anzumelden.

Der Anmeldung ist eine Abschrift der Urkunden über die Bestellung der Geschäftsführer oder über die Beendigung der Vertretungsbefugnis beizufügen. Diese Bestimmung findet auf die Anmeldung zum Handelsregister einer Zweigniederlassung keine Anwendung.

Die Geschäftsführer haben ihre Unterschrift zur Aufbewahrung bei dem Gericht zu zeichnen.

§ 40

Alljährlich im Monat Januar haben die Geschäftsführer eine von ihnen unterschriebene Liste der Gesellschafter, aus welcher Name, Vorname, Stand und Wohnort der letzteren sowie ihre Stammeinlagen zu entnehmen sind, zum Handelsregister einzureichen. Sind seit Einreichung der letzten Liste Veränderungen hinsichtlich der Person der Gesellschafter und des Umfangs ihrer Beteiligung nicht eingetreten, so genügt die Einreichung einer entsprechenden Erklärung.

§ 41

Die Geschäftsführer sind verpflichtet, für die ordnungsmäßige Buchführung der Gesellschaft zu sorgen.

Sie müssen in den ersten drei Monaten des Geschäftsjahrs die Bilanz für das verflossene Geschäftsjahr nebst einer Gewinn- und Verlustrechnung aufstellen.

Durch den Gesellschaftsvertrag kann die bezeichnete Frist bis auf sechs Monate, bei Gesellschaften, deren Unternehmen den Betrieb von Geschäften in überseeischen Gebieten zum Gegenstande hat, bis auf neun Monate erstreckt werden.

Für Gesellschaften, bei welchen der Gegenstand des Unternehmens im Betriebe von Bankgeschäften besteht, ist die Bilanz innerhalb der vorbezeichneten Fristen in den im § 30 Absatz 2 bestimmten öffentlichen Blättern durch die Geschäftsführer bekanntzumachen. Die Bekanntmachung ist zum Handelsregister einzureichen.

§ 42

Für die Aufstellung der Bilanz kommen die Vorschriften des § 40 des Handelsgesetzbuchs mit folgenden Maßgaben zur Anwendung:

1. Anlagen und sonstige Vermögensgegenstände, welche nicht zur Weiterveräußerung, sondern dauernd zum Betriebe des Unternehmens bestimmt sind, dürfen höchstens zu dem Anschaffungs- oder Herstellungspreise angesetzt werden; sie können ohne Rücksicht auf einen geringeren Wert zu diesem Preise angesetzt werden, sofern ein der Abnutzung gleichkommender Betrag in Abzug oder ein derselben entsprechender Erneuerungsfonds in Ansatz gebracht wird;
2. die Kosten der Organisation und Verwaltung dürfen nicht als Aktiva in die Bilanz eingesetzt werden;
3. das Recht der Gesellschaft zur Einziehung von Nachschüssen der Gesellschafter ist als Aktivum in die Bilanz nur insoweit einzustellen, als die Einziehung bereits beschlossen ist und den Gesellschaftern ein Recht, durch Verweisung auf den Geschäftsanteil sich von der Zahlung der Nachschüsse zu befreien, nicht zusteht; den in die Aktiva der Bilanz aufgenommenen Nachschußansprüchen muß ein gleicher Kapitalbetrag in den Passiven gegenübergestellt werden;
4. der Betrag des im Gesellschaftsvertrage bestimmten Stammkapitals ist unter die Passiva aufzunehmen. Das gleiche gilt von dem Betrage eines jeden Reserve- und Erneuerungsfonds, sowie von dem Gesamtbetrage der eingezahlten Nachschüsse, soweit nicht die Verwendung eine Abschreibung der betreffenden Passivposten begründet;
5. der aus der Vergleichung sämtlicher Aktiva und Passiva sich ergebende Gewinn oder Verlust muß am Schlusse der Bilanz besonders angegeben werden.

§ 43

Die Geschäftsführer haben in den Angelegenheiten der Gesellschaft die Sorgfalt eines ordentlichen Geschäftsmannes anzuwenden.

Geschäftsführer, welche ihre Obliegenheiten verletzen, haften der Gesellschaft solidarisch für den entstandenen Schaden.

Insbesondere sind sie zum Ersatze verpflichtet, wenn den Bestimmungen des § 30 zuwider Zahlungen aus dem zur Erhaltung des Stammkapitals erforderlichen Vermögen der Gesellschaft gemacht oder den Bestimmungen des § 33 zuwider eigene Geschäftsanteile der Gesellschaft erworben worden sind. Auf den Ersatzanspruch finden die Bestimmungen im § 9 Absatz 2 entsprechende Anwendung. Soweit der Ersatz zur Befriedigung der Gläubiger der Gesellschaft erforderlich ist, wird die Verpflichtung der Geschäftsführer dadurch nicht aufgehoben, daß dieselben in Befolgung eines Beschlusses der Gesellschafter gehandelt haben.

Die Ansprüche auf Grund der vorstehenden Bestimmungen verjähren in fünf Jahren.

§ 44

Die für die Geschäftsführer gegebenen Vorschriften gelten auch für Stellvertreter von Geschäftsführern.

§ 45

Die Rechte, welche den Gesellschaftern in den Angelegenheiten der Gesellschaft, insbesondere in bezug auf die Führung der Geschäfte zustehen, sowie die Ausübung derselben bestimmen sich, soweit nicht gesetzliche Vorschriften entgegenstehen, nach dem Gesellschaftsvertrage.

In Ermangelung besonderer Bestimmungen des Gesellschaftsvertrages finden die Vorschriften der §§ 46 bis 51 Anwendung.

§ 46

Der Bestimmung der Gesellschafter unterliegen:

1. die Feststellung der Jahresbilanz und die Verteilung des aus derselben sich ergebenden Reingewinns;
2. die Einforderung von Einzahlungen auf die Stammeinlagen;
3. die Rückzahlung von Nachschüssen;
4. die Teilung sowie die Einziehung von Geschäftsanteilen;
5. die Bestellung und die Abberufung von Geschäftsführern sowie die Entlastung derselben;
6. die Maßregeln zur Prüfung und Überwachung der Geschäftsführung;
7. die Bestellung von Prokuristen und von Handlungsbevollmächtigten zum gesamten Geschäftsbetriebe;
8. die Geltendmachung von Ersatzansprüchen, welche der Gesellschaft aus der Gründung oder Geschäftsführung gegen Geschäftsführer oder Gesellschafter zustehen, sowie die Vertretung der Gesellschaft in Prozessen, welche sie gegen die Geschäftsführer zu führen hat.

§ 47

Die von den Gesellschaftern in den Angelegenheiten der Gesellschaft zu treffenden Bestimmungen erfolgen durch Beschlußfassung nach der Mehrheit der abgegebenen Stimmen.

Jede hundert Mark eines Geschäftsanteils gewähren eine Stimme.

Vollmachten bedürfen zu ihrer Gültigkeit der schriftlichen Form.

Ein Gesellschafter, welcher durch die Beschlußfassung entlastet oder von einer Verbindlichkeit befreit werden soll, hat hierbei kein Stimmrecht und darf ein solches auch nicht für andere ausüben. Dasselbe gilt von einer Beschlußfassung, welche die Vornahme eines Rechtsgeschäfts oder die Einleitung oder Erledigung eines Rechtsstreites gegenüber einem Gesellschafter betrifft.

§ 48

Die Beschlüsse der Gesellschafter werden in Versammlungen gefaßt.

Der Abhaltung einer Versammlung bedarf es nicht, wenn sämtliche Gesellschafter schriftlich mit der zu treffenden Bestimmung oder mit der schriftlichen Abgabe der Stimmen sich einverstanden erklären.

§ 49

Die Versammlung der Gesellschafter wird durch die Geschäftsführer berufen.

Sie ist außer den ausdrücklich bestimmten Fällen zu berufen, wenn es im Interesse der Gesellschaft erforderlich erscheint.

Insbesondere muß die Versammlung unverzüglich berufen werden, wenn aus der Jahresbilanz oder aus einer im Laufe des Geschäftsjahres aufgestellten Bilanz sich ergibt, daß die Hälfte des Stammkapitals verloren ist.

§ 50

Gesellschafter, deren Geschäftsanteile zusammen mindestens dem zehnten Teile des Stammkapitals entsprechen, sind berechtigt, unter Angabe des Zwecks und der Gründe die Berufung der Versammlung zu verlangen.

In gleicher Weise haben die Gesellschafter das Recht zu verlangen, daß Gegenstände zur Beschlußfassung der Versammlung angekündigt werden.

Wird dem Verlangen nicht entsprochen oder sind Personen, an welche dasselbe zu richten wäre, nicht vorhanden, so können die im Absatz 1 bezeichneten Gesellschafter unter Mitteilung des Sachverhältnisses die Berufung oder Ankündigung selbst bewirken. Die Versammlung beschließt, ob die entstandenen Kosten von der Gesellschaft zu tragen sind.

§ 51

Die Berufung der Versammlung erfolgt durch Einladung der Gesellschafter mittelst eingeschriebener Briefe. Sie ist mit einer Frist von mindestens einer Woche zu bewirken.

Der Zweck der Versammlung soll jederzeit bei der Berufung angekündigt werden.

Ist die Versammlung nicht ordnungsmäßig berufen, so können Beschlüsse nur gefaßt werden, wenn sämtliche Gesellschafter anwesend sind.

Das gleiche gilt in bezug auf Beschlüsse über Gegenstände, welche nicht wenigstens drei Tage vor der Versammlung in der für die Berufung vorgeschriebenen Weise angekündigt worden sind.

§ 52

Ist nach dem Gesellschaftsvertrage ein Aufsichtsrat zu bestellen, so finden auf denselben, soweit nicht im Gesellschaftsvertrage ein anderes bestimmt ist, die für den Aufsichtsrat einer Aktiengesellschaft nach (*§ 243 Absatz 1, 2, 4, §§ 244 bis 248 und § 249 Absatz 1, 2 des Handelsgesetzbuchs*, jetzt gemäß § 18 Abs. 2 EGAktGes) §§ 86, 87 Abs. 1 Satz 1, Abs. 2, 3, §§ 90, 91, 94 bis 99 des Aktiengesetzes geltenden Vorschriften entsprechende Anwendung.

Schadensersatzansprüche gegen die Mitglieder des Aufsichtsrats wegen Verletzung ihrer Obliegenheiten verjähren in fünf Jahren.

c) Preußisches Allgemeines Berggesetz vom 24. 6. 1865

Vierter Titel

Von den Rechtsverhältnissen der Mitbeteiligten eines Bergwerks

§ 94

(1) Zwei oder mehrere Mitbeteiligte eines Bergwerks bilden eine Gewerkschaft.

(2) Die Gewerkschaft kann ihre besondere Verfassung durch ein notariell oder gerichtlich zu errichtendes Statut regeln, welches der Zustimmung von wenigstens drei Vierteilen aller Anteile und der Bestätigung des Oberbergamts bedarf.

(3) Die Bestimmungen der §§ 95—110, 114 Absatz 2, 123—128*c*, *128d Absatz 1 Satz 1, Absatz 2 und 3, 128e, 128f, 128g, 128h Absatz 1, 128i Absatz 2 und 3, 128k sowie 128l* dürfen durch das Statut nicht abgeändert werden.

§ 95

Die Gewerkschaft führt den Namen des Bergwerks, sofern sie nicht in dem Statut einen anderen Namen gewählt hat.

§ 96

(1) Die Gewerkschaft kann unter ihrem Namen Rechte erwerben und Verbindlichkeiten eingehen, Eigentum und andere dingliche Rechte an Bergwerken und Grundstücken erwerben, vor Gericht klagen und verklagt werden.

(2) Überholt.

§ 97

Das Bergwerk wird, soweit die Einrichtung des Hypothekenwesens dies gestattet, auf den Namen der Gewerkschaft in das *Hypothekenbuch* eingetragen.

§ 98

Das Bergwerk kann nur von der Gewerkschaft und nur als Ganzes mit Hypotheken und dinglichen Lasten beschwert werden.

§ 99

Für die Verbindlichkeiten der Gewerkschaft haftet nur das Vermögen derselben.

§ 100

Durch das Ausscheiden einzelner Mitglieder — Gewerken — wird die Gewerkschaft nicht aufgelöst. Auch können einzelne Gewerken nicht auf Teilung klagen.

§ 101

(1) Die Zahl der gewerkschaftlichen Anteile — Kuxe — beträgt hundert.

(2) Durch das Statut kann die Zahl auf tausend oder auf ein Vielfaches von tausend, höchstens jedoch auf zehntausend bestimmt werden.

(3) Die Kuxe sind unteilbar. Sie gehören zum beweglichen Vermögen.

§ 102

(1) Die Gewerken nehmen nach dem Verhältnis ihrer Kuxe an dem Gewinne oder Verluste teil.

(2) Sie sind verpflichtet, die Beiträge, welche zur Erfüllung der Schuldverbindlichkeiten der Gewerkschaft und zum Betriebe erforderlich sind, nach Verhältnis ihrer Kuxe zu zahlen (§§ 129, 130).

§ 103

(1) Über sämtliche Mitglieder der Gewerkschaft und deren Kuxe wird von der Gewerkschaft ein Verzeichnis — das Gewerkenbuch — geführt. Auf Grund desselben wird einem jeden Gewerken, welcher es verlangt, ein Anteilschein — Kuxschein — ausgefertigt.

(2) Die Kuxscheine sind nach der Wahl des Gewerken über die einzelnen Kuxe oder über eine Mehrheit derselben auszustellen.

(3) Die Kuxscheine dürfen nur auf einen bestimmten Namen, niemals auf den Inhaber lauten.

(4) Die Erneuerung eines Kuxscheins ist nur gegen Rückgabe oder nach erfolgter Amortisation desselben zulässig.

§ 104

(1) Die Kuxe können ohne Einwilligung der Mitgewerken auf andere Personen übertragen werden.

(2) Ein gesetzliches Vorkaufsrecht steht den Mitgewerken nicht zu.

§ 105

(1) Zur Übertragung der Kuxe ist die schriftliche Form erforderlich.

(2) Der Übertragende ist zur Aushändigung des Kuxscheins und, wenn dieser verloren ist, zur Beschaffung der Amortisationserklärung auf seine Kosten verpflichtet.

(3) Die Umschreibung im Gewerkenbuche darf nur auf Grund der Übertragungsurkunde und gegen Vorlegung des Kuxscheins oder der Amortisationserklärung erfolgen.

§ 106

Wer im Gewerkenbuche als Eigentümer der Kuxe verzeichnet ist, wird der Gewerkschaft gegenüber bei Ausübung seiner Rechte als solcher angesehen.

§ 107

Bei freiwilligen Veräußerungen von Kuxen bleibt der seitherige Eigentümer derselben der Gewerkschaft für die Beiträge (§ 102) verpflichtet, deren Erhebung die Gewerkschaft beschlossen hat, bevor die Umschreibung der Kuxe im Gewerkenbuche gesetzlich (§ 105) beantragt ist.

§ 108

Die Verpfändung der Kuxe geschieht durch Übergabe des Kuxscheins auf Grund eines schriftlichen Vertrages.

§ 109 (aufgehoben).

§ 110

(1) Die Amortisation eines verloren gegangenen Kuxscheins ist bei dem ordentlichen Gerichte, ***in dessen Bezirk das Bergwerk liegt,*** zu beantragen.*)

Abs. 2 bis 5 aufgehoben.

(6) Meldet sich niemand, so erklärt das Gericht den Kuxschein für kraftlos.

§ 111

(1) Die Gewerken fassen ihre Beschlüsse in Gewerkenversammlungen.

(2) Das Stimmrecht wird nach Kuxen, nicht nach Personen ausgeübt.

§ 112

(1) Zur Gültigkeit eines Beschlusses ist erforderlich, daß alle Gewerken anwesend oder unter Angabe des zu verhandelnden Gegenstandes zu einer Versammlung eingeladen waren.

(2) Einladungen durch die Post erfolgen gegen Post-***Insinuationsschein.***

(3) Gewerken, welche ***weder im Inlande, noch in einem deutschen Bundesstaate*** wohnen, haben zur Empfangnahme der Einladungen einen Bevollmächtigten im Inlande zu bestellen. Ist dies nicht geschehen, so reicht ein vierzehntägiger Aushang am Amtslokale des Revierbeamten aus.

(4) Dasselbe gilt bei Gewerken, deren Wohnort unbekannt ist.

§ 113

(1) Die Beschlüsse werden in der beschlußfähigen Gewerkenversammlung mit einfacher Stimmenmehrheit gefaßt.

(2) Beschlußfähig ist die erste Versammlung, wenn die Mehrheit aller Kuxe vertreten ist.

(3) Ist die Mehrheit aller Kuxe nicht vertreten, so sind sämtliche Gewerken zu einer zweiten Versammlung einzuladen.

(4) Die zweite Versammlung ist ohne Rücksicht auf die Zahl der vertretenen Kuxe beschlußfähig. Diese Folge muß indes, wenn sie eintreten soll, in der Einladung angegeben werden.

(5) Über jede Gewerkenversammlung ist ein Protokoll aufzunehmen.

§ 114

(1) Eine Mehrheit von mindestens drei Vierteilen aller Kuxe ist erforderlich zu Beschlüssen, durch welche über den Gegenstand der Verleihung — Substanz des Bergwerks — ganz oder teilweise verfügt werden soll. Dies gilt insbesondere von den Fällen des Verkaufes, des Tausches, der Verpfändung oder der sonstigen dinglichen Belastung des Bergwerks, sowie der Überlassung der Ausbeutung gegen Entgelt (Verpachtung).

(2) Zu Verfügungen über das verliehene Bergwerkseigentum durch Verzicht oder Schenkung ist Einstimmigkeit erforderlich.

---

*) Vgl. jetzt § 1005 Abs. 1 S. 2 ZPO.

§ 115

(1) Binnen einer Präklusivfrist von vier Wochen vom Ablaufe des Tages, an welchem ein Gewerkschaftsbeschluß gefaßt ist, kann jeder Gewerke die Entscheidung des ordentlichen Richters, in dessen Bezirk das Bergwerk liegt, darüber, ob der Beschluß zum Besten der Gewerkschaft gereiche, anrufen und gegen die Gewerkschaft auf Aufhebung des Beschlusses klagen.

(2) Durch das Statut kann bestimmt werden, daß die Entscheidung dieser Frage in Streitfällen durch ein Schiedsgericht erfolgen, wie das Schiedsgericht gebildet und unter welchen Formen von demselben verfahren werden soll.

(3) Diese Bestimmungen finden auf einen in Gemäßheit des § 94 gefaßten Beschluß keine Anwendung.

§ 116

(1) Durch die Anstellung der Klage auf Aufhebung des Gewerkschaftsbeschlusses wird die Ausführung desselben nicht aufgehalten.

(2) Wird der Beschluß aufgehoben, so verliert derselbe erst von der Rechtskraft der richterlichen Entscheidung an seine rechtliche Wirksamkeit.

(3) Diese Bestimmungen finden keine Anwendung, wenn der Beschluß die im § 120 bezeichneten Gegenstände betrifft.

§ 117

(1) Jede Gewerkschaft ist verpflichtet, einen im Inlande wohnenden Repräsentanten zu bestellen und der Bergbehörde namhaft zu machen.

(2) Statt eines einzelnen Repräsentanten kann die Gewerkschaft jedoch einen aus zwei oder mehreren Personen bestehenden Grubenvorstand bestellen.

(3) Als Repräsentanten oder Mitglieder des Grubenvorstandes können auch Personen bestellt werden, welche nicht Gewerken sind.

§ 118

(1) Die Wahl erfolgt in einer nach § 113 beschlußfähigen Versammlung durch absolute Stimmenmehrheit. Ist eine solche bei der ersten Abstimmung nicht vorhanden, so werden diejenigen beiden Personen, welche die meisten Stimmen erhalten haben, in die engere Wahl gebracht. Bei Stimmengleichheit entscheidet das Los.

(2) Bei Ausmittelung der in die engere Wahl zu bringenden zwei Personen entscheidet im Falle der Stimmengleichheit ebenfalls das Los.

(3) Das Protokoll über die Wahlverhandlung ist notariell oder gerichtlich aufzunehmen. Eine Ausfertigung desselben wird dem Repräsentanten oder dem Grubenvorstande zu seiner Legitimation erteilt.

§ 119

(1) Der Repräsentant oder Grubenvorstand vertritt die Gewerkschaft in allen ihren Angelegenheiten gerichtlich und außergerichtlich.

(2) Eine Spezialvollmacht ist nur in den im § 120 bezeichneten Fällen erforderlich.

(3) Aufgehoben.

(4) Beschränkt oder erweitert die Gewerkenversammlung die Befugnisse des Repräsentanten oder Grubenvorstandes, so müssen die betreffenden Festsetzungen in die Legitimation (§ 118) aufgenommen werden.

§ 120

Der Repräsentant oder Grubenvorstand bedarf eines besonderen Auftrages der Gewerkenversammlung:

1. wenn es sich um Gegenstände handelt, welche nur von einer Mehrheit von wenigstens drei Vierteilen aller Kuxe oder nur mit Einstimmigkeit beschlossen werden können;
2. wenn Beiträge von den Gewerken erhoben werden sollen.

§ 121

(1) Der Repräsentant oder Grubenvorstand führt das Gewerkenbuch und fertigt die Kuxscheine aus (§ 103).

(2) Er ist verpflichtet, für die Führung der übrigen erforderlichen Bücher der Gewerkschaft Sorge zu tragen und jedem Gewerken auf Verlangen die Bücher zur Einsicht offen zu legen.

§ 122

(1) Der Repräsentant oder Grubenvorstand beruft die Gewerkenversammlungen.

(2) Er muß, wenn das Bergwerk im Betriebe ist, alljährlich eine Gewerkenversammlung berufen und derselben eine vollständig belegte Verwaltungsrechnung vorlegen.

(3) Der Repräsentant ist zur Berufung einer Gewerkenversammlung verpflichtet, wenn dies die Eigentümer von wenigstens einem Viertel aller Kuxe verlangen. Unterläßt er die Berufung, so erfolgt dieselbe durch die Bergbehörde auf den an sie gerichteten Antrag.

(4) Zur Vornahme der Wahl eines Repräsentanten oder Grubenvorstandes oder zur Beschlußfassung über den Widerruf der erfolgten Bestellung kann die Bergbehörde auf den an sie gerichteten Antrag eine Gewerkenversammlung berufen.

§ 123

(1) Der Repräsentant ist berechtigt und verpflichtet, alle Vorladungen und andere Zustellungen an die Gewerkschaft mit voller rechtlicher Wirkung in Empfang zu nehmen.

(2) Bestellt die Gewerkschaft einen Grubenvorstand, so muß ein Mitglied desselben mit dieser Empfangnahme beauftragt und in der Legitimation des Grubenvorstandes bezeichnet werden. Wenn dies nicht geschehen ist, so kann die Zustellung an jedes Mitglied des Grubenvorstandes erfolgen.

§ 124

(1) Die Bestimmungen der §§ 120, 121 und 122 dürfen nur durch ein förmliches Statut (§ 94), diejenigen des § 123 aber gar nicht abgeändert werden.

(2) In keinem Falle darf dem Repräsentanten oder Grubenvorstand die Vertretung der Gewerkschaft bei den Verhandlungen mit der Bergbehörde, mit dem Knappschaftsvereine und mit anderen auf den Bergbau bezüglichen Instituten, sowie in den gegen sie angestellten Prozessen und die Eidesleistung in letzteren entzogen werden.

§ 125

(1) Die Gewerkschaft wird durch die von dem Repräsentanten oder Grubenvorstande in ihrem Namen geschlossenen Rechtsgeschäfte berechtigt und verpflichtet.

(2) Es ist gleichgültig, ob das Geschäft ausdrücklich im Namen der Gewerkschaft geschlossen worden ist, oder ob die Umstände ergeben, daß es nach dem Willen der Kontrahenten für die Gewerkschaft geschlossen werden sollte.

§ 126

(1) Der Repräsentant oder die Mitglieder des Grubenvorstandes sind aus den von ihnen im Namen der Gewerkschaft vorgenommenen Rechtshandlungen Dritten gegenüber für die Verbindlichkeiten der Gewerkschaft persönlich nicht verpflichtet.

(2) Handeln dieselben außer den Grenzen ihres Auftrages oder den Vorschriften dieses Titels entgegen, so haften sie persönlich, beziehungsweise solidarisch für den dadurch entstandenen Schaden.

§ 127

(1) Die Bergbehörde ist befugt, eine Gewerkschaft aufzufordern, innerhalb drei Monaten einen Repräsentanten oder einen Grubenvorstand zu bestellen.

(2) Wird dieser Aufforderung nicht entsprochen, so kann die Bergbehörde bis dahin, daß dies geschieht, einen Repräsentanten bestellen und demselben eine angemessene, von der Gewerkschaft aufzubringende und nötigenfalls im Verwaltungswege exekutivisch einzuziehende Belohnung zusichern.

(3) Dieser interimistische Repräsentant hat die in den §§ 119 bis 123 bestimmten Rechte und Pflichten, insofern die Bergbehörde keine Beschränkungen eintreten läßt.

§ 128

Soweit der gegenwärtige Titel nichts anderes bestimmt, sind die durch die Bestellung eines Repräsentanten oder Grubenvorstandes entstehenden Rechtsverhältnisse nach den allgemeinen Vorschriften über die Vollmacht und den Auftrag zu beurteilen.

§§ 128a bis l überholt.

§ 129

(1) Die Klage gegen einen Gewerken auf Zahlung seines durch Gewerkschaftsbeschluß bestimmten Beitrages kann nicht vor Ablauf der in dem § 115 bestimmten Präklusivfrist von vier Wochen erhoben werden. Ist innerhalb dieser Frist von dem Gewerken auf Aufhebung des Beschlusses Klage erhoben worden (§ 115), so findet vor rechtskräftiger Entscheidung über dieselbe die Klage gegen den Gewerken nicht statt.

(2) Aufgehoben.

(3) Aufgehoben.

§ 130

Der Gewerke kann seine Verurteilung und die Exekution dadurch abwenden, daß er unter Überreichung des Kuxscheins den Verkauf seines Anteils behufs Befriedigung der Gewerkschaft anheimstellt.

§ 131

(1) Der Verkauf des Anteils erfolgt im Wege der Mobiliarversteigerung *nach Vorschrift des § 109.*

(2) Aus dem gelösten Kaufpreise werden zunächst die Verkaufskosten und sodann die schuldigen Beiträge gezahlt.

(3) Ist der Anteil unverkäuflich, so wird derselbe den anderen Gewerken nach Verhältnis ihrer Anteile in ganzen Kuxen, soweit dies aber nicht möglich ist, der Gewerkschaft als solcher im Gewerkenbuche lastenfrei zugeschrieben.

§ 132

(1) Jeder Gewerke ist befugt, auf seinen Anteil freiwillig zu verzichten, wenn auf dem Anteile weder schuldige Beiträge noch sonstige Schuldverbindlichkeiten haften, oder die ausdrückliche Einwilligung der Gläubiger beigebracht wird, und außerdem die Rückgabe des Kuxscheins an die Gewerkschaft erfolgt.

(2) Der Anteil soll alsdann, sofern die Gewerkschaft nicht anderweitig über denselben verfügt, durch den Repräsentanten zugunsten der Gewerkschaft verkauft werden.

(3) Ist der Anteil unverkäuflich, so findet die für diesen Fall in § 131 getroffene Bestimmung Anwendung.

§ 133

(1) Die Bestimmungen der §§ 94 bis 132 kommen nicht zur Anwendung, wenn die Rechtsverhältnisse der Mitbeteiligten eines Bergwerks durch Vertrag oder sonstige Willenserklärung anderweitig geregelt sind. Ein solches Rechtsgeschäft bedarf zu seiner Gültigkeit der notariellen oder gerichtlichen Form. Die Urkunde über dasselbe ist der Bergbehörde einzureichen.

(2) Mitbeteiligte eines Bergwerks im Sinne des § 94 sind nicht die Teilhaber an einer ungeteilten Erbschaft oder an einer sonstigen gemeinschaftlichen Masse, zu welcher ein Bergwerk gehört.

§ 134

(1) In den Fällen des § 133 muß, wenn die Mitbeteiligten eines Bergwerks nicht eine Gesellschaft bilden, deren Vertretung durch die allgemeinen Gesetze geordnet ist, ein im Inlande wohnender Repräsentant bestellt und der Bergbehörde namhaft gemacht werden, widrigenfalls letztere nach § 127 zu verfahren befugt ist.

(2) Dasselbe gilt, wenn der Alleineigentümer eines Bergwerks im Auslande wohnt.

(3) Dieser Repräsentant hat diejenigen Geschäfte zu besorgen, welche im § 124 als solche bezeichnet sind, die dem Repräsentanten oder Grubenvorstande einer Gewerkschaft niemals entzogen werden dürfen. Eine Abänderung ist auch hier unzulässig.

Sachregister

Kolibri 360 GmbH
Ferdinand-Jühlke-Straße 7
99095 Erfurt, Deutschland
produktsicherheit@kolibri360.de